Elektrotechnik

Grundlagen und Anwendungen

Von Professor Dr.-Ing. Jörg Hugel
Eidgenössische Technische Hochschule Zürich

Mit 356 Bildern

B. G. Teubner Stuttgart · Leipzig 1998

Prof. Dr.-Ing. Jörg Hugel

Geboren 1938 in Stuttgart. 1958 Studium der Elektrotechnik an der Technischen Hochschule Stuttgart. 1963 Wissenschaftlicher Assistent am Institut für elektrische Anlagen bei Prof. Adolf Leonhard. 1968 Promotion, ab 1969 Industrietätigkeit im Bereich der Industrie-Anlagen und Leistungselektronik. Seit 1982 Professor für elektrotechnische Entwicklungen und Konstruktionen an der Eidgenössischen Technischen Hochschule Zürich.

Weitere Informationen und etwaige Korrekturen im Internet unter

http://www.eek.ee.ethz.ch

Die Deutsche Bibliothek – CIP-Einheitsaufnahme

Hugel, Jörg:
Elektrotechnik : Grundlagen und Anwendungen / von Jörg Hugel. –
Stuttgart ; Leipzig : Teubner, 1998
(Teubner-Studienbücher : Elektrotechnik)
ISBN 978-3-519-06259-2 ISBN 978-3-663-05860-1 (eBook)
DOI 10.1007/978-3-663-05860-1

Vorwort

Das vorliegende Studienbuch ist, wie wohl bei den meisten Lehrbüchern üblich, aus einer Vorlesung hervorgegangen. Seit Jahren lese ich den hier zusammengefassten Stoff für die Studenten der Elektrotechnik im ersten und zweiten Semester an der Eidgenössischen Technischen Hochschule Zürich. In dieser Einführungsveranstaltung werden die Grundlagen des Fachgebiets vermittelt, ergänzt durch Hinweise auf eine ganze Reihe von Anwendungen, hauptsächlich in den Übungen. Diese sind überwiegend in praktische Fragestellungen eingekleidete Aufgaben, wie sie dem Ingenieur in seiner Tätigkeit ja gewöhnlich begegnen. Dabei spielen die elektrischen Netzwerke eine zentrale Rolle. Ich habe allerdings der Versuchung widerstanden, die Netzwerke allein zu betrachten, auf axiomatischer Grundlage wie es den amerikanischen Gepflogenheiten entspricht. Vielmehr bin ich der europäischen Tradition treu geblieben, und nach dem MAXWELLschen Vorbild vom elektrischen und magnetischen Feld ausgegangen; die Netzwerke sind bekanntlich eine sehr leistungsfähige und praktisch bedeutsame Idealisierung des Geschehens in den Feldern. Grundbegriffe der Elektrotechnik, wie Spannung, Stromstärke, Induktivität, Kapazität usw. haben eine physikalische Bedeutung, die aus den Eigenschaften des elektromagnetischen Feldes entspringt, und nur mit dessen Hilfe befriedigend erklärbar ist. Zum Anderen hat der Ingenieur bei allen Idealisierungen deren Gültigkeitsgrenzen im Auge zu behalten; mit dem Blick auf die Felder ist diese Pflicht leichter erfüllbar als bei einer abstrakten, formalwissenschaftlichen Betrachtung elektrotechnischer Vorgänge allein.

Bei der Niederschrift des Manuskriptes haben mich meine Mitarbeiter Dr. Patrick Hofer und Dipl.-Ing. Kuno Schmid tatkräftig unterstützt; Herr Roger Strasser hat in mühevoller Kleinarbeit Text und Bilder in den Datensatz verwandelt. Den genannten Herren und den ungenannten Helfern danke ich herzlich.

Mein weiterer Dank gilt Herrn Dr. Jens Schlembach vom Teubner Verlag, ohne dessen Initiative und Unterstützung das Buch nicht zustande gekommen wäre.

Zürich, August 1998 J. Hugel

Inhalt

1 Einleitung

1.1 Die Ingenieurwissenschaft Elektrotechnik

Die Ingenieurwissenschaften haben ihre Wurzeln in den Naturwissenschaften. Das wichtigste Ziel der Ingenieurarbeit ist nicht die Erklärung von Erscheinungen und Zusammenhängen, sondern die Anwendung der Naturgesetze, um Maschinen, Geräte und andere technische Einrichtungen zu gestalten. Dieser Prozess erfordert gleichermassen künstlerische Kreativität bei der Entwicklung neuer Ideen und deren Ausgestaltung in rationaler, auf das Machbare konzentrierter Arbeit. Solide Kenntnisse der physikalischen Grundlagen der Elektrotechnik sind für eine erfolgreiche Ingenieurarbeit unerlässlich. Hinzu kommen die wichtigen Formalwissenschaften Mathematik und Informatik, die leistungsfähige Methoden zur Beschreibung komplexer natur- und ingenieurwissenschaftlicher Strukturen bereitstellen und damit eine effiziente Behandlung technischer Aufgaben ermöglichen.

Der Ingenieur trägt mit seiner Arbeit eine doppelte Verantwortung. Die Lebensgrundlagen einer Industrienation werden wesentlich durch die Kreativität der Ingenieure bestimmt. Dies gilt für den gesamten Prozess der Wertschöpfung von der Entwicklung über die Produktion bis zum Vertrieb. Geräte, Anlagen, aber auch Rechnerprogramme müssen beim Anwender gewartet und betreut werden, am Ende der Nutzung steht die Aufarbeitung und Entsorgung. Zu all diesen Aktivitäten sind nicht mehr nur technische und kommerzielle Gesichtspunkte massgebend, sondern die Verantwortung erstreckt sich darüber hinaus auf den Erhalt der Lebensgrundlagen. Die verfügbaren technischen Mittel müssen so eingesetzt werden, dass unmittelbar und auch für die fernere Zukunft Mensch und Natur vor nicht reparierbaren Schäden verlässlich geschützt werden. Diese Herausforderung ist schwierig zu bewältigen. Die Industriegesellschaft hat, wie andere Gesellschaftsformen auch, ihre ganz spezifischen Probleme. Der Bezug extremer Positionen, wie beispielsweise die Forderung nach einem Ausstieg aus der Technik, hilft am allerwenigsten, diese Probleme zu lösen.

1.2 Das Mass-System

Dinge und Erscheinungen sowie deren Eigenschaften und Merkmale werden mit Namen belegt. Namen kennzeichnen Begriffe, die durch nähere Beschreibungen dem Verständnis erschlossen werden. Viele Begriffe unterlagen im Laufe der Zeit mannigfachen Veränderungen. Spezielle Begriffe beschreiben eine physikalische Grösse, deren Intensität oder Quantität messbar ist. Ein solches Mass erfordert eine Einheit und einen Zahlenwert, der angibt, wie oft die Einheit in der Grösse enthalten ist. Ist also G eine physikalische Grösse, $[G]$ die Masseinheit und $\{G\}$ der besagte Zahlenwert, so schreibt sich die Grösse

$$G = \{G\} \cdot [G] \tag{1.1}$$

Die Grösse G ist das Produkt aus Zahlenwert und Einheit im Sinne der Mathematik.

Das heutige Mass-System *Système international* (SI) geht in seinem Kern auf das Meter-Kilogramm-Sekunde-System der französischen Revolution zurück. In seiner derzeit gültigen Form wurde es 1960 von der 11. Generalkonferenz für Masse und Gewichte international festgelegt. Dieses System ist in fast allen Ländern der Erde gesetzlich verankert, in der Schweiz durch das Bundesgesetz über das Messwesen vom 1.1.1978. Allerdings kommt in einigen englischsprachigen Ländern, insbesondere in den USA, die Umstellung auf die SI-Einheiten im privaten und industriellen Alltag nur schleppend voran. Das Mass-System SI baut auf einem Basis-System von Grundeinheiten auf, aus denen dann über physikalische Gesetze die abgeleiteten Einheiten entwickelt werden. Die N Basiseinheiten B_i und alle daraus abgeleiteten Einheiten X der Form

$$X = B_1^{n_1} \cdot B_2^{n_2} \cdot \ldots \cdot B_n^{n_N} \tag{1.2}$$

bilden eine sogenannte ABELsche Gruppe[1]. Ausgehend von der für ein Gebiet erforderlichen Zahl m verschiedener Grössen, zwischen denen ℓ unabhängige Beziehungen bestehen, kommt man auf die Zahl

$$N = m - \ell \tag{1.3}$$

N ist die Zahl der Basisgrössen, die nicht aus anderen Grössen ableitbar sind. Welche der N Grössen als Basisgrössen gewählt werden, ist prinzipiell gleichgültig und wird von Zweckmässigkeitsüberlegungen diktiert. Eine Basisgrösse

[1] N.H. ABEL (1802-1829) Norwegischer Mathematiker

soll möglichst genau und unabhängig von speziellen Stoffeigenschaften realisierbar sein. Dieses Ziel ist noch nicht für alle Basiseinheiten des SI-Systems erreicht.

1.3 Die Basis-Masseinheiten der Elektrotechnik

Die Geometrie benötigt als einzige Masseinheit die **Länge**, deren Einheit ist

$$[\ell] = 1\,\mathsf{m}\ (\mathsf{Meter}) \qquad (1.4)$$

Mit der Einheit der Länge ist auch die quantitative Bestimmung der Flächen und Rauminhalte abgedeckt.

Die Bestimmung von Winkeln erfordert keine spezielle Masseinheit, da der Winkel – definiert als Quotient der Bogenlänge zum Radius eines Bogens – als Verhältnisgrösse dimensionslos ist. Nicht zuletzt weil daneben, aus historischen Gründen, eine Vielzahl von Winkelmassen existiert (Altgrad, Neugrad, Stunden, Striche), ist es angebracht, der Winkelbestimmung im Bogenmass eine Einheitenbezeichnung beizufügen. Diese Einheit ist

$$[\varphi] = 1\,\mathsf{rad}\ (\mathsf{Radiant}) \qquad (1.5)$$

Die Kinematik, die Lehre von den Bewegungen, benötigt zusätzlich zur Länge die Einheit der **Zeit**, definiert als

$$[t] = 1\,\mathsf{s}\ (\mathsf{Sekunde}) \qquad (1.6)$$

Damit können weitere Einheiten für die Geschwindigkeit, Beschleunigung, Winkelgeschwindigkeit, Winkelbeschleunigung usw. abgeleitet werden.

Schliesslich benötigt die Dynamik, die Lehre von den Kräften, noch die Einheit der **Masse**

$$[m] = 1\,\mathsf{kg}\ (\mathsf{Kilogramm}) \qquad (1.7)$$

Mit abgeleiteten Einheiten sind nun auch Kraft, Drehmoment, Druck usw. quantitativ erfassbar.

Auf die Definition dieser drei allgemein bekannten Einheiten und deren messtechnische Darstellung wird nicht näher eingegangen.

Für die Fragen der Elektrotechnik kommt zu diesen drei Grundeinheiten der Mechanik eine vierte Einheit hinzu, nämlich die Einheit der **elektrischen Stromstärke**

$$[I] = 1\,\mathsf{A}\ (\mathsf{Ampere}) \tag{1.8}$$

Damit sind Begriffe wie elektrische Ladung, Spannung, Induktion usw. quantitativ erfassbar.

Es ist üblich geworden, Grund- und abgeleitete Einheiten, soweit historisch nicht anderweitig festgelegt, mit den Namen ausgezeichneter Wissenschaftler zu belegen. Die Einheit der Stromstärke ist benannt nach ANDRE MARIE AMPERE (1775-1836). Er hat mit einfachsten Hilfsmitteln aus Experimenten den allgemeinen Zusammenhang zwischen elektrischen Strömen und dem magnetischen Feld aufgedeckt. MAXWELL[2] hat AMPERE als NEWTON der Elektrotechnik bezeichnet. Die von AMPERE entdeckten elektromagnetischen Verkettungen sind Teil der MAXWELLschen Gleichungen. Zur Definition der Stromstärke wird in Kap. 8.3 Näheres ausgeführt.
Eine weitere wichtige Einheit aus der Begriffswelt der Thermodynamik ist die **Temperatur** mit der Einheit

$$[T] = 1\,\mathsf{K}\ (\mathsf{Kelvin}) \tag{1.9}$$

Benannt wurde sie nach WILLIAM THOMSON (1824-1907) später LORD KELVIN, der 1848 die heute gebräuchliche, auf dem zweiten Hauptsatz der Wärmelehre basierende thermodynamische Temperaturskala vorgeschlagen hat, die energetisch und damit unabhängig von Thermometersubstanzen definiert ist. Die Temperatur tritt in der Elektrostatik und Elektrodynamik nur indirekt in Erscheinung, und zwar meist als Parameter in den Materialgleichungen

1.4 Grössengleichungen

Die Gesetze der Physik und Technik werden durch Beziehungen zwischen verschiedenen Grössen beschrieben, die als Grössengleichungen aufzufassen sind.

[2]J.C.Maxwell (1831-1879) hat die Physik im 19. Jahrhundert in vielseitiger Weise entscheidend mitgestaltet. Die heute gebräuchliche mathematische Formulierung elektrostatischer und elektromagnetischer Erscheinungen geht auf ihn zurück, erstmals zusammengefasst im Werk «A Treatise on Electricity and Magnetism» (1873)

Bild 1.1: A.M. Ampère

Bild 1.2: J.C. Maxwell

Bild 1.3: Lord Kelvin

Jede Grösse ist, wie bereits dargelegt, das Produkt eines Zahlenwertes mit einer Einheit. Durch eine Grössengleichung entsteht eine neue Grösse, bestehend aus Zahlenwert und Einheiten, die bei Bedarf zu einer neuen Einheit zusammengefasst werden können. Beispielsweise entsteht aus den Grössen Masse und Beschleunigung durch Multiplikation eine Kraft. Eine Masse $m = 3\ \mathsf{kg}$ mit $a = 2\ \mathsf{m/s^2}$ beschleunigt, erfordert die Kraft

$$F = m \cdot a = 3 \cdot 2\ \frac{\mathsf{kgm}}{\mathsf{s^2}} = 6\ \mathsf{N} \tag{1.10}$$

Die abgeleitete Einheit der Kraft wird $1\ \mathsf{kgm/s^2} = 1\ \mathsf{N}$ (Newton). Durch dieses Vorgehen entstehen kohärente[3] Einheiten. Soweit in den Grössengleichungen Zahlenfaktoren auftreten, ist genau darauf zu achten, ob es sich um dimensionslose oder dimensionsbehaftete Grössen handelt. Dimensionlos sind beispielsweise Zahlenfaktoren, die beim Differenzieren oder Integrieren der Gleichungen auftreten, sowie auch Verhältniszahlen zweier gleicher Grössen. Dimensionsbehaftet sind hingegen die meisten Materialkennwerte oder auch universelle Konstanten, wie beispielsweise die Lichtgeschwindigkeit im leeren Raum. Treten Grössen in mathematischen Funktionen auf, so ist zu beachten, dass das Argument immer eine reine Zahl sein muss. Insbesondere ist bei der Logarithmusfunktion darauf zu achten, dass das Verhältnis zweier Grössen gleicher Dimension als Argument nicht in eine Differenz zweier Logarithmen mit dimensionsbehafteten Grössen verwandelt werden darf.

Die in Naturwissenschaft und Technik auftretenden Zahlenwerte der Grössen umspannen oft einen Bereich vieler Zehnerpotenzen. Es ist deshalb zweckmässig, den Zahlenwert einer Grösse als Produkt einer Zahl und einer Zehnerpotenz anzugeben. So geschrieben ist die Lichtgeschwindigkeit

$$c = 2{,}997925 \cdot 10^8\ \mathsf{m/s}$$

Diese Schreibweise hat den Vorteil, dass durch die Angabe der entsprechenden Anzahl von Nachkommastellen eine Aussage über die Genauigkeit gemacht wird. Man achte grundsätzlich auf eine sinnvolle Angabe der geltenden Ziffern bei den Zahlenwerten; die bei Rechnungen mit Taschenrechnern und Computern üblicherweise viel zu hoch ausfallende Stellenzahl muss bei der Übertragung auf das Papier grundsätzlich auf einen sinnvollen Stellenumfang reduziert werden. Anstelle der Schreibweise mit Zehnerpotenzen sind Abkürzungen entsprechend der nachstehenden Tabelle zulässig und üblich.

---

[3] cohaerere: (lat.) zusammenhängen. Hier in der Bedeutung «aufeinander abgestimmt».

Tabelle 1.1: Abkürzungen für Zehnerpotenzen in Verbindung mit Einheiten

Vorsilbe	Zeichen	10^x	Vorsilbe	Zeichen	10^x
Deka	da	1	Dezi	d	−1
Hekto	h	2	Zenti	c	−2
Kilo	k	3	Milli	m	−3
Mega	M	6	Mikro	μ	−6
Giga	G	9	Nano	n	−9
Tera	T	12	Piko	p	−12
Peta	P	15	Femto	f	−15
Exa	E	18	Atto	a	−18

Bei der Anwendung dieser Abkürzungen ist jedoch manchmal Vorsicht angebracht, um Missverständnisse zu vermeiden. So schreibt man für das Drehmoment als Einheit Newton-Meter (Nm) anstelle von Meter-Newton (mN), da missverständlich dies als Millinewton interpretierbar ist. Nach dem Charakter der Grösse ist dieser Fehler natürlich absurd, anders sieht es aber bei den folgenden Flächenangaben aus:
1 Mikro-Quadratmeter $1\ \mu(\mathsf{m})^2 = 10^{-6}\ \mathsf{m}^2 = 1\ \mathsf{mm}^2$ ist etwas anderes als
1 Mikrometer im Quadrat $1\ (\mu\mathsf{m})^2 = 1\ \mu\mathsf{m}^2 = 10^{-12}\ \mathsf{m}^2$ = 1 Quadratmikrometer.
Kurzbuchstabe und Einheit verschmelzen zu einer neuen Einheit, so dass ohne Klammern sich allfällige Potenzen immer auf diese neue Einheit beziehen. Am leichtesten lassen sich Zweifel und Irrtümer dieser Art bei konsequenter Anwendung der Zehnerpotenz-Schreibweise vermeiden.

Die früher gelegentlich benutzte Schreibweise der Einheiten in eckigen Klammern hinter dem Zahlenwert einer Grösse ist veraltet und deshalb nicht mehr anzuwenden.

1.5 Aufgaben

1.5.1 Beleuchtungsstromkreis

Bilder 1.4 und 1.5 zeigen die Schaltsymbole von Schaltgeräten und Verbrauchern. Spannungsquellen werden durch einen Kreis mit durchgezogenem Strich nach Bild 1.6 dargestellt. Mit Hilfe von Schaltplänen stellt man die Verknüpfungen zwischen Spannungsquellen, Schaltgeräten und Verbrauchern dar. Wichtig ist die Übersichtlichkeit aller Schaltplandarstellungen. Bild 1.6a zeigt einen einfachen Beleuchtungsstromkreis, wie er im Haushalt, aber auch in Taschenlampen vorkommt; Bild 1.6b einen Meldestromkreis mit Tastschalter, z.B. eine elektrische Türklingel.

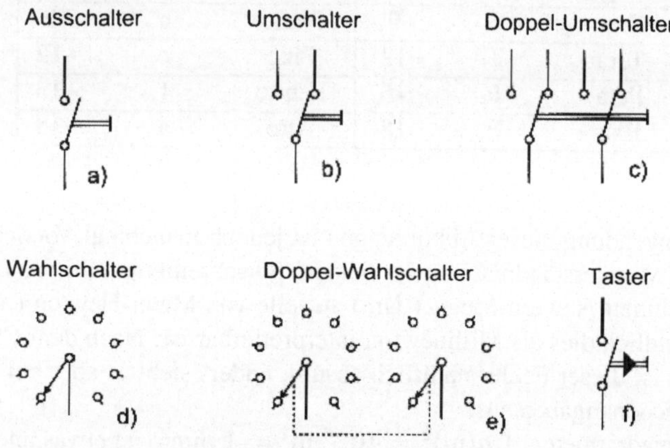

Bild 1.4: Schaltertypen

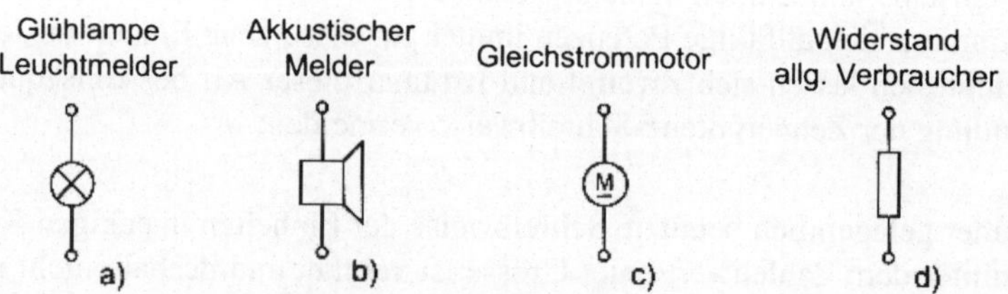

Bild 1.5: Verbrauchertypen

Fragen:

1. Zeichnen Sie einen Beleuchtungsstromkreis, bei dem eine Lampe von zwei Stellen aus ein- und ausgeschaltet werden kann.

2. Erweitern Sie den Stromkreis nach Frage 1 auf eine beliebige Anzahl von Schaltstellen.

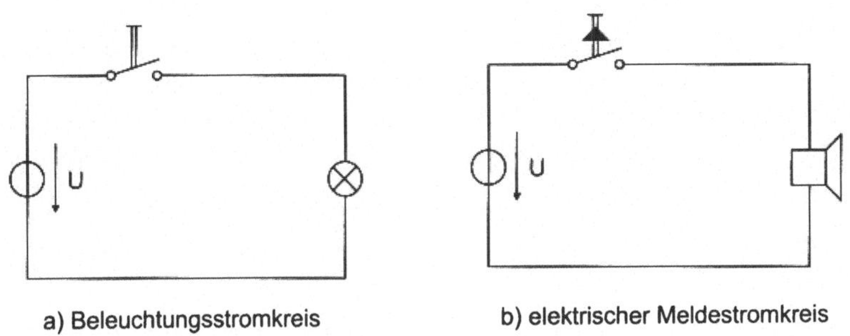

Bild 1.6: Einfache Stromkreise

3. Zeichnen Sie einen Motorstromkreis mit Ausschalter und Polwendeschalter zur Umkehr der Drehrichtung des Motors.

1.5.2 Durchtrenntes Kabel

Ein Elektroinstallateur hat in einem Haus ein 16adriges Kabel vom Keller in ein oberes Stockwerk verlegt. Die einzelnen Adern waren an beiden Enden mit Ziffern auf sogenannten Aderkennhülsen bezeichnet. Durch eine Ungeschicktheit des Lehrlings, der das zu lange Kabel an einem Ende abschnitt, ging die Kennzeichnung verloren. Um den Vorwürfen des Meisters zu entgehen, möchte der Lehrling rasch und mit geringstmöglichem Aufwand die Aderkennhülsen auf die abgeschnittenen Aderenden übertragen. Als Werkzeug besitzt er eine Taschenlampenbatterie und eine Glühlampe. Wie geht er am zweckmässigsten vor, um möglichst wenig Treppen steigen zu müssen?[4]

1.5.3 Kabel- oder Steckerkurzschlüsse

In Kabeln der Energie- oder Nachrichtentechnik treten gelegentlich Kurzschlüsse auf, die den Betrieb stören. Von den n Adern eines Kabels können zwei oder mehrere von einem Kurzschluss betroffen sein; es können auch verschiedene Gruppen von Leitungen jeweils kurzgeschlossen sein, ohne leitende Verbindung zwischen den Gruppen. Es sind also bei grösserer Adernzahl sehr mannigfache Kurzschlusskonfigurationen denkbar.

---

[4] Nach: M. GARDNER, Mathematische Rätsel und Probleme, (1968) 3. Auflage S.50, VIEWEG Verlag Braunschweig

Auch bei einem Stecker mit n Anschlüssen lassen sich zwischen den Stiften entsprechende Kurzschlusskonfigurationen herstellen. Solche Stecker sind dann wie ein Schlüssel verwendbar, wenn in einem Gerät eine geeignete Erkennungseinrichtung feststellen kann, welche spezielle Kurzschlusskonfiguration zum Betrieb berechtigt.

Fragen:

1. Die Leitung (der Stecker) habe n Adern (Anschlussstifte). Es sei bekannt, dass nur ein Paar von Leitungen (Steckerstifte) kurzgeschlossen ist. Wie viele Möglichkeiten gibt es ?

2. Mit einem Durchgangsprüfer (Prüflampe) soll mit möglichst wenigen Prüfungen der Kurzschlusszustand ermittelt werden. Mit wieviel Prüfungen kommt man aus, um den Spezialfall nach Aufgabe 1 zu überprüfen.
Hinweis: Leitungsenden sind blank und dürfen vorübergehend vom Prüfer kurzgeschlossen werden.

3. Es sei bekannt, dass ein Kurzschluss im Kabel vorliegt, die Zahl der betroffenen Adern ist unbekannt. Wieviel Möglichkeiten gibt es und wie sieht in diesem Fall die optimale Vorgehensweise der Prüfung aus.

4. Über die Kurzschlusskonfiguration des Kabels ist nichts bekannt. Entwerfen Sie einen optimalen Prüfplan.

5. (Expertenfrage) Wie viele Kurzschlusskonfigurationen K_n gibt es für $n = 2 \ldots 8$?
Hinweis: Diese schwierige Frage hat keine geschlossene Lösung, die Lösung K_n baut auf der vorangehenden Lösung K_{n-1} auf.

2 Elektrische Ladungen und Felder

2.1 Der Begriff der elektrischen Ladung

Die elektrische Ladung ist eine Eigenschaft der Materie, die in zwei unterschiedlichen Ausprägungen existiert und durch die Begriffe positive und negative Elektrizität gekennzeichnet wird. Die Ladung Q ist eine Quantitätsgrösse, vergleichbar mit der Masse oder dem Volumen eines Körpers. Die Ladungseinheit ist festgelegt auf

$$[Q] \quad = \quad 1\,\mathsf{C}\ (\mathsf{Coulomb}) \tag{2.1}$$

CHARLES AUGUSTIN DE COULOMB (1736 - 1806) erfand die hochemp-

Bild 2.1: Ch. A. de Coulomb

findliche, an einem dünnen Seidenfaden aufgehängte Drehwaage und ermittelte damit die Kraftgesetze elektrischer Ladungen und Dauermagnet-Anordnungen. Auf die Messung der Ladung Q und die Definition der Einheit wird später noch näher eingegangen. Die Ladung Q ist an bestimmte Elementarteilchen gekoppelt und quantisiert. Beispielsweise trägt das Elektron die Ladung $Q = -e = -1{,}60 \cdot 10^{-18}$ C und das Proton dieselbe Ladungsmenge mit positivem Vorzeichen. Die auf Körpern beobachteten Ladungen betragen stets ein ganzzahliges Vielfaches dieser Elementarladungen.

$$Q = n \cdot e \qquad \text{mit} \qquad n = 0, \pm 1, \pm 2, \ldots$$

Makroskopische Gegenstände bestehen aus einer grossen Anzahl von Atomen mit einer noch grösseren Anzahl von Protonen und Elektronen. In ihren äusseren Wirkungen heben sich positive und negative Elementarladungen auf. Die Ladung eines Körpers resultiert deshalb allein aus einem Überschuss an entsprechenden Ladungsträgern. Elektrisch geladene Körper üben eine Kraftwirkung aufeinander aus, wobei sich gleichartige Ladungen abstossen, ungleichartige anziehen. Diese Kraftwirkung bildet die Grundlage zur Messung der Ladungsmenge Q. Wenn zwei Ladungen Q_1 und Q_2 auf eine dritte Q_3 im gleichen Abstand gleiche Kräfte ausüben, dann sind die Ladungsmengen Q_1 und Q_2 gleich. Die elektrischen Ladungen gehorchen einem Erhaltungssatz. Demzufolge können in einem abgeschlossenen System weder Ladungen entstehen noch Ladungen verschwinden. Die Bewegung von Ladungen ist durch die Bindung an Elementarteilchen stets an materielle Transporte gekoppelt, doch sind die bei derartigen elektrischen Strömungen bewegten Massen in aller Regel unmerklich klein. Bei zahlreichen elektrischen Strömungsvorgängen, beispielsweise in elektrischen Leitungsdrähten, ist in einem bestimmten Leitungsabschnitt der Zufluss und der Abfluss der Ladungsträgermenge genau gleich gross. Die Ladungsbewegung verursacht dann überhaupt keine Massenänderung im betrachteten Leitungsabschnitt. Die Beweglichkeit der ladungstragenden Teilchen und damit der Ladungen ist sehr unterschiedlich. In Festkörpern sind die Protonen an das Atomgitter gebunden und unbeweglich. Sind bestimmte Elektronen (wie beispielsweise bei Metallen) leicht beweglich, so liegt ein elektrischer Leiter vor. Sind alle Ladungsträger unbeweglich, spricht man von einem elektrischen Isolator. Für die technische Nutzung der elektrischen Phänomene sind die Bewegungsmöglichkeiten der Ladungen in Festkörpern, Flüssigkeiten und Gasen und die Beeinflussbarkeit der Bewegungen durch elektrische und magnetische Felder von zentraler Bedeutung.

2.2 Das elektrische Feld

Die im vorigen Abschnitt besprochene Kraftwirkung geladener Körper und damit der Ladungen kann nach den von M. FARADAY und J. C. MAXWELL entwickelten Vorstellungen dadurch erklärt werden, dass die Ladungen im Raum einen besonderen physikalischen Zustand hervorrufen, der als elektrisches Feld bezeichnet wird. Dieses äussert sich zunächst dadurch, dass eine im Einflussbereich des elektrischen Feldes befindliche Ladung Q eine Kraft $\vec{F}$ erfährt, die nach Betrag und Richtung messbar ist. Dabei ist es unwesentlich, wie dieses mit der Probeladung Q untersuchte Feld zustande gekommen ist. Die Ursache des Feldes hat mit seiner quantitativen Bestimmung nichts zu tun. Mit Hilfe der Kraft $\vec{F}$ definiert man die **elektrische Feldstärke** $\vec{E}$ als Quotient

$$\vec{E} = \frac{\vec{F}}{Q} \tag{2.2}$$

Die Feldstärke $\vec{E}$ ist ein Vektor, richtungsgleich mit der Kraft $\vec{F}$, nach Betrag und Richtung abhängig vom Ort im Raum. Die Gesamtheit aller Feldvektoren im Raum bildet das elektrische Feld, das dem Charakter der physikalischen Grössen von $\vec{F}$ und Q zufolge ein Vektorfeld ist. An dieser Stelle mögen Zweifel aufkommen, ob mit dieser Methode das ursprüngliche elektrische Feld vor dem Einbringen der Probeladung bestimmt wird oder jenes bei Anwesenheit der Probeladung. Denn da Ladungen die Quellen der Felder sind, wird durch die Probeladung der Feldzustand des Raumes verändert. Der Einfluss der Probeladung auf den Feldzustand des Raumes hängt von der Grösse der Ladung Q ab. Nach Gl. (2.2) wird aber ganz klar das ursprüngliche Feld messtechnisch erfasst, da nur der Quotient $\vec{F}/Q$ interessiert, hingegen die Grösse der Probeladung vollkommen unwesentlich ist.

Der Feldbegriff hat aus physikalischer und technischer Sicht fundamentale Bedeutung. So bildet beispielsweise die Temperatur im Raum, die eine Funktion des Ortes ist, ein Temperaturfeld. Die Temperatur ist eine skalare Grösse, somit liegt hier der gegenüber dem Vektorfeld einfachere Fall eines Skalarfeldes vor. Ein Vektorfeld und somit auch das elektrische Feld benötigt zur Darstellung eines Punktes drei Koordinaten E_1, E_2, E_3, die von der Position im Raum, bestimmt durch die Koordinaten r_1, r_2, r_3, abhängen. In Bild 2.2 ist dieser Zusammenhang dargestellt. Man unterscheidet bei der Beschreibung von Vektoren die Koordinaten r_1, r_2, r_3 oder E_1, E_2, E_3, welche reine Zahlenwerte zur Kennzeichnung eines Vektors in einem Koordinatensystem sind, und die

Komponenten $\vec{r}_1$, $\vec{r}_2$, $\vec{r}_3$ oder $\vec{E}_1$, $\vec{E}_2$, $\vec{E}_3$. Diese Komponenten sind Vektoren, die vektoriell addiert den Ortsvektor $\vec{r}$ oder den Feldstärkevektor $\vec{E}$ ergeben.

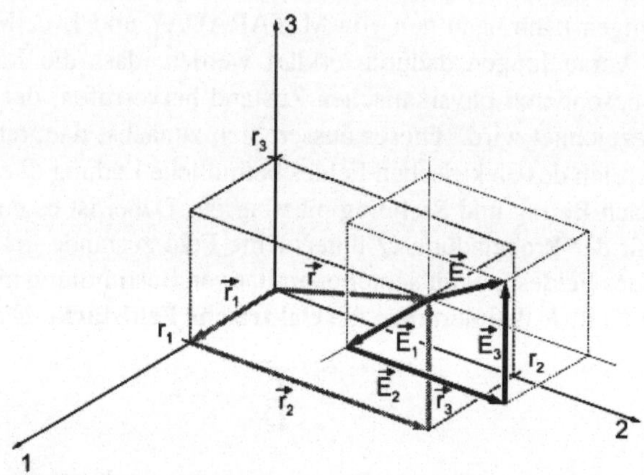

Bild 2.2: Vektorkoordinaten und Vektorkomponenten

Ein anschauliches Mittel zur Beschreibung eines Vektorfeldes sind die **Feldlinien**. Diese entstehen – vereinfacht ausgedrückt – als Bahnkurven, die eine Ladung Q durchlaufen würde, wenn sie frei beweglich wäre und die Bewegung so langsam abliefe, dass alle Trägheitskräfte vernachlässigbar wären. Der Tangentenvektor an diese Feldlinie in Bewegungsrichtung der Ladung Q gibt die Richtung des Feldstärkevektors $\vec{E}$ im betrachteten Punkt an. Über den Betrag der Feldstärke $\vec{E}$ kann zunächst nichts ausgesagt werden.

Die Quellen des elektrischen Feldes sind nach bisheriger Erkenntnis im Raum verteilte elektrische Ladungen, welche die Kraftwirkung auf die Probeladung Q verursachen. Solange diese Ladungen zeitlich konstant und ortsfest sind, ist man im Arbeitsgebiet der **Elektrostatik**, das sich mit der quantitativen Bestimmung elektrischer Felder befasst. Zur Feldberechnung wurden zahlreiche Methoden entwickelt, hierbei sind heute die Digitalrechner eine grosse Hilfe. Das Problem, das Feld einer gegebenen, diskreten Ladungsverteilung zu berechnen, ist einfach zu lösen, da die von den einzelnen Ladungen herrührenden Feldkomponenten in einem Raumpunkt sich vektoriell zum Feldvektor addieren. Im Punkt $\vec{r}$ beträgt die Feldstärke $\vec{E}$ einer Punktladung Q, die sich im Ursprung eines rechtwinklig kartesischen Koordinatensystems mit den drei Achsen 1, 2 und 3 befindet

$$\vec{E} = \frac{Q}{4\,\pi\,\epsilon}\,\frac{\vec{r}}{r^3} \text{ mit } r = |\vec{r}| \tag{2.3}$$

Der Faktor $1/4\pi$ ist durch das heute übliche SI-Mass-System vorgegeben. ϵ ist eine Materialkonstante, da die Kraft $\vec{F}$ auf eine Probeladung Q im Wasser zum Beispiel etwa 80 mal schwächer ist als in Luft. Sind r_1, r_2 und r_3 die Koordinaten des Radiusvektors $\vec{r}$, so erhält man aus Gl. (2.3) die Koordinaten des Feldvektors

$$\begin{aligned} E_1 &= \frac{Q}{4\,\pi\,\epsilon}\,\frac{r_1}{(r_1^2 + r_2^2 + r_3^2)^{3/2}} \\ E_2 &= \frac{Q}{4\,\pi\,\epsilon}\,\frac{r_2}{(r_1^2 + r_2^2 + r_3^2)^{3/2}} \\ E_3 &= \frac{Q}{4\,\pi\,\epsilon}\,\frac{r_3}{(r_1^2 + r_2^2 + r_3^2)^{3/2}} \end{aligned} \tag{2.4}$$

Das Feldbild ist bezüglich der Position der Ladung Q kugelsymmetrisch. In der Ebene beispielsweise, die von den 1-2-Achsen aufgespannt wird, ergibt sich das in Bild 2.3 dargestellte Schnittbild. Ausgehend von der Ladung Q als

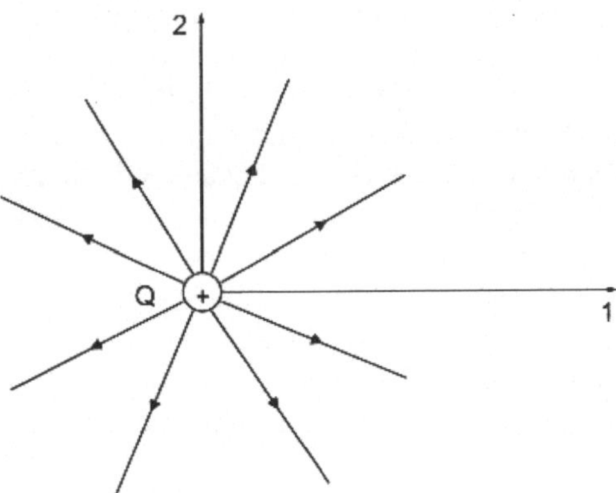

Bild 2.3: Feldbild einer Ladung Q

Quelle verlaufen die Feldlinien ins Unendliche. Ohne an dieser Stelle auf weitere Einzelheiten einzugehen sei hier nur angemerkt, dass auch alle elektrisch leitenden Kugeln, aufgeladen mit der Ladung Q, ausserhalb der Kugelhülle dasselbe Feldbild zeigen. Einen solchen Fall zeigt Bild 2.4. Schliesslich ist zur Illustration in Bild 2.5 noch das Feldbild von zwei entgegengesetzt gleichen Ladungen $Q_1 = -Q_2$ aufgezeichnet, die im Abstand 2a symmetrisch auf der 1- Achse angeordnet sind. Herrscht wie hier ein Ladungsgleichgewicht, so

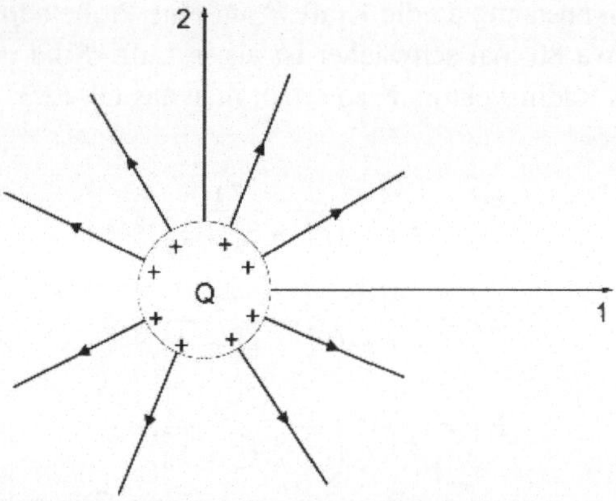

Bild 2.4: Feldbild einer geladenen Kugel

verschwindet in grosser Entfernung von beiden Ladungen das elektrische Feld weitgehend und zwar in wesentlich stärkerem Mass als im Fall nach Bild 2.3 , wo kein Ladungsgleichgewicht gegeben ist. In Bild 2.5 gehen alle Feldlinien von der positiven Quelle links aus und enden in der negativen Quelle rechts. Ein wichtiger Sonderfall des elektrischen Feldes ist das **homogene Feld**. Richtung und Betrag des Feldstärkevektors $\vec{E}$ sind hierbei vom Ort unabhängig. Im homogenen Feld vereinfachen sich die physikalischen Verhältnisse oftmals sehr wesentlich. Das homogene Feld ist nur in beschränkten Raumgebieten näherungsweise realisierbar. Man betrachtet entweder hinreichend kleine Raumgebiete oder man gestaltet das Feld durch konstruktive Massnahmen in einem vorgegebenen Teil des Raumes mit hinreichender Genauigkeit homogen.

2.3 Die Arbeit im elektrischen Feld

Auf die Ladung Q wirkt im elektrischen Feld nach Gl. (2.2) die Kraft

$$\vec{F} = \vec{E} \cdot Q$$

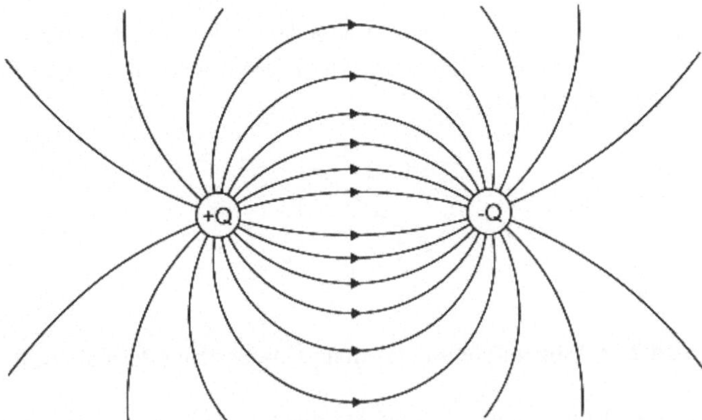

Bild 2.5: Feldbild zweier entgegengesetzt gleicher Ladungen

die sich ortsabhängig in Betrag und Richtung ändert. Bewegt man die Ladung, wie in Bild 2.6 angedeutet, auf dem Weg s, so wird je nach Vorzeichen der Kraftkomponente in Wegrichtung entweder mechanische Energie frei oder aufgewendet.

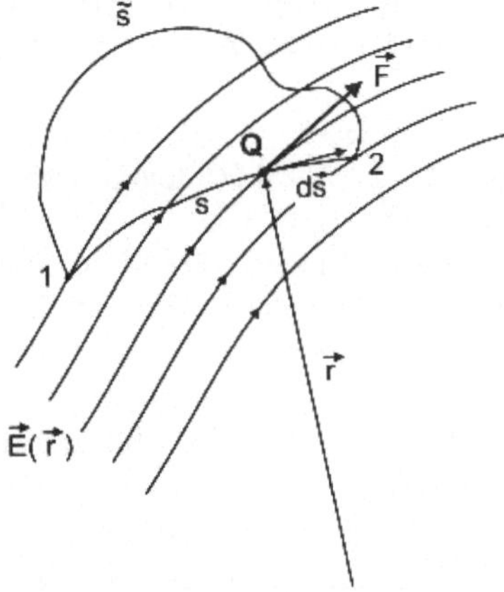

Bild 2.6: Bewegung der Ladung Q im elektrischen Feld

Arbeit und Energie sind gleichbedeutend und bezeichnen den selben physikalischen Begriff. Betrachtet man auf dem Weg s ein Wegelement $d\vec{s}$ der Länge ds, so wird nach Bild 2.7 – wie bereits angedeutet – für die Arbeit nur die Tangentialkomponente $\vec{F}_t$ der Kraft wirksam. Die Normalkomponente $\vec{F}_n$ leistet keinen energetischen Beitrag.

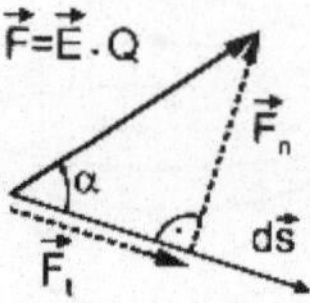

Bild 2.7: Tangentiale und normale Komponente der Feldkraft

Das längs dem Wegelement erzeugte Arbeitselement ist

$$\mathrm{d}W = F_t \cdot \mathrm{d}s \quad = \quad Q \cdot E \cos\alpha \cdot \mathrm{d}s \tag{2.5}$$

Dieser Ausdruck wird in der Vektoralgebra als skalares Produkt bezeichnet, kurz geschrieben

$$\mathrm{d}W \quad = \quad Q \cdot \vec{E} \cdot \mathrm{d}\vec{s} \tag{2.6}$$

Um die Gesamtenergie bei einer Bewegung längs des Weges von Punkt 1 nach Punkt 2 in Bild 2.6 zu bestimmen, sind die Energiedifferentiale nach den Gl. (2.5) oder Gl. (2.6) längs des Weges s aufzusummieren; genauer gesagt: das Energiedifferential dW ist längs des Weges s zu integrieren. Die Notation für diese Integration ist

$$W_{12} \quad = \quad Q \int_1^2 \vec{E} \cdot \mathrm{d}\vec{s}\ \text{(Integrationsweg s)} \tag{2.7}$$

Bemerkenswert für die Arbeit W_{12} ist, dass diese vom Verlauf des Weges s unabhängig sein muss. Denn bei einer Umkehr der Ladungsbewegung vom Punkt 2 zum Punkt 1 auf dem Weg s erhält man

$$W_{21} = Q \int_2^1 \vec{E} \cdot \mathrm{d}\vec{s} \quad = \quad -W_{12}\ \text{(Integrationsweg s)} \tag{2.8}$$

weil bei gleichbleibendem $\vec{E}$ das Wegelement d$\vec{s}$ in die entgegengesetzte Richtung weist. Wäre die Arbeit auf einem anderen Weg $\tilde{s}$ von jener auf dem ursprünglichen Weg s verschieden, so gäbe es einen geschlossenen Umlauf über die Wege s und $\tilde{s}$, bei dem eine bestimmte Arbeit übrig bliebe. Ein derartiges *perpetuum mobile* verbietet jedoch der Energiesatz. Die Wegangabe zur Definition des Integrals ist deshalb überflüssig.

2.4 Elektrische Spannung und elektrisches Potential, Maschenregel

Die Gl. (2.7) durch Q dividiert, liefert den Quotienten

$$\frac{W_{12}}{Q} = \int_1^2 \vec{E} \cdot \mathrm{d}\vec{s} = (-\varphi_2) - (-\varphi_1) = \varphi_1 - \varphi_2 = U_{12} \tag{2.9}$$

den man als elektrische Potentialdifferenz oder auch **elektrische Spannung** bezeichnet. Die an sich willkürliche Wahl $(-\varphi)$ als Integralfunktion folgt aus der Konvention, derzufolge W_{12} als abgegebene mechanische Arbeit positives Vorzeichen ausweisen soll. Dies ist der Fall, wenn die Kraft $\vec{F}$ und die wirksame Wegkomponente $\mathrm{d}\vec{s}_t$ – die Komponente in Richtung der Tangente der Feldlinie – in die gleiche Richtung zeigen. Mechanische Arbeit wird abgegeben, wenn eine positive Ladung Q sich vom Ort mit dem Potential φ_1 zu einem Ort mit dem gegenüber φ_1 niedrigeren Potential φ_2 bewegt. Die besagte Konvention führt auf das im nächsten Abschnitt zu besprechende Verbraucher-Zählpfeilsystem. Nach Gl. (2.8) ist die Arbeit und damit die Spannung zwischen zwei Punkten zwar unabhängig vom Weg, aber abhängig von der Wegrichtung der Integration; es gilt

$$U_{12} = -U_{21} \tag{2.10}$$

Deshalb ist die genaue Angabe der Bezugspunkte wichtig. Diese Angabe erfolgt nach Bild 2.8 mit Hilfe eines Spannungspfeiles. Der Spannungspfeil charakterisiert keinen Vektor sondern eine Zählrichtung: Die Spannung ist eine skalare Grösse und im Gegensatz zur Ladung eine Intensitätsgrösse, sie ist immer zwischen zwei Punkten im Feld definiert. Es kann zweckmässig sein, wie in Bild 2.9 gezeigt, den Punkten 1,2 und weiteren Punkten die **Potentiale** φ_1, φ_2 usw. zuzuordnen, die sich auf einen willkürlichen Punkt beziehen, dem das Potential $\varphi_0 = 0$ gegeben wird. Die Spannung zwischen zwei Punkten ν und μ entspricht der Potentialdifferenz

$$U_{\nu\mu} = \varphi_\nu - \varphi_\mu \tag{2.11}$$

Aus diesen Überlegungen folgt unmittelbar ein wichtiger Satz – die Maschenregel nach KIRCHHOFF[1]. Betrachtet man n Punkte nach Bild 2.9 mit den

[1]G.R. KIRCHHOFF (1824-1887) lieferte bedeutende Beiträge zur theoretischen Physik. Er fand die Verzweigungsgesetze für elektrische Stromkreise

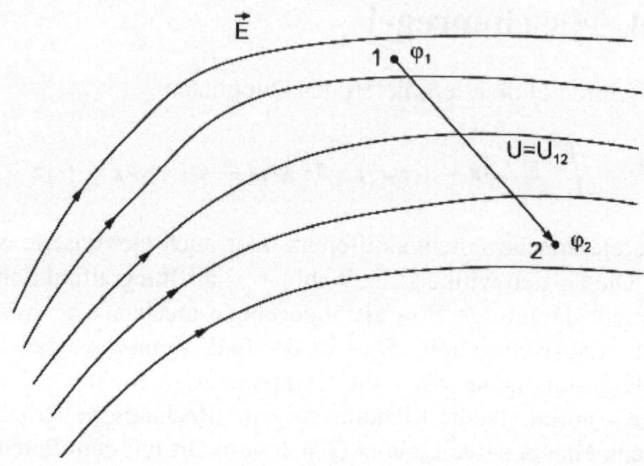

Bild 2.8: Die elektrische Spannung zwischen zwei Punkten im elektrischen Feld

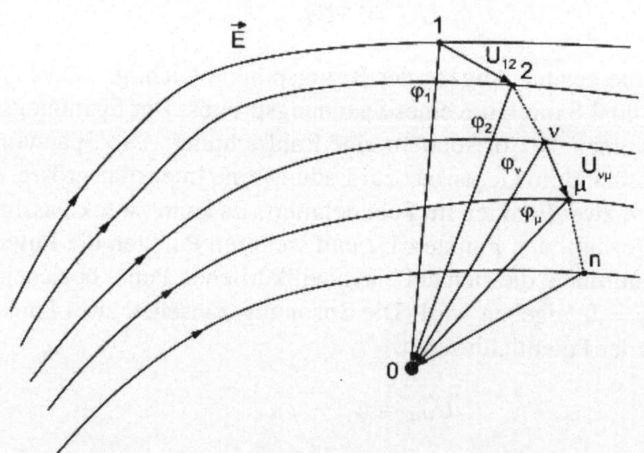

Bild 2.9: Potentiale und Potentialdifferenzen

Bild 2.10: G.R. Kirchhoff

Potentialen $\varphi_1, \varphi_2, \ldots, \varphi_n$, so ist die Summe aller Spannungen über einem geschlossenen Umlauf

$$U_{12} + U_{23} + \quad \ldots \quad + U_{n_1,n} + U_{n,1} \tag{2.12}$$

$$= \varphi_1 - \varphi_2 + \varphi_2 - \varphi_3 + \quad \ldots \quad + \varphi_{n-1} - \varphi_n + \varphi_n - \varphi_1 \equiv 0 \tag{2.13}$$

Die Summe der Spannungen in einer geschlossenen Masche verschwindet. Hierbei handelt es sich um einen speziellen Fall der bereits geschilderten allgemeinen Tatsache, dass das Arbeitsintegral (2.7) über jedem geschlossenen Weg verschwinden muss. Die Einheit der elektrischen Spannung U ist

$$[U] = 1\,\frac{\mathsf{Nm}}{\mathsf{C}} \quad = \quad 1\,\mathsf{V(Volt)} \tag{2.14}$$

benannt nach ALESSANDRO GRAF VOLTA (1745 - 1827), der verschiedene Messgeräte für elektrische Ladungen und Ströme konstruierte und insbesondere die VOLTAsche Säule erfand. Diese Urform des chemisch-elektrischen Energiewandlers mit konstanter, vom Fluss der Ladungen nahezu unabhängiger elektrischer Spannung wurde technisch weiterentwickelt zu den heute verfügbaren zahlreichen Arten elektrochemischer Elemente und Batterien. Die Messung der elektrischen Spannung erfolgt mit Spannungsmessern, oft kurz

Bild 2.11: A. Volta

auch Voltmeter genannt, die in vielfältigen Ausführungsformen vom Handel angeboten werden.

Zum Schluss dieses Abschnitts ist noch Folgendes anzumerken: Zwischen jeweils zwei von n Punkten lassen sich insgesamt $n(n-1)/2$ Spannungen bestimmen. Es genügt aber die Angabe von n Potentialen φ_ν, um alle möglichen Spannungen in der Form von Potentialdifferenzen darstellen zu können.

Der Begriff des Potentials stammt ursprünglich aus der Mechanik und bezeichnet dort eine Arbeit W im Gravitationsfeld, die selbstverständlich von der bewegten Masse m abhängt. Hingegen bezeichnet das elektrische Potential eine ladungsbezogene Arbeit mit der Einheit $\mathsf{Nm/C}$ oder Volt. Dem elektrischen Potential äquivalent wäre daher in der Mechanik eine massenbezogene Arbeit W/m mit der Einheit $\mathsf{Nm/kg}$ oder $\mathsf{m^2/s^2}$. Das elektrische Potential ist eine von der elektrischen Probeladung unabhängige Grösse des elektrischen Feldes, das mechanische Potential hingegen ist wegen seiner Abhängigkeit von der Probemasse keine reine Grösse des Gravitationsfeldes.

2.5 Spannungsquellen und Erläuterungen zur Maschenregel

Zwischen zwei Punkten eines elektrischen Feldes herrscht, wie bereits gesagt, eine Potentialdifferenz oder elektrische Spannung, die zumindest gedanklich mit Hilfe der mechanischen Arbeit, die bei der Bewegung einer Probeladung zwischen den beiden Punkten frei wird oder aufgewendet werden muss, nach Gl. (2.9) vorzeichenrichtig feststellbar ist. Mit den Nachfolgern der VOLTAschen Säule, den besagten elektrischen Batterien, hat man Einrichtungen, bei welchen zwischen zwei Punkten, den Anschlussklemmen, eine feste Spannung gegeben ist. Zwischen den Klemmen bildet sich ein elektrisches Feld aus, über dessen Gestalt zunächst wenig bekannt ist, das jedoch uneingeschränkt Gl. (2.9) erfüllen muss. Eine derartige Spannungsquelle, deren Spannung zwischen den beiden Anschlussklemmen, ungeachtet aller Bedingungen, unnachgiebig konstant angesehen werden darf, wird als **ideale Spannungsquelle**, oder **Urspannungsquelle** bezeichnet und mit dem Schaltsymbol nach Bild 2.12 in den elektrischen Schemata und Plänen dargestellt. Selbstverständlich gibt es

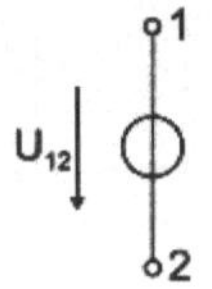

Bild 2.12: Symbol der idealen Spannungsquelle

in Wirklichkeit immer Abweichungen zwischen realen und idealen Spannungsquellen, doch in vielen Fällen dürfen die realen Spannungsquellen durchaus als ideal angesehen werden. Über die Voraussetzungen hierzu wird noch zu sprechen sein.

Der Anschlusspunkt 1 in Bild 2.12 ist der Pluspol dieser Spannungsquelle, wenn bei einer von Punkt 1 nach Punkt 2 auf beliebigem Weg durch den Raum bewegten positiven Ladung mechanische Arbeit frei wird. Punkt 2 ist dann der Minuspol. Die Spannung, gekennzeichnet durch einen Spannungspfeil, der vom Pluspol ausgeht und auf den Minuspol zielt, hat einen positiven Zahlenwert. Wegen der freiwerdenden elektrischen, einem Verbraucher zugeführten mechanischen Arbeit bei der Bewegung einer positiven Ladung Q vom

Pluspol zum Minuspol spricht man bei dieser Konvention vom **Verbraucher-Zählpfeilsystem**.

Ordnet man einer Spannungsquelle willkürlich einen Zählpfeil zu und stellt dann später fest, dass unter Bezug auf diesen Zählpfeil und seiner gewählten Richtung der numerische Wert der Spannung ein negatives Vorzeichen hat, so kennzeichnet die Pfeilspitze den Pluspol und das Pfeilende den Minuspol. Es ist unerlässlich, die Anschlusspunkte der Spannungsquellen durch Zählpfeile unterscheidbar kennzuzeichnen. Mit Klammern, Doppelpfeilen usw. ist die eindeutige Kennzeichnung nicht gegeben.

Die Potential- und Spannungsbeziehungen nach Bild 2.9 und die hieraus abgeleitete Maschenregel können auch mit Hilfe von Spannungsquellen dargestellt werden, und zwar gleichberechtigt auf unterschiedliche Arten. Zwei der vielen Möglichkeiten sind in Bild 2.13a und 2.13b dargestellt.

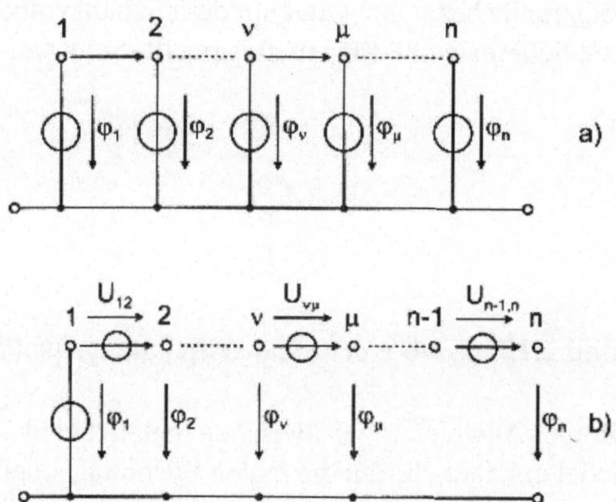

Bild 2.13: Darstellungsbeispiele der Potential- und Spannungsverhältnisse bei einer elektrischen Anordnung mit $n+1$ Anschlusspunkten mit Hilfe von n Spannungsquellen

Es gilt durchweg die Maschengleichung Gl. (2.12). Auch für beliebige Teilmaschen kann eine entsprechende Beziehung aufgestellt werden. Beispielsweise gilt für die Masche $\nu - \mu - 0 - \nu$

$$U_{\nu\mu} + \varphi_\mu - \varphi_\nu \quad = \quad 0$$

Bei $n + 1$ Anschlusspunkten benötigt man genau n Spannungsquellen, die aber nicht vollständig willkürlich gewählt werden dürfen. Spannungen, die bereits durch die Maschenregel bestimmt sind, dürfen nicht über eine zusätzliche Spannungsquelle überbestimmt werden. Beispielsweise darf in Bild 2.13b, sowie in Bild 2.14 gestrichelt eingetragen, die Spannung φ_2 nicht durch eine Spannungsquelle fixiert werden, da φ_2 bereits eindeutig über die Maschenregel

$$U_{12} - \varphi_1 + \varphi_2 = 0$$

oder

$$\varphi_2 = \varphi_1 - U_{12}$$

bestimmt ist. Ein System von Spannungsquellen darf niemals überbestimmt sein, deshalb ist zu beachten:

Ideale Spannungsquellen dürfen nicht parallel geschaltet werden.

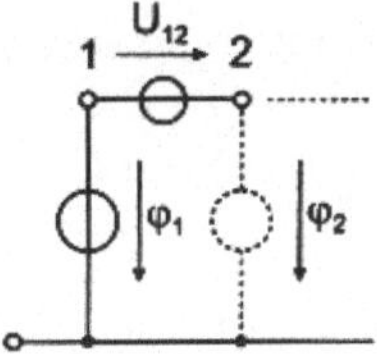

Bild 2.14: Verbotene Anordnung von Spannungsquellen

2.6 Äquipotentialflächen

Bestimmt man nach Bild 2.15, ausgehend vom Punkt P_{10} mit dem Potential φ_1, alle Punkte $P_{1\nu}$ im Raum mit dem gleichen Potential, so bilden diese Punkte eine räumliche Fläche, die Äquipotentialfläche mit dem Potential φ_1. Zwischen zwei Punkten einer Äquipotentialfläche ist die Potentialdifferenz (die Spannung) null. Für verschiedene Potentiale φ_μ bestimmt man weitere räumliche Flächen, die zusammen eine Flächenschar ergeben. Das Potential bildet im Raum ein eigenes Feld und zwar ein Skalarfeld, da ein Zahlenwert genügt, um das Potential im Raum zu beschreiben. Die Äquipotentialflächen geben

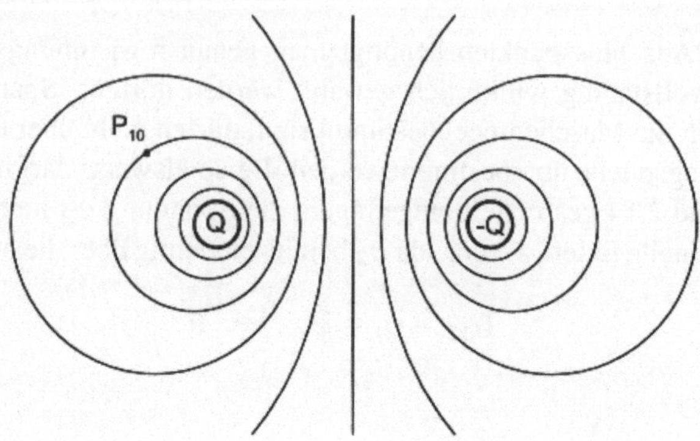

Bild 2.15: Schnittbild der Äquipotentialflächen im Raum

ein anschauliches Bild dieses Feldes. Die Äquipotentialflächen der Punktladung nach Bild 2.4 sind konzentrische Kugeln mit der Ladung im Mittelpunkt. Die Schnittlinien der Äquipotentialflächen mit einer Ebene, z.B. der Zeichen- oder Darstellungsebene, führt zu den Äquipotentiallinien. Beispielsweise ist in Bild 2.16 das Feldbild Bild 2.5 durch die Äquipotentiallinien ergänzt. Denkt

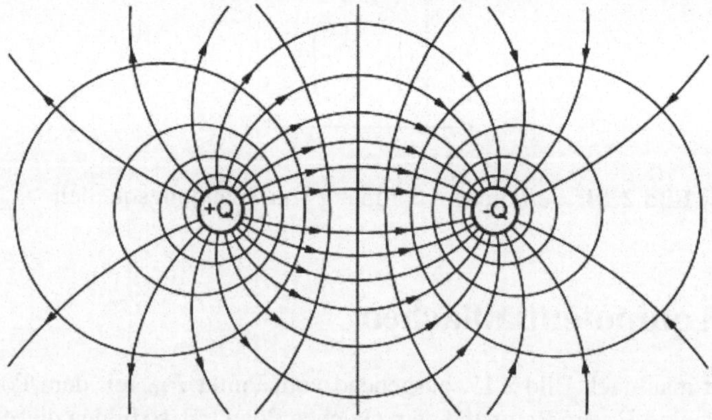

Bild 2.16: Feldbild mit Äquipotentialflächen

man sich die Äquipotentialflächen als dünnwandige metallische Körper, so ändert sich das Feldbild nicht. Feldbild einer einzelnen Punktladung und einer elektrisch geladenen Kugel sind deshalb ausserhalb des Kugelradius identisch.

Wichtig sind folgende Tatsachen: Feldlinien und Äquipotentialflächen schneiden sich senkrecht. Elektrische Leiter fallen stets mit einer Äquipotentialfläche zusammen, die Feldlinien verlassen einen Leiter immer auf senkrechtem Weg.

2.7 Aufgaben

2.7.1 Elektronenbewegung im elektrischen Feld

Ein homogenes elektrisches Feld ist in einem bestimmten Raumbereich durch konstanten Betrag und einheitliche Richtung des Feldstärkevektors $\vec{E}$ charakterisiert. Es lässt sich näherungsweise mit Hilfe zweier Metallplatten realisieren, die sich parallel gegenüberstehen und deren Abstand d klein gegenüber den Plattenabmessungen ist. Bild 2.17 zeigt eine derartige Anordnung als Schnittbild. Zwischen den beiden Platten liege die Spannung U.

In einem speziellen Fall sei

$$d = 1\ \mathsf{cm}$$
$$U = 1\ \mathsf{kV}$$

Die Anordnung befinde sich in einem luftleer gepumpten Behälter.

Fragen:

1. Wie gross ist der Betrag der elektrischen Feldstärke allgemein und speziell als Zahlenwert gemäss den mitgeteilten Gerätedaten?

2. Schreiben Sie den Feldstärkevektor in Koordinatendarstellung für das Koordinatensystem nach Bild 2.17 an.

3. Duch Lichteinwirkung werde aus dem Metall an der Stelle A ein Elektron ausgelöst, dessen Anfangsgeschwindigkeit vernachlässigbar klein angenommen werden kann. Dieses Elektron fliegt in beschleunigter Bewegung zum Punkt B. Die Masse eines Elektrons ist $m_0 = 9{,}1 \cdot 10^{-31}$ kg, seine Ladung $q_e = -e = -1{,}6 \cdot 10^{-19}$ C. Wie gross ist die Beschleunigung a und die Geschwindigkeit v_B unmittelbar vor dem Aufschlag in B? Wie lange dauert der Flug?

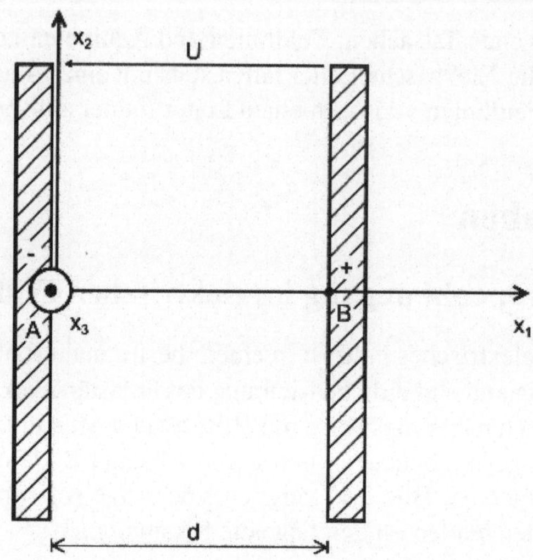

Bild 2.17: Plattenanordnung zur Erzeugung eines elektrischen Feldes

2.7.2 Kathodenstrahlröhre

Das Prinzip der Kathodenstrahlröhre ist in Bild 2.18 dargestellt. Das Elektron tritt mit der Geschwindigkeit v_0 in den Bereich des elektrischen Feldes, das als homogen angesehen werden kann, der Randeinfluss sei vernachlässigbar. Ohne Feld würde das Elektron in C auf dem Bildschirm auftreffen. Im elektrischen Feld erfährt das Elektron eine vertikale Beschleunigung nach oben und erhält eine zunehmende vertikale Geschwindigkeitskomponente, die im Punkt B' den Wert v_B erreicht. Die horizontale Geschwindigkeit bleibt unbeeinflusst konstant, wie auch die vertikale Geschwindigkeit nach dem Verlassen des elektrischen Feldes. Den Bildschirm trifft das Elektron im Punkt C".

Die Daten einer speziellen Ausführung seien

$$v_0 = 10^4 \text{ km/s}$$
$$U = 30 \text{ V}$$
$$d = 2{,}5 \text{ cm}$$
$$l = 10 \text{ cm}$$
$$s = 20 \text{ cm}$$

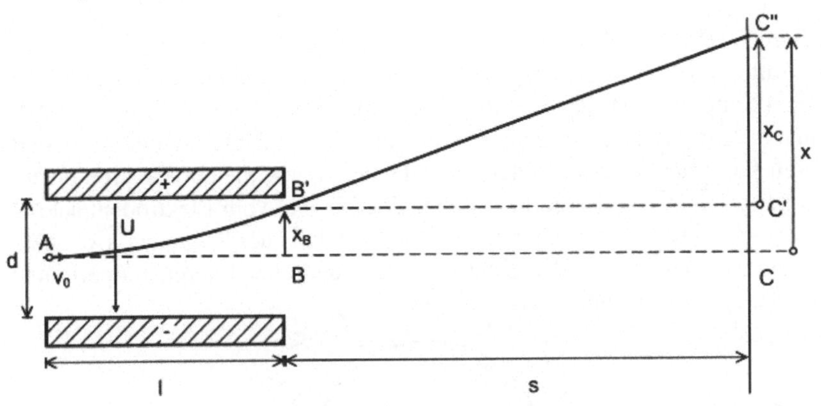

Bild 2.18: Kathodenstrahlröhre

Fragen:

1. Wie lange ist die Flugzeit t_1 des Elektrons von A nach B bzw. B' und die Zeit t_2 von B/B' nach C/C"?

2. Wie gross ist die Vertikalkomponente der Geschwindigkeit v_B des Elektrons beim Austritt aus dem elektrischen Feld?

3. Wie gross ist die Ablenkung x_B und x_C?

4. Geben Sie die Ablenkung x als Funktion der Spannung U an und stellen Sie die Funktion massstäblich im Bereich $-30\text{ V} \leq U \leq 30\text{ V}$ dar.

2.7.3 Sekundärelektronenvervielfacher

Ein höchst empfindliches Gerät zur Messung von Licht ist der Sekundärelektronenvervielfacher (SEV). Aus einer Kathode, beispielsweise aus einer Cäsium-Antimon Legierung, wird pro eintreffendem Lichtquant - einem Photon - ein Elektron ausgelöst. In einem elektrischen Feld beschleunigt, wächst dessen kinetische Energie soweit an, dass es beim Aufprall auf eine zweite Elektrode in der Lage ist, mehrere Sekundärelektronen auszulösen. Diese wiederum gewinnen in einer weiteren Beschleunigungsstrecke Energie aus dem elektrischen Feld, um die Fähigkeit zu erlangen, weitere Elektronen aus einer dritten

Elektrode herauszuschlagen. Dieser Vorgang wird mehrfach wiederholt, in jeder Stufe vervielfacht sich die Zahl der Elektronen. Schliesslich wird in der letzten Stufe die Zahl der Elektronen so gross, dass deren Ladung mit einer Sammelelektrode bequem gemessen werden kann. Bild 2.19 charakterisiert diesen Vorgang. Die Anzahl der Sekundärelektronen, die ein Elektron erzeugen kann, hängt von dessen kinetischer Energie und vom Elektrodenmaterial ab. Innerhalb bestimmter Grenzen ist das Verhältnis der Sekundärelektronenzahl zur Zahl der auslösenden Elektronen der kinetischen Energie proportional; σ ist der kennzeichnende Faktor.

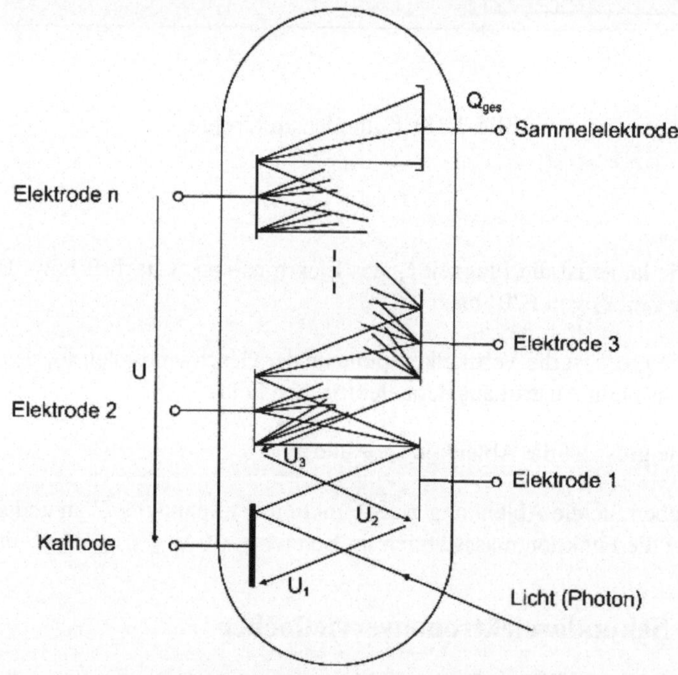

Bild 2.19: Sekundärelektronenvervielfacher

Daten für ein Ausführungsbeispiel:

Ladung des Elektrons	$q_e = -1{,}60 \cdot 10^{-19}$ C
Masse des Elektrons	$m_e = 9{,}11 \cdot 10^{-31}$ kg
Vervielfachungsfaktor	$\sigma = 2{,}5 \cdot 10^{17}$ 1/Ws
Gesamtspannung	$U = 500$ V

Fragen:

1. Ein Elektron wird im elektrischen Feld zwischen zwei Elektroden beschleunigt. Zwischen den Elektroden liege die Spannung U. Wie gross wird die kinetische Energie des Elektrons, wenn es die Kathode mit vernachlässigbar kleiner Geschwindigkeit verlässt?

2. Die Zahl n der Zwischenelektroden sei frei wählbar, wobei die Gesamtspannung U gleichmässig auf die Elektroden aufgeteilt werde. Es ist also $U = U_1 + U_2 + \ldots + U_n$ und $U_1 = U_2 = \ldots = U_n = U/n$. Bei welcher Elektrodenzahl findet die maximale Elektronenvervielfachung statt und wieviele Elektronen werden von einem Lichtquant erzeugt? Bei der Beantwortung dieser Frage darf wiederum die Anfangsgeschwindigkeit der jeweils ausgelösten Sekundärelektronen vernachlässigt werden.

3. Das Feld zwischen den Elektroden sei näherungsweise homogen, der Elektrodenabstand betrage 5 mm. Die Anordnung besitze die optimale Elektrodenzahl nach Frage 2. Mit welcher zeitlichen Verzögerung t treten die Elektronen aus der letzten Elektrode aus?

4. (Expertenfrage) Zeigen Sie, dass es richtig ist, die Gesamtspannung U gleichmässig auf die Elektroden aufzuteilen, da dann die Elektronenausbeute maximal wird.

3 Der elektrische Strom

3.1 Bewegte Ladungsträger als Strom

Bewegte elektrische Ladungen führen zum Begriff des Stromes. Ladungsträger können sich im freien Raum, in Gasen, Flüssigkeiten und Festkörpern bewegen. Der Strom I wird bestimmt, indem man nach Bild 3.1 die Ladungsmenge $\mathrm{d}Q$ misst, die in der Zeit $\mathrm{d}t$ durch die Kontrollfläche A fliesst. Demnach ist

$$I = \frac{\mathrm{d}Q}{\mathrm{d}t} \tag{3.1}$$

Die Einheit des Stromes ist

$$[I] = 1\,\frac{\mathsf{C}}{\mathsf{s}} = 1\ \mathsf{A(Ampere)} \tag{3.2}$$

und nach Kap. 1.3 eine Basiseinheit im SI-Einheitensystem. Wie bereits er-

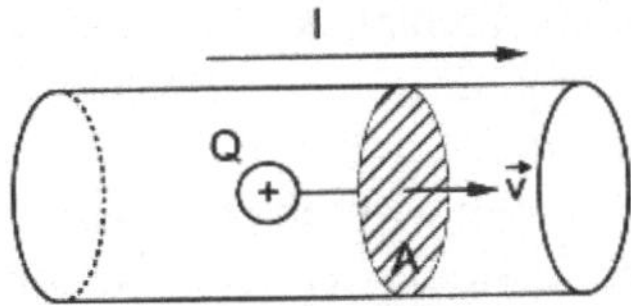

Bild 3.1: Ladungstransport (Strom) im metallischen Leiter

wähnt, sind negative Ladungsträger in Metallen leicht beweglich. Betrachtet man deshalb einen Metalldraht, so bestimmt irgend ein gerader oder schräger Schnitt durch den Draht eine geeignete Kontrollfläche. Dies setzt allerdings voraus, dass die Ladungsträger den Draht nicht seitlich verlassen oder in ihn eintreten können. In isolierender Umgebung (zum Beispiel in Luft) ist dies gewährleistet. **Der Strom I hat eine bestimmte Richtung, übereinstimmend mit der Bewegungsrichtung positiver Ladungsträger**; da es sich hierbei um eine willkürliche Festlegung handelt, spricht man auch von der konventionellen Stromrichtung. Wird der Strom hingegen, wie in Metallen, von negativen Ladungen getragen, so ist die Bewegungsrichtung der Ladungsträger der konventionellen Stromrichtung entgegengesetzt. Es gibt Leitungsvorgänge, in denen beide Ladungsarten kombiniert den Strom bilden. Dann ist der Fluss der positiven Ladungsträger in Richtung des Strompfeiles und der Fluss der negativen Ladungsträger entgegen dem Strompfeil jeweils positiv zu werten, hingegen der Fluss positiver Ladungen entgegen dem Pfeil und der Fluss negativer Ladungen mit dem Pfeil jeweils negativ. Diese Unterscheidung ist jedoch in aller Regel nicht wesentlich, es genügt im allgemeinen die Vorstellung, der Strom würde ausschliesslich von positiven Ladungsmengen getragen. Ohne genauere Untersuchungen weiss man gar nicht, wie viele positive und negative Ladungen am Ladungstransport beteiligt sind. Der Richtungspfeil des Stromes in einem Draht ist wiederum ein Zählpfeil; die räumliche Richtung des Stromflusses bestimmt der Draht. Im allgemeinen Fall ist der Strom in einem Körper über diesem verteilt. Die Bewegung der Ladungsträger ist nach Geschwindigkeit und Richtung nicht konstant sondern vom Ort im Körper abhängig. Man kennzeichnet die Bewegung der Ladungsträger durch die **Stromdichte** $\vec{S}$, die in jedem Punkt des Körpers einen bestimmten Betrag und eine bestimmte Richtung hat und deshalb eine vektorielle Grösse ist und ein Vektorfeld bildet. Auch Vektoren werden durch Pfeile dargestellt, die aber von den Zählpfeilen der skalaren Grössen Spannung und Strom, wie bereits gesagt, streng zu unterscheiden sind. Die Richtung des Vektorpfeiles der Stromdichte $\vec{S}$ im Raum gibt im betrachteten Raumpunkt die Bewegungsrichtung der positiven Ladungsträger an, die Länge des Pfeiles den Betrag der Stromdichte. Dieser Betrag ist das Produkt aus der räumlichen Dichte der am Stromtransport beteiligten Ladungsträger und deren wirksamer Geschwindigkeit. Unter wirksamer Geschwindigkeit versteht man die zeitbezogene Wegänderung unter Berücksichtigung der oben erläuterten Vorzeichenbewertung positiver und negativer, am Stromtransport beteiligter Ladungen. Die Stromdichte S ist der auf die Bezugs- oder Kontrollfläche bezogene Strom I mit der Einheit $1\ \mathsf{A/m^2}$. Den Strom, der durch eine Fläche A fliesst, gewinnt man durch richtungsbewertete Integration der Stromdichte $\vec{S}$ über A. Dieser Vorgang soll aber hier nicht weiter studiert werden. In drahtförmigen Leitern fliesst der Strom üblicherweise parallel zur Drahtachse. Die Stromdichte $\vec{S}$ ist dann parallel zur Drahtachse orientiert und bei hinreichend langsamer Stromänderung gleichmässig über den Drahtquerschnitt A verteilt. Der Strom ist

$$I = S \cdot A \tag{3.3}$$

3.2 Die Knotenregel

Befinden sich wie in Bild 3.2 angenommen eine Anzahl elektrischer Leiter, die zusammen einen Knoten bilden, in isolierender Umgebung, so können die Ladungsträger nur über die Leiter in den Knoten eintreten oder ihn verlassen. Aus der Ladungsbilanz folgt die KIRCHHOFFsche Knotenregel, nach der die Summe aller ein- und austretenden Ströme verschwinden muss.

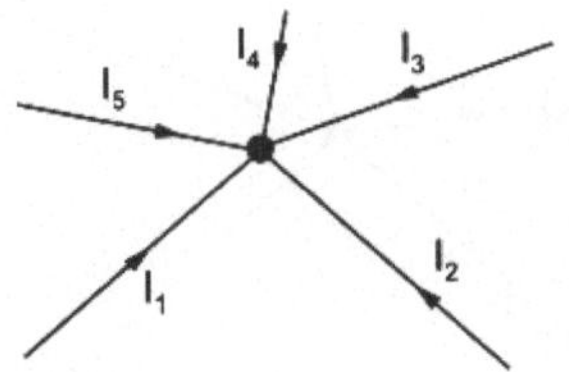

Bild 3.2: Ein Knoten gebildet durch fünf Leiter

Mit den Bezeichnungen nach Bild 3.2 ist

$$I_1 + I_2 + I_2 + I_4 + I_5 = 0 \tag{3.4}$$

Bezeichnet man die Ströme, die auf den Knoten zufliessen mit positivem Vorzeichen, so weiss man nach Gl. (3.4), dass entweder alle Ströme verschwinden oder dass mindestens ein Strom negativ und ein Strom positiv sein muss. Welche Ströme dies im einzelnen sind, ist unbekannt. Für die Festlegung der Stromrichtungen ist die Kenntnis der tatsächlichen Stromflüsse nicht wesentlich. Fliesst nämlich ein Strom tatsächlich entgegen der angenommenen Stromrichtung, so wird sein Wert numerisch negativ und mit einem vorzeichenrichtig anzeigenden, der gewählten Pfeilrichtung entsprechend angeschlossenen Strommessgerät (Amperemeter) auch vorzeichenkorrekt angezeigt. Bild 3.3 zeigt den Anschluss der Messgeräte am Knoten Bild 3.2. Der Stromfluss durch das Messgerät von der +Klemme zur -Klemme entspricht der Pfeilrichtung. Der vorzeichenrichtige Ausweis des Stromflusses ist eine selbstverständliche Folge der Knotenregel, die nichts anderes als ein Bilanzgesetz ist. Solche Bilanzgesetze kennt man für alle Quantitätsgrössen, auch ausserhalb der Physik. Einem Kunden, dem die Bank ein Guthaben zuordnet, wird dieses mit negativem Wert ausgewiesen, wenn es überzogen ist und der Kunde deshalb Schulden hat. Nach dem zuvor gesagten sind bei der Anwendung der Knotenregel bei der Summenbildung die auf den Knoten zufliessenden Ströme positiv,

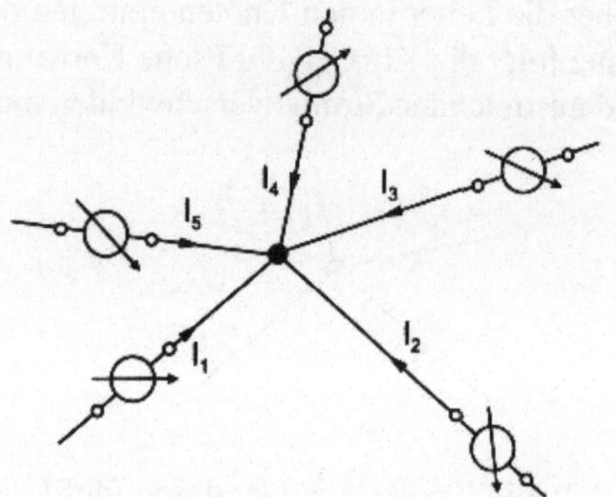

Bild 3.3: Ein Knoten mit Messgeräten

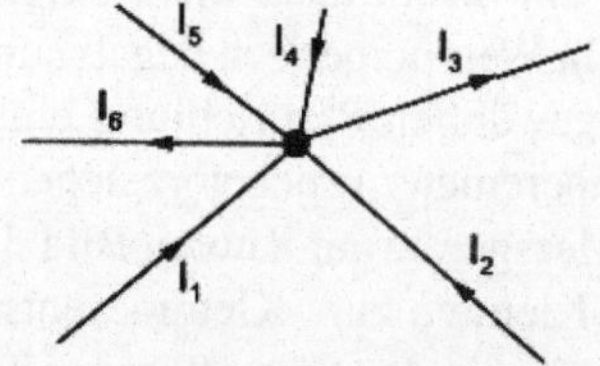

Bild 3.4: Ein Knoten gebildet durch sechs Leiter

die vom Knoten wegfliessenden negativ in die Summe einzusetzen. Selbstverständlich wäre auch eine konsequente umgekehrte Festlegung korrekt. Für den in Bild 3.4 dargestellten Knoten gilt daher

$$I_1 + I_2 - I_3 + I_4 - I_5 - I_6 = 0$$

Die Knotenregel und die in Kap. 2.4 beschriebene Maschenregel, die beiden von KIRCHHOFF in einer Studienarbeit 1847 an der Universität Königsberg aufgestellten Verzweigungsgesetze, sind die allgemeine Grundlage für die noch zu besprechenden Berechnungen verzweigter elektrischer Stromkreise und elektrischer Netzwerke.

3.3 Elektrische Leitungsvorgänge

Die Grundbausteine der Materie, die Atome, bestehen aus einem Kern, der von einer Hülle von Elektronen umgeben ist. Die Elektronenbewegung um den Kern verläuft streng geordnet in diskreten Schalen, aus denen man sich die Hülle aufgebaut denken kann. Das Elektron wurde bereits in Kap. 1 als Träger der negativen Elementarladung vorgestellt. In den Metallen sind Elektronen aus der äussersten Schale der Hülle frei beweglich und schwirren infolge der thermischen Anregung, wie die Moleküle eines Gases, durch das Kristallgerüst der Atome. Die Dichte der Atome, also die auf das Volumen bezogene Anzahl, beträgt in Kupfer etwa $8{,}5\,10^{19}\ /\mathsf{mm}^3$ und ist also unvorstellbar gross. Jedes Kupferatom stellt ein Elektron dem Elektronengas zur Verfügung. Bei einer Stromdichte $S = 1\ \mathsf{A/mm}^2$ fliesst bei einem Querschnitt $A = 1\ \mathsf{mm}^2$ pro Sekunde die Ladung $Q = 1\ \mathsf{C}$ durch diesen Querschnitt, dies sind $Q/e = 6{,}5\,10^{18}\ \mathsf{Elektronen/s}$. Bei der genannten Dichte ist die Bewegungsgeschwindigkeit

$$v = \frac{6{,}25 \cdot 10^{18}\ \mathsf{s}^{-1}}{8{,}5 \cdot 10^{19}\ \mathsf{mm}^{-3} \cdot 1\ \mathsf{mm}^2} = 0{,}07\ \frac{\mathsf{mm}}{\mathsf{s}}$$

Diese überraschend langsame Bewegung erscheint widersprüchlich zur gewohnten Schnelligkeit elektrischer Vorgänge. Es handelt sich hierbei wohlgemerkt um die gemeinsame, driftende Bewegung des gesamten Elektronengases, die der unabhängig hiervon schnell schwirrenden Bewegung jedes Einzelelektrons überlagert ist. In einem Stromkreis ist jedoch bei fliessendem Strom immer das gesamte Elektronengas in dieser driftenden Bewegung, und für die

Schnelligkeit elektrischer Vorgänge ist entscheidend, wie schnell das Elektronengas in Bewegung gesetzt werden kann. Die Masse eines Elektrons bei kleinen Bewegungsgeschwindigkeiten gegenüber der Lichtgeschwindigkeit ist $m_0 = 9{,}1 \cdot 10^{-31}$ kg. In einem Feld der Stärke $E = 1$ V/m wirkt auf das Elektron die Kraft

$$F = e \cdot E \quad = \quad 1{,}6 \cdot 10^{-19}\ \mathsf{N}$$

und damit erhält man die Beschleunigung

$$a = \frac{F}{m_0} = \frac{1{,}6 \cdot 10^{-19}\ \mathsf{N}}{9{,}1 \cdot 10^{-31}\ \mathsf{kg}} \quad = \quad 1{,}8 \cdot 10^{11}\ \frac{\mathsf{m}}{\mathsf{s}^2}$$

Ohne weitere Bewegungswiderstände ist die oben berechnete Geschwindigkeit in der Zeit

$$t = \frac{v}{a} = \frac{7 \cdot 10^{-5}\ \mathsf{m/s}}{1{,}8 \cdot 10^{11}\ \mathsf{m/s^2}} \quad = \quad 4 \cdot 10^{-16}\ \mathsf{s}$$

erreicht. Die Periodendauer der Schwingung einer Lichtwelle der Wellenlänge $\lambda = 6 \cdot 10^{-7}$ m (gelbes Licht) bei der Lichtgeschwindigkeit $c = 3 \cdot 10^8$ m/s ist

$$T = \frac{\lambda}{c} \quad = \quad 2 \cdot 10^{-15}\ \mathsf{s}$$

Die Elektronen können also innerhalb einer Zeitdauer, die mit der Periodendauer von Lichtschwingungen vergleichbar ist, ihre Bewegungs-Endgeschwindigkeit beim Einschalten eines Stromes erreichen.

Die Elektronenbewegung in den Metallen verursacht keine stofflichen Veränderungen im Leiter infolge des Stromtransportes; anders als in den Elektrolyten. Ein Elektrolyt, zum Beispiel eine Lösung von Kochsalz in Wasser, ist teilweise dissoziiert. Das heisst ein Teil des Kochsalzes ist aufgespalten in Natriumionen, das sind Natriumatome, denen ein Elektron fehlt, und in Chlorionen mit einem überschüssigen Elektron. Beide Ionenarten tragen zur Stromleitung bei, die positiven Natriumionen wandern zum Minuspol, der Kathode; die negativen Chlorionen zum Pluspol, der Anode. Ist z die Wertigkeit, das ist die Zahl der überschüssigen oder fehlenden Elektronen eines Ions, so werden durch den Strom

$$n \quad = \quad \frac{I}{z \cdot e} \tag{3.5}$$

Ionen transportiert. Die transportierte Stoffmenge hängt nun ausser von der Wertigkeit z von der Masse des bewegten Teilchens ab, da Gl. (3.5) hiervon unabhängig allein die Zahl der bewegten Teilchen festlegt. Als Bezugsgrösse für die Zahl der Teilchen nimmt man die Anzahl, die in 12 g des Kohlenstoffisotops ^{12}C enthalten ist und bezeichnet diese Zahl

$$N_A = 6{,}022 \cdot 10^{23}$$

als LOSCHMIDTsche[1] oder auch AVOGADROsche[2] Zahl. Jede Stoffmenge mit dieser Teilchenzahl ist 1 Mol. Ein Mol entspricht daher 1 g Wasserstoff in atomarer oder 2 g Wasserstoff in molekularer, da 2 Wasserstoffatome ein Molekül bilden. Beim genannten Beispiel Kochsalz definiert ein Mol die Menge 23 g Natrium und 35g Chlor in atomarer Form. Da für beide Elemente $z = 1$ ist, führt ein Mol Natrium und ein Mol Chlor die Ladungsmenge

$$F = N_A \cdot e = 6{,}022 \cdot 10^{23} \cdot 1{,}6 \cdot 10^{-19}\ \mathrm{C}$$

$$F = 9{,}65 \cdot 10^{4}\ \mathrm{C} \tag{3.6}$$

Die Ladungsmenge F wird nach ihrem Entdecker FARADAY-Konstante genannt. Bei mehrwertigen Ionen führt ein Mol der bewegten Teilchen die Ladungsmenge $z \cdot F$. Gelangen die vom Strom bewegten Teilchen an eine Elektrode, so werden sie dort entweder abgeschieden oder es findet eine Sekundärreaktion statt. Bei der Abscheidung steigen Gase auf oder die Substanz schlägt sich auf der Elektrode nieder. Beispielsweise lässt sich damit eine Elektrode versilbern, verkupfern usw. Besteht, wie beim Kochsalzbeispiel, die Elektrode aus Metall, so geht dieses mit dem Chlor eine Verbindung ein und als Metallchlorid in Lösung. Die Elektrode wird dadurch nach und nach zerstört. Kann das Chlor die Elektrode nicht angreifen, z.B. eine Graphitelektrode, dann werden durch die Ladungsmenge F 1 Mol Chlor, also 35 g abgeschieden und entweichen in Form von Gasblasen an der Anode aus dem Elektrolyten.
Das an der Kathode abgeschiedene Natrium ist ebenfalls nicht beständig und verursacht eine Sekundärreaktion. Mit dem Wasser der Lösung bildet sich Natronlauge $NaOH$ und freier Wasserstoff. Jedes Natriumatom setzt ein Wasserstoffatom frei. Die Ladungsmenge F setzt also 1 g Wasserstoff frei, das sind 11,2 ℓ Wasserstoffgas unter Normalbedingungen 0 °C und 1013 hPa Druck. Der hier beschriebene elektrochemische Prozess, bei dem Chlorgas, Wasserstoffgas und Natronlauge entsteht, wird technisch in grossem Umfang genutzt.

[1] J. LOSCHMIDT (1821-1895), Österreichischer Chemiker und Physiker
[2] Graf A. AVOGADRO di QUAREGNA (1776-1856), Physiker aus Turin, ursprünglich Jurist

Die Anlagen bestehen aus mehr als hundert in Reihe geschalteten Elektrolysebädern, durch die Ströme von 100 kA und mehr geschickt werden. Es gibt weitere elektrochemische Prozesse, die in Grossanlagen zum Einsatz kommen. Besonders wichtig ist die Elektrolyse zur Herstellung von Aluminium.
Die strenge Gesetzmässigkeit zwischen Ladungsmenge und Stofftransport wurde früher zur Definition der Ladungsmenge herangezogen. Damals war festgelegt, dass die Ladungsmenge 1 C der Masse 1,118 g Silber entsprechen soll. Probleme bei der präzisen Messung der abgeschiedenen Silbermenge haben dazu geführt, dass diese Definition der Ladungseinheit aufgegeben werden musste.

Von grosser technischer Bedeutung ist schliesslich die Stromleitung in Halbleitern, deren derzeit wichtigster Vertreter das Silizium ist. Ein hochreiner Siliziumkristall bildet ein regelmässiges Gitter von Siliziumatomen, die durch je vier Paare von Bindungselektronen aus der äussersten Schale mit ihren vier Nachbaratomen verknüpft sind. Durch die Temperaturbewegung der Atome werden gelegentlich Bindungen aufgebrochen und Elektronen frei, hierdurch entsteht eine geringe Eigenleitfähigkeit. Diese setzt sich aus zwei Einzelvorgängen zusammen. Die Elektronen bewegen sich wie in den Metallen als Elektronengas weitgehend frei durch das Kristallgitter. Die von den frei gewordenen Elektronen zurückgelassenen Atomrümpfe haben nunmehr eine positive Ladung, die eine Kraftwirkung auf die Bindungselektronen benachbarter Atome ausübt. Unterstützt durch die Wärmebewegung der Atome können Bindungen in den Nachbaratomen aufspringen und die entstehende Lücke füllen. Dadurch wird an anderer Stelle eine Lücke entstehen. Der beschriebene Vorgang vermag sich beliebig oft wiederholen, man kann daher den Vorgang auch so beschreiben, als wäre die Fehlstelle entgegen der Elektronenbewegung gewandert. Die Fehlstellen werden kurz Löcher genannt, und diese Löcher lassen sich als zweite Art von Ladungsträgern ansehen, die eine positive Elementarladung tragen und die wie Elektronen im Halbleiter frei beweglich sind. Das elektrische Feld im Halbleiter bestimmt die Bewegung, die Löcher wandern mit einer der Feldstärke proportionalen Geschwindigkeit in Richtung des Feldes, während sich die freien Elektronen zufolge ihrer negativen Ladung entgegen der Feldrichtung bewegen. Bei Silizium beträgt die Beweglichkeit $b = \nu/E$ der Elektronen $b_- = -0{,}13\ \mathrm{m^2/Vs}$ und die der Löcher $b_+ = 0{,}05\ \mathrm{m^2/Vs}$. Beide tragen zur Eigenleitfähigkeit von Silizium bei. Man bezeichnet den Stromtransport durch die negativen Elektronen N-Leitung und durch die positiven

Löcher P-Leitung[3]. In Bild 3.5 sind die geschilderten Leitungsmechanismen bildlich dargestellt.

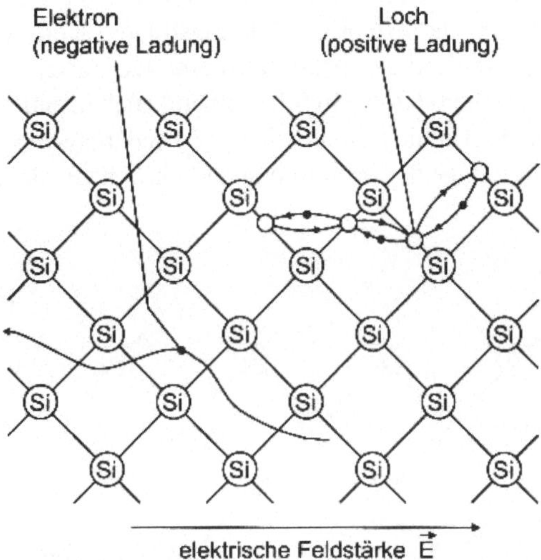

Bild 3.5: Eigenleitung im Silizium

Durch Einlagerung von bestimmten Fremdatomen in das Kristallgitter des Siliziums ist es möglich, die Leitfähigkeit des Halbleiters um viele Zehnerpotenzen zu erhöhen und überdies den Leitfähigkeitstyp zu beeinflussen. Ein dreiwertiges Element, wie beispielsweise Aluminium, dem gegenüber den 4 Elektronen des Siliziums in der äussersten Schale ein Elektron fehlt, fördert die P-Leitung. Ein fünfwertiges Element, wie Phosphor mit 5 Elektronen in der äussersten Schale, wirkt als Elektronenspender und verwandelt den neutralen Halbleiter in einen N-Leiter. In Bild 3.6 sind beide Fälle eingelagerter Störstellen dargestellt.

Die Art der Fremdatome bestimmt den Leitfähigkeitstyp des Halbleiters, der

[3]Hiernach tragen die aus dem Atomverband herausgebrochenen Elektronen in zweifacher Art zur elektrischen Leitfähigkeit bei. Die hier gegebene Darstellung kann daher mit einem gewissen Recht bezweifelt werden. Genauer betrachtet muss die P-Leitung als quantenphysikalisches Phänomen angesehen werden; die mitgeteilte Erklärung nimmt auf diese Tatsache der Einfachheit halber keine Rücksicht. Die Auffassung, nach der die Löcher positive bewegliche Ladungsträger neben negativen Elektronen sind, ist jedoch für viele Fragestellungen der Halbleitertechnik völlig ausreichend.

den wesentlichen Teil der Stromleitung übernimmt. Der entsprechende Ladungsträger (Elektron oder Loch) wird Majoritäts-Ladungsträger genannt. Selbstverständlich übernehmen die immer vorhandenen Ladungsträger vom komplementären Typ, die Minoritäts-Ladungsträger, auch noch einen, meist aber venachlässigbaren Teil des Stromtransports. Die verschiedenen Methoden zur Einlagerung der Fremdatome in Silizium und auch in andere geeignete Kristalle wurden von der Halbleiterindustrie in bewundernswerter Weise kultiviert und bilden die Grundlage der technisch unentbehrlich gewordenen Elektronik.

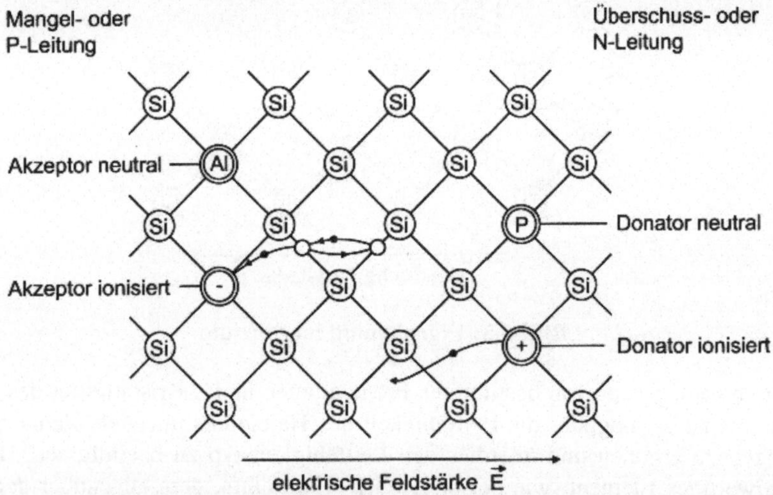

Bild 3.6: Mangel- und Überschussleitung im Silizium

Bei entsprechenden Feldstärken werden selbst die sonst gut isolierenden Gase leitfähig. Auf die komplizierten Bedingungen und speziellen Vorgänge bei der Stromleitung in Gasen, der Bildung von Funken, Lichtbögen und anderen Entladungsmechanismen soll hier nicht näher eingegangen werden. Gasentladungen können beispielsweise in Leuchtstoffröhren gewollt hervorgerufen sein, aber auch in Form von elektrischen Durch- und Überschlägen als eine unerwünschte Störung beim Betrieb elektrischer Einrichtungen auftreten.

Im Vakuum bewegen sich im elektrischen Feld die Elektronen, aber auch alle anderen geladenen Teilchen wie im freien Fall. Hierbei lassen sich die Teilchen, insbesondere die leichten Elektronen, auf Geschwindigkeiten beschleunigen, die der Lichtgeschwindigkeit nahe kommen. Die Teilchenbeschleuniger gehören zu den wichtigsten und aufwendigsten Experimentiereinrichtungen in der Physik, sind aber inzwischen auch Werkzeuge für technische Anwendungen geworden, beispielsweise in der Halbleitertechnik.

3.4 Aufgaben

3.4.1 Galvanisieranlage

In einem Galvanisierbad (Bild 3.7) soll eine Kupferkugel mit dem Durchmesser $D = 10\ \mathsf{cm}$ mit einer dünnen Goldschicht gleichmässig überzogen werden. Die Gegenelektrode ist ein konzentrisch angeordnetes kugelförmiges Drahtnetz aus Gold. Die Stromdichte $S = 0{,}05\ \mathsf{A/cm^2}$ bei der Abscheidung ist begrenzt, damit sich ein fest haftender Belag ausbildet.

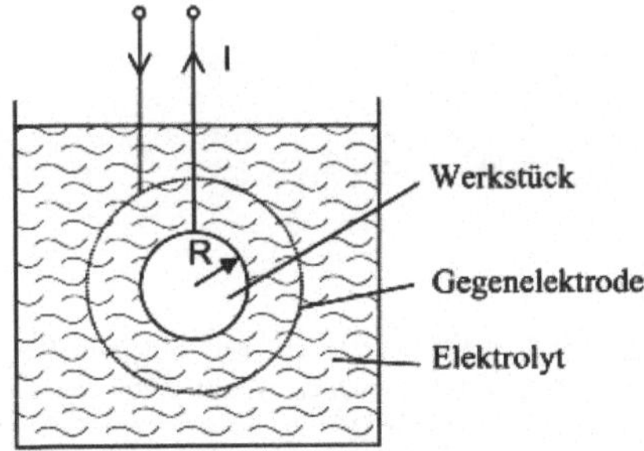

Bild 3.7: Schema der Galvanisiereinrichtung

Kenngrössen für Gold:

Molmasse	M_m	=	$197\ \mathsf{g}$
chem. Wertigkeit	z	=	3
Dichte	ρ	=	$19{,}3\ \mathsf{g/cm^3}$

Fragen:

1. Welche Goldmasse m wird abgeschieden, wenn die Schichtdicke $d = 5\ \mu\mathsf{m}$ betragen soll ?

2. Wie lange dauert es, bis bei der zulässigen Stromdichte S die vorgeschriebene Schichtdicke erreicht ist ?

3. Mit welcher Stromstärke läuft der Galvanisierungsprozess ab ?

3.4.2 Leitfähigkeit bei Halbleitern

Halbleiter enthalten positive und negative Ladungsträger, deren Beweglichkeit b_+ und b_- zwar unterschiedlich ist, die aber beide am Stromtransport beteiligt sind. Bei hochreinem Material, z.B. Silizium oder Germanium, ist die Dichte der Elektronen n_n und der Löcher n_p gleich gross, $n_p = n_n = n_0$. Durch Dotierung können die Anteile n_p zu n_n in weiten Grenzen eingestellt werden. Für Germanium hat man beispielsweise bei 20 °C die folgenden Kennwerte bestimmt:

$$n_0 = 3 \cdot 10^{19} \frac{1}{\mathrm{m}^3}$$

$$b_p = 0{,}18 \frac{\mathrm{m}^2}{\mathrm{Vs}}$$

$$b_n = 0{,}38 \frac{\mathrm{m}^2}{\mathrm{Vs}}$$

Fragen:

1. Eine Materialprobe enthalte eine Ladungsträgerart, deren Dichte n und deren Beweglichkeit b ist. Bestimmen Sie die elektrische Leitfähigkeit κ.

2. Bestimmen Sie κ, wenn positive und negative Ladungsträger der Dichte n_p und n_n mit den Beweglichkeiten b_p und b_n vorhanden sind.

3. Wie gross ist die Leitfähigkeit von hochreinem Germanium?

4. Wird durch Dotierung eine Ladungsträgerart erhöht, so vermindert sich die komplementäre, es ist $n_p \cdot n_n = n_0^2$. Berechnen Sie κ für Germanium, wenn n_p oder n_n auf $10^i \cdot n_0$ eingestellt wird. Geben Sie für Germanium die Leitfähigkeit für $i = 1, 2, 3$ und 4 bei P- und N-Dotierung übersichtlich in einer Tabelle an.

5. Nach Bild 3.8 werden zwei unterschiedlich dotierte Halbleiter in Kontakt gebracht. Liegt eine positive Spannung von N nach P, so wird der

Strom in beiden Teilen allein von den Minoritätsladungsträgern aufrecht erhalten, da die Majoritätsträger sich von der Trennschicht entfernen. Bei umgekehrter Polung sind die Majoritätsträger für den Stromtransport verantwortlich. Berechnen Sie das Verhältnis Durchlassstrom I_D zu Sperrstrom I_S bei jeweils gleicher Spannung für $n_p = 10^3 \cdot n_0$ im P-Material und $n_n = 10^3 \cdot n_0$ im N-Material. Länge ℓ und Querschnitt A seien für den P- und den N-Bereich identisch.

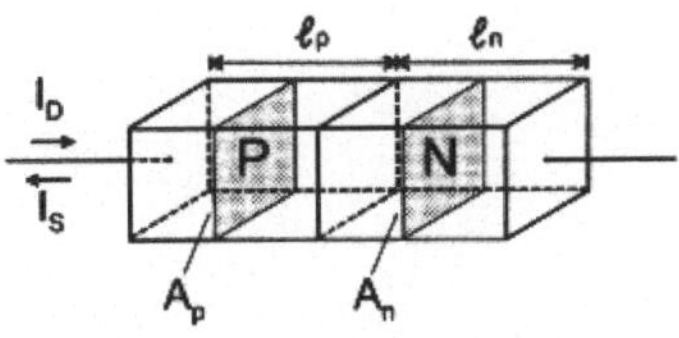

Bild 3.8: Aneinandergrenzender Halbleiter mit P- und N- Dotierung

4 Der elektrische Widerstand

4.1 Treibende und bremsende Einflüsse auf die Ladungsbewegungen

Befinden sich bewegliche Ladungen Q in einem elektrischen Feld $\vec{E}$, so wird die Feldkraft $\vec{F}$ einen Bewegungsvorgang und damit eine elektrische Strömung auslösen. Solche Bewegungen sind nach den Ausführungen in Kap. 3.3 in Festkörpern, Flüssigkeiten, Gasen und auch im Vakuum möglich. Im Gegensatz zu den elektrisch leitfähigen Materialien werden in den isolierenden Stoffen die Ladungsbewegungen wirksam verhindert. Der Bewegungsablauf selbst kann qualitativ und quantitativ sehr unterschiedlich ausfallen. Im Vakuum führen, wie bereits gesagt, die Ladungsträger in der Art des freien Falles eine beschleunigte Bewegung aus; in festen Körpern und Flüssigkeiten wird die Bewegung durch Gegenkräfte gebremst und mündet in sehr kurzer Zeit in einen Gleichgewichtszustand mit konstanter Geschwindigkeit ein. Die Stromstärke I ist dann der wandernden Ladungsmengen Q und der Geschwindigkeit v verhältnisgleich. Bezeichnet in einem drahtförmigen Leiter $\overline{Q}$ die auf die Länge bezogene, spezifische Ladungsmenge so ist

$$I = \overline{Q} \cdot v \tag{4.1}$$

Die bewegende Kraft $\vec{F}$ ist der Feldstärke $\vec{E}$ proportional und weist in deren Richtung. Daher wird auch der Stromfluss, genauer gesagt die Stromdichte $\vec{S}$ in Richtung der elektrischen Feldstärke $\vec{E}$ verlaufen. Ist weiter die bremsende Kraft der Ladungsträgergeschwindigkeit proportional, dann sind schliesslich Stromdichtevektor $\vec{S}$ und Feldstärkevektor $\vec{E}$ gleichgerichtet und proportional.

$$\vec{S} = \frac{\vec{E}}{\rho} \tag{4.2}$$

Hierbei ist ρ eine Materialkenngrösse – der **spezifische elektrische Widerstand**. Bei fester Temperatur ist für viele Materialien das Gesetz Gl. (4.2) mit hoher Genauigkeit bei konstantem ρ erfüllt. Die besten Leiter haben die in Tabelle 4.1 angegebenen Werte.

Tabelle 4.1: Spezifischer Widerstand einiger Metalle bei 20°C

Material	ρ [Ωm]
Ag	$1{,}6 \cdot 10^{-8}$
Cu	$1{,}7 \cdot 10^{-8}$
Al	$2{,}7 \cdot 10^{-8}$

Bei den besten Isolatoren erreicht man spezifische Widerstände der Grössenordnung $\rho = 10^{16}\ \Omega\text{m}$. Zwischen guten Leitern und Isolatoren liegt das Verhältnis der spezifischen Widerstände bei etwa 10^{24}. Diese Tatsache, in Kombination mit den erwähnten kurzen Zeiten, in denen Ströme entstehen oder abklingen können, erklärt viele der herausragenden Leistungsmerkmale elektrischer Einrichtungen.

4.2 Der elektrische Widerstand

Um in ausgedehnten Körpern nach Gl. (4.2) die Ströme berechnen zu können, benötigt man die Kenntnis des elektrischen Feldes $\vec{E}$ im interessierenden Gebiet. Die Lösung dieser Aufgabe ist im allgemeinen Fall sehr schwierig. Glücklicherweise bedarf es vielfach nicht der Feldberechnungen, um elektrische Einrichtungen zu untersuchen und zu beschreiben. Insbesondere wenn die stromführenden Leiter als Drähte ausgebildet sind, findet der Stromfluss in Richtung der Drahtachse statt. Dadurch vereinfachen sich die Dinge, wie bereits früher erwähnt, sehr wesentlich. Bild 4.1 zeigt einen Draht der Länge ℓ und des Querschnittes A, der beliebig geformt sein kann. Der Stromfluss durch diesen Draht erfolge gleichmässig über den Querschnitt A verteilt; damit erhält man im ganzen Draht eine einheitliche Stromdichte $\vec{S}$ vom Betrag S in Richtung der Drahtachse. Entsprechend ist nach Gl. (4.1) der Betrag der Feldstärke einheitlich

$$E = S \cdot \rho \tag{4.3}$$

Die Spannung U_{12} an den Drahtenden wird nach Kap. 2.4 Gl. (2.9)

$$U_{12} = \int_1^2 \vec{E} \cdot d\vec{s} = E \cdot \ell \tag{4.4}$$

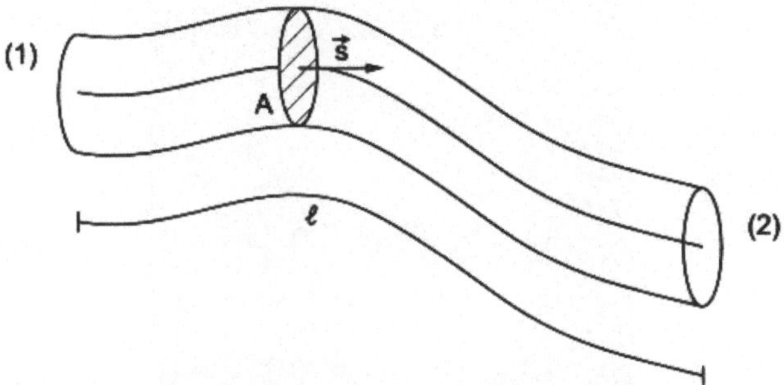

Bild 4.1: Beliebig geformter Draht

während der Strom I sich aus der Stromdichte $\vec{S}$ berechnet zu

$$I = \int_A \vec{S} \cdot \mathrm{d}\vec{A} = A \cdot S \tag{4.5}$$

Schliesslich erhält man aus den drei Gln. (4.3), (4.4) und (4.5)

$$U = \rho \frac{\ell}{A} I \tag{4.6}$$

Der Ausdruck

$$R = \rho \frac{\ell}{A} \tag{4.7}$$

wird als **elektrischer Widerstand** R bezeichnet und die Beziehung

$$U = R \cdot I \tag{4.8}$$

bei konstantem R als **OHMsches Gesetz**.
Die Einheit des elektrischen Widerstandes R ist

$$[R] = \frac{1\,\mathrm{V}}{1\,\mathrm{A}} = 1\,\Omega\,(\mathrm{Ohm}) \tag{4.9}$$

GEORG SIMON OHM (1787 - 1854) hat aufgrund experimenteller Arbeiten den vorstehend beschriebenen linearen Zusammenhang zwischen Strom und Spannung herausgefunden. Das OHMsche Gesetz war eine wichtige Erkenntnis in der Entwicklung der Elektrotechnik.

Bild 4.2: G.S. Ohm

Mit dem Wort "Widerstand" wird der in diesem Abschnitt eingeführte physikalische Begriff bezeichnet, der die Spannung und den Strom verknüpft; ist der Widerstand R konstant, so ist die Beziehung linear. Man bezeichnet als Widerstände in der deutschen Sprache wenig geschickt auch technische Geräte, die dem OHMschen Gesetz mehr oder manchmal auch weniger exakt gehorchen. Wie bereits festgestellt, ist der spezifische Widerstand ρ ein Materialkennwert. Die aus bestimmten Materialien gefertigten Widerstandsgeräte spiegeln die gegebenen Materialeigenschaften getreulich wieder. Der Wert von ρ ist keineswegs immer konstant, sondern kann in vielerlei Weise von physikalischen Grössen abhängen; häufig ist es der Einfluss der Temperatur ϑ, der den spezifischen elektrischen Widerstand ρ und damit auch den Widerstand R veränderlich macht.

Der Kehrwert des spezifischen Widerstandes ρ wird **elektrische Leitfähigkeit** κ genannt, also

$$\kappa = \frac{1}{\rho} \qquad (4.10)$$

Insbesondere Isolierstoffe werden häufig mit der Leitfähigkeit charakterisiert. Der Kehrwert des Widerstandes R heisst **Leitwert** G, es ist also

$$G = \frac{1}{R} \tag{4.11}$$

dessen Einheit Ω^{-1} gelegentlich mit S (Siemens) abgekürzt wird. WERNER von SIEMENS (1816-1892) hat neben zahlreichen und bedeutenden Erfindungen in der Elektrotechnik ein Leitfähigkeitsnormal auf der Grundlage eines Quecksilberfadens für die elektrische Messtechnik konstruiert. Das von ihm begründete Unternehmen gehört heute zu den grossen Konzernen der Elektroindustrie.

Bild 4.3: W. von Siemens

4.3 Spannungs- und Stromquellen

Ursprünglich wurde bei der Betrachtung elektrischer Erscheinungen von der Existenz eines elektrischen Feldes ausgegangen, das in den Leitern die Strömungsvorgänge der Ladungsträger bestimmt. In Kap. 2.5 wurde in den Spannungsquellen eine Einrichtung beschrieben, die ungeachtet irgendwelcher Ladungsbewegungen das Feld aufrechtzuerhalten erlaubt. Eine solche Spannungsquelle wurde ideale Spannungsquelle genannt. Dieser Begriff soll hier noch etwas präziser gefasst und genauer erläutert werden.

Die Spannung einer idealen Quelle ist unabhängig vom entnommenen Strom. Diese Idealisierung ist für theoretische Überlegungen sehr zweckmässig; mit später noch zu besprechenden Ergänzungen berücksichtigt man gegebenenfalls die nichtidealen Eigenschaften realer Spannungsquellen. Nochmals sei wiederholt, dass ideale Spannungsquellen nicht parallel geschaltet werden dürfen, da dieses System aus zwei Quellen unbestimmt ist.
Möglich ist auch, sich eine Quelle vorzustellen, die unabhängig von den Belastungen einen festen, eingeprägten Strom I_q liefert. Derartige Quellen werden **ideale Stromquellen** oder **Urstromquellen** genannt; sie sind technisch in hoher Vollkommenheit realisierbar. Zwei ideale Stromquellen dürfen nicht in Serie geschaltet werden, da hierbei wiederum eine unbestimmte Situation einträte.

Die idealisierten Elemente Widerstand R, Spannungsquelle U_q und Stromquelle I_q sind in Bild 4.4 als Schaltsymbole dargestellt. In vielfältiger Form lassen sich aus diesen Elementen **Netzwerke** aufbauen, ein Beispiel ist in Bild 4.5 dargestellt.

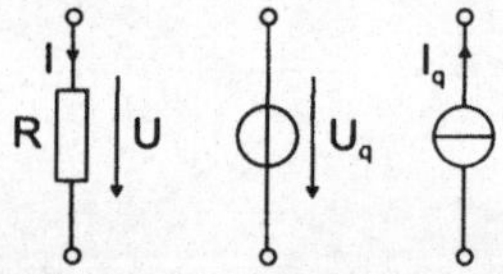

Bild 4.4: Schaltsymbole für den Widerstand R, Spannungquelle U_q und die Stromquelle I_q

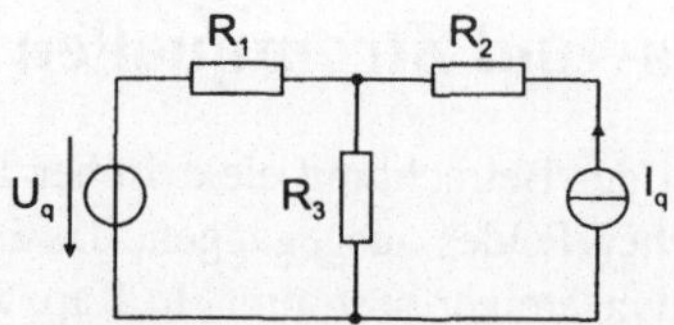

Bild 4.5: Ein Netzwerk

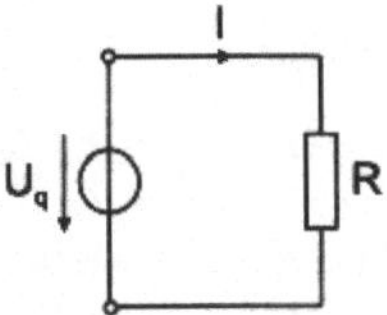

Bild 4.6: Spannungsquelle mit einem Widerstand belastet

Zunächst soll eine Spannungsquelle U_q nach Bild 4.6 mit einem Widerstand R verbunden werden.
Nach dem OHMschen Gesetz Gl. (4.8) ist der Strom

$$I = \frac{U_q}{R}$$

Bei kleiner werdendem Widerstand R steigt der Strom an und wird im Grenzfall $R = 0$ unendlich. Dieser Grenzfall ist nicht zulässig, eine Spannungsquelle darf nicht kurzgeschlossen werden. Der Kurzschluss lässt sich auch als ideale Spannungsquelle mit der Spannung null auffassen. Damit wird das Kurzschlussverbot identisch mit dem Verbot der Parallelschaltung zweier Spannungsquellen.

Bei einer realen Spannungsquelle wird auch im Kurzschlussfall der Strom nicht unendlich, sondern besitzt den endlichen Wert I_k. Setzt man lineares Verhalten voraus, so kann durch den **Innenwiderstand** R_i die ideale Spannungsquelle nach Bild 4.7 zur realen Spannungsquelle erweitert werden.

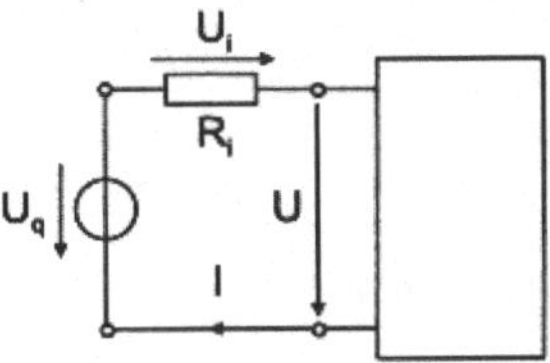

Bild 4.7: Spannungsquelle mit Innenwiderstand

Die Klemmenspannung U ist die ideale Quellenspannung U_q vermindert um den Spannungsabfall U_i, also

$$U = U_q - U_i \tag{4.12}$$

Der Spannungsabfall ist aber $U_i = R_i \cdot I$, also

$$U = U_q - I \cdot R_i \tag{4.13}$$

Solange $U_i \ll U_q$ ist, also bei hinreichend kleinem Strom, darf die Spannungsquelle ideal angesehen werden. Nach Bild 4.8 sei die Belastung der realen Spannungsquelle ein Widerstand R.

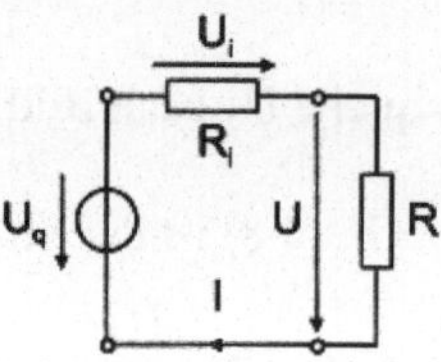

Bild 4.8: Spannungquelle mit Innenwiderstand und Belastungswiderstand

Dann ist

$$U = R \cdot I$$

und

$$U_q = U + U_i = I \cdot R + I \cdot R_i$$

oder

$$U_q = I \cdot (R + R_i)$$

und schliesslich

$$I = \frac{U_q}{R + R_i} \tag{4.14}$$

Der Bedingung $U_q \approx U \gg U_i$ entspricht daher auch

$$R_i \ll R \tag{4.15}$$

Ist der Wert des Innenwiderstandes R_i unbekannt, so kann man zwar theoretisch die Quelle kurzschliessen und mit Hilfe des Kurzschlussstromes I_k den Innenwiderstand

$$R_i = \frac{U_q}{I_k} \tag{4.16}$$

messtechnisch bestimmen. In aller Regel ist ein derartiger Kurzschlussversuch wegen des zu hohen Kurzschlussstromes nicht erlaubt. In der Praxis misst man die Spannung U bei verschiedenen Strömen; im Leerlauf bei $I = 0$ ist $U = U_q$. Hierbei erhält man das Diagramm Bild 4.9.

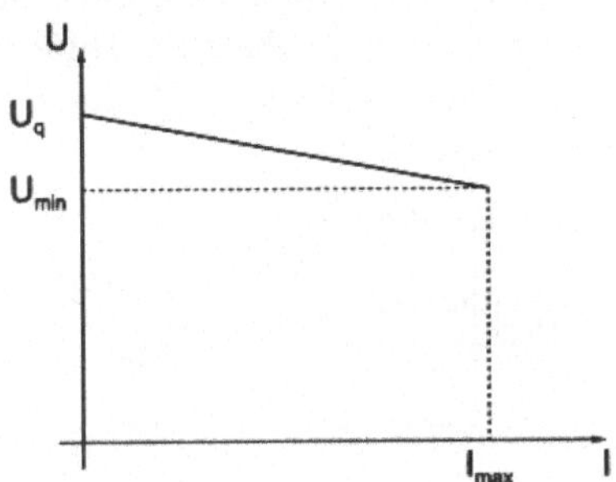

Bild 4.9: Belastungskennlinie einer Spannungsquelle mit Innenwiderstand

Dann ist

$$R_i = \frac{U_q - U_{min}}{I_{max}} \qquad (4.17)$$

Es sind also mindestens zwei Spannungsmessungen bei unterschiedlichen Strömen zur Bestimmung des Innenwiderstandes, zum Beispiel im Leerlauf (d.h. $I = 0$) und beim Strom I_{max}, notwendig. Durch weitere Messungen von Zwischenwerten kann die Voraussetzung überprüft werden, ob der Innenwiderstand dem OHMschen Gesetz gehorcht. Dies ist nicht bei allen Spannungsquellen der Fall.

Bild 4.10 zeigt eine mit dem Widerstand R belastete Stromquelle.

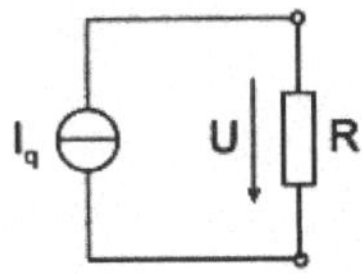

Bild 4.10: Belastete Stromquelle

Die Spannung an der Stromquelle und am Widerstand ist

$$U = I_q \cdot R \qquad (4.18)$$

Ein Kurzschluss $R = 0$ ist hier ungefährlich, die Spannung wird null, und der Strom ist unverändert I_q. Hingegen ist der andere Grenzfall, $R \to \infty$, also offene Klemmen nicht erlaubt, da nach Gl. (4.18)die Spannung unendlich würde. Eine Stromquelle muss also immer eine Mindestbelastung haben, es sei denn, die Stromquelle wird, wie heute oft üblich, durch elektronische Hilfsmittel geschützt. Ein einfacher derartiger Schutz mit Hilfe einer Diode und einer Spannungsquelle zeigt Bild 4.11. Solange die Spannung $U < U_q$ ist, sperrt

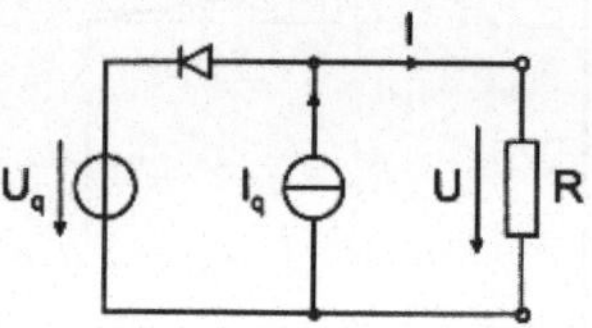

Bild 4.11: Stromquelle mit Überspannungsschutz

die Diode und kann als offener Schalter angesehen werden. Der Widerstand R wird aus einer idealen Stromquelle versorgt.

Wird hingegen $U \geq U_q$, so leitet die Diode und schliesst Spannungs- und Stromquelle parallel, die Spannung an der Stromquelle und am Widerstand bleibt auf U_q begrenzt.

Die vom Widerstand R gesehene Charakteristik der Ablösung einer Stromquelle durch eine Spannungsquelle ist in Bild 2.13 dargestellt.

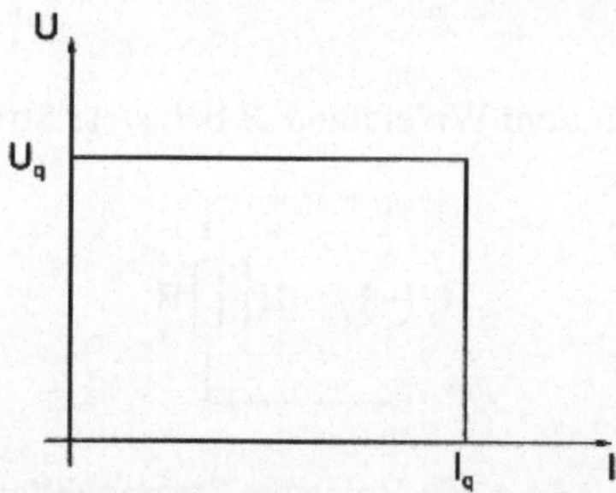

Bild 4.12: Spannungs-Strom-Kennlinie der Schaltung

Solche Kennlinien besitzen im Übrigen die Solarzellen zur photovoltaischen Energiewandlung, wie Bild 4.13 zeigt. Die Grenzspannung ist von der Beleuchtungsstärke innerhalb eines grossen Bereiches nahezu unabhängig, der Grenzstrom hingegen dieser weitgehend verhältnisgleich.

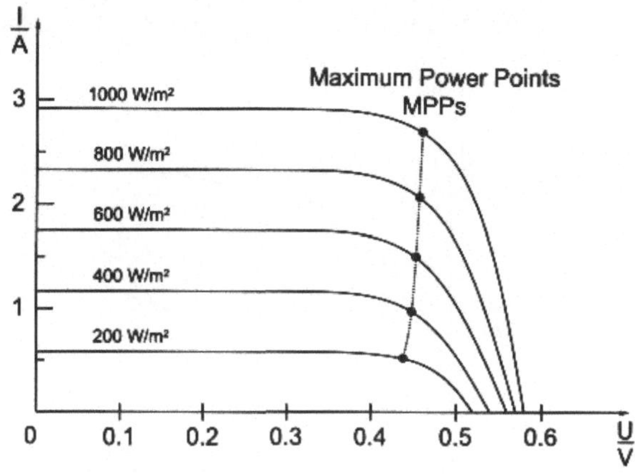

Bild 4.13: Kennlinie einer Solarzelle

4.4 Einfache, lineare Gleichstromnetzwerke

Elemente linearer Gleichstromnetzwerke sind Spannungsquellen, Stromquellen, Widerstände oder Leitwerte. Die Gesetze zur Berechnung dieser Netzwerke sind die Maschenregel, die Knotenregel und das OHMsche Gesetz.

Maschen- und Knotenregel sind allgemein gültige Beziehungen, während das OHMsche Gesetz als Materialgleichung nicht durchweg erfüllt sein muss. Grundsätzlich kann der lineare Zusammenhang zwischen Strom- und Spannung nur experimentell abgesichert werden.

Technische Widerstände werden so konstruiert, dass das OHMsche Gesetz mit grosser Genauigkeit gilt. In diesem Fall bedarf es ausgefeilter Messmethoden, um nichtlineare Abweichungen überhaupt nachweisen zu können. Anderseits gibt es zahlreiche Elemente der elektrischen Netzwerke, die nicht streng dem OHMschen Gesetz gehorchen. Als Beispiel sei die Glühlampe angeführt.

Durch die starke Erwärmung ändert sich der Widerstand erheblich, wobei abhängig vom Material der Lampenwendel der Widerstand mit der Temperatur zunehmen oder abnehmen kann. Bei Metallen nimmt der Widerstand in der Regel zu, bei Kohlefäden und den meisten Halbleitern ab. Bild 2.15 zeigt 3 Kennlinien: die Spannungs-Strom-Kennlinie eines idealen OHM-Widerstandes (a), einer modernen Metallfadenlampe (b) und einer historischen Kohlefadenlampe (c).

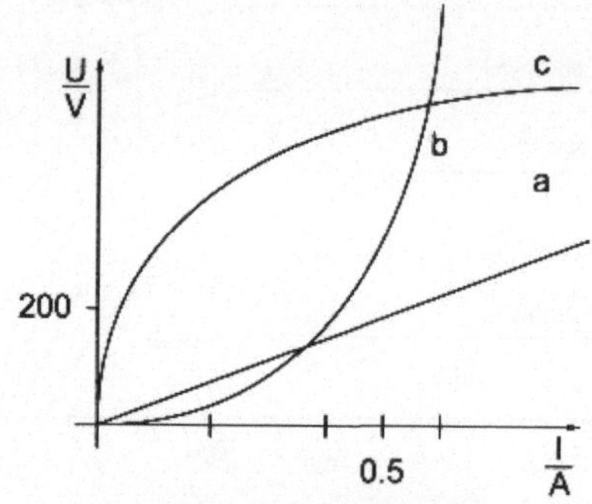

a) OHMscher Widerstand
b) Metallfaden-Glühlampe
c) Kohlefaden-Glühlampe

Bild 4.14: Spannungs-Strom-Kennlinien von drei Verbrauchern

Einen Widerstandswert, wie er in Gl. (4.5) definiert wurde, kann man nur für die Kennlinie a) angeben, er beträgt $R = 370\ \Omega$ und entspricht der Steigung der Geraden.
Für nichtlineare Kennlinien ist eine einfache Beschreibung nicht mehr möglich. Beispielsweise nimmt die Metallfadenlampe bei $U = 230$ V den Strom $I = 0{,}43$ A auf. Der Quotient $R = U/I$ verbindet den Ursprung des Koordinatensystems mit dem Arbeitspunkt 220 V/0,43 A. Die Kennlinie geht durch den Koordinatenursprung. In diesem Fall gibt der Quotient U/I die Steigung der Sekante durch den Arbeitspunkt und den Ursprung an, hat sonst aber keine physikalische oder technische Bedeutung.

Im Folgenden werden ausschliesslich Widerstände der Charakteristik a) nach Bild 4.14 betrachtet. In Bild 4.15 sind verschiedene derartige Widerstände in Reihe geschaltet.

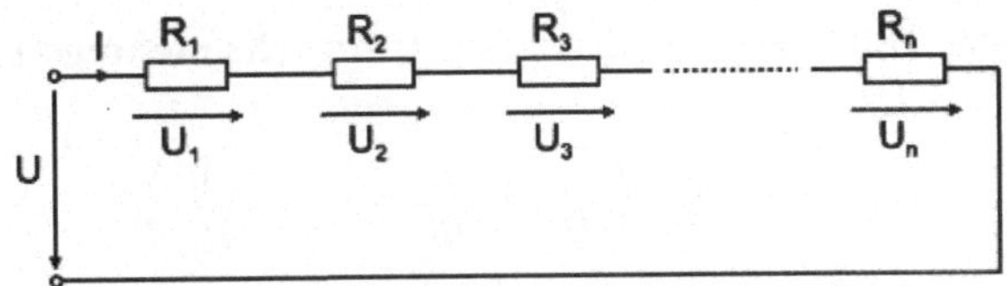

Bild 4.15: Reihenschaltung von Widerständen

In allen Widerständen fliesst der gleiche Strom I und erzeugt die Spannungen

$$U_\nu = I \cdot R_\nu \qquad \nu = 1,2,\ldots,n \tag{4.19}$$

Weiter liefert die Summe der Teilspannungen U_ν die Gesamtspannung U (**Maschenregel**)

$$U = U_1 + U_2 + \cdots + U_n \tag{4.20}$$

Dann wird

$$U = I \cdot (R_1 + R_2 + \cdots + R_n) \tag{4.21}$$

und der Gesamtwiderstand

$$\frac{U}{I} = R = R_1 + R_2 + \cdots + R_n \tag{4.22}$$

Bei der Parallelschaltung nach Bild 4.16 ist die Spannung an allen Widerständen gleich. Die Teilströme sind

$$I_\nu = \frac{U}{R_\nu} \qquad \nu = 1,2,\ldots,n \tag{4.23}$$

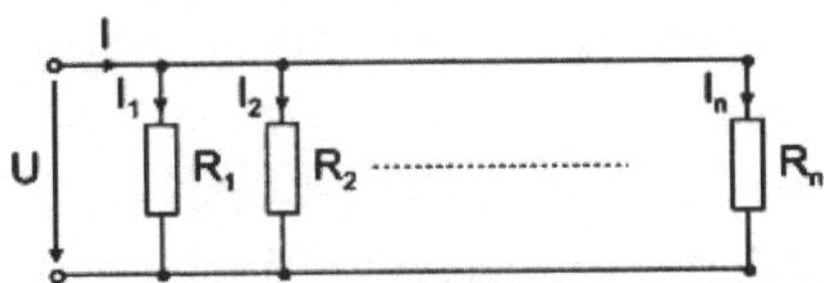

Bild 4.16: Parallelschaltung von Widerständen

Die Summe der Teilströme gibt den Gesamtstrom (**Knotenregel**). Dann wird

$$I = U \cdot \left(\frac{1}{R_1} + \frac{1}{R_2} + \cdots + \frac{1}{R_n} \right) \tag{4.24}$$

und schliesslich der Gesamtwiderstand

$$\frac{U}{I} = R = \frac{1}{\frac{1}{R_1} + \frac{1}{R_2} + \cdots + \frac{1}{R_n}} \tag{4.25}$$

Nun wurde der Reziprokwert des Widerstandes in Gl. (4.11) als Leitwert eingeführt, Gl. (4.25) schreibt sich mit $G_n = 1/R_n$

$$G = G_1 + G_2 + \cdots + G_n \tag{4.26}$$

Zwischen Spannungen und Strömen, Widerständen und Leitwerten, Reihen- und Parallelschaltungen bestehen interessante **Reziprozitätsbeziehungen**, wie beispielsweise der Vergleich von Gl. (4.22) und Gl. (4.26) dies andeutet.

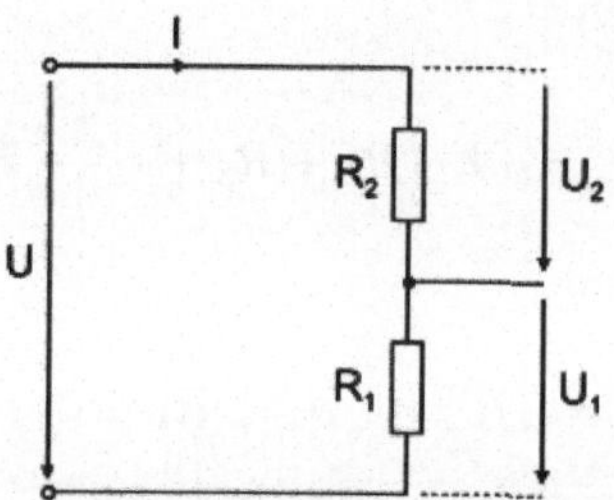

Bild 4.17: Unbelasteter Spannungsteiler

Mit den Gleichungen für die Reihen- und Parallelschaltung von Widerständen lassen sich auch Kombinationen derartiger Anordnungen behandeln. Das einfachste Beispiel ist der **Spannungsteiler**. Bild 4.17 zeigt zunächst den unbelasteten Spannungsteiler, der aus einer gegebenen Spannung U erlaubt, eine Teilspannung $U_1 \leq U$ herzustellen. Der Strom im Spannungsteiler ist

$$I = \frac{U}{R_1 + R_2} \tag{4.27}$$

nach dem OHMschen Gesetz ergeben sich die Teilspannungen

$$U_1 = I \cdot R_1 = \frac{U \cdot R_1}{R_1 + R_2} \tag{4.28}$$

und

$$U_2 = I \cdot R_2 = \frac{U \cdot R_2}{R_1 + R_2} \tag{4.29}$$

Diese Schaltungsanordnung wird vielfach mit einem einstellbaren Widerstand verwendet. Die Anordnung zeigt Bild 4.18 und wird **Potentiometerschaltung** genannt.

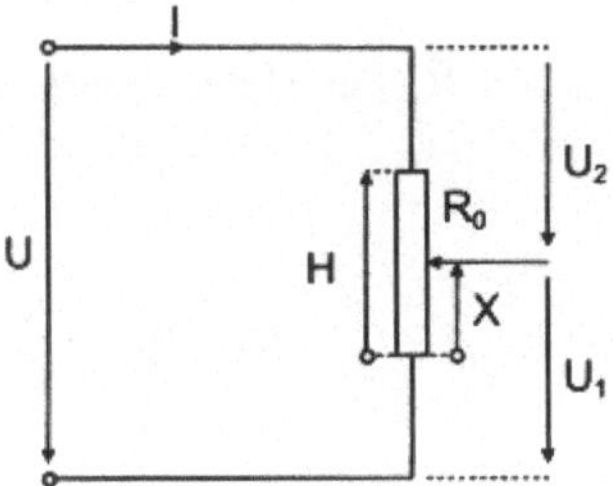

Bild 4.18: Potentiometerschaltung

Der Gesamtwiderstand sei R_0, dann ist mit $X/H = x$

$$R_1 = R_0 \cdot \frac{X}{H} = R_0 \cdot x \tag{4.30}$$

$$R_2 = R_0 \cdot \frac{H - X}{H} = R_0 \cdot (1 - x) \tag{4.31}$$

Wegen $R_1 + R_2 = R_0$ wird nach den Gleichungen 4.28 und 4.29

$$U_1 = U \cdot x \tag{4.32}$$

$$U_2 = U \cdot (1 - x) \tag{4.33}$$

Die Grösse R_0 ist hier also ganz unwesentlich für die Höhe der Spannungen. Dies ändert sich, wenn die Schaltung durch einen Verbraucher belastet wird. Bild 4.19 zeigt das erweiterte Schema der Bild 4.17 mit dem Verbraucherwiderstand R_v.

Der wirksame Widerstand im unteren Teil der Schaltung ist nun R_1', es ist nach Gl. (4.25)

$$\frac{1}{R_1'} = \frac{1}{R_1} + \frac{1}{R_v}$$

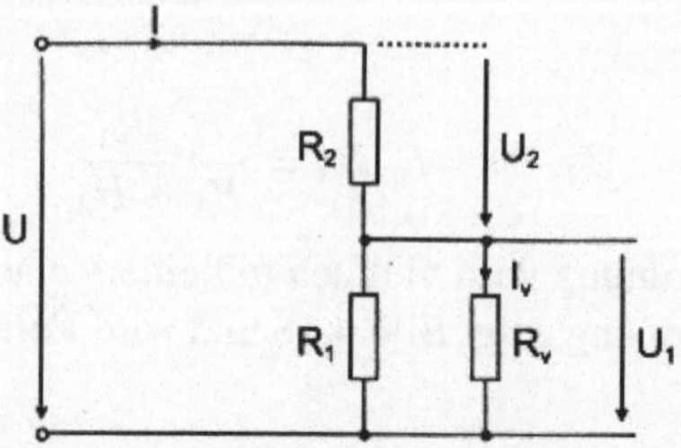

Bild 4.19: Mit R_v belasteter Spannungsteiler

oder

$$R_1' = \frac{R_1 \cdot R_v}{R_1 + R_v} \tag{4.34}$$

Diese Beziehung in Gl. (4.28) eingesetzt gibt

$$U_1 = U \cdot \frac{R_1 \cdot R_v/(R_1 + R_v)}{R_2 + R_1 \cdot R_v/(R_1 + R_v)}$$

oder

$$U_1 = U \cdot \frac{R_1 \cdot R_v}{R_1 \cdot R_2 + R_1 \cdot R_v + R_2 \cdot R_v} \tag{4.35}$$

Der Verbraucherstrom ist

$$\frac{U_1}{R_v} = I_v = U \cdot \frac{R_1}{R_1 \cdot R_2 + R_1 \cdot R_v + R_2 \cdot R_v} \tag{4.36}$$

Schliesslich soll, wie in Bild 4.20 gezeigt, der Widerstand mit Schleiferabgriff unter Belastung studiert werden. Die Gln. (4.30) und (4.31) in Gl. (4.35) eingesetzt ergeben

$$U_1 = U \frac{R_0 \cdot x \cdot R_v}{R_0^2 \cdot x\,(1-x) + R_v \cdot R_0}$$

oder zusammengefasst

$$\frac{U_1}{U} = \frac{x \cdot R_v}{R_0 \cdot x\,(1-x) + R_v}$$

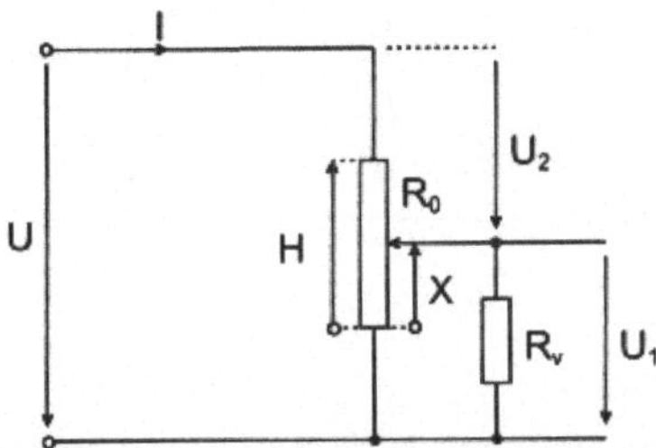

Bild 4.20: Belastete Potentiometerschaltung

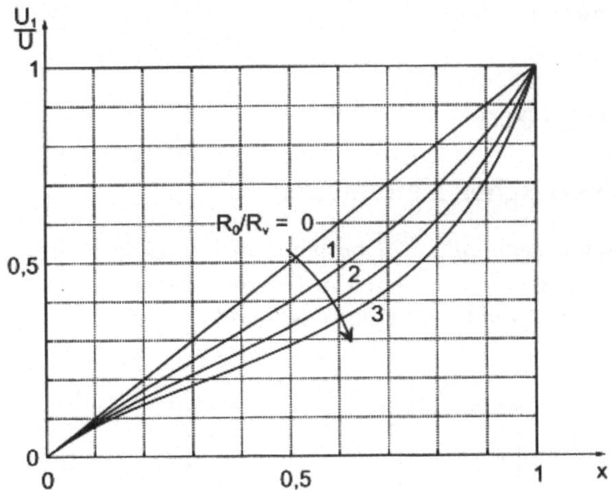

Bild 4.21: Stellerkennlinien des Potentiometers bei Belastung

Dividiert man noch durch R_v, so erhält man schliesslich

$$\frac{U_1}{U} = \frac{x}{\frac{R_0}{R_v} \cdot x\,(1-x)+1} \tag{4.37}$$

Der Ausdruck

$$\frac{R_0}{R_v} \cdot x \cdot (1-x) \tag{4.38}$$

kennzeichnet die Abweichungen vom meist gewünschten idealen Verhalten nach Gl. (4.30). Für $x = 0$ und $x = 1$, also in den Grenzlagen, wird Gl. (4.38) damit die Störung null, deren Maximalwert ist bei $x = 0{,}5$ gleich einem Viertel des Widerstandsverhältnisses R_0/R_v. In Bild 4.21 ist die Spannung U_1/U als Funktion der Schleiferposition x für verschiedene R_0/R_v dargestellt. Ein genaueres Studium der Schaltung zeigt, dass die maximale Spannungsabweichung des belasteten Spannungsteilers gegenüber dem unbelasteten für $R_0/R_v \ll 1$ bei $x \approx 2/3$ liegt, bei höheren Werten für R_0/R_v wandert das Maximum gegen den Wert $x = 1$. Für $R_0/R_v = 1$ liegt das Maximum der Abweichung bei $x = 0{,}689$.

4.5 Aufgaben

4.5.1 Elektrischer Kettenleiter

Ein Kettenleiter nach Bild 4.22 bestehe aus den Längswiderständen R_a und den Querleitwerten $G_b = 1/R_b$. Der Gesamtwiderstand von n aneinandergereihten Ensembles von Längswiderstand und Querleitwert sei R_n.

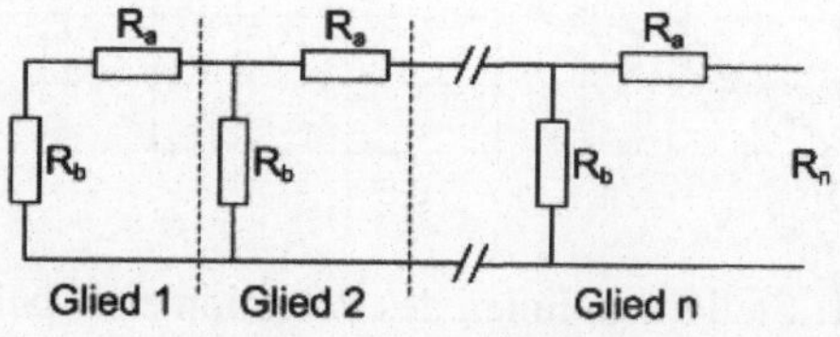

Bild 4.22: Kettenleiter

Fragen:

1. Wie gross ist der Widerstand R_n als Funktion des Widerstandes R_{n-1} ?
2. Geben Sie eine übersichtliche Darstellung von R_n als Kettenbruch.
3. Berechnen Sie den Grenzwert R_n für $n \to \infty$. Diskutieren Sie die Fälle $R_b \to 0$ und $R_b \to \infty$.
4. Gegeben sei $R_a = R_b$. Bei welcher Zahl n weicht der Widerstand R_n um weniger als $\frac{1}{1000}$ vom Wert R_∞ nach Frage 3 ab.

5 Theorie der Gleichstromnetzwerke

5.1 Grundlagen und Aufgaben der Theorie der Gleichstromnetzwerke

Mit Hilfe von Spannungsquellen, Stromquellen, Widerständen oder Leitwerten lassen sich, wie im vorangegangenen Abschnitt bereits angedeutet wurde, beliebig komplizierte, vermaschte Anordnungen aufbauen. Die Untersuchung derartiger Gebilde ist Aufgabe der **Netzwerktheorie**. Die Elemente sind in den linearen Gleichstromnetzwerken die folgenden Zweipole:

a) Ideale Spannungsquellen
b) Ideale Stromquellen
c) Widerstände oder Leitwerte, die dem OHMschen Gesetz gehorchen

Unter der Einschränkung, dass Spannungsquellen nicht unmittelbar parallel und Stromquellen nicht in Serie geschaltet werden dürfen, ist grundsätzlich eine freizügige Vermaschung der Bauelemente zulässig. Die gesamte Anordnung bildet das Netzwerk; ein solches ist beispielhaft in Bild 5.1 dargestellt.

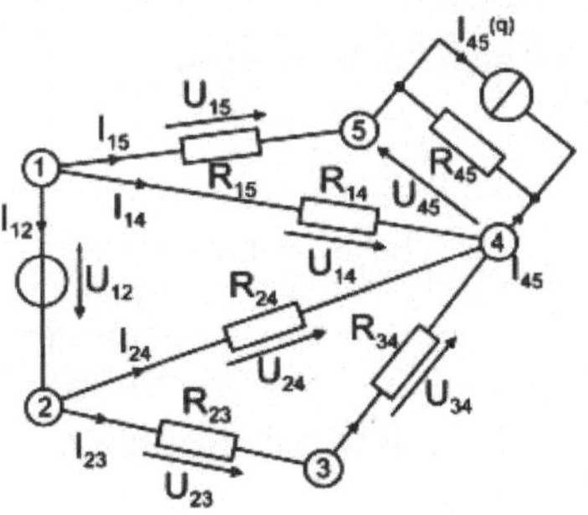

Bild 5.1: Beispiel eines Netzwerkes mit Bezeichnungen

Jedes Netzwerk besteht aus insgesamt k Knoten und l Zweigen, welche die Knoten miteinander verbinden. Bei gegebener Knotenzahl ist die mögliche Zahl der Zweige begrenzt auf

$$l \leq \frac{k\,(k-1)}{2} \tag{5.1}$$

Die Knoten werden nummeriert, zwischen zwei Knoten mit den Nummern ν und μ liege die Spannung $U_{\nu\mu}$ (Bild 5.2)

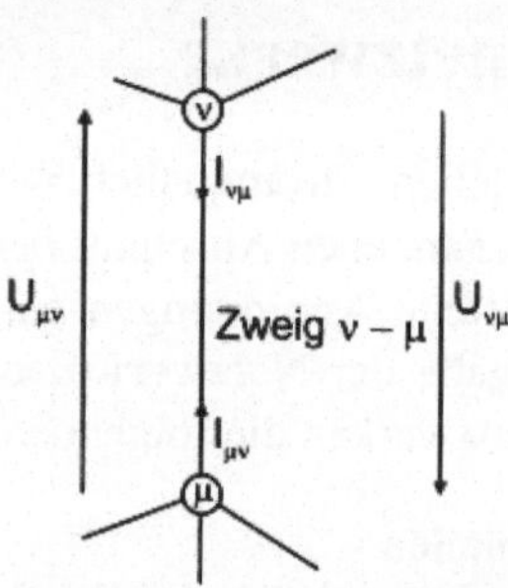

Bild 5.2: Bezeichnung der Spannungen und Zweigströme an einem Knotenpaar

Mit einem direkten Zweig zwischen zwei Knoten ist der Strom $I_{\nu\mu}$ von Knoten ν zum Knoten μ eindeutig bestimmt.

Mit den in Bild 5.2 festgelegten Zählpfeilen ist

$$\begin{aligned} U_{\mu\nu} &= -U_{\nu\mu} \\ I_{\mu\nu} &= -I_{\nu\mu} \end{aligned} \tag{5.2}$$

Parallele Zweige zwischen zwei Knoten sind entweder mit Hilfe zusätzlicher Knoten aufzulösen oder durch Einführung von Ersatzzweipolen zu beseitigen. Dies wird im nächsten Abschnitt noch näher erläutert.

Die Grundaufgabe der Netzwerktheorie ist die Berechnung der Ströme und Spannungen in allen oder ausgewählten Teilen des Netzwerkes bei gegebenen Daten der Quellen und Widerstände.

Eine andere Aufgabe besteht darin, aus Messungen der Spannungen und Ströme die Daten der Zweigelemente zu bestimmen.

Schliesslich dient die Netzwerktheorie als Mittel, für bestimmte technische Aufgaben geeignete Netzkonfigurationen zu finden.

5.2 Die Methode der Knotenpotentiale

Ein Netzwerk bestehe aus k Knoten und ℓ Zweigen. Die Zweige können zwei Arten von Elementen enthalten, die in Bild 5.3 zusammengestellt sind:

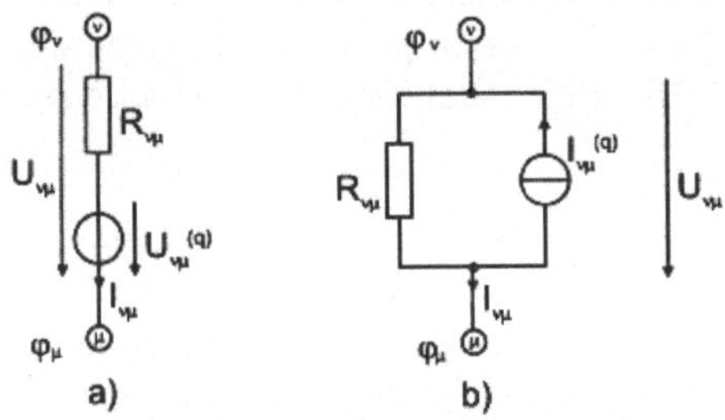

a) Widerstand mit Spannungsquelle
b) Widerstand mit Stromquelle

Bild 5.3: Die beiden Zweigtypen

Den Knoten werden die Potentiale $\varphi_i (i = 1,2,\ldots,k)$ zugeordnet. Für die Ströme erhält man in den beiden dargestellten Fällen

a) für den Zweigtyp Widerstand mit Spannungsquelle:

$$I_{\nu\mu} = \frac{\varphi_\nu - \varphi_\mu}{R_{\nu\mu}} - \frac{U_{\nu\mu}^{(q)}}{R_{\nu\mu}} \tag{5.3}$$

b) für den Zweigtyp Widerstand mit Stromquelle:

$$I_{\nu\mu} = \frac{\varphi_\nu - \varphi_\mu}{R_{\nu\mu}} - I_{\nu\mu}^{(q)} \tag{5.4}$$

Mit der Abkürzung

$$\frac{U_{\nu\mu}^{(q)}}{R_{\nu\mu}} = I_{\nu\mu}^{(q)}$$

werden alle Gleichungen vom Typ Gl. (5.3) in die Form des Typs Gl. (5.4) gebracht. Ersetzt man schliesslich die Widerstände $R_{\nu\mu}$ durch die Leitwerte $G_{\nu\mu} = 1/R_{\nu\mu}$, so erhält man für alle Zweige die Gestalt

$$I_{\nu\mu} = (\varphi_\nu - \varphi_\mu) \cdot G_{\nu\mu} - I_{\nu\mu}^{(q)} \tag{5.5}$$

Der Sonderfall eines quellenfreien Zweiges ist hierin mit $I_{\nu\mu}^{(q)} = 0$ enthalten. Man beachte den Unterschied zwischen der Spannungsquelle mit der Bezeichnung $U_{\nu\mu}^{(q)}$ und der Spannung zwischen den Klemmen ν und μ, bezeichnet mit $U_{\nu\mu}$. Ebenso ist zwischen der Stromquelle mit der Bezeichnung $I_{\nu\mu}^{(q)}$ und dem Zweigstrom $I_{\nu\mu}$ zu unterscheiden. Die Beziehung für den gesamten Zweigstrom hat auch bei mehreren parallelen Zweigen die in Gl. (5.5) gegebene Form. Eine quellenfreie Parallelschaltung von Leitwerten nach Bild 5.4 liefert

$$G_{\nu\mu} = G_1 + G_2 + \cdots + G_n \tag{5.6}$$

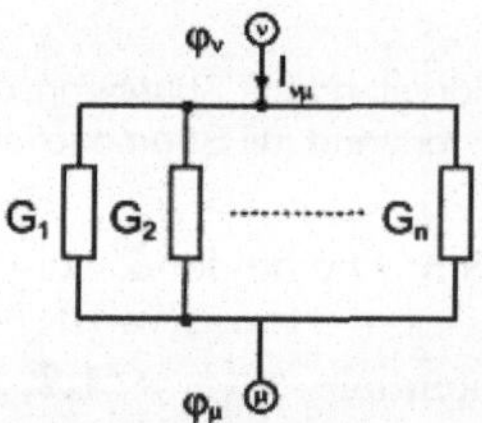

Bild 5.4: Parallele Zweige zwischen zwei Knoten mit Leitwerten

Eine Parallelschaltung von widerstandsbehafteten Spannungsquellen nach Bild 5.5 ergibt

$$\begin{aligned} I_{\nu\mu} &= (\varphi_\nu - \varphi_\mu) \cdot (G_1 + G_2 + \cdots + G_n) \\ &\quad -(U_1\, G_1 + U_2\, G_2 + \cdots + U_n\, G_n) \end{aligned}$$

also ist wiederum

$$G_{\nu\mu} = G_1 + G_2 + \cdots + G_n$$

und

$$I_{\nu\mu}^{(q)} = U_1 G_1 + U_2 G_2 + \cdots + U_n G_n \tag{5.7}$$

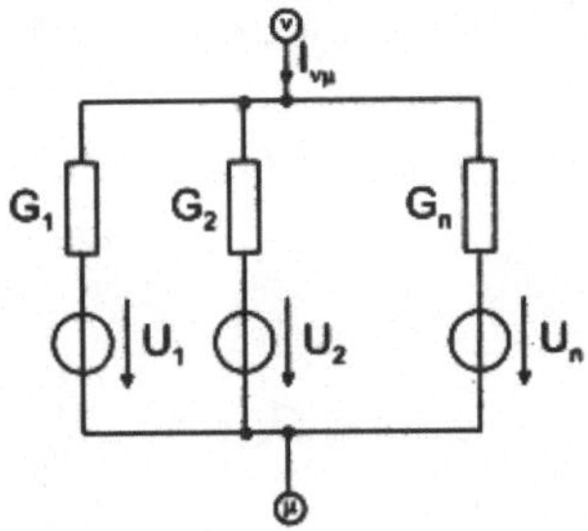

Bild 5.5: Parallelgeschaltete Zweige mit Spannungsquellen

Parallelgeschaltete Stromquellen lassen sich unmittelbar addieren

$$I_{\nu\mu}^{(q)} = I_1^{(q)} + I_2^{(q)} + \cdots + I_n^{(q)} \tag{5.8}$$

Schliesslich kann man die Beziehungen Gln. (5.6), (5.7) und (5.4) auch noch kombinieren, so dass auch bei komplizierteren Zweipolen, die aus parallelgeschalteten Zweipolen der beiden Typen nach Bild 5.2 aufgebaut werden, sich unmittelbar der Strom des Ersatzzweipoles in der Form der Gl. (5.5) angeben lässt.

Für die Berechnung der Zweigströme ist nach Gl. (5.6) nicht das Potential eines Knotens sondern immer die Differenz zweier Potentiale massgebend, daher kann das Potential eines beliebigen Knotens willkürlich festgelegt werden. In den folgenden Ausführungen ist das Potential des letzten Knotens $\varphi_k = 0$.

Die Aufgabe besteht nun darin, die unbekannten $k - 1$ Potentiale der übrigen Knoten aufzufinden. Sind diese bekannt, so kennt man die Zweigströme $I_{\nu\mu}$ nach Gl. (5.5) und auch die Teilzweigströme, sofern der Zweipol zwischen zwei Knoten aus parallelen Zweigen aufgebaut ist. Für die $k - 1$ unbekannten Potentiale der Knoten liefert die Knotenregel auf jeden dieser Knoten angewandt, die benötigten $k - 1$ Gleichungen. Geht man vom allgemeinen Fall aus, in dem jeder Knoten mit jedem anderen Knoten über einen Zweig verbunden ist, so liefert die Knotenregel für den Knoten ν

$$I_{\nu,1} + I_{\nu,2} + \cdots + I_{\nu,\nu-1} + I_{\nu,\nu+1} + \cdots + I_{\nu,k} = 0 \tag{5.9}$$

Mit Gl. (5.5) erhält man

$$\begin{aligned}
&(\varphi_\nu - \varphi_1) \cdot G_{\nu,1} - I_{\nu,1}^{(q)} \\
&+(\varphi_\nu - \varphi_2) \cdot G_{\nu,2} - I_{\nu,2}^{(q)} \\
&\vdots \quad \vdots \quad \vdots \\
&+(\varphi_\nu - \varphi_{\nu-1}) \cdot G_{\nu,\nu-1} - I_{\nu,\nu-1}^{(q)} \\
&+(\varphi_\nu - \varphi_{\nu+1}) \cdot G_{\nu,\nu+1} - I_{\nu,\nu+1}^{(q)} \\
&\vdots \quad \vdots \quad \vdots \\
&+(\varphi_\nu - \varphi_k) \cdot G_{\nu,k} - I_{\nu,k}^{(q)} = 0
\end{aligned} \tag{5.10}$$

Bezeichnet man

$$G_{\nu,1} + G_{\nu,2} + \cdots + G_{\nu,\nu-1} + G_{\nu,\nu+1} + \cdots + G_{\nu,k} = G_{\nu,\nu} \tag{5.11a}$$

$$I_{\nu,1}^{(q)} + I_{\nu,2}^{(q)} + \cdots + I_{\nu,\nu-1}^{(q)} + I_{\nu,\nu+1}^{(q)} + \cdots + I_{\nu,k}^{(q)} = I_\nu^{(q)} \tag{5.11b}$$

und berücksichtigt $\varphi_k = 0$, so schreibt sich Gl. (5.10)

$$\begin{aligned}
-G_{\nu,1}\varphi_1 - G_{\nu,2}\varphi_2 - \cdots - G_{\nu,\nu-1}\varphi_{\nu-1} + G_{\nu,\nu}\varphi_\nu &\quad - \\
-G_{\nu,\nu+1}\varphi_{\nu+1} - \cdots - G_{\nu,k-1}\varphi_{k-1} &= I_\nu^{(q)}
\end{aligned} \tag{5.12}$$

Gl. (5.12) ist für alle Knoten $n = 1{,}2, \ldots, k-1$ aufzustellen, man erhält ein lineares Gleichungssystem mit $k-1$ Gleichungen und $k-1$ Unbekannten.

Die formale Behandlung des Systems erfolgt mit Hilfe von Vektoren und Matrizen. Die Leitwertmatrix ist eine quadratische $(k-1)$ mal $(k-1)$ Matrix

$$\mathbf{G} = \begin{pmatrix} G_{1,1} & -G_{1,2} & \cdots & G_{1,k-1} \\ -G_{2,1} & G_{2,2} & \cdots & -G_{2,k-1} \\ \vdots & \vdots & & \vdots \\ -G_{k-1,1} & -G_{k-1,2} & \cdots & G_{k-1,k-1} \end{pmatrix} \tag{5.13}$$

mit der Symmetrieeigenschaft

$$G_{\nu,\mu} \;=\; G_{\mu,\nu} \tag{5.14}$$

Der Potentialvektor ist

$$\boldsymbol{\varphi} \;=\; \begin{pmatrix} \varphi_1 \\ \varphi_2 \\ \vdots \\ \varphi_{k-1} \end{pmatrix} \tag{5.15}$$

und der Strom-Quellenvektor

$$\mathbf{I_q} \;=\; \begin{pmatrix} I_1^{(q)} \\ I_2^{(q)} \\ \vdots \\ I_{k-1}^{(q)} \end{pmatrix} \tag{5.16}$$

Leitwertmatrix G und Strom-Quellenvektor $\mathbf{I_q}$ sind bekannt. Gesucht ist der Potentialvektor $\boldsymbol{\varphi}$.

Die Gln. (5.12) schreiben sich in der Matrixform

$$\mathbf{G} \cdot \boldsymbol{\varphi} \;=\; \mathbf{I_q} \tag{5.17}$$

mit der Auflösung

$$\boldsymbol{\varphi} \;=\; \mathbf{G}^{-1} \cdot \mathbf{I_q} \tag{5.18}$$

Diese Auflösung ist nur möglich, wenn die Kehrmatrix bestimmbar ist, also wenn die Matrix **G** nicht singulär ist. Die Determinante der Matrix det **(G)** darf deshalb nicht null sein.

Auf die rechentechnische Handhabung der Matrixinversion, auf die Probleme bei fast singulärer Matrix, gleichbedeutend mit einem schlecht konditionierten Gleichungssystem, und weiteren Fragen der linearen Algebra wird hier nicht weiter eingegangen.

Hingegen ist noch der Sonderfall zu studieren, wenn einzelne $R_{\nu,\mu}$ verschwinden oder gleichbedeutend, wenn einzelne Leitwerte $G_{\nu,\mu}$ unendlich werden.

Im Falle des Zweiges mit Stromquelle nach Bild 5.3b vereinigen sich die beiden Knoten ν und μ zu einem Knoten, da die beiden Potentiale φ_ν und φ_μ gleichen Wert annehmen. Sofern durch die Zusammenfassung der beiden Knoten parallele Zweige zwischen dem neuen Knoten und den übrigen Knoten auftreten, so sind diese in der bereits besprochenen Weise aufzulösen. Für den Zweig mit Spannungsquelle nach Bild 5.3a erhalten die Potentiale φ_ν und φ_μ die feste Differenz

$$\varphi_\nu - \varphi_\mu = U^{(q)}_{\nu,\mu} \tag{5.19}$$

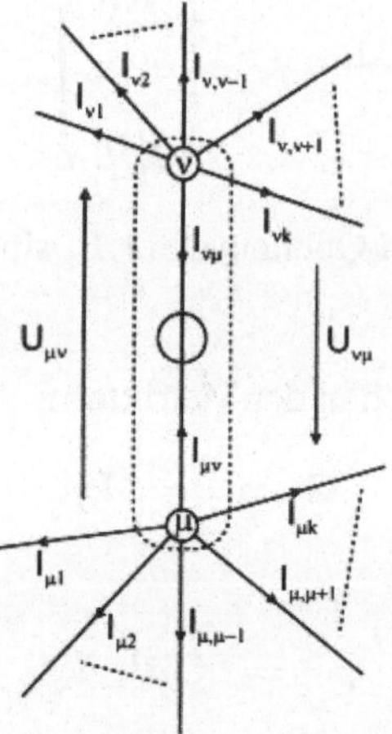

Bild 5.6: Verallgemeinerte Knotenregel

Beachtet man weiter die verallgemeinerte Knotenregel nach Bild 5.6, nach der auch alle auf den Verbund der Knoten ν und μ fliessenden Ströme in der Summe null sein müssen, so lässt sich anstelle der beiden Knotengleichungen für die Knoten ν und μ eine einzige, für den Knotenverbund gültige Gleichung formulieren. Mit Hilfe Gl. (5.19) lässt sich eine der beiden Unbekannten φ_ν und φ_μ aus dem Gleichungssystem entfernen, so dass sich auch die Zahl der Unbekannten um eins reduziert. Nach Bild 5.6 ist also die verallgemeinerte

Knotenregel für den Verbund der Knoten ν und μ,

$$\begin{aligned} I_{\nu,1} + I_{\nu,2} + \cdots + I_{\nu,\nu-1} + I_{\nu,\nu+1} + \cdots + I_{\nu,k} & + \\ +I_{\mu,1} + I_{\mu,2} + \cdots + I_{\mu,\mu-1} + +I_{\mu,\mu+1} + \cdots + I_{\mu,k} & = 0 \end{aligned} \quad (5.20)$$

In dieser Summe fallen die beiden verbundinternen Ströme wegen $I_{\nu,\mu} = -I_{\mu,\nu}$ heraus. Es ist also die Summe der von aussen in den Verbundknoten fliessenden Ströme gleich null.

5.3 Ein Beispiel für die Methode der Knotenpotentiale

Bild 5.7 zeigt die Schaltung einer Messbrücke mit den Zweigwiderständen R_a, R_b, R_A und R_B sowie dem Diagonalwiderstand R_d. Die Brücke wird von der festen Spannung U versorgt. Dem Potential φ_4 wird der Wert null gegeben;

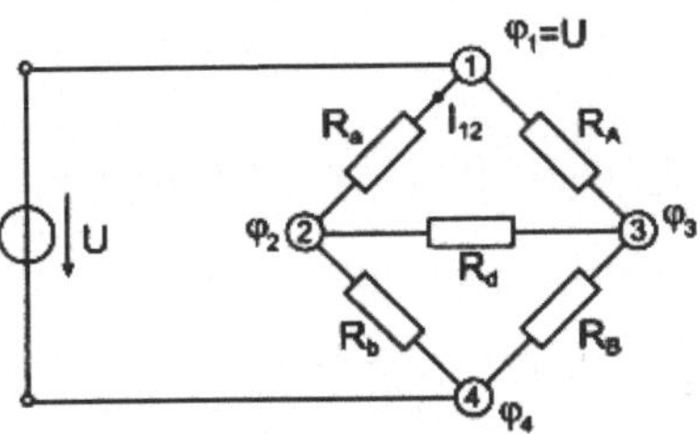

Bild 5.7: Brückenschaltung

dann ist das Potential $\varphi_1 = U$, da im Zweig 1-4 eine ideale Spannungsquelle ohne Widerstand liegt. Es genügt daher, die Knotengleichungen für die Knoten 2 und 3 aufzustellen.

Es ist

$$I_{12} = (U - \varphi_2) \cdot G_a = -I_{21}$$

$$I_{13} = (U - \varphi_3) \cdot G_A = -I_{31}$$

$$I_{23} = (\varphi_2 - \varphi_3) \cdot G_d = -I_{32} \tag{5.21}$$

$$I_{24} = \varphi_2 \cdot G_b$$

$$I_{34} = \varphi_3 \cdot G_B$$

Für den Knoten 2 gilt

$$\begin{aligned} I_{21} + I_{23} + I_{24} &= 0 \\ -(U - \varphi_2) \cdot G_a + (\varphi_2 - \varphi_3) \cdot G_d + \varphi_2 \cdot G_b &= 0 \end{aligned}$$

also

$$\varphi_2 \cdot (G_a + G_d + G_b) - \varphi_3 \cdot G_d = U \cdot G_1 \tag{5.22}$$

und für den Knoten 3

$$\begin{aligned} I_{31} + I_{32} + I_{34} &= 0 \\ -(U - \varphi_3) \cdot G_A - (\varphi_2 - \varphi_3) \cdot G_d + \varphi_3 \cdot G_B &= 0 \end{aligned}$$

also

$$-\varphi_2 \cdot G_d + \varphi_3 \cdot (G_A + G_d + G_B) = U \cdot G_A \tag{5.23}$$

Damit ist die Leitwertmatrix bestimmt

$$\mathbf{G} = \begin{pmatrix} G_a + G_d + G_b & -G_d \\ -G_d & G_A + G_d + G_B \end{pmatrix} \tag{5.24}$$

sowie der Potential- und Quellenstromvektor

$$\boldsymbol{\varphi} = \begin{pmatrix} \varphi_2 \\ \varphi_3 \end{pmatrix} \qquad \mathbf{I_q} = \begin{pmatrix} U \cdot G_a \\ U \cdot G_A \end{pmatrix} \tag{5.25}$$

Die Kehrmatrix von $\mathbf{G}$ ist

$$\mathbf{G}^{-1} = \frac{1}{\triangle} \cdot \begin{pmatrix} G_A + G_d + G_B & -G_d \\ G_d & G_a + G_d + G_b \end{pmatrix} \tag{5.26}$$

mit der Determinante $\triangle = det\ \mathbf{G}$

$$\begin{aligned}\triangle &= G_a \cdot (G_A + G_d + G_B) + G_b \cdot (G_A + G_d + G_B) \\ &\quad + G_d \cdot (G_A + G_B)\end{aligned} \tag{5.27}$$

Aus

$$\boldsymbol{\varphi} = \mathbf{G}^{-1} \cdot \mathbf{I_q}$$

erhält man

$$\begin{aligned}\varphi_2 &= \frac{(G_A + G_d + G_B) \cdot G_a + G_d \cdot G_A}{\triangle} \cdot U \\ \varphi_3 &= \frac{G_d \cdot G_a + (G_a + G_d + G_b) \cdot G_A}{\triangle} \cdot U\end{aligned} \tag{5.28}$$

Bei Brückenschaltungen interessiert oft der Strom I_{23} im Diagonalzweig; dieser ist

$$I_{23} = (\varphi_2 - \varphi_3) \cdot G_d \tag{5.29}$$

Der Strom wird null (Abgleichbedingung) für

$$\varphi_2 - \varphi_3 = 0 \tag{5.30}$$

Eingesetzt in die Gl. (5.28) erhält man

$$\begin{aligned}\varphi_2 - \varphi_3 &= (G_a \cdot G_a + G_a \cdot G_d + G_a \cdot G_B + G_d \cdot G_A \\ &\quad - G_d \cdot G_a - G_a \cdot G_A - G_d \cdot G_A - G_b \cdot G_A) \cdot \frac{U}{\triangle} = 0\end{aligned}$$

Zusammengefasst erhält man

$$\varphi_2 - \varphi_3 = (G_a \cdot G_B - G_b \cdot G_A) \cdot \frac{U}{\triangle} = 0 \tag{5.31}$$

Sieht man von $U = 0$ ab, so muss

$$\frac{G_a}{G_A} = \frac{G_b}{G_B} \tag{5.32}$$

als Abgleichbedingung erfüllt sein. Führt man Widerstände an Stelle der Leitwerte ein, so lautet die Bedingung

$$\frac{R_A}{R_a} = \frac{R_B}{R_b} \tag{5.33}$$

5.4 Weitere Methoden zur Berechnung von Netzwerken

Die in Kap. 5.2 eingeführte Methode zur Bestimmung der $k-1$ Knotenpotentiale geht von den für $k-1$ Knoten angewandten Knotenregeln aus und liefert die entsprechende Anzahl unabhängiger Gleichungen zur Auflösung des linearen Gleichungssystems für die Knotenpotentiale. Der letzte, nichtbenutzte Knoten, dessen Auswahl willkürlich erfolgen durfte, liefert selbstverständlich keine weitere unabhängige Netzwerksgleichung. Die Ströme in den ℓ Zweigen wurden mit Hilfe des OHMschen Gesetzes ermittelt.

Ein zweiter Ansatz ist die Anwendung der Maschenregel, die nicht systematisch behandelt, sondern lediglich anhand des Beispiels aus Kap. 5.3 erläutert werden soll.

Besitzt ein Netzwerk k Knoten und ℓ Zweige, dann ist die Zahl der beschreibenden Grössen $n = 2 \cdot \ell$, nämlich die ℓ Spannungen an den Zweigen und die ℓ Ströme in den Zweigen. Über das OHMsche Gesetz für jeden Zweig sind ℓ Gleichungen gegeben. Die Knotenregel liefert $k-1$, die Maschenregel $\ell-(k-1)$ unabhängige Gleichungen. Die Bilanz für die Gleichungen sieht übersichtlich geschrieben wie folgt aus:

ℓ	Strom-Spannungsgleichungen für jeden Zweig
$k-1$	Gleichungen aus der Knotenregel
$\ell-(k-1)$	Gleichungen aus der Maschenregel
$2 \cdot \ell$	linear unabhängige Gleichungen entsprechend den $2 \cdot \ell$ Grössen, die das Netzwerk beschreiben.

Bild 5.8 zeigt das mit der Maschenregel zu behandelnde Netzwerk, die erforderliche Zahl unabhängiger Maschen ist für $\ell = 6$ und $k = 4$

$$m = 6 - 4 + 1 = 3$$

Es sind also drei voneinander unabhängige, in sich geschlossene Maschen auszuwählen. In der Regel hat man mehrere Wahlmöglichkeiten, beispielsweise die Wahl entsprechend Bild 5.8, nach dessen Vorbild die Kreisströme nach Weg

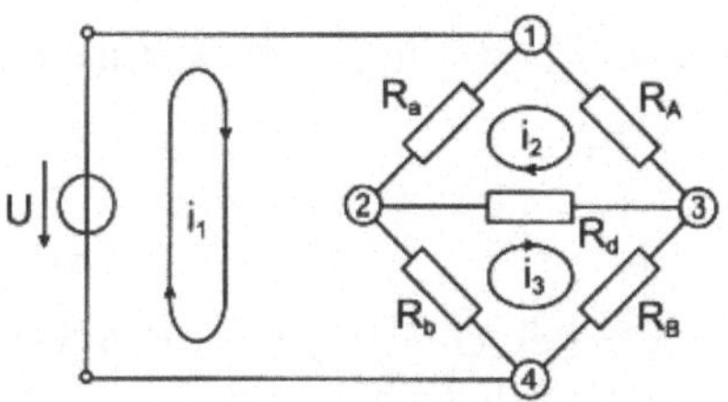

Bild 5.8: Netzwerk mit Kreisströmen

und Richtung gekennzeichnet werden müssen. In jedem Zweig muss mindestens ein Kreisstrom fliessen, in manchen Zweigen fliessen zwei oder mehr Kreisströme. So fliesst im Zweig zwischen den Knoten 1 und 2 der Kreisstrom i_1 und diesem entgegengerichtet der Kreisstrom i_2. Die Spannung zwischen beiden Knoten ist deshalb $u_{12} = (i_1 - i_2) \cdot R_a$.

Beginnend bei Knoten 1 gilt für die Spannungen der Masche 1

$$(i_1 - i_2) \cdot R_a + (i_1 - i_3) \cdot R_b - U = 0$$

Die Spannungen in Richtung des zur Masche gehörenden Kreisstromes werden positiv, die entgegengesetzt gerichteten negativ gezählt.

Für die Maschen 2 und 3 gilt entsprechend

$$(i_2 - i_1) \cdot R_a + i_2 \cdot R_a + (i_2 - i_3) \cdot R_d = 0$$

$$(i_3 - i_1) \cdot R_b + (i_3 - i_2) \cdot R_d + i_3 \cdot R_B = 0$$

Zusammengefasst führt dies auf ein lineares Gleichungssystem für die Kreisströme

$$\begin{aligned} (R_a + R_b) \cdot i_1 - R_a \cdot i_2 - R_b \cdot i_3 &= U \\ -R_a \cdot i_1 + (R_a + R_A + R_d) \cdot i_2 - R_d \cdot i_3 &= 0 \\ -R_b \cdot i_1 - R_d \cdot i_2 + (R_b + R_B + R_d) \cdot i_3 &= 0 \end{aligned} \tag{5.34}$$

Dieses System kann nach den Kreisströmen aufgelöst werden, die Zweigströme sind eine Linearkombination der Kreisströme, also beispielsweise

$I_{12} = i_1 - i_2$. Die System-Matrix, die Widerstandsmatrix

$$\mathbf{R} = \begin{pmatrix} (R_a + R_b) & -R_a & -R_d \\ -R_a & (R_a + R_A + R_d) & -R_d \\ -R_b & -R_d & (R_b + R_B + R_d) \end{pmatrix} \quad (5.35)$$

ist wie früher die Matrix **G** (Gl. (14.4)) symmetrisch. Dies ist kein Zufall sondern eine allgemeine Eigenschaft der hier betrachteten linearen Netzwerke, bestehend aus Spannungsquellen, Stromquellen und OHMschen Widerständen.

Analog zur Gl. (5.17) schreibt man formal die Matrixgleichung

$$\mathbf{R} \cdot \mathbf{i} = \mathbf{U} \quad (5.36)$$

mit dem Stromvektor

$$\mathbf{i} = \begin{pmatrix} i_1 \\ i_2 \\ i_3 \end{pmatrix} \quad (5.37)$$

und dem Spannungsvektor

$$\mathbf{U} = \begin{pmatrix} U \\ 0 \\ 0 \end{pmatrix} \quad (5.38)$$

die nach **i** aufzulösen ist.

Zum Schluss ist noch die Frage interessant, ob die Methode des Knotenpunkt-Potentials oder das Kreisstrom-Verfahren vorteilhafter ausfällt. Beide Methoden liefern selbstverständlich identische Ergebnisse und beide Methoden werden numerisch unsicher, wenn der physikalische Hintergrund der Netzwerksberechnung problematisch ist.

Die Zahl der zu bestimmenden Unbekannten ist bei vollbesetztem Netzwerk mit der Maximalzahl der Zweige nach Gl. (5.1) bei den beiden Verfahren

Zahl der Knoten k	Maximalzahl der Zweige $\ell_{max} = \frac{k(k-1)}{2}$	Zahl der Knotenpotentiale $k-1$	Zahl der Maschen $m = \ell - (k-1)$
3	3	2	1
4	6	3	3
5	10	4	6
...	...	...	...

also für $k \geq 5$ erscheint das Verfahren der Knotenpotentiale vorteilhafter als das Verfahren der Maschenströme. Allerdings ist häufig $\ell \ll \ell_{max}$, und dann kann auch für grosse Knotenzahlen das Maschenstromverfahren mit weniger Unbekannten auskommen als das Verfahren der Knotenpotentiale. Bei der heute üblichen Behandlung grosser Netzwerke mit Rechenmaschinen ist die Zahl der Unbekannten nicht mehr das wichtigste Kriterium für die Verfahrensauswahl. Der Aufwand für die Formulierung des Problems und Fragen der effizienten Dateneingabe in den Rechner sind Beispiele für weitere wichtige Gesichtspunkte, die bei umfangreichen Aufgaben sorgfältig beachtet werden sollten.

Heute werden in den verschiedenen Bereichen der Elektrotechnik extrem grosse Netzwerke mit vielen tausend Knoten behandelt. Hierbei sind die System-Matrizen $\mathbf{G}$ oder $\mathbf{R}$ oft nur sehr schwach besetzt, enthalten also viele Elemente mit dem Wert null. Für derartige Probleme wurden spezielle Berechnungsverfahren entwickelt.

5.5 Überlagerungsprinzip und Netzwerktheoreme

In den Netzwerksgleichungen sind die gegebenen Spannungs- und Stromquellen in einem Quellenvektor zusammengefasst, beispielsweise der Strom-Quellenvektor Gl. (5.16) bei der Methode der Knotenpotentiale. Die Elemente des Quellenvektors bestehen aus einer oder mehreren Quellen in einer Linearkombination. Die Netzwerksgrössen, beispielsweise der Potentialvektor Gl. (5.15) oder der Kreisstromvektor beim Maschenverfahren berechnen sich mit Hilfe der inversen Systemmatrix als Linearkombination der Elemente der Quellenmatrix und damit auch als Linearkombination der gegebenen Spannungs- und Stromquellen. Sind x_j die n Netzwerkgrössen (Spannungen, Knotenpotentiale, Zweigströme oder Kreisströme) und q_i die m Quellen (Spannungsquellen, Stromquellen), so lassen sich die Netzwerkgrössen immer in der folgenden Linearform darstellen:

$$\begin{pmatrix} x_1 \\ x_2 \\ \vdots \\ x_n \end{pmatrix} = \begin{pmatrix} a_{11} & a_{12} & \dots & a_{1m} \\ a_{21} & a_{22} & \dots & a_{2m} \\ \vdots & \vdots & & \vdots \\ a_{n1} & a_{n2} & \dots & a_{nm} \end{pmatrix} \cdot \begin{pmatrix} q_1 \\ q_2 \\ \vdots \\ q_m \end{pmatrix} \tag{5.39}$$

oder kurz

$$\mathbf{x} = \mathbf{A} \cdot \mathbf{q} \tag{5.40}$$

Im Schaltschema Bild 5.9 repräsentiert der Kasten das Netzwerk, beschrieben durch die Matrix **A**

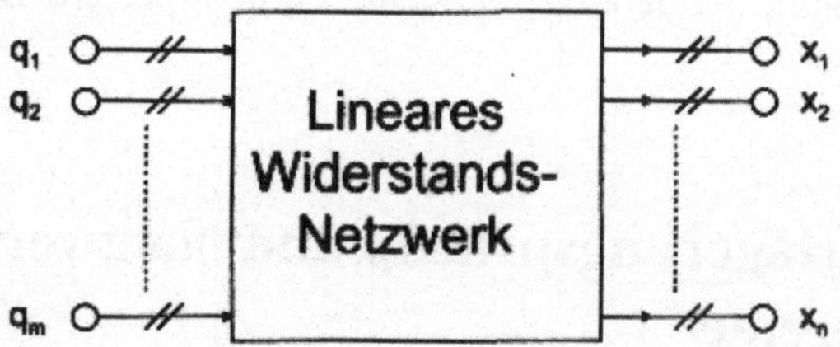

Bild 5.9: Schematische Darstellung eines allgemeinen linearen Netzwerkes

Die Quellen auf der linken Seite sind nach Bild 5.10 Spannungs- oder Stromquellen und über zwei Klemmen an das Netzwerk angeschlossen.

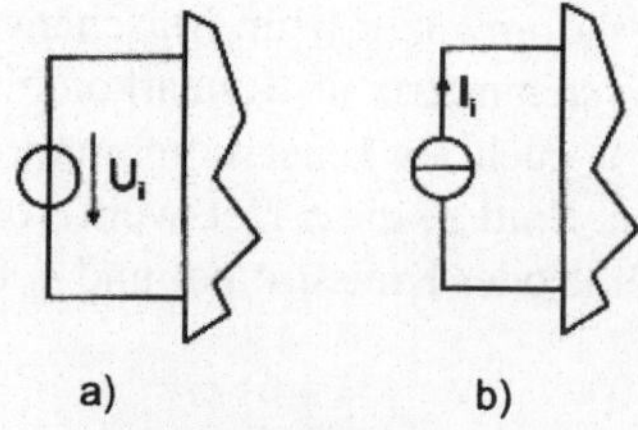

Bild 5.10: Die Quellen des Netzwerkes nach Bild 5.9

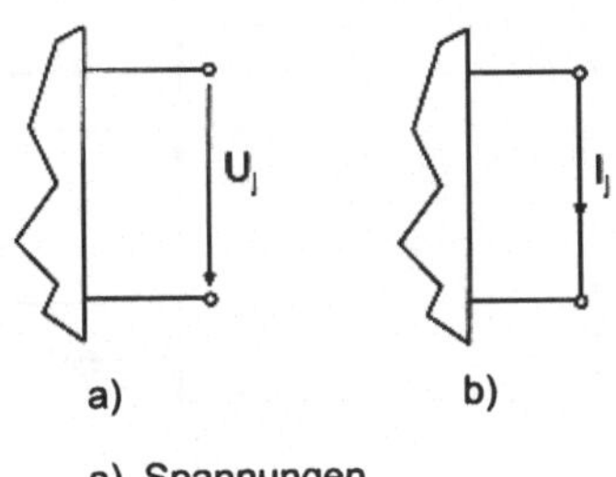

Bild 5.11: Die Netzwerkgrössen x_j nach Bild 5.9

Die Netzwerksgrössen x_j auf der rechten Seite stellen sich nach Bild 5.11 dar.

Die Netzwerkgrössen x_j lassen sich nun bestimmen, indem alle Quellen bis auf eine, nämlich q_i, zu null gemacht werden. Die Netzwerkgrösse mit der Nummer j hat dann den Wert x_{ji}. Führt man diese Bestimmung nacheinander für die Quellen $q_1, q_2, \ldots, q_m$ durch, so erhält man $x_{j1}, x_{j2}, \ldots, x_{jm}$. Die Summe

$$x_j = x_{j1} + x_{j2} + \cdots + x_{jm} \tag{5.41}$$

ist die Netzwerksgrösse, wenn alle Quellen eingeschaltet sind. Die Beiträge der einzelnen Quellen zu einer bestimmten Netzwerksgrösse sind unabhängig voneinander und überlagerbar[1].
Eine Spannungsquelle wird zu null gemacht, wenn anstelle der Quelle ein Kurzschluss in die Schaltung eingefügt wird. Eine Stromquelle, deren Wert auf null gemacht werden soll, muss hingegen nur herausgetrennt werden. Die Wirkung einer Quelle q_i auf eine Netzwerkgrösse x_j ist linear, hat also nach Gl. (5.39) die Form

$$x_j = x_{j0} + a_{ji} \cdot q_i \tag{5.42}$$

wobei x_{j0} natürlich vom Wert aller restlichen Quellen abhängt. Wird nun ein allgemeines lineares Netzwerk nach Bild 5.12 durch eine zusätzliche Spannungsquelle U_j erweitert, so fliesst ein Strom I_j; man beachte dessen gewählte Zählpfeilrichtung. Es werden mit dieser Erweiterung im Allgemeinen auch al-

[1] Der Überlagerungssatz und der daraus folgende Satz von der Ersatzspannungsquelle wurde 1853 von H.v.HELMHOLTZ (1821-1894) ausgesprochen.

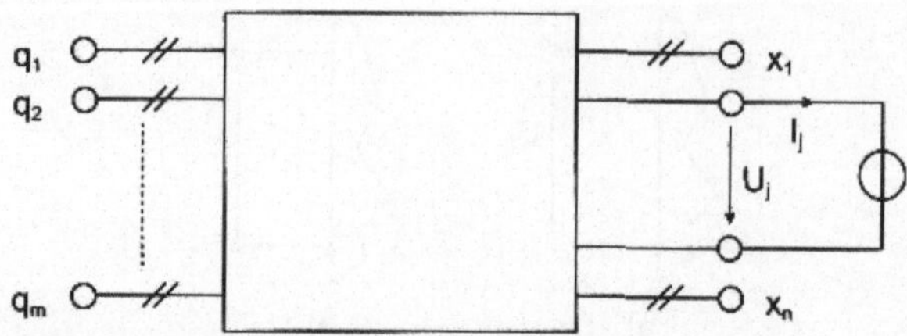

Bild 5.12: Erweiterung des Netzwerkes durch Anschluss einer Spannungsquelle U_j an das Klemmenpaar x_j

le anderen Potentiale und Ströme im Netzwerk verändert, was aber jetzt nicht weiter interessiert. Der Strom I_j zeigt, da das Überlagerungsgesetz gilt, in Abhängigkeit von U_j den in Bild 5.13 gezeigten linearen Verlauf. Bei veränderlicher Spannung U_j ergeben sich zwei Schnittpunkte mit den Koordinatenachsen, welche U_{j0} und I_{jk} genannt werden.

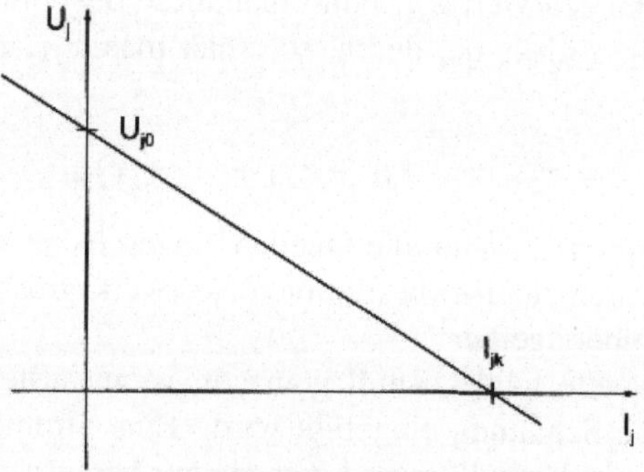

Bild 5.13: Strom-Spannungs-Charakteristik an den Klemmen eines Netzwerkes nach Bild 5.12

Bei $U_j = U_{j0}$ ist $I_j = 0$, deshalb bezeichnet U_{j0} die Leerlaufspannung an den Klemmen j. Bei $I_j = I_{jk}$ ist die Spannung an den Klemmen j gleich null, die Klemmen können kurzgeschlossen angesehen werden, deshalb ist der dabei fliessende Strom I_{jk} der Kurzschlussstrom des Klemmenpaares j. Aus Sicht auf das Klemmenpaar j kann das Netzwerk nach Bild 5.14 durch eine Spannungsquelle mit der Leerlaufspannung U_{j0} und dem Innenwiderstand r_j ersetzt werden, da die Ersatzschaltung nach Bild 5.14 exakt die Kennlinie

Bild 5.13 besitzt. Dies ist der Satz von der Ersatzspannungsquelle[2]; dabei wird Kap. 4.3 in Erinnerung gerufen.

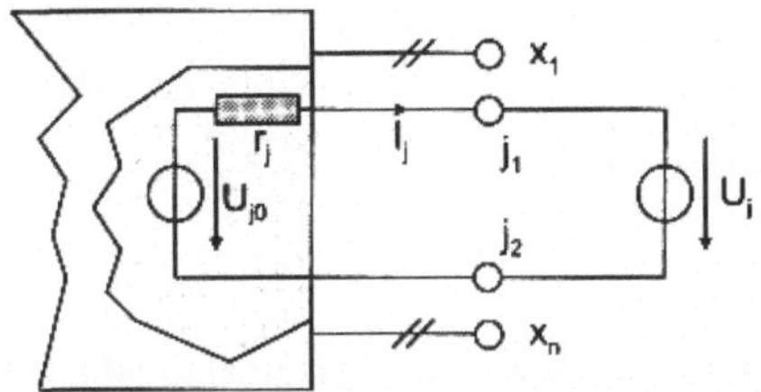

Bild 5.14: Ersatzschaltung für das Netzwerk und die Klemmen x_j

Der Ersatzwiderstand r_j ist

$$r_j = \frac{U_{j0}}{I_{jk}} \tag{5.43}$$

Die Kennwerte der Ersatzspannungsquelle können aus Leerlaufspannung und Kurzschlussstrom oder aber aus einer Kennlinienmessung nach Bild 5.12 bestimmt werden. Der Widerstand r_j ist zudem messbar, wenn man, wie oben beschrieben, alle Quellen auf null setzt und den Widerstand des Netzwerkes zwischen den Klemmen j_1, j_2 misst oder berechnet. Völlig äquivalent der Ersatzspannungsquelle nach Bild 5.14 ist die Ersatzstromquelle nach Bild 5.15. Analog zu den vorangegangenen Erläuterungen spricht man vom Satz von der Ersatzstromquelle[3].

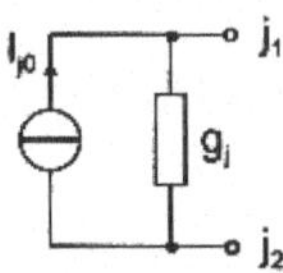

Bild 5.15: Ersatzstromquelle

[2]In der fremdsprachigen Literatur THÉVENIN-Theorem genannt.

[3]In der fremdsprachigen Literatur NORTON-Theorem genannt

Die Kennwerte der Ersatzstromquelle hängen mit den Werten der Ersatzspannungsquelle nach Bild 5.14 wie folgt zusammen:

$$I_{j0} = \frac{U_{j0}}{r_j}$$
$$g_j = \frac{1}{r_j} \tag{5.44}$$

Überlagerungssatz und die Sätze von den Ersatzquellen finden vielfache Anwendungen.

5.6 Beispiel zum Überlagerungssatz

Das Netzwerk in Bild 5.16 besteht aus zwei Spannungsquellen und drei Widerständen

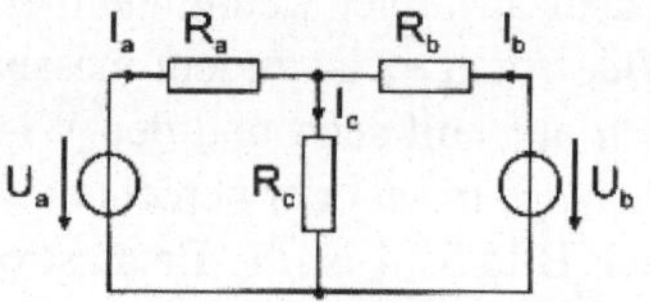

Bild 5.16: Beispiel zum Überlagerungssatz

Nun wird zuerst nach Bild 5.17 die Quelle U_b entfernt und das Netzwerk kurzgeschlossen ($U_b = 0$).

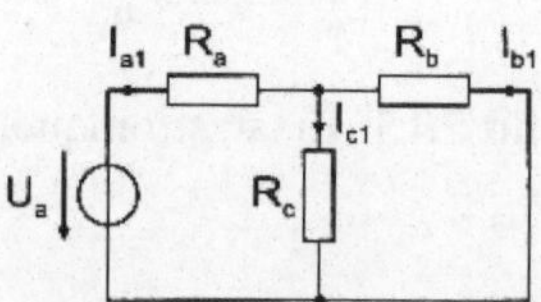

Bild 5.17: Erster Schritt zur Anwendung des Überlagerungssatzes

Es ist also

$$I_{a1} = \frac{R_b + R_c}{R_a \cdot R_b + R_b \cdot R_c + R_c \cdot R_a} \cdot U_a$$
$$I_{b1} = -\frac{R_c}{R_a \cdot R_b + R_b \cdot R_c + R_c \cdot R_a} \cdot U_a \qquad (5.45)$$
$$I_{c1} = \frac{R_b}{R_a \cdot R_b + R_b \cdot R_c + R_c \cdot R_a} \cdot U_a$$

Im zweiten Schritt wird nach Bild 5.18 durch entsprechenden Kurschluss $U_a = 0$ erzwungen. Jetzt ist

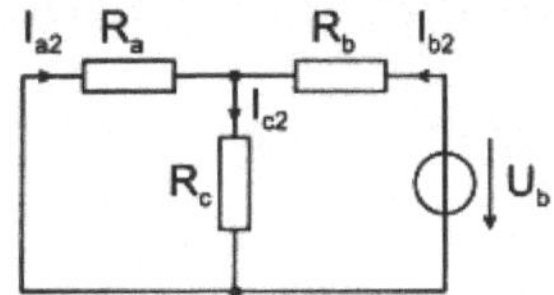

Bild 5.18: Zweiter Schritt zur Anwendung des Überlagerungssatzes

$$I_{a2} = -\frac{R_c}{R_a \cdot R_b + R_b \cdot R_c + R_c \cdot R_a} \cdot U_b$$
$$I_{b2} = \frac{R_a + R_C}{R_a \cdot R_b + R_b \cdot R_c + R_c \cdot R_a} \cdot U_b \qquad (5.46)$$
$$I_{c2} = \frac{R_a}{R_a \cdot R_b + R_b \cdot R_c + R_c \cdot R_a} \cdot U_b$$

Die Überlagerung liefert

$$I_a = I_{a1} + I_{a2} = \frac{(R_b + R_c) \cdot U_a - R_c \cdot U_b}{R_a \cdot R_b + R_b \cdot R_c + R_c \cdot R_a}$$
$$I_b = I_{b1} + I_{b2} = \frac{-R_c \cdot U_a + (R_a + R_c) \cdot U_b}{R_a \cdot R_b + R_b \cdot R_c + R_c \cdot R_a} \qquad (5.47)$$
$$I_c = I_{c1} + I_{c2} = \frac{R_b \cdot U_a + R_a \cdot U_b}{R_a \cdot R_b + R_b \cdot R_c + R_c \cdot R_a}$$

5.7 Beispiel zur Ersatz-Spannungsquelle

Ein Stellwiderstand nach Bild 5.19 mit dem Gesamtwiderstand R_0 und der bezogenen Schleiferposition x ($0 \leq x \leq 1$) wird mit dem Widerstand R_v belastet. Die Speisespannung sei U.

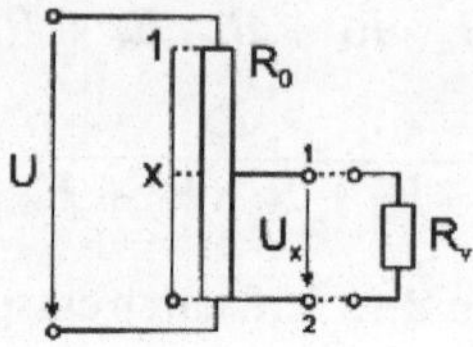

Bild 5.19: Belasteter Spannungsteiler

Bei abgetrenntem Widerstand ist die Spannung an den Klemmen 1-2

$$U_{x0} = \frac{r_0 \cdot x}{R_0 \cdot x + R_0 \cdot (1-x)} \cdot U = x \cdot U \tag{5.48}$$

Der Innenwiderstand r wird nach Bild 5.20 bei $U = 0$ bestimmt, die Teilwiderstände $R_0 \cdot x$ und $R_0 \cdot (1-x)$ sind parallel geschaltet.

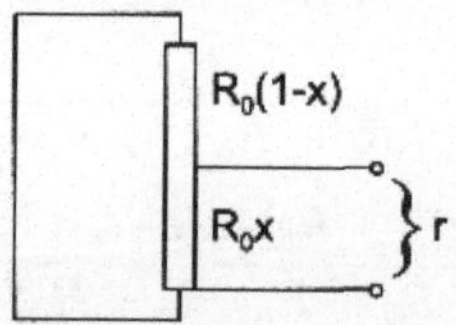

Bild 5.20: Bestimmung des Innenwiderstandes der Ersatzquelle

Also ist

$$r = \frac{R_0\,(1-x) \cdot R_0 \cdot x}{R_0\,(1-x) + R_0 \cdot x} = R_0 \cdot x \cdot (1-x) \tag{5.49}$$

Das Ersatzschema der Schaltung Bild 5.19 ist in Bild 5.21 dargestellt.

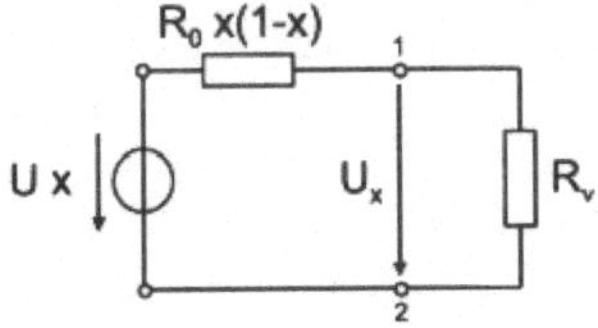

Bild 5.21: Ersatzschema des belasteten Stellwiderstandes

5.8 Netzwerke mit begrenzt gültigen linearen Spannungs-Strom-Beziehungen

Die Idealisierungen der Netzwerktheorie sind in den praktischen Anwendungen immer kritisch zu überprüfen. Man hat sich beispielsweise die Frage zu stellen, in welchem Strombereich eine Spannungsquelle unter bestimmten, gegebenen Bedingungen ideal angesehen werden darf oder ob die Spannungs-Strom- Kennlinie eines gegebenen Widerstandes das OHMsche Gesetz innerhalb spezifizierter Grenzen einhält. Zudem sind die Spannungen und Ströme in einem technischen Netzwerk immer begrenzt.

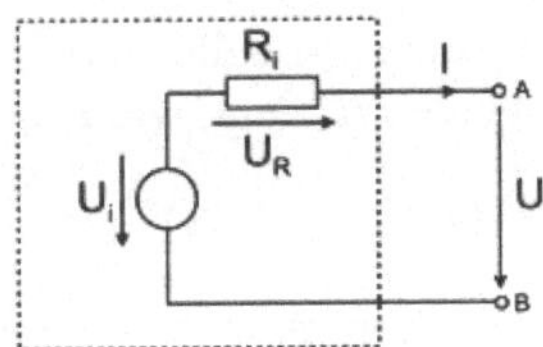

Bild 5.22: Ersatzschema einer Spannungsquelle

Um diese Dinge etwas klarer herauszuarbeiten, werde die in Bild 5.22 dargestellte reale Spannungsquelle, bestehend aus der idealen Spannungsquelle U_i und dem Innenwiderstand R_i, betrachtet. Die Kennlinie der Spannungsquelle zeigt Bild 5.23. Man erkennt, dass im Arbeitsbereich $0 \leq I \leq I_{max}$ die Ersatzschaltung Bild 5.22 mit dem Widerstand R_i gültig ist. Überschreitet man bewusst oder unbewusst den normalen Arbeitsbereich, so gelangt man in den Überlastbereich. Eine interessante Frage ist nun, welcher Kurzschlussstrom

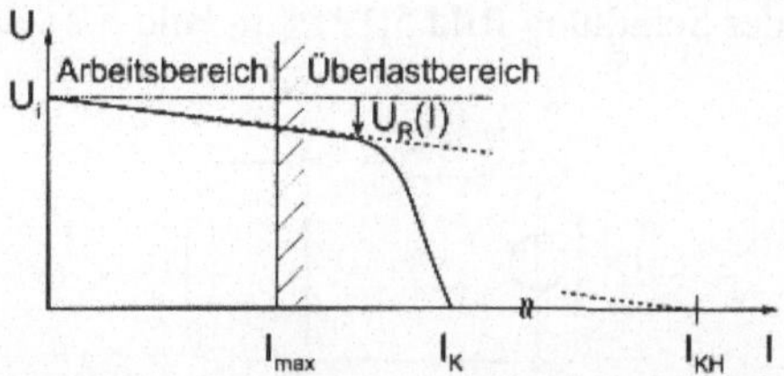

Bild 5.23: Kennlinie der Spannungsquelle

aufträte, wenn die Klemmen AB versehentlich kurzgeschlossen würden. Da die Kennlinie Bild 5.23 bekannt ist, kann unmittelbar der Strom I_K angegeben werden. Dieser ist im gegebenen Beispiel wesentlich kleiner als der aus

$$I_{KH} = \frac{U_i}{R_i}$$

berechnete Strom I_{KH}, der den Kurzschlussstrom ergäbe, wenn die Spannungs- Strom-Kennlinie, wie strichliert in Bild 5.23 gezeichnet, sich linear im Überlastbereich fortsetzen würde. Man beachte im Übrigen, dass die in Bild 5.23 dargestellte Kennlinie nur den Bereich $0 \leq I \leq I_K$ beschreibt und keine Aussage für $I < 0$ und $I > I_K$ erlaubt.

Anstelle der Kennlinie $U(I)$ wäre auch die Kennlinie des Widerstandes $U_R(I)$ geeignet, das Verhalten der Spannungsquelle zu beschreiben. Die Spannungs-Strom-Kennlinie des Widerstandes R_i geht, wie Bild 5.23 zeigt, mit

$$U_R(I) = U(I) - U_i$$

direkt aus der Spannungs-Strom-Kennlinie der Quelle $U(I)$ hervor.

Bei Netzwerkelementen mit solchen nichtlinearen Spannungs-Strom-Kennlinien kann man zwei Verfahren anwenden, um in einem beschränkten Arbeitsbereich eine genäherte, lineare Beschreibung des Betriebsverhaltens zu erreichen.

Beim **ersten Verfahren** wird, wie am Beispiel Bild 5.22 bereits demonstriert wurde, die nichtlineare Kennlinie abschnittsweise linear angesehen. Bild 5.24 zeigt ein weiteres Beispiel, die Kennlinie eines elektrischen Lichtbogens, die im Bereich $I_{B0} \leq I_B \leq I_{B3}$ durch drei Geradenstücke approximiert wurde.

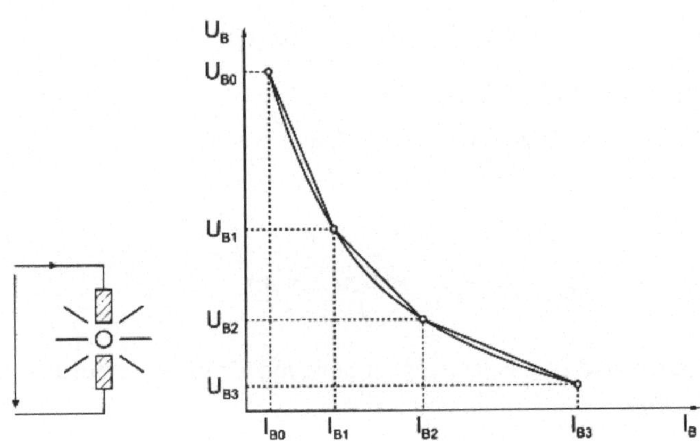

Bild 5.24: Lichtbogenkennlinie und deren abschnittweise Approximation durch Geradenstücke

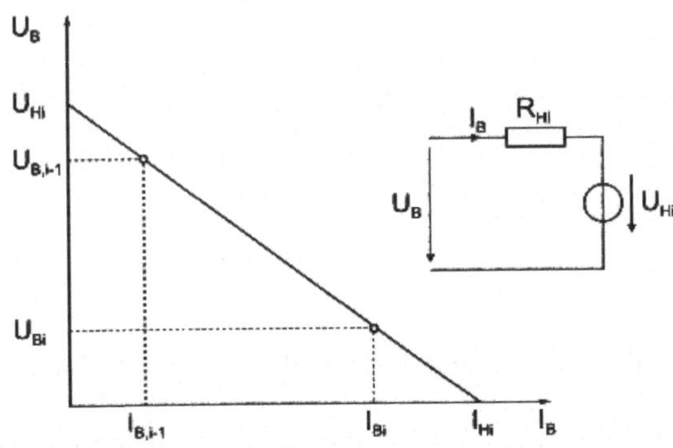

Bild 5.25: Bezeichnung zum Abschnitt i und dessen lineares Ersatzschema

Jeder dieser Abschnitte lässt sich, wie Bild 5.25 zeigt, durch eine Spannungsquelle U_{Hi} und einen Innenwiderstand R_{Hi} ($i = 1, 2, 3$) darstellen. Es ist also

$$U_B = U_{Hi} + R_{Hi} I_B \tag{5.50}$$

Unmittelbar ist aus Bild 5.25 ersichtlich

$$\frac{U_{Hi} - U_{Bi}}{0 - I_{Bi}} = \frac{U_{B,i-1} - U_{Bi}}{I_{B,i-1} - I_{Bi}}$$

und hiernach die Grösse der Ersatzspannungsquelle

$$U_{Hi} = U_{Bi} - \frac{U_{Bi} - U_{B,i-1}}{I_{Bi} - I_{B,i-1}} \cdot I_{Bi} \tag{5.51}$$

Der Innenwiderstand R_{Hi} entspricht der Steigung der Ersatzgeraden; aus Bild 5.25 erhält man direkt

$$R_{Hi} = \frac{U_{Bi} - U_{B,i-1}}{I_{Bi} - I_{B,i-1}} \tag{5.52}$$

Dieser Ersatzwiderstand ist bei allen drei Abschnitten der Lichtbogenkennlinie negativ.

Gl. (5.51) lässt sich mit Hilfe von Gl. (5.52) auch schreiben

$$U_{Hi} = U_{Bi} - R_{Hi} I_{Bi}$$

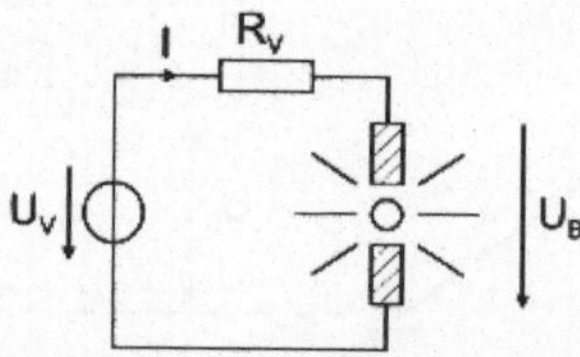

Bild 5.26: Lichtbogen als Teil eines Netzwerks

Ist nun, wie in Bild 5.26 gezeigt, der Lichtbogen Teil eines Netzwerks, zusätzlich bestehend aus einer Spannungsquelle U_V und dem OHM-Widerstand R_V, so ist $I = I_B$ und

$$U_B(I) = U_V - I \cdot R_V \tag{5.53}$$

Bild 5.27 zeigt die Bestimmung von U_B mit Hilfe der Lichtbogenkennlinie Bild 5.24. Man sieht, dass Gl. (5.53) zwei Lösungen (U_a, I_a) und (U_b, I_b) besitzt.

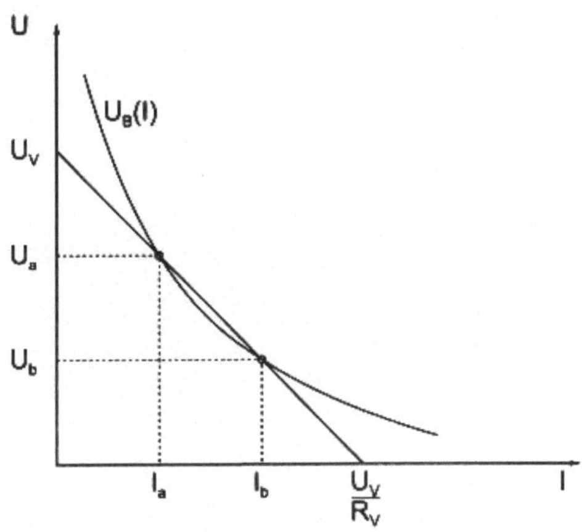

Bild 5.27: Bestimmung von U_B nach Gl. (5.53)

Der Lichtbogen in Bild 5.26 kann nun durch die abschnittweise gültigen Ersatzschaltungen Bild 5.25 ($i = 1, 2, 3$) ersetzt werden, hierdurch entstehen die Ersatznetzwerke Bild 5.28.

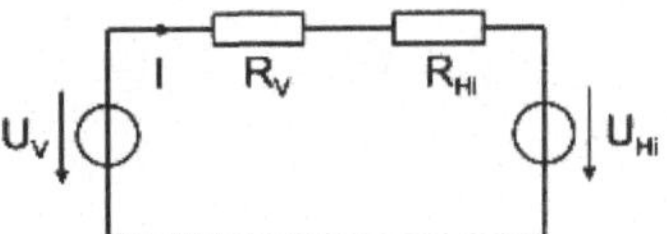

Bild 5.28: Ersatznetzwerke des Lichtbogenstromkreises (i = 1,2,3)

Im Arbeitspunkt (U_b, I_b) ist nach Bild 5.29 $i = 3$ und

$$R_V + R_{H3} \quad > \quad 0 \tag{5.54}$$

Der Vorwiderstand R_V ist grösser als der negative Ersatzwiderstand R_{H3}. Weiter ist

$$U_V > U_{H3} \tag{5.55}$$

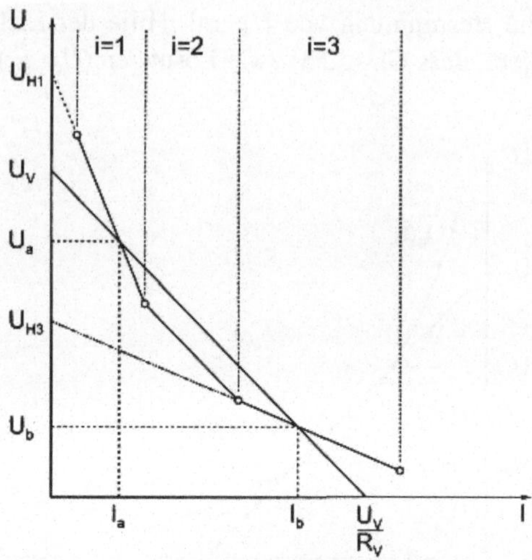

Bild 5.29: Bestimmung der Arbeitspunkte mit den linearen Ersatzkennlinien

Bei kleinen Abweichungen vom Arbeitspunkt U_b,I_b strebt das System auf den Arbeitspunkt zu, da die Spannungsabweichung zwischen Quelle und Verbraucher bei $I < I_b$ positiv ist und sich infolgedessen der Strom erhöht, während sie bei $I > I_b$ negativ ist und stromvermindernd wirkt. Es liegen daher stabile Betriebsverhältnisse vor. Dies gilt nicht für den Arbeitspunkt (U_a, I_a). Hier ist

$$R_V + R_{H1} \quad < \quad 0 \tag{5.56}$$

und

$$U_V \quad < \quad U_{H1} \tag{5.57}$$

Dieser Arbeitspunkt lässt keinen stabilen Betrieb zu. Bei einer kleinen negativen Abweichung von I_a wird der Lichtbogen erlöschen, da I gegen null geht; bei einer kleinen positiven Abweichung wird der Strom I so lange anwachsen, bis er in den stabilen Arbeitspunkt einmündet, bei dem $I = I_b$ ist.

Die geeignete Festlegung des Ersatz-Polygonzugs für die nichtlineare Charakteristik kann heuristisch, besser aber systematisch mit den mathematischen Methoden der Approximationstheorie erfolgen. Ein häufig angewandtes Kriterium schreibt vor, dass die Funktion $y(x)$ durch möglichst wenige Geradenstücke so anzunähern ist, dass der Ersatz-Polygonzug im Toleranzbereich

$y(x) \pm \epsilon$ verläuft. Man spricht in diesem Fall von einer TSCHEBYSCHEFF-Approximation[4]. Nähert man beispielsweise die quadratische Parabel $y = x^2$ im Bereich $0 \leq x \leq 1$ durch drei Geradenstücke an, so wird die Toleranzgrösse $\epsilon = 0{,}014$.

Ein **zweites Verfahren** zur näherungsweisen Behandlung nichtlinearer Elemente in Netzwerken geht direkt von den Arbeitspunkten aus. Dies ist in Bild 5.30 dargestellt.

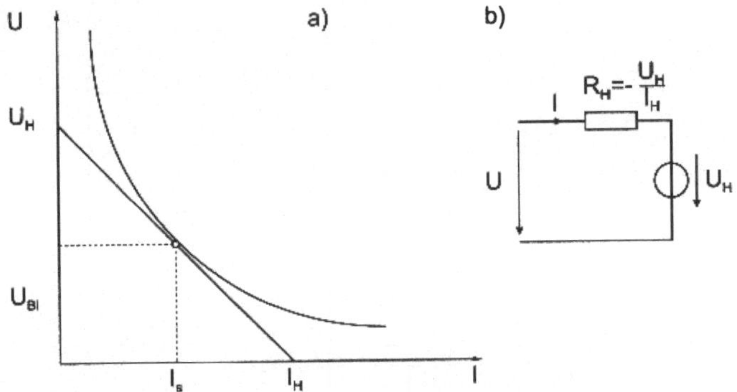

Bild 5.30: Linearisierung einer U-I-Kennlinie im Arbeitspunkt (U_s, I_s)(a) und die das linearisierte System repräsentierende Ersatzschaltung

Man nähert in der Umgebung vom Arbeitspunkt die Kennlinie durch ihre Tangente an. Gegenüber der abschnittweisen Linearisierung ist das Verfahren einfacher und wird deshalb in vielen Bereichen der Technik gerne angewandt. Der Gültigkeitsbereich der Näherung ist im Allgemeinen schwierig abzuschätzen, auch die Bestimmung des Arbeitspunktes selbst ist nicht immer einfach. Ungeachtet dieser Probleme hat sich die Tangentenapproximation in vielen technischen Anwendungen ausgezeichnet bewährt. Hingegen erlaubt das Verfahren mit den bereichsweise definierten linearen Abschnitten die direkte Bestimmung der Arbeitspunkte mit Hilfe der linearen Netzwerktheorie, wobei die Rechnung mehrfach, jeweils für die einzelnen Abschnitte durchgeführt werden muss. In einem zweiten Schritt wird mit Hilfe der Abschnitts-Grenzbedingungen und gegebenenfalls einer Stabilitätsanalyse das definitive Ersatzschema bestimmt.

[4] Benannt nach dem russischen Mathematiker P. L. TSCHEBYSCHEFF (1821-1894)

5.9 Beispiele linearer Netzwerke mit abschnittweise linearen Kennlinien

Die Halbleiterindustrie stellt heute eine Vielzahl von Bauelementen bereit, deren Eigenschaften in begrenzten Bereichen durch lineare Beziehungen beschreibbar sind. Im Folgenden sollen einige einfache Beispiele vorgestellt werden. Die **Diode** ist ein Zweipol, dessen Widerstand von der Richtung des

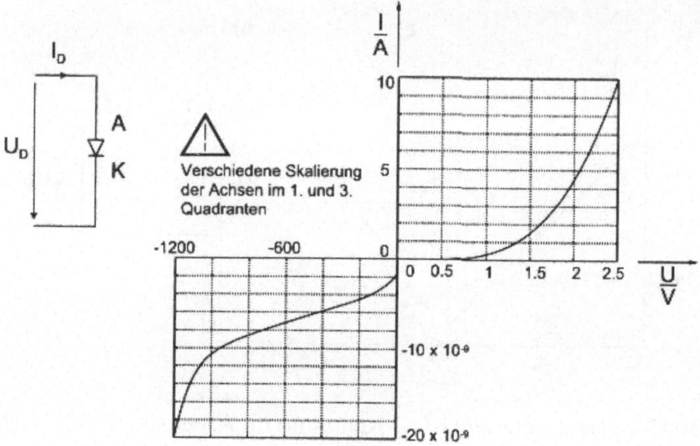

Bild 5.31: Schaltbild und Kennlinienbeispiel der Diode BYP301

Stromes abhängt. Bild 5.31 zeigt das Schaltsymbol und beispielhaft eine U-I-Kennlinie der Diode. Man beachte die unterschiedlichen Massstäbe auf den Koordinatenachsen.

Man erkennt, dass eine solche Diode in Durchlassrichtung ($I_D > 0$) eine sehr geringe Durchlassspannung $U_D \approx 1..2$ V aufweist, in Sperrrichtung ($U_D < 0$) hingegen nur ein sehr kleiner Strom – der sogenannte Leckstrom – fliesst. In vielen Anwendungen darf daher mit einer **idealen Diode** gerechnet werden, die durch die Beziehungen

$$I_D \geq 0 \quad U_D = 0 \tag{5.58}$$

$$U_D \leq 0 \quad I_D = 0 \tag{5.59}$$

charakterisiert ist. Diese Kennlinie ist in Bild 5.32 dargestellt. Die Diode kann auch als Schalter aufgefasst werden, der für $I_D > 0$ geschlossen, für $U_D < 0$ geöffnet ist.

Natürlich muss man sich sehr wohl überlegen, ob die vorgestellte Idealisierung angewandt werden darf. In zahlreichen technischen Anwendungen ist dies unbedenklich möglich.

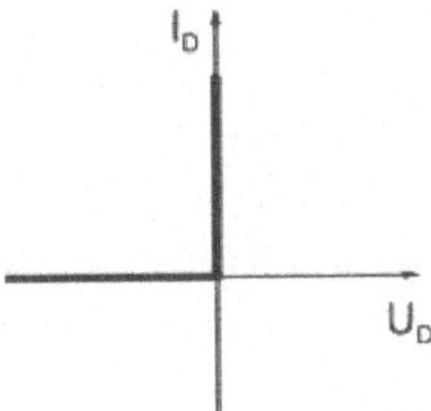

Bild 5.32: Kennlinie der idealen Diode

Will man hingegen die in der Diode umgesetzte Verlustleistung bestimmen, dann muss man unbedingt die Diodenkennlinie selbst oder eine verbesserte Näherung benutzen, da die Verlustleistung einer idealen Diode

$$P_V = U_D \cdot I_D$$

definitionsgemäss immer null ist.

Eine interessante Sonderbauform der Diode ist die **ZENER-Diode**[5], deren Schaltzeichen und ein Kennlinienbeispiel in Bild 5.33 dargestellt ist. Man beachte die gegenüber Bild 5.31 geänderten Richtungen für die Spannungs- und Strompfeile.
Diese Diode geht im Punkt D in den kontrollierten Spannungsdurchbruch über, die Spannung ist in diesem Bereich konstant. Selbstverständlich zeigt jede Diode bei genügend hoher Sperrspannung einen Spannungsdurchbruch, doch bei unkontrolliertem Durchbruch wird das Bauelement zerstört. Der Maximalstrom I_{Zmax} ist durch die maximal zulässige Verlustleistung gegeben, die ausser vom Bauelement auch von den speziellen Kühlbedingungen abhängt. Zwischen dem sehr kleinen Grenzstrom I_{Zmin} und dem Strom I_{Zmax} kann

[5]Benannt nach C. ZENER, Entdecker der inneren Feld-Emission bei Halbleitern (ZENER-Effekt)

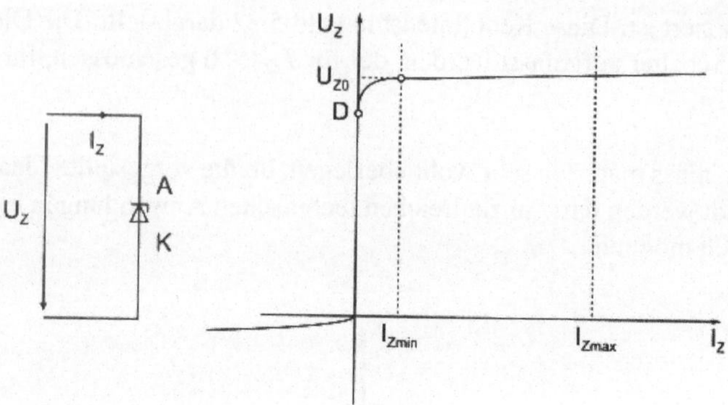

Bild 5.33: Schaltbild und Kennlinie einer ZENER-Diode

für praktisch alle Anwendungen die Kennlinie linear angesehen werden. Die ZENER- Diode wird in diesem Arbeitsbereich gemäss Bild 5.34 durch eine Spannungsquelle und einen OHM-Widerstand nachgebildet.

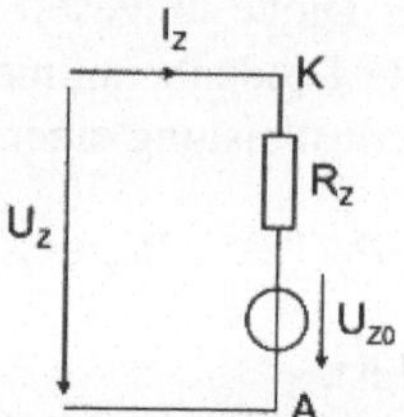

Bild 5.34: Ersatzschaltung der ZENER-Diode im Arbeitsbereich $I_{Zmin} \leq I_Z \leq I_{Zmax}$

Die Spannung U_{Z0} bestimmt man dadurch, dass man wie in Bild 5.33 gezeigt die lineare Kennlinie bis zur Ordinatenachse verlängert. Der Ersatzwiderstand R_Z ist gegeben durch

$$R_Z = \frac{U_Z(I_{Zmax}) - U_{Z0}}{I_{Zmax}} \tag{5.60}$$

Mit solchen ZENER-Dioden lassen sich einfache Konstant-Spannungsquellen realisieren. Ausgehend von einer Spannungsquelle, die im Bereich $U_{min} \leq U \leq U_{max}$ schwankt, kann nach Bild 5.33 die Spannung U_a stabilisiert werden.

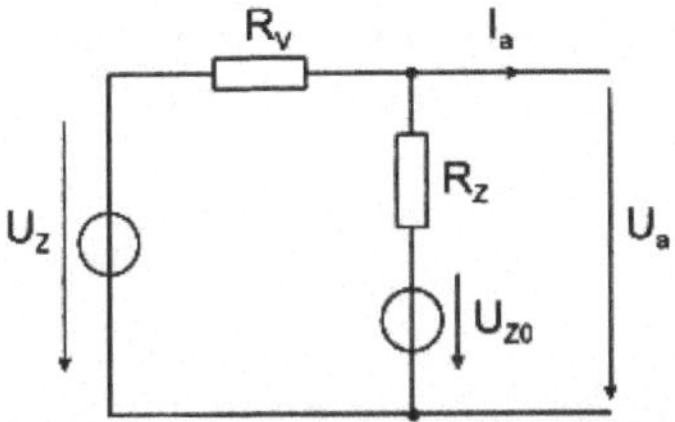

Bild 5.35: Einfache Spannungsstabilisierung mit Hilfe einer ZENER-Diode

Bei $I_a = 0$ ist die Ausgangsspannung

$$U_a = \frac{U - U_{Z0}}{R_V + R_Z} \cdot R_Z + U_{Z0} \tag{5.61}$$

und weiter

$$U_{a,max} = \frac{U_{max} - U_{Z0}}{R_V + R_Z} \cdot R_z + U_{Z0} \tag{5.62}$$

$$U_{a,min} = \frac{U_{min} - U_{Z0}}{R_V + R_Z} \cdot R_Z + U_{Z0} \tag{5.63}$$

und die Spannungsschwankung

$$U_{a,max} - U_{a,min} = \frac{U_{max} - U_{min}}{R_V + R_Z} \cdot R_Z \tag{5.64}$$

Die Schwankungen der Ausgangsspannung bezogen auf die Schwankungen der Versorgungsspannung werden bei $R_V \gg R_Z$ ungefähr im Verhältnis

$$\frac{U_{a,max} - U_{a,min}}{U_{max} - U_{min}} \approx \frac{R_Z}{R_V} \tag{5.65}$$

reduziert. Bei der Auslegung der Schaltung sind folgende Bedingungen zu beachten:

- Bei $U = U_{min}$ und $I_a = I_{a,max}$ darf der Strom durch die ZENER-Diode den Minimalstrom I_{Zmin} nicht unterschreiten:

$$\frac{U_{min} - U_{Z0} - R_v I_{a,max}}{R_V + R_Z} \geq I_{Zmin} \tag{5.66}$$

- Bei $U = U_{max}$ und $I_a = 0$ darf der Strom durch die ZENER-Diode den Maximalstrom I_{Zmax} nicht überschreiten:

$$\frac{U_{max} - U_{Z0}}{R_V + R_Z} \leq I_{Zmax} \tag{5.67}$$

Die Auslegung der Schaltung, d.h. die Bestimmung des Vorwiderstandes R_V und des richtigen ZENER-Dioden-Typs, selbstverständlich noch unter Berücksichtigung der Verlustverhältnisse, führt auf verschiedene Überlegungen, die mit Hilfe der linearen Netzwerktheorie durchführbar sind. Sehr häufig sind bei solchen Entwurfsaufgaben Kompromisse zwischen den verschiedenen, sich widersprechenden Anforderungen unumgänglich.

Als letztes Beispiel soll das Verhalten eines **Bipolar-Transistors** studiert werden, dessen Schaltsymbol in Bild 5.36 mit den entsprechenden Bezeichnungen dargestellt ist. Die drei Anschlüsse werden Basis (B), Emitter (E) und Kollektor (C) genannt.

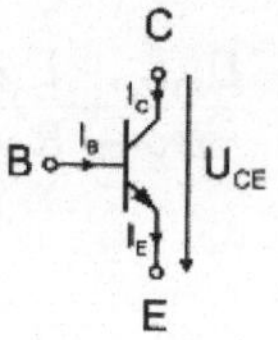

C
I_C
B
I_B
U_{CE}
I_E
E

Bild 5.36: Schaltsymbol des npn-Transistors

Wiederum geht es im Folgenden nicht um die physikalische Erklärung der Wirkungsweise dieses technisch wichtigen Bauelements, sondern um die Ableitung von Ersatzschaltbildern mit linearen Netzwerkelementen.
Das Kennlinienfeld $I_C(U_{CE}, I_B)$ beschreibt das elektrische Verhalten des Transistors in den wichtigsten Zügen, aber nicht vollständig; als Beispiel ist in Bild 5.37 die Charakteristik des Typs BCY58 dargestellt. In vielen Anwendungen ist der in Bild 5.38 $I_C(U_{CE},I_B)$ strichpunktiert umrahmte Teil des Kennlinienfeldes mit seinem nahezu linearen $I_C - U_{CE}$-Verhalten von Bedeutung.
Bemerkenswert ist die Tatsache, dass sich die Verlängerungen der besagten linearen Kennlinienäste, in Bild 5.38 strichliert gezeichnet, in guter Übereinstimmung auf der Abszissenachse $I_C = 0$ treffen; die zugehörige Spannung

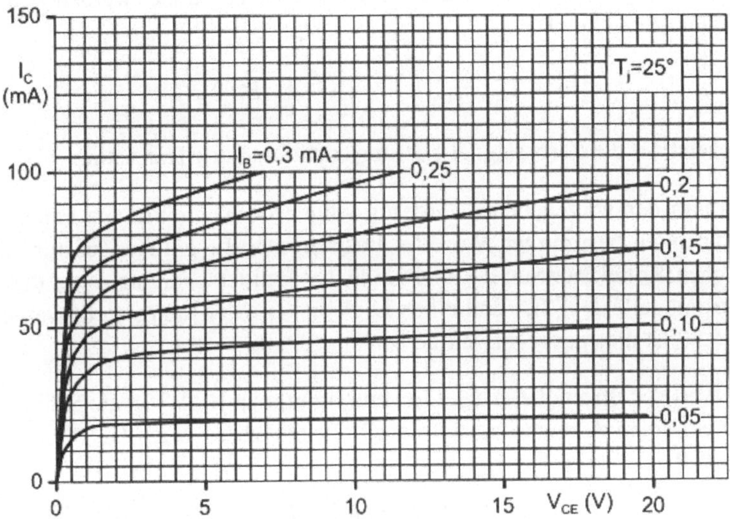

Bild 5.37: Kennlinienfeld des Bipolartransistors BCY58

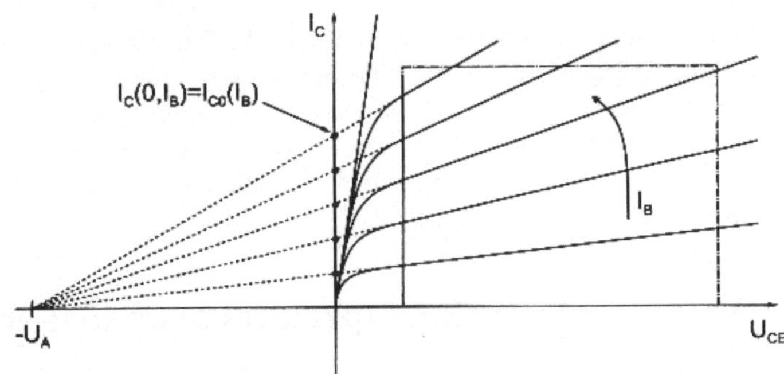

Bild 5.38: Kennlinienfeld eines Bipolartransistors mit EARLY-Spannung U_A

ist $U_{CE} = -U_A$, die EARLY-Spannung[6]. Das Kennlinienfeld im betrachteten Bereich gehorcht, wie hier nicht eingehend begründet werden kann, der einfachen Beziehung

$$I_c = \left(1 + \frac{U_{CE}}{U_A}\right) \cdot B \cdot I_B \qquad (5.68)$$

B bezeichnet die (Grosssignal-) Stromverstärkung des Transistors.

Innerhalb der vorgegebenen Grenzen kann jede Kennlinie des Feldes, also der für einen bestimmten Wert des Basisstromes I_B gültige Zusammenhang zwischen Kollektorstrom I_C und Kollektor-Emitterspannung U_{CE} durch eine Stromquelle $I_{C0}(I_B)$ und einen Leitwert $G_{CE}(I_B)$ dargestellt werden. In Bild 5.39 ist dies der rechtsseitige Schaltungsteil.

Den Wert der Stromquelle $I_{C0}(I_B)$ entnimmt man Bild 5.38 als Schnittpunkt der Kennlinienverlängerung mit der Ordinatenachse. Nach Gl. (5.68) ist für $U_{CE} = 0$

$$I_{C0} = B \cdot I_B \qquad (5.69)$$

Den Leitwert $G_{CE}(I_B)$ bestimmt die Kennliniensteigung in Bild 5.38; nach Gl. (5.68) ist

$$\frac{\mathrm{d}I_C}{\mathrm{d}U_{CE}} = G_{CE} = B \cdot \frac{I_B}{U_A} \qquad (5.70)$$

Mit dem Kennlinienfeld Bild 5.37 und 5.38 wird über den Basiskreis $B - E$ nichts ausgesagt; doch auch dieser kann nach Bild 5.39, wie ansonsten nicht näher ausgeführt werden soll, durch eine Spannungsquelle mit der Schleusenspannung U_T und dem Basis-Bahnwiderstand R_B dargestellt werden. Die Schleusenspannung beträgt wie bei der Diode $U_T \approx 1..2$ V. Dies ist kein Zufall, da beide Fälle auf dem Übergang von einer p-leitenden auf eine n-leitende Halbleiterstruktur beruhen (vgl. Kap. 3.3).

5.10 Aktive Netzwerke, Operationsverstärker

In den Anwendungen spielen neben den passiven auch die aktiven Netzwerke eine wichtige Rolle, deren Kennzeichen darin besteht, einen oder mehrere Widerstände mit negativen Vorzeichen zu enthalten. Negative Widerstände

[6]Benannt nach J. M. EARLY

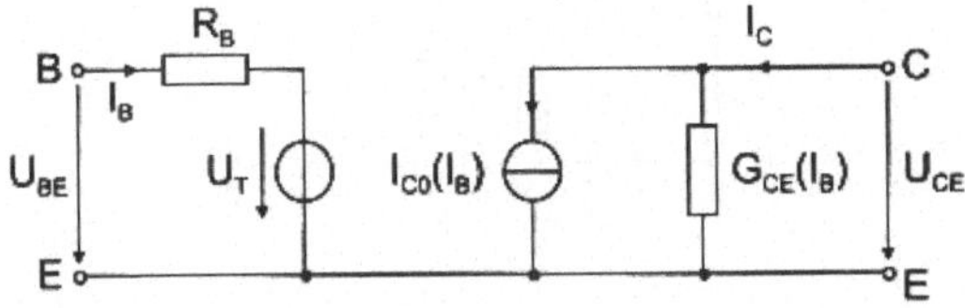

Bild 5.39: Ersatzschema des Transistors

sind nur in beschränkten Spannungs-Strom-Bereichen realisierbar; als Beispiel wurde bereits im Abschnitt der elektrische Lichtbogen mit seiner negativen Widerstandskennlinie vorgestellt.

Die technische Realisierung aktiver Netzwerke erfolgt heute fast durchweg mit Halbleiter-Bauelementen, wobei sich ganz speziell eine Schaltungsanordnung herausgebildet hat, die sehr universell einsetzbar ist: der **Operationsverstärker**. Sein Schaltschema ist in Bild 5.40 gezeichnet.

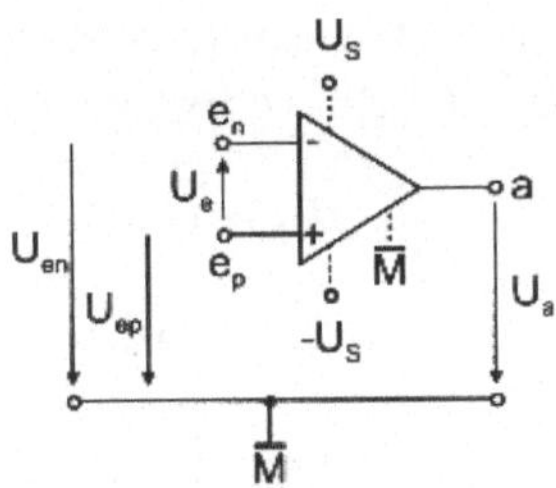

Bild 5.40: Schaltschema des Operationsverstärkers

Der Name kommt von seiner ursprünglichen Anwendung in Analogrechnern, in denen Zahlen durch elektrische Spannungen dargestellt und mit Hilfe von Operationsverstärker-Schaltungen mathematisch verknüpft werden können. Heute hat diese Verwendung der Operationsverstärker nur noch eine sehr untergeordnete Bedeutung im Gegensatz zu vielen anderen Anwendungsmöglichkeiten. Die als Bausteine in grosser Vielfalt angebotenen Operationsverstärker sind neben dem Einzeltransistor das wichtigste und am vielseitigsten einsetzbare Schaltelement mit aktiven Eigenschaften.
Für viele Überlegungen genügt es, vom idealisierten Element, dem **idealen Operationsverstärker** auszugehen. Die Ersatzschaltung zeigt Bild 5.41. Hier-

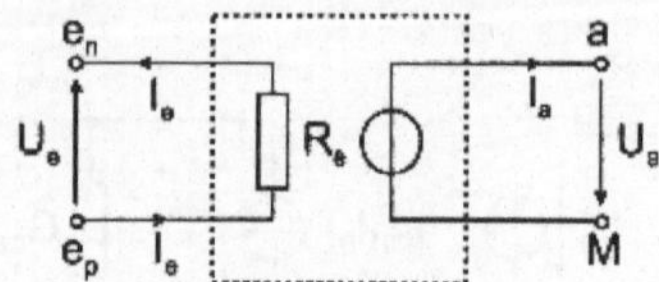

Bild 5.41: Ersatzschema des idealen Operationsverstärkers

in ist U_a eine gesteuerte starre Spannungsquelle. Die Spannungsverstärkung ist

$$v = \frac{U_a}{U_e} \tag{5.71}$$

Für den idealen Operationsverstärker ist der Grenzfall

$$v = \infty \tag{5.72}$$

anzunehmen, in den praktisch realisierten Operationsverstärkern liegt die Spannungsverstärkung bei $v = 10^4 \ldots 10^6$. Mit der Annahme unendlicher Verstärkung wird die Grösse des Eingangswiderstandes R_e belanglos. Die Ausgangsspannung U_a ist immer endlich. Deswegen muss die Eingangsspannung

$$U_e = U_{ep} - U_{en} = 0 \tag{5.73}$$

sein und bei beliebigem R_e auch der Eingangsstrom

$$I_e = 0 \tag{5.74}$$

Die Höhe der einzelnen Spannungen U_{ep} und U_{en} kann im Idealfall beliebige, in der Realität selbstverständlich nur spezifiziert begrenzte Werte annehmen. Bei den meisten Typen müssen sie zwischen den beiden Versorgungsspannungen $-U_s$ und $+U_s$ liegen. Die Anschlüsse für die Versorgungsspannung und das Massepotential M werden in den Schaltungszeichnungen üblicherweise nicht dargestellt[7]. In Bild 5.42 ist die einfachste Grundschaltung, der invertierende Verstärker, gezeigt. Hierbei ist der positive Verstärkereingang e_p mit dem Anschluss des Massenpotentials M verbunden. Vom Ausgang a führt der Gegenkopplungs-Widerstand R_K, vom Eingang E der Eingangs-Widerstand

[7] Das Massepotential wird in Datenbüchern und Schaltplänen meist mit GND (engl. «ground»=Erde) bezeichnet. Ungeachtet dessen wird das Massepotential in der Elektronik nur selten tatsächlich geerdet. Es ist vielmehr als Referenzpotential der Schaltung zu verstehen.

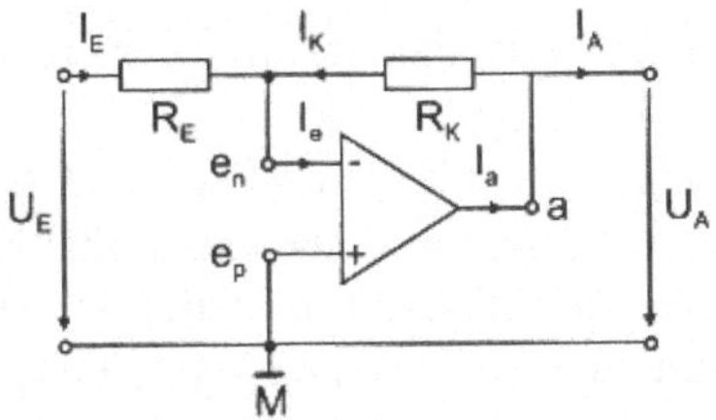

Bild 5.42: Invertierende Operationsverstärkerschaltung

R_E zum invertierenden Verstärkereingang e_n. Nach Gl. (5.73) ist wegen $U_{ep} = 0$ auch $U_{en} = 0$ und damit

$$I_E = \frac{U_E}{R_E} \tag{5.75}$$

$$I_K = \frac{U_A}{R_K} \tag{5.76}$$

Nach der Knotenregel ist

$$I_E + I_K - I_e = 0 \tag{5.77}$$

und wegen $I_e = 0$ (Gl. (5.74))

$$I_E + I_K = 0 \tag{5.78}$$

Nach Gln. (5.75) und (5.76) ergibt sich daraus

$$\frac{U_E}{R_E} + \frac{U_A}{R_K} = 0 \tag{5.79}$$

und schliesslich

$$U_A = -\frac{R_K}{R_E} U_E \tag{5.80}$$

Die Spannungsverstärkung des beschalteten Verstärkers hängt nur von der äusseren Beschaltung ab; die Eigenschaften des Verstärkers treten in den Hintergrund. Da die äussere Beschaltung sehr präzise und über lange Zeit stabil gestaltet werden kann, eignen sich beschaltete Operationsverstärker in hervorragender Weise für Messzwecke und alle anderen technischen Aufgaben, in denen eine genau kalibrierte Verstärkerschaltung erforderlich ist.

Die Quellenspannung U_E wird mit dem Widerstand R_E belastet. Da nach Gl. (5.79) für die äussere Verstärkung nur das Verhältnis R_K/R_E entscheidend ist, kann R_E an die Belastbarkeit der Quelle angepasst werden, wobei R_K sich dann aus R_E und der gewünschten Verstärkung ergibt.

Operationsverstärker sind in der Praxis natürlich nicht ideal, doch kommen die nichtidealen Eigenschaften um so weniger zur Geltung, je kleiner der Gegenkopplungswiderstand R_K gewählt wird, je kräftiger also die Gegenkopplung wirkt. Die Grenze ist jedoch durch den maximal vorgegebenen Ausgangsstrom des Operationsverstärkers $I_{a,max}$ gegeben: die Summe des Stromes durch den Kopplungswiderstand I_K und des Belastungsstromes am Ausgang der Verstärkerschaltung I_A darf $I_{a,max}$ nicht überschreiten.

Die Schaltung Bild 5.42 kann zum **Summierverstärker** Bild 5.43 erweitert werden.

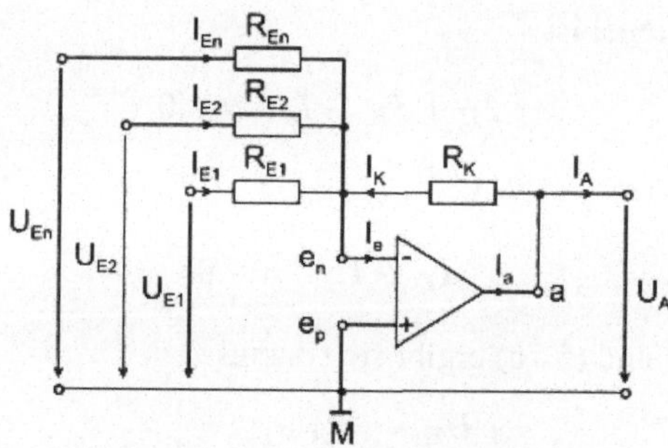

Bild 5.43: Summierverstärker

Gl. (5.79) erweitert liefert

$$\frac{U_{E1}}{R_{E1}} + \frac{U_{E2}}{R_{E2}} + \cdots + \frac{U_{En}}{R_{En}} + \frac{U_A}{R_K} = 0 \tag{5.81}$$

und damit wird

$$U_A = -\left(\frac{R_K}{R_{E1}} U_{E1} + \frac{R_k}{R_{E2}} U_{E2} + \cdots + \frac{R_K}{R_{En}} U_{En}\right) \tag{5.82}$$

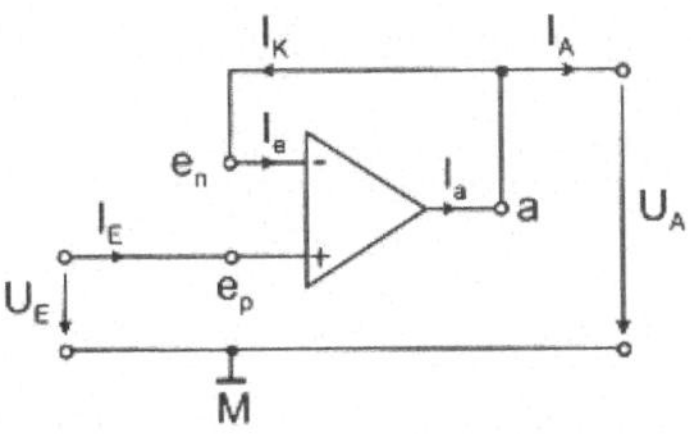

Bild 5.44: Spannungsfolger

Eine weitere bemerkenswerte Schaltung ist der Spannungsfolger nach Bild 5.44.

Durch direkte Gegenkopplung wird $U_{en} = U_A$, und weiter ist $U_{ep} = U_E$. Nach Gl. (5.73) ist deshalb

$$U_A = U_E \tag{5.83}$$

Der Eingangsstrom ist nach Gl. (5.74)

$$I_E = I_e = 0 \tag{5.84}$$

Der Gegenkopplungsstrom I_K verschwindet ebenfalls. Der Spannungsfolger belastet die Quelle nicht, ist also ein ideales Gerät, um schwache Spannungsquellen, z.B. in der Messtechnik, belastbar zu machen.

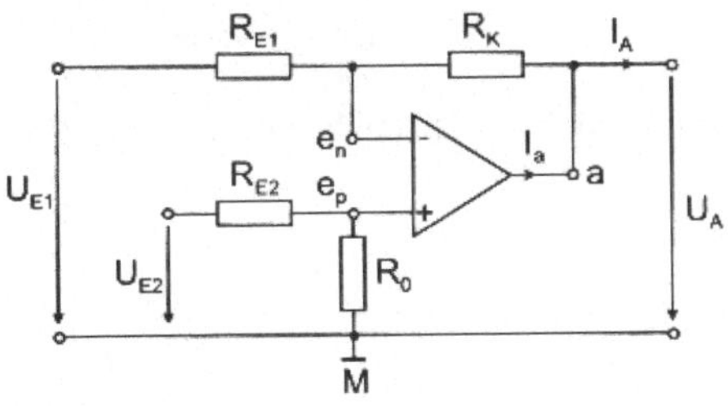

Bild 5.45: Differenzverstärker

Beim **Differenzverstärker** Bild 5.45 wird das Potential der Verstärker- Eingangsklemmen durch den Spannungsteiler aus R_{E2} und R_0 festgelegt:

$$U_{ep} = U_{en} = \frac{R_0}{R_0 + R_{E2}} U_{E2} \tag{5.85}$$

Weiter ist wegen $I_e = 0$ nach der Knotenregel

$$\frac{U_{E1} - U_{en}}{R_{E1}} + \frac{U_A - U_{en}}{R_K} = 0 \tag{5.86}$$

und damit

$$U_A = -\frac{R_K}{R_{E1}} U_{E1} + \left(\frac{R_K + R_{E1}}{R_{E1}} \right) U_{en}$$

Gl. (5.85) eingesetzt liefert

$$U_A = -\frac{R_K}{R_{E1}} U_{E1} + \frac{R_0}{R_0 + R_{E2}} \frac{R_K + R_{E1}}{R_{E1}} U_{E2}$$

oder umgeformt

$$U_A = -\frac{R_K}{R_{E1}} U_{E1} + \frac{1 + R_K/R_{E1}}{1 + R_{E2}/R_0} U_{E2}$$

Wählt man speziell

$$\frac{R_0}{R_{E2}} = \frac{R_K}{R_{E1}} = V$$

dann wird

$$U_A = V\,(U_{E2} - U_{E1})$$

Als letzte Schaltung soll noch der **Integrierer** nach Bild 5.46 erläutert werden.

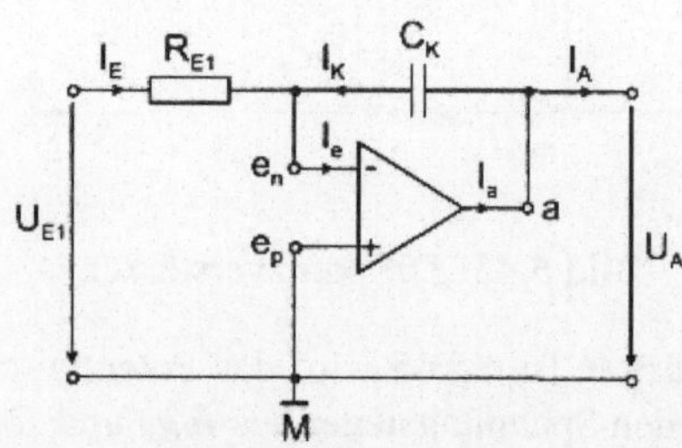

Bild 5.46: Integrierer

Der Strom durch den Kondensator ist, wie in Kap. 7.5 noch näher erläutert wird,

$$I_K = C_K \frac{\mathrm{d}U_A}{\mathrm{d}t} \tag{5.87}$$

und damit ist nach Gl. (5.78)

$$\frac{U_E}{R_E} + C_K \frac{\mathrm{d}U_A}{\mathrm{d}t} = 0 \tag{5.88}$$

Hieraus gewinnt man

$$U_A = -\frac{1}{R_E C_K} \int_0^t U_E \,\mathrm{d}t + U_A(0) \tag{5.89}$$

Die Integrationskonstante $U_A(0)$ ist die Ausgangsspannung und damit auch die Kondensatorspannung im Zeitpunkt $t = 0$. Mit Hilfe des Integrators kann beispielsweise aus einem Strom mit Hilfe eines Messwiderstandes die Ladungsmenge, die während einer bestimmten Zeit geflossen ist, bestimmt werden.

In dieser kurzen Einführung konnten nur einige wenige Anwendungsmöglichkeiten des Operationsverstärkers erläutert werden. Die Vielseitigkeit dieses Grundbauelementes der analogen Schaltungstechnik mit aktiven Gliedern kann kaum überschätzt werden, besonders wenn man auch noch die Anwendungen in der Wechselstrom-Schaltungstechnik berücksichtigt.

Wie gelegentlich schon betont wurde, sind technische Operationsverstärker nicht ideal. Dieser Umstand kann durch ergänzende Elemente im Schaltbild Rechnung getragen werden, wie in Bild 5.47 dargestellt.
Auf die Tatsache, dass U_a, I_a, U_{ep}, U_{en} und U_e nur begrenzte Werte annehmen können oder annehmen dürfen, wurde schon hingewiesen. Bei der Dimensionierung der Schaltung ist die Einhaltung dieser spezifizierten Grenzwerte in allen Betriebs- und Störfällen besonders zu beachten. Weiter wurde bereits bemerkt, dass die Spannungsverstärkung v endlich ist. Damit werden die Eingangswiderstände R_e, R_{ep} und R_{en} schaltungstechnisch relevant; es hängt aber von den Daten der äusseren Beschaltung ab, ob diese Widerstände zu beachten sind oder nicht.

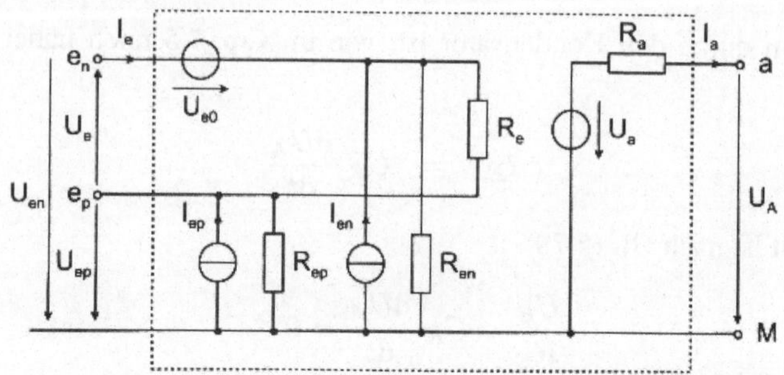

Bild 5.47: Ersatzschaltbild des realen Operationsverstärkers

Die sogenannte **Offset-Spannungsquelle** [8] U_{eo} und die **Offset-Stromquellen** I_{ep} und I_{en} bewirken nach Massgabe der äusseren Beschaltung eine Veränderung der Ausgangsspannung. Leider hängen diese Offset-Grössen von der Temperatur ab, so dass die an sich mögliche Kompensation dieser Einflüsse nur eingeschränkt wirksam ist.

Ein weiterer wichtiger Punkt ist die Gleichtaktunterdrückung. Bislang wurde angenommen, dass beide Eingangsspannungen U_{ep} und U_{en} exakt gleich, aber mit entgegengesetzten Vorzeichen verstärkt werden, also die Beziehung

$$U_a = v \cdot (U_{ep} - U_{en})$$

gilt. In Wirklichkeit ist der Betrag der Verstärkung für beide Eingänge geringfügig verschieden, also

$$U_a = \left(v + \frac{\Delta v}{2}\right) U_{ep} - \left(v - \frac{\Delta v}{2}\right) U_{en}$$

Diese Gleichung umgeformt ergibt

$$U_a = v\,(U_{ep} - U_{en}) + \Delta v \frac{U_{ep} + U_{En}}{2}$$

Bei einer Gleichtaktaussteuerung entsteht mit $U_{ep} = U_{en} = U_{eg}$ die Ausgangsspannung

$$U_{ag} = \Delta v \cdot U_{eg}$$

[8] Offset (engl.): hier in der Bedeutung Verschiebung, Verlagerung, Versatz

Tabelle 5.1: Datenblatt-Auszug für den Breitband-Operationsverstärker TL 081

Symbol	Bezeichnung deutsch (Bezeichnung englisch)	Wert min	typ	max	Einh.
U_S	Versorgungsspannung (Supply Voltage)	±5	±15	±18	V
U_a	Ausgangsspannung[a] (Output Voltage Swing)	±12	$\pm13{,}5$		V
I_a	Ausgangsstrom[a] (Output Sink Current)	+17 -15	+20 -17	+24 -20	mA
U_{eo}	Offsetspannung[b] (Input Offset Voltage)		5	15	mV
$\mathrm{d}U_{eo}/\mathrm{d}T$	Temperaturbeiwert der Offsetspannung (Offset Voltage Temperature Coefficient)		10		µV/K
I_{en},I_{ep}	Offsetströme[b] (Input Offset Current)		50	200	pA
R_A	Ausgangswiderstand (Output Resistance)		300		Ω
g	Gleichtaktunterdrückung (Common-Mode Rejection Ratio)	$3 \cdot 10^{-4}$	10^{-5}		1
U_{en},U_{ep}	Grenzwerte Eingangs-klemmenspannung (Input Voltage Range)		+12 -15		V
U_e	Eingangs-Differenzspannung (Differential Input Voltage)			±30	V
R_e	Eingangswiderstand[c] (Input Resistance)		10^{12}		Ω

[a] Bei $U_S = \pm15$ V

[b] Bei 25° C

[c] Die Widerstände R_{no} und R_{po} sind nicht spezifiziert; sie liegen in ähnlicher Grössenordnung wie R_e.

die man sich als Spannungsquelle

$$U'_{eg} = \frac{U_{ag}}{v} = \frac{\Delta v}{v} U_{eg}$$

in Reihe mit der Offset-Spannung U_{eo} im Ersatzschema Bild 5.47 vorstellen kann. Diese Spannungsquelle ist U_{eg} proportional[9]. Das Verhältnis

$$g = \frac{\Delta v}{v}$$

wird **Gleichtaktunterdrückung** bezeichnet, häufig nach dem englischen *Common Mode Rejection Ratio* mit CMRR abgekürzt. In der Praxis erreicht man für die Gleichtaktunterdrückung Werte im Bereich $g = 10^{-4} \ldots 10^{-6}$.

Zum Schluss werden die Kennwerte eines im Handel erhältlichen Operationsverstärkers für allgemeine Anwendungen mitgeteilt. Es gibt daneben noch Ausführungen mit teilweise deutlich verbesserten, dem idealen Verstärker näherkommenden Eigenschaften. Derartige Ausführungen sind wesentlich teurer als die Standardverstärker.

5.11 Aufgaben

5.11.1 Messeinrichtung für Innenwiderstände einer Spannungsquelle

In Bild 5.48 ist eine Schaltung dargestellt, die auf bequeme und genaue Weise die Bestimmung des Innenwiderstandes R_i einer Gleichspannungsquelle mit den Klemmen AB erlaubt. Die Schaltung soll im Folgenden näher untersucht werden.

Fragen:

1. Bestimmen Sie mit Hilfe des Maschenstrom- oder des Knotenpotentialverfahrens das Spannungsverhältnis U_m/U_0.

[9] Wegen der Proportionalität zwischen U'_{eg} und U_{eg} wäre auch eine schaltungstechnische Darstellung des Gleichtakteinflusses mit einem Widerstandsnetzwerk im Eingangskreis des Verstärkers möglich. Weniger kompliziert ist jedoch die Darstellung mit der von U_{eg} gesteuerten Spannungsquelle U'_{eg}.

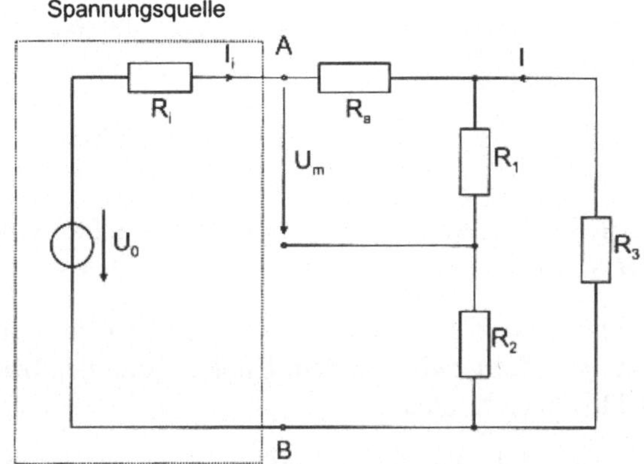

Bild 5.48: Messeinrichtung

2. Geben Sie die Abgleich-Bedingung zwischen R_i, R_a, R_1 und R_2 an, unter der U_m/U_0 unabhängig von R_3 wird.

3. Ersetzen Sie R_3 durch einen Schalter und leiten Sie aus dieser modifizierten Schaltung die in Aufgabe 2 gefundene Abgleich-Bedingung ab.

4. Wie gross wird U_m/U_0 als Funktion von R_a und R_i und als Funktion von R_1 und R_2 bei erfüllter Abgleichbedingung nach Frage 2 bzw. Frage 3?

5. Es sei $R_a = 10R_i$. Berechnen Sie das Widerstandsverhältnis R_2/R_1 und die Spannung U_m/U_0 für den abgeglichenen Zustand.

6. Der in Frage 5 beschriebene, abgeglichene Zustand wird durch eine Änderung $\Delta R_i/R_i = 0.01$ gestört. Wie gross wird $\Delta U_m/U_0$?

7. (Expertenfrage) Die Schaltung werde mit einem gegebenen Widerstandsverhältnis $p = R_2/R_1$ durch Anpassung von R_a abgeglichen. Wie gross ist näherungsweise die Spannungsveränderung $\Delta U_m/U_0$ bei Widerstandsänderungen $\Delta R_i/R_i$ unter der Voraussetzung $\Delta R_i/R_i \ll 1$.

5.11.2 Bestimmung von Widerständen in Netzwerken

Ein Netzwerk besteht aus den drei Knoten k_1, k_2 und k_3 und den dazwischen liegenden Zweigwiderständen r_{12}, r_{23} und r_{31}. Das Netzwerk kann nicht aufgetrennt werden, die Knoten sind für Messzwecke und gegebenenfalls Verschaltungen frei zugänglich.

Fragen:

1. Bestimmen Sie die Zweigwiderstände r_{ik} aus den drei Widerstandsmessungen R_{12}, R_{23} und R_{31} zwischen den drei Knoten.
2. Bestimmen Sie die Zweigwiderstände r_{ik} aus drei Widerstandsmessungen R_i $(i = 1, 2, 3)$ zwischen dem Knoten i und den beiden anderen, kurzgeschlossenen Knoten.
3. Wie lässt sich auf der Grundlage der beiden geschilderten Methoden der Zweigwiderstand r_{ik} eines allgemeinen Widerstandsnetzwerkes mit n Knoten bestimmen?
4. Warum benützt man in der elektrischen Energietechnik bei der Prüfung mehrphasiger Wicklungen von elektrischen Maschinen und Transformatoren besser die Methode nach Frage 1?
5. Warum benützt man in Prüfautomaten der Elektronikfertigung vorteilhaft die Methode entsprechend der Frage 2?

5.11.3 Spannungs-Konstanthalter

Zur Erzeugung einer konstanten Spannung benutzt man häufig die in Bild 5.49 dargestellte Schaltung, bestehend aus dem Vorwiderstand R_V und der ZENERdiode Z, deren Kennlinie $U_a(I_Z)$ in Bild 5.50 dargestellt ist. Diese besitzt im Grenzfall $I_Z = 0$ die Spannung U_{Z0}, beim Nennstrom I_{Zn} hingegen die leicht höhere Spannung U_{Zn}. Der Zusammenhang zwischen der Spannung U_a und dem Strom durch die ZENERdiode kann linear angenommen werden.

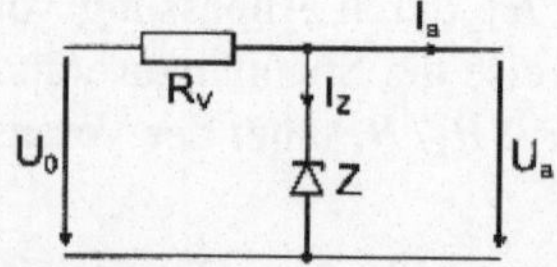

Bild 5.49: Schaltung zur Spannungsstabilisierung

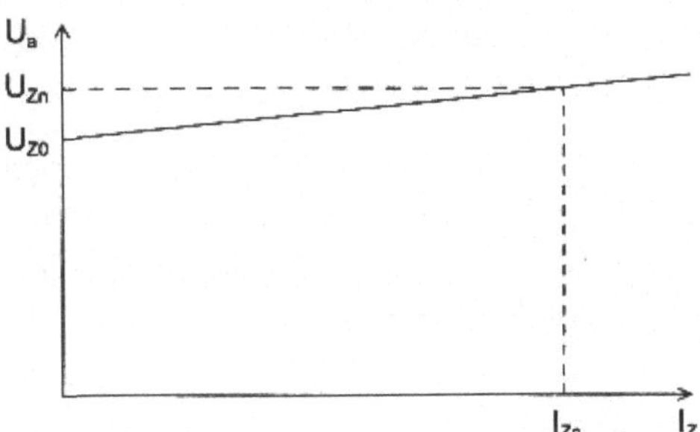

Bild 5.50: Kennlinie der Zenerdiode

Daten der Schaltung:

Versorgungsspannung:	Nennwert	$U_{0n} = 18$ V
	Schwankungen	$\Delta U_0 = \pm 2$ V
ZENERdiode:	Grenzspannung ($I_Z = 0$)	$U_{Z0} = 10$ V
	Nennspannung	$U_{Zn} = 10{,}3$ V
	Nennstrom	$I_{Zn} = 0{,}2$ A
Vorwiderstand		$R_V = 50\ \Omega$

Fragen:

1. Geben Sie ein Ersatzschema der ZENERdiode an, bestehend aus einer Spannungsquelle und einem Widerstand, und bestimmen Sie die Kennwerte allgemein und numerisch.

2. Geben Sie das äquivalente Ersatzschema an, bestehend aus einer Stromquelle und einem Leitwert, und bestimmen Sie die Kennwerte.

3. Zeichnen Sie die Schaltung Bild 5.49 neu, indem Sie die ZENERdiode durch eines der beiden Ersatzschema gemäss Frage 1 oder Frage 2 ersetzen und bestimmen Sie allgemein $U_a = U_a(U_0, I_a)$.

4. Welcher maximale Strom I_{amax} darf der Schaltung entnommen werden, damit im ungünstigsten Fall hinsichtlich der Spannung U_0 der Strom I_Z durch die ZENERdiode den Wert null nicht unterschreitet?

5. Zwischen welchen beiden Werten schwankt die Spannung U_a, wenn bei konstantem Laststrom $I_a = 0{,}1$ A die Eingangsspannung U_0 innerhalb

der vorgegebenen Toleranzen schwankt? Die Rechengenauigkeit für U_a soll mindestens 10 mV betragen.

6. Zwischen welchen beiden Werten schwankt die Spannung U_a, wenn beim Nennwert der Spannung U_0 der Laststrom zwischen den Werten $0 \leq I_a \leq 0{,}1$ A schwankt? Die Rechengenauigkeit für U_a soll wiederum mindestens 10 mV betragen.

5.11.4 Transistorverstärker

Ein NPN-Transistor mit dem Schaltsymbol Bild 5.51 kann, wie aus dem Kennlinienbild Bild 5.53 hervorgeht, in einem bestimmten Bereich durch das Ersatzschema Bild 5.52 dargestellt werden. Bei verhältnismässig grosser EARLY-Spannung U_a ist der Kollektorstrom nahezu unabhängig von der Kollektor-Emitterspannung U_{CE} das B-fache des Basisstromes I_B; B ist die Stromverstärkung des Transistors. Die innere Basis-Emitterspannung U_{BE0} kann mit guter Näherung als konstant angesehen werden.

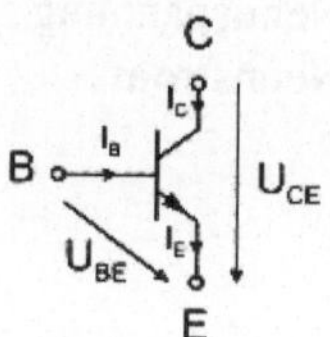

Bild 5.51: Schaltbild eines NPN-Transistors

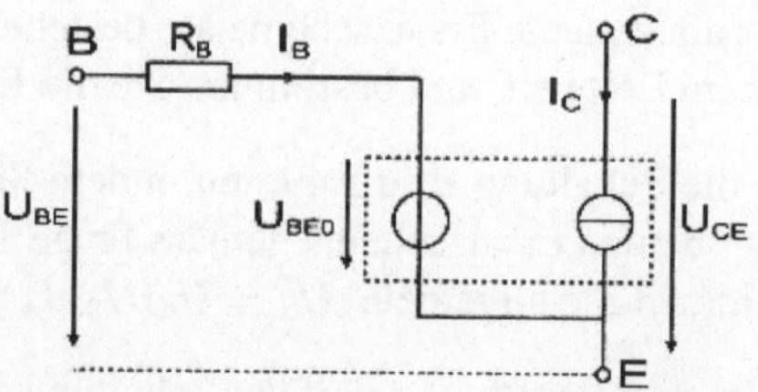

Bild 5.52: Ersatzschema eines NPN-Transistors

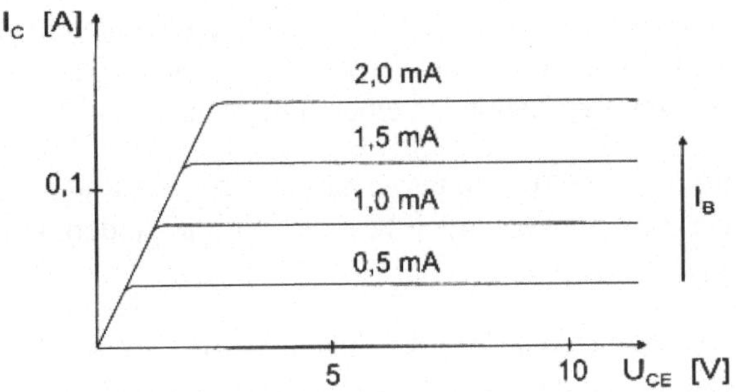

Bild 5.53: Kennlinienfeld eines NPN-Transistors

Bild 5.54 zeigt eine einfache Verstärkerschaltung.

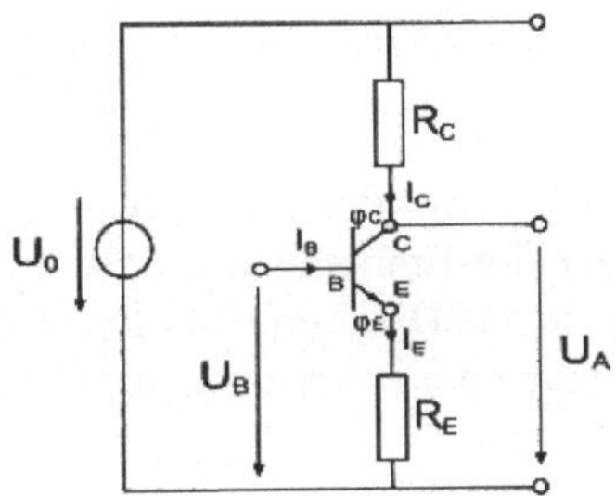

Bild 5.54: Schaltung eines einfachen Verstärkers

Daten der Schaltung:

Versorgungsspannung	U_0	=	12 V
Kollektorwiderstand	R_C	=	1 kΩ
Emitterwiderstand	R_E	=	270 Ω
Transistor-Basiswiderstand	R_B	=	100 Ω
Innere Basis-Emitterspannung	U_{BE0}	=	0,7 V

Fragen:

1. Ermitteln Sie aus dem Kennlinienfeld Bild 5.53 die Stromverstärkung B des Transistors.

2. Berechnen Sie mit Hilfe des Knotenpotentialverfahrens die Ausgangsspannung U_A als Funktion der Eingangsspannung U_B und stellen Sie die Funktion massstäblich in einem Diagramm dar.

3. Wie gross ist die Spannungsverstärkung der Schaltung, d.h. die Änderung der Ausgangsspannung bezogen auf die Änderung der Eingangsspannung ?

4. Wie gross ist die Änderung der Spannungsverstärkung der Schaltung bezogen auf die Änderung der Stromverstärkung B ?

5. Zeigen Sie, dass bei $B \gg 1$ die in aller Regel ungenau bekannten Transistorparameter B und R_B nur geringen Einfluss auf die Spannungsverstärkung der Verstärkerschaltung haben.

6. Beachten Sie, dass der Strom I_B nicht negativ werden kann und berücksichtigen Sie diese Tatsache in der Darstellung der Verstärkerkennlinie.

7. (Expertenfrage) Geben Sie die Ersatzschaltung des Transistorzweiges CE für kleine Kollektor-Emitterspannungen an, zeichnen Sie die neue Kennlinie $U_a(U_B)$ in das Diagramm der Frage 2 ein und bestimmen Sie unter Berücksichtigung der Begrenzung nach Frage 4 die gesamte Kennlinie.

5.11.5 Stromquelle mit Operationsverstärker

Quellen mit fester Spannung sind beispielsweise in Form galvanischer Elemente seit langem bekannt. Mit Hilfe von Elektronikschaltungen lassen sich Stromquellen realisieren, die dem idealen Vorbild sehr nahe kommen. Bild 5.55 zeigt ein Schaltungsbeispiel. Der Operationsverstärker darf dabei als ideal angesehen werden. R_0 ist der variable Lastwiderstand, durch den der eingeprägte Strom I_L fliessen soll.
Die Widerstände R_{E1}, R_{E2}, R_{K1} und R_{K2} unterliegen bestimmten Beschränkungen.

Fragen:

1. Bestimmen Sie den Laststrom I_L bei beliebig angenommenen Spannungen und beliebigen Widerständen.

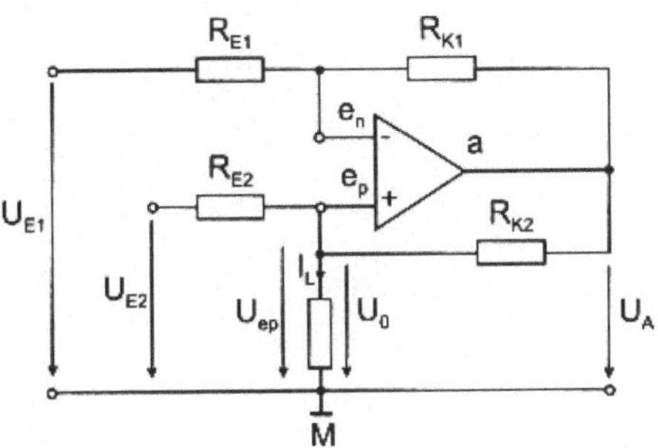

Bild 5.55: Stromquelle

2. Führen Sie die Abkürzungen $v_1 = R_{K1}/R_{E1}$ und $v_2 = R_{K2}/R_{E2}$ ein. Mit diesen Abkürzungen ist ein möglichst übersichtlicher Ausdruck für I_L abzuleiten.

3. Unter welcher Bedingung wird I_L unabhängig von R_0 ? Geben Sie I_L unter dieser Bedingung an.

4. Die Spannung U_{E1} sei null. Mit welchem Ersatz-Widerstand wird die Spannungsquelle U_{E2} belastet?

6 Arbeit und Leistung

6.1 Berechnung aus Spannung, Strom und Zeit

Aus den Kap. 2.3 und 2.4 ist bekannt, dass nach Bild 6.1 eine Ladung $\mathrm{d}Q$ auf ihrem Weg von Punkt 1 nach Punkt 2 die Arbeit oder Energie

$$\mathrm{d}W = U_{12} \cdot \mathrm{d}Q = U \cdot \mathrm{d}Q \tag{6.1}$$

abgibt. Die Leistung ist dann definitionsgemäss

$$\frac{\mathrm{d}W}{\mathrm{d}t} = P = U \cdot \frac{\mathrm{d}Q}{\mathrm{d}t}$$

und mit dem Strom $\mathrm{d}Q/\,\mathrm{d}t = I$

$$P = U \cdot I \tag{6.2}$$

Diese Leistung wird in der Schaltung Bild 6.1 im Widerstand R in Wärme umgesetzt.

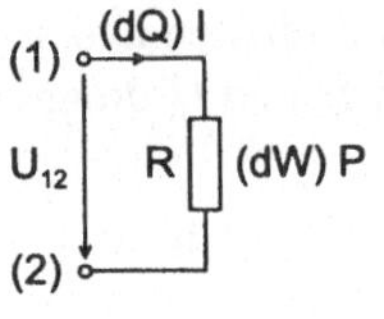

Bild 6.1: Leistung im Widerstand

Die Beziehung Gl. (6.2) gilt für jeden Augenblick, auch bei zeitlich sich ändernden Spannungen und Strömen. Die Einheit der Leistung ist

$$[P] = 1\ \mathsf{VA} = 1\ \mathsf{W}\ (\mathsf{Watt}) \tag{6.3}$$

benannt nach JAMES WATT (1736-1819), der die Dampfmaschinentechnik durch zahlreiche Erfindungen und Verbesserungen in beachtlicher Weise gefördert hat.

Bild 6.2: J. Watt

Setzt man nach Gln. (6.1) und (6.2) die Beziehungen für die Einheit der Spannung und des Stromes ein, so erhält man

$$1\,\mathsf{W} = 1\,\mathsf{VA} = 1\,\frac{\mathsf{Nm}}{\mathsf{C}} \cdot \frac{\mathsf{C}}{\mathsf{s}} = 1\,\frac{\mathsf{Nm}}{\mathsf{s}} \tag{6.4}$$

Mechanische und elektrische Arbeit und Leistung müssen dem Energiesatz entsprechend jeweils die gleichen Einheiten haben. Bei gegebener Leistung P ist die zwischen zwei Zeitpunkten t_1 und t_2 umgesetzte Energie

$$W = \int_{t_1}^{t_2} P\,\mathrm{d}t = \int_{t_1}^{t_2} U \cdot I\,\mathrm{d}t \tag{6.5}$$

Für zeitlich konstante Werte von Spannung U_0 und Strom I_0 vereinfacht sich die Beziehung in

$$W = U_0 \cdot I_0 \cdot (t_2 - t_1) \tag{6.6}$$

Die Einheit der Energie oder Arbeit ist

$$[W] = 1\,\mathsf{Ws} = 1\,\mathsf{Nm} = 1\,\mathsf{J}\ (\mathsf{Joule}) \tag{6.7}$$

Bild 6.3: J.P. Joule

JAMES PRESCOTT JOULE (1818-1889) war Bierbrauer in Schottland und nebenberuflich sehr aktiv in der physikalischen Forschung tätig. Er bestimmte durch direkte Messung das mechanische Wärmeäquivalent und entdeckte das nach ihm benannte Gesetz der Wärmewirkung des elektrischen Stromes. Der Name JOULE ist französischen Ursprungs, wird aber englisch ausgesprochen. Die Aussprache der Masseinheit erfolgt in nicht englischsprachigen Ländern aber üblicherweise französisch.

Eine weitere gebräuchliche Einheit für die elektrische Arbeit ist

$$[W] = 1\,\mathsf{kWh}\ (\mathsf{Kilowattstunde}) \tag{6.8}$$

Für die Umrechnung gilt:

$$1\,\mathsf{Wh} = 3600\,\mathsf{Ws} \tag{6.9a}$$

$$1\,\mathsf{kWh} = 3{,}6 \cdot 10^6\,\mathsf{Ws} \tag{6.9b}$$

6.2 Energiewandlung

Neben den bisher betrachteten Widerständen gibt es Einrichtungen, in denen elektrische Energie in chemische, mechanische, magnetische oder andere Energieformen umgewandelt wird. Derartige Verbraucher lassen sich im einfachsten Fall als Reihenschaltung einer Spannungsquelle mit der Spannung U_i und dem Widerstand R_i darstellen. Diese Einrichtung werde, wie in Bild 6.4 gezeigt, aus einer Quelle mit der Spannung U_0 gespiesen. Man beachte die Pfeile für Spannung und Strom.

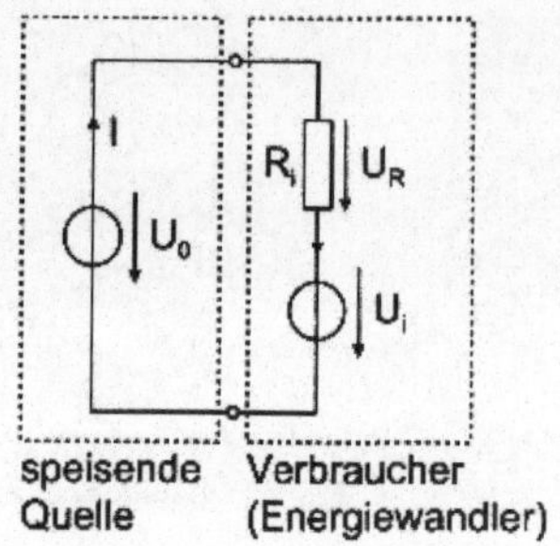

Bild 6.4: Energieumwandlung (Pfeilung gemäss dem Verbraucherzählsystem)

Die speisende Quelle liefert die Leistung

$$P_0 = -U_0 \cdot I \tag{6.10}$$

Die Quelle im Energiewandler nimmt die Leistung auf:

$$P_i = +U_i \cdot I \tag{6.11}$$

Im Ohmwiderstand R_i wird die Verlustleistung P_ν in Wärme umgesetzt. Diese Leistung ist

$$P_\nu = U_R \cdot I$$

Da gelieferte und verbrauchte Leistung die Summe null ergeben müssen, ist

$$P_0 + P_i + P_\nu = 0 \tag{6.12a}$$

oder

$$-U_0\, I + U_i\, I + U_R\, I = 0 \tag{6.12b}$$

Bei der vorliegenden Festlegung der Spannungs- und Strompfeile ist bei gleicher Richtung von Strom und Spannung das Produkt positiv und entspricht der verbrauchten Leistung. Sind Strom und Spannung entgegengesetzt, so ist das Produkt negativ und kennzeichnet eine generierte Leistung. Diese Konvention wird, wie bereits früher erwähnt, als **Verbraucherzählpfeilsystem** bezeichnet.

Zur Bestimmung des Stromes kann jetzt noch die Maschenregel benutzt werden, nach der die Summe

$$U_0 - U_i - U_R = 0 \tag{6.13}$$

ist.

Hiernach wird

$$U_R = U_0 - U_i \tag{6.14}$$

und mit dem OHMschen Gesetz

$$I = \frac{U_R}{R_i} = \frac{U_0 - U_i}{R_i} \tag{6.15}$$

Hierbei erkennt man, dass die Quelle U_0 nur solange Leistung in die Quelle U_i einspeist, solange $U_0 > U_i$ ist. Bei Spannungsgleichheit fliesst kein Strom. Sofern $U_0 < U_i$ ist, kehrt sich der Leistungsfluss um und der Verbraucher wird zur Quelle.

Was im ursprünglichen Fall $U_0 > U_i$ mit der Leistung in der Verbraucher-Quelle U_i geschieht, kann aus dem Schaltbild Bild 6.4 nicht entnommen werden, da hiermit nur die elektrotechnische Seite einer allgemeinen technischen Anordnung beschrieben wird. Ist der Verbraucher ein elektrischer Akkumulator, so wird die eingespiesene Leistung P_i in chemische Energie umgewandelt und gespeichert. Ist der Verbraucher ein Elektromotor, so wird die elektrische Leistung in mechanische Leistung umgewandelt.

Interessant ist nun die Frage, wie gross die maximale Leistung $P_{i,max}$ ist, die bei gegebenem, festem Widerstand R_i von der Quelle mit der festen Spannung U_0 in den Energiewandler mit der variablen Spannung U_i geliefert werden kann. Die aufgenommenen Leistung ist nach Gln. (6.11) und (6.15)

$$P_i = U_i \cdot I = \frac{(U_0 - U_i) \cdot U_i}{R_i} \tag{6.16}$$

Diese Leistung wird maximal für $U_i = U_0/2$. Damit wird die Leistung

$$P_{i,max} = \frac{U_0^2}{4\,R_i} \tag{6.17}$$

und in diesem Fall gleich der im Widerstand R_i umgesetzten Leistung. Der Wirkungsgrad ν der Energieumsetzung beträgt hierbei $\nu = 50\%$, d.h. die Hälfte der von der Quelle gelieferten Energie beteiligt sich an der Energiewandlung, die andere Hälfte wird im Widerstand R_i in Wärme verwandelt.

6.3 Leistung eines Widerstandes

Liegt an einem Widerstand R die Spannung U, so fliesst nach dem OHMschen Gesetz der Strom

$$I = \frac{U}{R}$$

Für die Leistung P erhält man

$$P = U \cdot I = \frac{U^2}{R} \tag{6.18}$$

Ist hingegen der Strom I im Widerstand R bekannt, so wird mit

$$U = R \cdot I$$

die Leistung

$$P = U \cdot I = I^2 \cdot R \tag{6.19}$$

6.4 Wärmewirkung des Widerstandes

Die in Widerständen in Wärme verwandelte elektrische Arbeit wird in zahlreichen Anwendungen genutzt. Die Wärmewirkung des Stromes kann aber auch sehr unerwünscht sein und die Belastbarkeit elektrischer Einrichtungen in deren Ausnutzbarkeit beschränken. In Heizgeräten, Kochherden, Glühlampen usw. ist die Wärmewirkung des Stromes gewollt, in elektrischen Motoren oder auch schon in allen Übertragungsleitungen für den elektrischen Strom entsteht hingegen unerwünschte Verlustwärme. Im letztgenannten Fall werden die elektrischen Geräte und Anlagen entweder so ausgelegt, dass die Verluste ein bestimmtes Mass nicht übersteigen, oder aber zumindest so dimensioniert, dass vorgegebene Grenzwerte der Übertemperatur nicht überschritten werden.

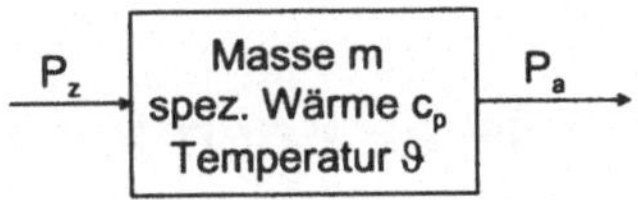

Bild 6.5: Wärmebilanz

Das Grundprinzip aller wärmetechnischen Rechnungen geht aus Bild 6.5 hervor. Die vom elektrischen Strom zugeführte Wärmeleistung sei P_z, die durch Wärmeleitung, Wärmestrahlung oder Konvektion insgesamt abgeführte Wärmeleistung sei P_a. Dann fliesst dem eingerahmten System die Wärme

$$P_{th} = P_z - P_a \tag{6.20}$$

zu und bewirkt eine Änderung der Temperatur, bei positivem P_{th} eine Zunahme. Die Geschwindigkeit der Temperaturänderung hängt von der Wärmekapazität des Systems ab, diese berechnet sich wie folgt aus der spezifischen Wärme c_p (unter konstantem Druck) und der Masse m

$$C_{th} = c_p \cdot m \tag{6.21}$$

Dann wird die Temperatur-Änderungsgeschwindigkeit

$$\frac{\mathrm{d}\vartheta}{\mathrm{d}t} = \frac{P_{th}}{C_{th}} \tag{6.22}$$

Um beispielsweise $m = 1\ \mathsf{kg}$ Wasser in der Zeitspanne von $\mathrm{d}t = 60\ \mathsf{s}$ von der Temperatur 0° C auf 100° C, also um $\mathrm{d}J = 100\ \mathsf{K}$ zu erwärmen, wobei die spezifische Wärme des Wassers im genannten Temperaturbereich $c_p = 4{,}18 \cdot 10^3\ \mathsf{Ws/(kgK)}$ beträgt, bedarf es der konstanten Leistung

$$P_{th} = m \cdot c_p \cdot \frac{\mathrm{d}\vartheta}{\mathrm{d}t} \tag{6.23}$$

$$P_{th} = 1\ \mathsf{kg} \cdot 4{,}18 \cdot 10^3\ \frac{\mathsf{Ws}}{\mathsf{kgK}} \cdot \frac{100\ \mathsf{K}}{60\ \mathsf{s}}$$

$$= 6{,}97 \cdot 10^3\ \mathsf{W} \tag{6.24}$$

Die dem Wasser zugeführte Energie beträgt

$$W = 6{,}97 \cdot 10^3\ \mathrm{W} \cdot 60\ \mathrm{s}$$

$$= 4{,}18 \cdot 10^5\ \mathrm{Ws} = 0{,}116\ \mathrm{kWh} \qquad (6.25)$$

6.5 Thermoelektrische Energiewandlung

In elektrischen Widerständen wird immer elektrische Leistung in Wärme verwandelt. Auch Spannungs- und Stromquellen nehmen bei gleichgerichteten Spannungs- und Strom-Zählpfeilen elektrische Energie auf, die, wie bereits gesagt, auch in andere Energieformen umgewandelt werden kann.

Ein interessanter Gegenstand ist die direkte Umwandlung von Wärmeenergie in elektrische Arbeit mit Hilfe des Thermoumformers. Die experimentelle Tatsache, dass die erwärmte Berührungsstelle zweier unterschiedlicher Metalle eine elektrische Spannung zur Folge hat, wurde bereits 1821 von SEEBECK[1] entdeckt.

Diese Erscheinung kann wie folgt erklärt werden: Die freien Elektronen in einem Metall führen eine Wärmebewegung aus, vergleichbar mit der Wärmebewegung der Moleküle in einem Gas. Die Geschwindigkeit der Elektronen ist nur in Form einer statistischen Verteilungsfunktion bestimmt, wie die Geschwindigkeit der Moleküle in einem Gas, die durch die MAXWELLsche Geschwindigkeitsverteilung charakterisiert wird. Bei Zimmertemperatur gehorcht hingegen das Elektronengas einer anderen, nach FERMI benannten Verteilungsfunktion. Erst bei den sehr hohen Temperaturen von mehreren 1000 K nähert sich die FERMI-Verteilung[2] der MAXWELL-Verteilung an. Charakteristisch für die Elektronen ist die hohe, mehr als 1000-fache Geschwindigkeit gegenüber Gasmolekülen bei gleicher Temperatur.

Die Metalle halten ihr Elektronengas in unterschiedlicher Stärke fest. Grenzen daher zwei Metalle mit diesbezüglich unterschiedlicher Charakteristik aneinander, so werden zunächst mehr Elektronen aus der leichter flüchtigen Materie in das andere Metall hinüberwandern als umgekehrt. Dadurch tritt in der Grenzschicht eine Ladungsverschiebung auf, die zu einem elektrischen Feld

---

[1] T.J. SEEBECK (1770-1831) dt. Physiker

[2] Nach E. FERMI (1901-1954) ital. Physiker

führt, das der weiteren einseitigen Ladungsbewegung Grenzen setzt. Es entwickelt sich ein Gleichgewichtszustand, in dem die Ladungsdiffusion durch elektrische Feldkräfte zum Stillstand kommt.

Das so entstandene stationäre elektrische Feld zeigt sich als äussere Spannung zwischen den sich berührenden Metallen; diese bilden also eine Spannungsquelle. Entnimmt man dieser einen Strom, so muss durch nachgelieferte Wärmeenergie das beschriebene Gleichgewicht zwischen den elektrischen Feldkräften und der Wärmebewegung der Elektronen aufrecht erhalten werden. Die Anordnung wandelt Wärmeenergie in elektrische Energie um. Die Ladungsbewegung kann durch eine Stromquelle im beschriebenen Sinne von aussen unterstützt werden. Dann entnimmt die Anordnung Wärmeleistung aus der Umgebung, um den Gleichgewichtszustand weiter zu sichern; einfach ausgedrückt: die Berührungsstelle der beiden Metalle kühlt sich ab. Dieser Befund wird, nach seinem Entdecker, PELTIER- Effekt[3] genannt.

Betrachtet man die in Bild 6.6 dargestellte Anordnung zweier Metalle mit den Kontaktstellen (1) und (2), denen die Temperaturen T_1 und T_2 zugeordnet sind, so entspricht dies zwei gegeneinander geschalteten Spannungsquellen U_1 und U_2, deren Spannungen der jeweiligen absoluten Temperatur proportional sind.

$$U_1 = c \cdot T_1 \qquad U_2 = c \cdot T_2 \tag{6.26}$$

Die Proportionalitätskonstante hängt von der Materialpaarung ab.

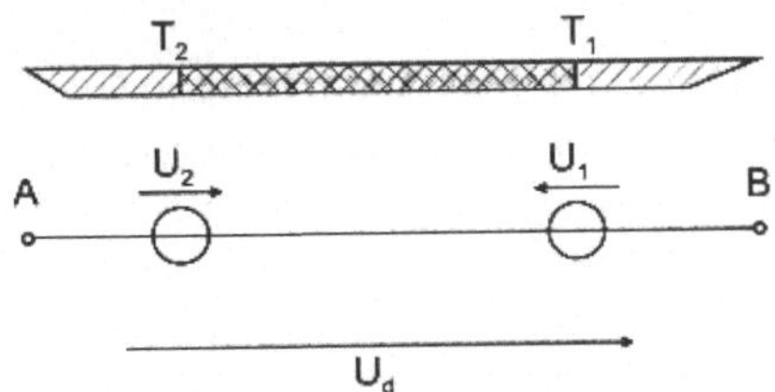

Bild 6.6: Anordnung von Thermoelementen

Die Spannung zwischen den Klemmen A und B ist

$$U_d = U_2 - U_1 = c\,(T_2 - T_1) \tag{6.27}$$

[3] Nach J.Ch.A. PELTIER (1785-1831) frz. Physiker

Solche Thermopaare" werden seit vielen Jahrzehnten zur genauen Temperaturmessung benutzt. Man hält T_1 durch schmelzendes Eis, kochendes Wasser oder ein anderes geeignetes Mittel konstant und kann dann die Messung der Temperatur T_2 nach Gl. (6.27) sehr genau auf eine elektrische Spannungsmessung zurückführen.

Die Empfindlichkeit derartiger Einrichtungen wird erhöht, wenn man die Thermoelemente elektrisch in Reihe, thermisch aber parallel schaltet. Mit feinsten Kupfer- und Konstantendrähten wurden auf diese Weise empfindliche Temperaturmesseinrichtungen für die Spektralanalyse gebaut, ein Beispiel zeigt Bild 6.7. Im Rahmen werden die Kontakte auf der konstanten Bezugstemperatur T_1 gehalten, die Temperatur der Kontakte im Fenster erhöht sich infolge der Strahlung auf T_2. Für die Thermosäule gilt ebenfalls Gl. (6.27) mit entsprechend grösserer Konstanten c.

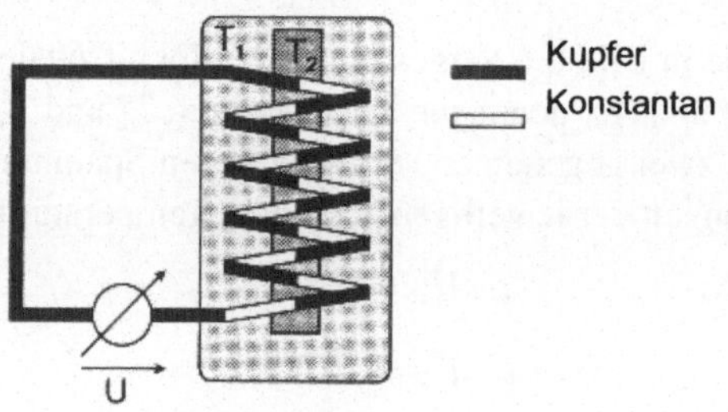

Bild 6.7: Thermosäule

Aus elektrotechnischer Sicht ist das Thermopaar oder die Thermosäule nach Bild 6.8 als Einzelspannungsquelle mit dem Innenwiderstand R darstellbar. Eine moderne Form der Thermosäule wird nach Bild 6.9 aus verschieden dotierten Klötzchen aus Wismuttellurid aufgebaut und besteht aus hundert oder mehr Thermopaaren. Diese Elemente werden hauptsächlich zu Kühlzwecken verwendet und heissen nach dem besagten Entdecker des Kälteeffektes PELTIER-Batterien.

Die Möglichkeit, mit diesen Elementen direkt elektrische Energie aus Wärme zu erzeugen, soll im Folgenden näher studiert werden.

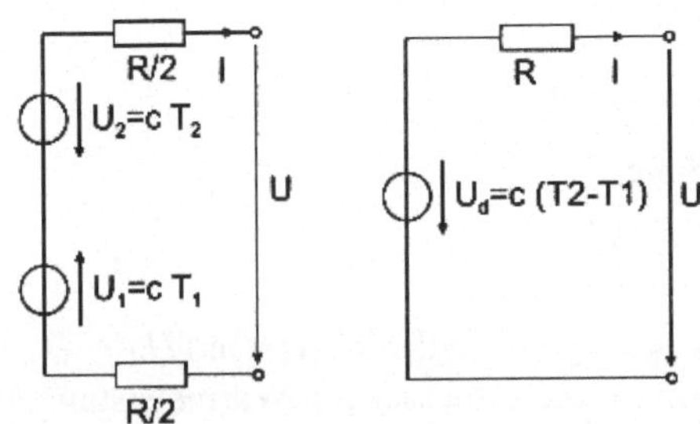

Bild 6.8: Ersatzschaltung für die Thermosäule

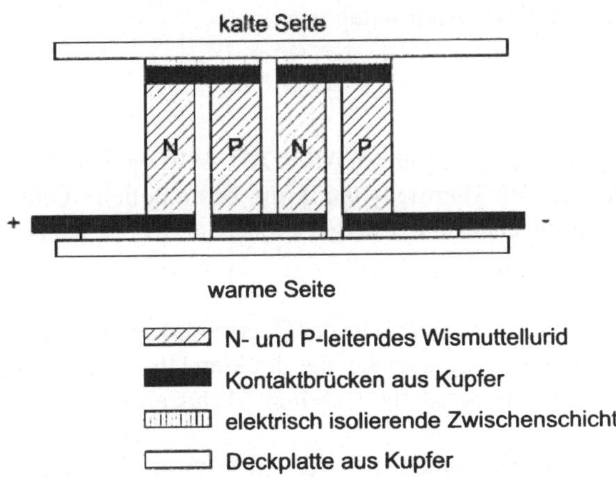

Bild 6.9: Aufbau einer PELTIER-Batterie

Vernachlässigt man den OHM-Widerstand und allfällige direkte Wärmeströmungen von der warmen zur kalten Seite der Elemente, so ist die der warmen Seite zufliessenden Wärmeleistung

$$P_2 = U_2 \cdot I = c \cdot T_2 \cdot I \tag{6.28}$$

und die der kalten Seite

$$P_1 = -U_1 \cdot I = -c \cdot T_1 \cdot I \tag{6.29}$$

Weiter ist bei vernachlässigtem OHM-Widerstand $U_d = U$. Da keine Verluste auftreten, ist die Summe der zufliessenden Wärmeleistungen der elektrischen Leistung gleich

$$P_1 + P_2 = c \cdot (T_2 - T_1) \cdot I = U \cdot I = P_{el} \tag{6.30}$$

Die Leistung auf der warmen Seite mit der Temperatur T_2 ist positiv, die der kalten Seite mit der Temperatur T_1 ist negativ. Die auf der warmen Seite zufliessende Leistung P_2 teilt sich deshalb in die elektrische Leistung P_{el} und die "durchgeschobene" Wärmeleistung $-P_1$ auf.

Der Wirkungsgrad dieser Anordnung ist

$$\eta = \frac{P_{el}}{P_2} = \frac{T_2 - T_1}{T_2} \tag{6.31}$$

und entspricht dem sogenannten CARNOT[4] -Wirkungsgrad, der nach dem zweiten Hauptsatz der Thermodynamik die bestmögliche Umwandlung von Wärmeenergie in mechanische Energie zwischen zwei Niveaus mit den Temperaturen T_2 und T_1 angibt.

Wie in der praktischen Anwendung der Thermodynamik in den sogenannten Wärmekraftmaschinen wird auch bei der direkten Umwandlung von Wärme in Elektrizität der Wirkungsgrad durch weitere Verluste vermindert.

Die in den OHM-Widerständen auftretenden Verluste sind dem entnommenen Strom zum Quadrat proportional, so dass bei genügend kleiner Stromentnahme der Wirkungsgrad beliebig nahe an den CARNOT-Wirkungsgrad gebracht

[4]S.CARNOT (1796-1832) gab den nach ihm benannten Kreisprozess zur Umwandlung thermischer in mechanische Energie an. Der CARNOT - Kreisprozess arbeitet mit dem theoretisch bestmöglichen Wirkungsgrad.

werden könnte. Anders ausgedrückt bedeutet dies, dass sich durch entsprechenden Materialaufwand die Wirkungsgradverminderung durch die OHM-Widerstände klein halten lässt. Einen weiteren, viel wesentlicheren Einfluss auf den Wirkungsgrad zeigt der direkte Wärmestrom infolge Wärmeleitung von der warmen zur kalten Seite der Elemente, der sich, salopp gesagt, um die Energieumwandlung drückt. In Bild 6.10 sind die Leistungsflüsse zusammengestellt. Auf der warmen Seite fliesst der Wärmestrom P_2 und die halbe OHMsche Verlustleistung $I^2 \cdot R/2$ zu, während die Leitungsverluste P_{th} nach Massgabe des Wärmeleitwertes G_{th} und der Temperaturdifferenz $(T_2 - T_1)$ und die in elektrische Leistung umgewandelte Wärmeleistung $c \cdot T_2 \cdot I$ abfliessen. Die Bilanz für die Warmseite ist

$$P_2 + \frac{I^2 \cdot R}{2} - G_{th} \cdot (T_2 - T_1) - c \cdot T_2 \cdot I = 0 \tag{6.32}$$

Entsprechend erhält man für die Kaltseite

$$P_1 + \frac{I^2 \cdot R}{2} + G_{th} \cdot (T_2 - T_1) + c \cdot T_1 \cdot I = 0 \tag{6.33}$$

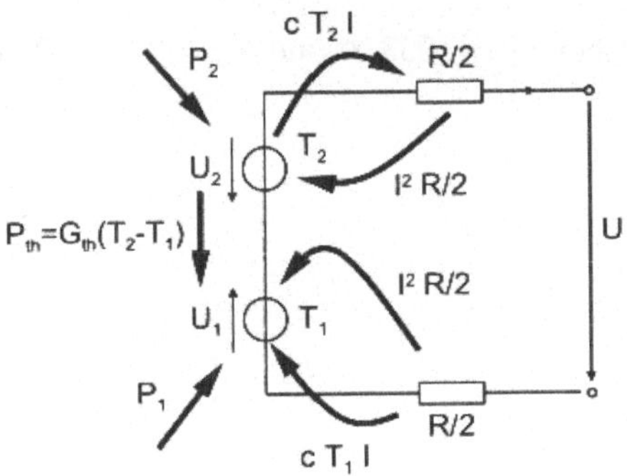

Bild 6.10: Leistungsflüsse

Hieraus gewinnt man

$$P_2 = c \cdot T_2 \cdot I - \frac{I^2 \cdot R}{2} + G_{th} \cdot (T_2 - T_1) \tag{6.34}$$

$$P_1 = -c \cdot T_1 \cdot I - \frac{I^2 \cdot R}{2} - G_{th} \cdot (T_2 - T_1) \tag{6.35}$$

Die Summe $P_1 + P_2$ entspricht der an den Klemmen AB abgegebenen Leistung.

$$U \cdot I = P_{el} = P_1 + P_2 = c \cdot (T_2 - T_1) \cdot I - I^2 \cdot R \qquad (6.36)$$

Der Wirkungsgrad wird

$$\nu = \frac{P_{el}}{P_2} = \frac{c \cdot (T_2 - T_1) \cdot I - I^2 \cdot R}{c \cdot T_2 \cdot I - I^2 \cdot R/2 + G_{th} \cdot (T_2 - T_1)} \qquad (6.37)$$

Für einen sorgfältig wärmeisolierten Thermogenerator, der als Demonstrationsmodell aufgebaut wurde, sind folgende Daten ermittelt worden:

$$c = 0{,}18 \, \frac{\mathrm{V}}{\mathrm{K}}$$

$$R = 9{,}5 \, \Omega$$

$$G_{th} = 3{,}75 \, \frac{\mathrm{W}}{\mathrm{K}}$$

Der Wirkungsgrad bei $T_1 = 293$ K und $T_2 = T_1 + \vartheta_u$ für den zulässigen Bereich

$$0 \leq \vartheta_u \leq 80 \, \mathrm{K}$$

ist

$$\eta \approx 2 \cdot 10^{-4} \, \frac{1}{\mathrm{K}} \cdot \vartheta_u \qquad (6.38)$$

und erreicht bei der maximalen Übertemperatur $\vartheta_u = 80$ K den Wert $\eta = 1{,}6\%$, während der CARNOT-Wirkungsgrad in diesem Fall $\eta_c = 21\%$ beträgt. Der durchfliessende Wärmestrom, bestimmt durch den verhältnismässig hohen Wärmeleitwert G_{th}, macht die direkte Umwandlung von Wärme in elektrische Leistung unattraktiv. Man erreicht beim Umweg über mechanische Wärmekraftmaschinen Wirkungsgrade bis zu $\eta = 50\%$. Selbstverständlich erfordert dies wesentlich höhere Übertemperaturen ϑ_u als beim besprochenen Beispiel und ist auch nur mit Maschinen erreichbar, deren Leistungsabgabe wesentlich grösser ist als die der kleinen Thermoumformer.

6.6 Aufgaben

6.6.1 Fehlerfreie Leistungsmessung

Die übliche Leistungsmessung mit Hilfe eines Strom- und eines Spannungsmessers weist nach Bild 6.11 entweder einen Strom- oder einen Spannungsfehler auf. Eine Schaltung,[5] die die Spannung direkt und damit richtig bestimmt, den Stromfehler aber vermeidet, zeigt Bild 6.12. Unter bestimmten, noch zu ermittelnden Bedingungen gilt $I = c_i I_5$ mit $c_i > 1$.

Daten der Einrichtung:

Versorgungsspannung	$U_0 = 250$ V
Widerstand des Spannungsmessers	$R_4 = 100$ kΩ
Widerstand des Strommessers	$R_5 = 150$ mΩ
Widerstand des Hilfszweiges	$R_3 = 100$ kΩ

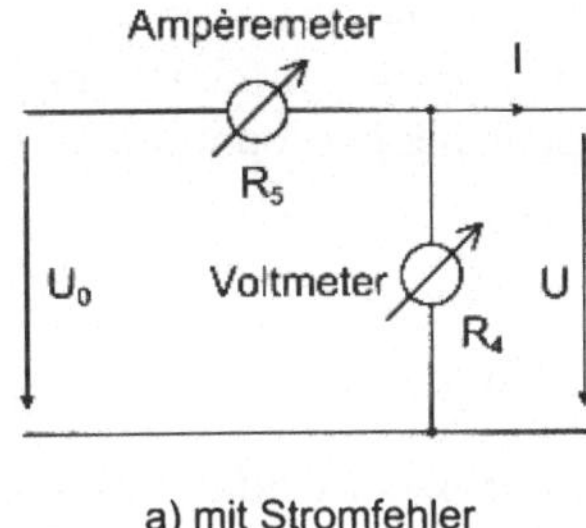

a) mit Stromfehler

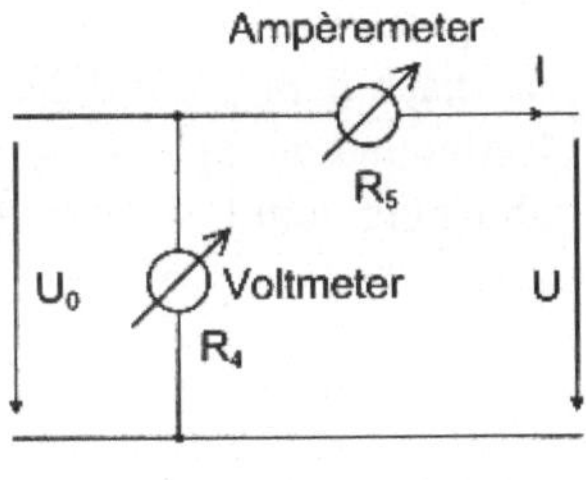

b) mit Spannungsfehler

Bild 6.11: Leistungsbestimmung mit Strom- und Spannungsmesser

Fragen:

1. Bestimmen Sie den Strom I_{5_U} bei $I = 0$ als Funktion der Spannung U_0.
2. Bestimmen Sie den Strom I_{5_I} bei $U_0 = 0$ als Funktion des Stromes I.
3. Unter welchen Bedingungen wird der Strom I_5 unabhängig von U_0?
4. Bestimmen Sie mit Hilfe der in Frage 3 gewonnenen Beziehung den Übersetzungsfaktor $c_i = I/I_5$.

[5] W. Bader, Elektrotechnische Zeitschrift, (56) 1935 H.32 S.889-891

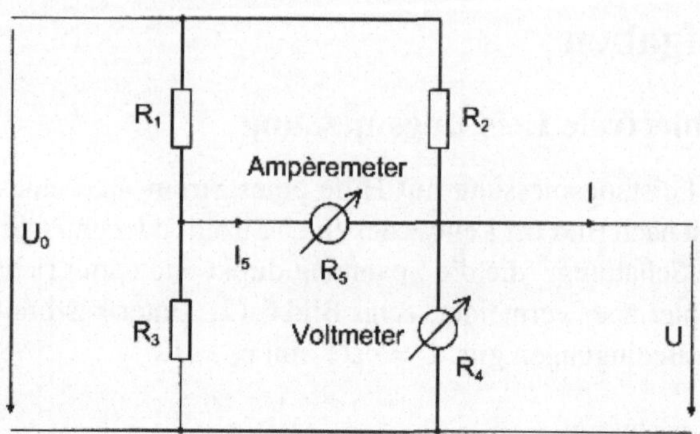

Bild 6.12: Fehlerfreie Leistungsmessung mit Strom- und Spannungsmesser

5. Dimensionieren Sie die Schaltung unter Berücksichtigung der festgelegten Werte für $c_i = 2{,}5$.

6. (Expertenfrage) Entwerfen Sie eine entsprechende Messschaltung, bei der nach dem Vorbild der Schaltung Bild 6.11b die Strommessung fehlerfrei und die Spannungsmessung der Spannung U proportional ist, unabhängig vom Laststrom I.

6.6.2 Korrekturschaltung für einen Messgeber

In vielen Zweigen der Technik werden heute in grossem Umfang Messgeber eingesetzt, die eine bestimmte physikalische Grösse X in eine proportionale Spannung U umsetzen. Das der physikalischen Grösse entsprechende, analoge elektrische Signal lässt sich mit Hilfe elektronischer Mittel verstärken, übertragen, speichern oder sonst in gewünschter Weise umwandeln. Aus Sicht der Elektrotechnik ist ein Messgeber eine Spannungsquelle U mit Innenwiderstand R, der im Folgenden als konstant angesehen werden kann. Mit den festen Bezugswerten X_n für die physikalische Grösse und U_n für die Spannung wird $U = U_n \cdot X/X_n$. Baut man derartige Geber in Serie, so wird der das Übertragungsverhalten kennzeichnende Quotient U_n/X_n und der Innenwiderstand R von Exemplar zu Exemplar bestimmten Schwankungen unterliegen. Bei unveränderlich angenommenem Wert für U_n lässt sich der Streubereich des Übertragungsverhaltens durch den Bereich $X_{min} \leq X_n \leq X_{max}$ charakterisieren, die Schwankungen des Innenwiderstandes durch $R_{min} \leq R \leq R_{max}$.

Fragen:

1. Der Messgeber wird mit einem Widerstand R_L belastet. Berechnen Sie bei gegebenem X die im Lastwiderstand umgesetzte Leistung. Für welche Wertekombination von X und R wird diese Leistung minimal?

2. In der Praxis wünscht man sich Messgeber, die einfach austauschbar sind und deshalb eine einheitliche Kennlinie und einen einheitlichen Innenwiderstand haben müssen. Geben Sie eine einfache Schaltung bestehend aus zwei Widerständen R_1 und R_2 an, mit der die leistungsfähigeren Exemplare an die Grenznennwerte nach Frage 1 angepasst werden können. Bestimmen Sie R_1 und R_2.

3. Geben Sie den Bereich der Werte für R_1 und R_2 an, damit alle aus der Produktion kommenden Messgeber abgeglichen werden können.

4. In Frage 3 wird der Wertebereich für einen der beiden Widerstände extrem gross. Unterbreiten Sie einen Vorschlag, wie dies verhinderbar ist, und diskutieren Sie allfällige Nachteile dieser Massnahme.

6.6.3 Verlustbehaftete Leitung

Nach dem Schema Bild 6.13a werden zwei gleiche Verbraucher über eine verlustbehaftete Doppelleitung der Länge l und aus Material mit dem spezifischen Widerstand ρ versorgt, wobei der erste Verbraucher in der Mitte der Leitung angeschlossen ist. Beide Verbraucher entnehmen jeweils den Strom I.

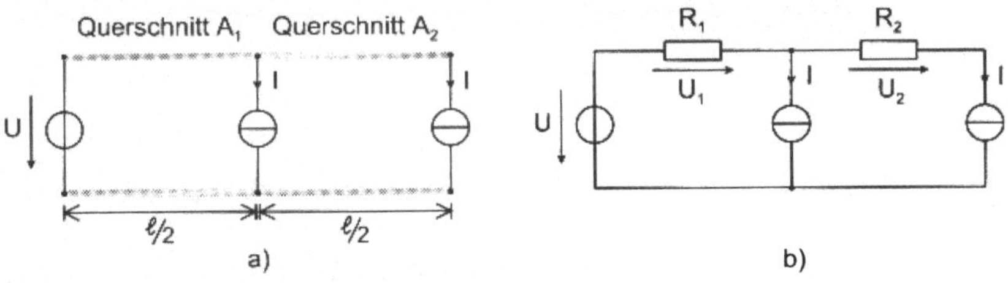

Bild 6.13: Anordnung zur Versorgung von 2 Verbrauchern
a) Schema der Anordnung
b) Ersatzschaltbild

Fragen:

1. Geben Sie die Spannungsabfälle U_1, U_2 und die Verluste P_{V1}, P_{V2} auf den beiden Teilabschnitten der Leitung für den Fall gleicher Leitungsquerschnitte $A_1 = A_2 = A$ an.

2. Um welchen Faktor lassen sich die Gesamtverluste der Anlage vermindern, wenn bei unverändertem Kupfervolumen (und damit konstanter Summe $A_1 + A_2 = A_{ges}$) die Querschnitte A_1 und A_2 in den beiden Leiterabschnitten ungleich gewählt werden?

3. Wie verhalten sich ursprünglich und bei der optimierten Anordnung die Spannungsabfälle U_1/U_2 und das Verlustverhältnis P_{V1}/P_{V2}?

6.6.4 Trolleybus-Fahrleitung

Ein Nahverkehrsunternehmen wird im Rahmen einer Stadterweiterung veranlasst, eine Trolleybuslinie von einer Endhaltestelle A_1/A_2 ausgehend in eine Neubausiedlung zu erweitern. Die Energieeinspeisung erfolgt von der besagten Endhaltestelle aus. Bild 6.14 zeigt das Schema der Streckenerweiterung.

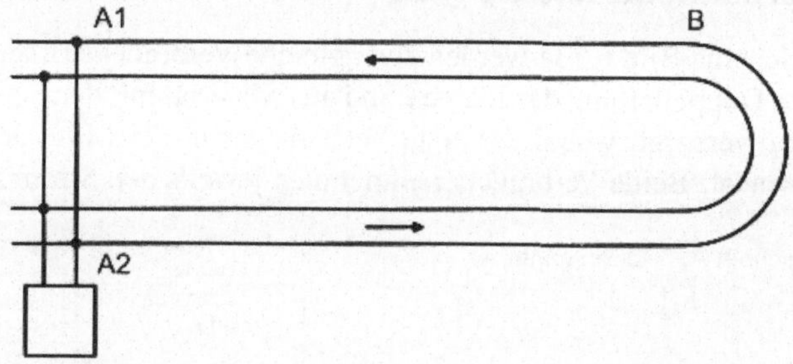

Bild 6.14: Streckenschema einer erweiterten Trolleybuslinie

An der Einspeisestelle A darf die starre Spannung U_n vorausgesetzt werden, die Entfernung L bemisst sich von Stelle A_1/A_2 bis zur neuen Endhaltestelle B.

Daten der Anlage:

Nennspannung:	U_n	=	600 V
Länge der Erweiterung:	L	=	1 km
Querschnitt eines Oberleitungsdrahtes:	A	=	107 mm^2
Spez. Widerstand des Oberleitungsmaterials:	ρ	=	0,018 $\Omega\text{mm}^2/\text{m}$
Nennstrom eines Trolleybusfahrzeuges:	I_n	=	560 A

Bezugsfall:

Geschwindigkeit des Trolleybusses:	v_b	=	30 km/h
Stromaufnahme:	I_b	=	250 A

Fragen:

1. Berechnen Sie die Spannung U zwischen den Oberleitungsschleifstellen des Trolleyfahrzeuges abhängig vom Fahrweg X, ausgehend von der Stelle A_1, bezogen auf den Gesamtfahrweg $2L$ bis zur Stelle A_2 bei Entnahme des Nennstromes aus der Fahrleitung.

2. Welche Energie W_v geht bei einer Bezugsfahrt durch Verluste in der Oberleitung verloren?

3. Es wird vorgeschlagen, genau auf halber Strecke zwischen den Punkten $A_{1/2}$ und B die beiden Oberleitungspaare elektrisch zu verbinden. Welche Energie wird pro Bezugsfahrt dadurch eingespart?

4. Zeichnen Sie die Verlustleistung als Funktion des bezogenen Weges $x/2L$ für die Bedingung der Bezugsfahrt für die ursprüngliche Anordnung und die Anordnung mit Zwischenverbindung nach Frage 3 auf.

5. Der Erfolg der Zwischenverbindung nach Frage 3 legt den Gedanken nahe, weitere Zwischenverbindungen zu installieren. Welche minimale Verlustenergie E_{min} pro Bezugsfahrt ist mit dieser Massnahme erreichbar?

6. (Expertenfrage) Die Zahl der gleichmässig über die Strecke verteilten Verbindungsbrücken sei n. Geben Sie die Verlustenergie W_n bezogen auf die minimale Verlustenergie W_{min} als Funktion von n an.

7 Die elektrische Verschiebung

7.1 Einleitung

In Kap. 2 wurde das elektrische Feld $\vec{E}$ und seine messtechnische Erfassung mit Hilfe einer Probeladung Q eingeführt; die Ursache des Feldes wurde aber nicht näher untersucht. In der Elektrostatik sind durchwegs elektrische Ladungen die Quellen elektrischer Felder.
Bringt man einen ungeladenen elektrischen Leiter in ein elektrisches Feld, so findet auf dem Leiter durch die elektrische **Influenz** eine Ladungsverschiebung statt, bewirkt durch die anziehenden Kräfte ungleichnamiger und die abstossende Wirkung gleichnamiger Ladungen. Damit ist eine von Kap. 2 verschiedene Möglichkeit gegeben, ein elektrisches Feld auszumessen. Hierzu bringt man nach Bild 7.1 eine kleine, leitfähige Doppelfläche $\mathrm{d}\vec{A}$ an einen bestimmten Punkt im Raum, wodurch sich auf den beiden Teilflächen durch Influenz eine unterschiedliche Ladungsverteilung ergibt. Trennt man nun die beiden Teilflächen, so befindet sich auf jeder die gleiche Ladungsmenge $\mathrm{d}Q$ aber mit entgegengesetztem Vorzeichen. Die Grösse dieser Ladungsmenge hängt von der Orientierung der Flächen im Feld vor der Trennung ab. Liegt der Flächen-Normalenvektor $\vec{a}$ (die Orientierung der Fläche) parallel zum Vektor des elektrischen Feldes $\vec{E}$, so wird die separierte Ladungsmenge $\mathrm{d}Q$ maximal.

Die hierdurch definierte Grösse

$$\vec{D} = \frac{\mathrm{d}Q}{\mathrm{d}A} \cdot \vec{a} \tag{7.1}$$

wird nach MAXWELL **Vektor der elektrischen Verschiebung** genannt. Sie ist im Gegensatz zur elektrischen Feldstärke $\vec{E}$ eine Quantitätsgrösse und begrifflich eine Flächenladungsdichte mit der Einheit $\mathsf{C/m^2}$.

Zunächst ist nicht sofort verständlich, weshalb eine zweite Beschreibungsgrösse für das elektrische Feld zweckmässig sein soll. Wie jedoch bereits gesagt, ist die in Kap. 2 eingeführte elektrische Feldstärke $\vec{E}$ über das Wegintegral der Kraft (genauer: über die Arbeit) exakt mit dem Begriff der elektrischen Spannung verknüpft.

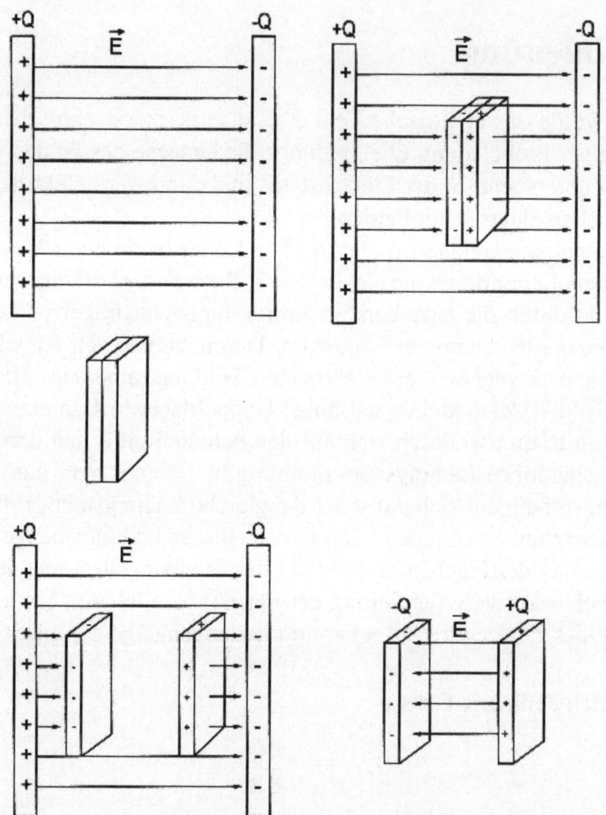

Bild 7.1: Ladungsverschiebungen und Ladungstrennung durch die elektrische Influenz

Hingegen beschreibt der Vektor der elektrischen Verschiebung $\vec{D}$ einen exakten Zusammenhang mit den Ladungsquellen, die das elektrische Feld erzeugen. Feldstärke $\vec{E}$ und Verschiebung $\vec{D}$ sind jedoch nicht unabhängig voneinander, wie im nächsten Abschnitt deutlich werden soll.

Interessant ist jener Fall, wenn nach Bild 7.2 die leitende Doppelfläche eine Ladungsanordnung im Raum vollständig umschliesst und gemäss Darstellung zerlegt wird. Dann nämlich misst man auf den beiden Teilflächen exakt die ursprünglich umschlossene Ladungsmenge, auf der äusseren Teilfläche mit gleichem, auf der inneren mit entgegengesetztem Vorzeichen. Die Form der gewählten Hüllfläche ist unbedeutend. Diesem Befund des Gedankenexperimentes entspricht, dass das Flächenintegral der elektrischen Verschiebung $\vec{D}$ über einer geschlossenen Hüllfläche $\vec{A}$ die Gesamtsumme der eingeschlossenen Ladungsmenge ergibt.

7.2 Zusammenhang zwischen Feldstärke und elektrischer Verschiebung

Der Zusammenhang zwischen den beiden Feldgrössen $\vec{E}$ und $\vec{D}$ ist im Vakuum streng proportional. Es ist

$$\vec{D} = \varepsilon_0 \cdot \vec{E} \tag{7.2}$$

Hierbei wird die Naturkonstante

$$\varepsilon_0 = 8{,}854187 \cdot 10^{-12} \, \frac{\mathsf{As}}{\mathsf{Vm}}$$

als **Permittivität des Vakuums** bezeichnet. In Gasen, Flüssigkeiten und isolierenden Stoffen ist die Permittivität ε grösser als ε_0. Es ist üblich,

$$\varepsilon = \varepsilon_0 \cdot \varepsilon_r$$

zu schreiben. Hierbei ist ε_r die **relative Permittivität**, die angibt, um welchen Faktor die Permittivität ε grösser ist als ε_0. Der Faktor ist eine dimensionslose Materialkonstante. Für einige Stoffe sind in der nachstehenden Tabelle die Werte der relativen Permittivität ε_r aufgelistet.

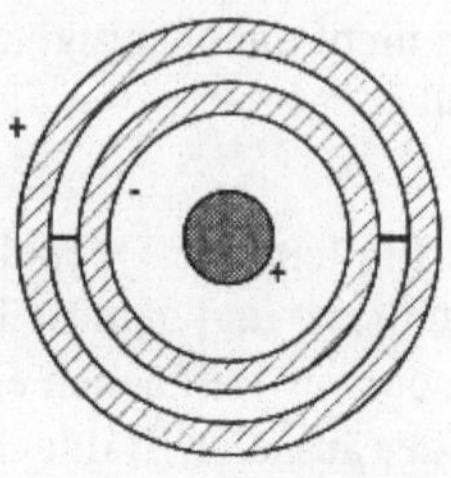

a) Ausgangskonfiguration

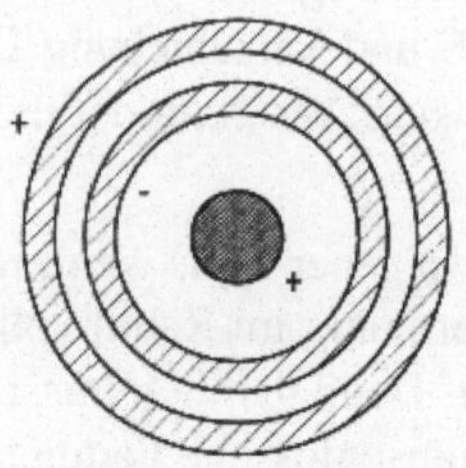

b) Entfernen der Brücken

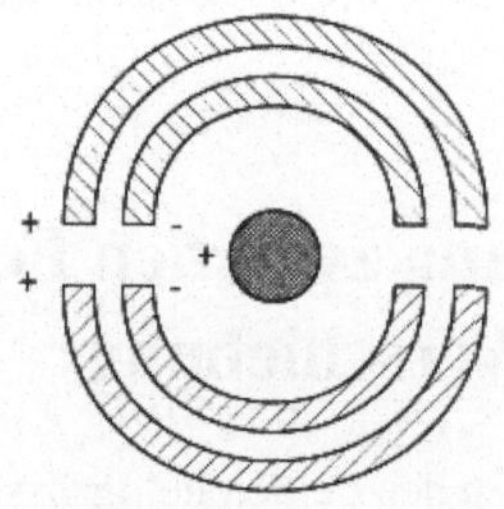

c) Auftrennen der äusseren Schale

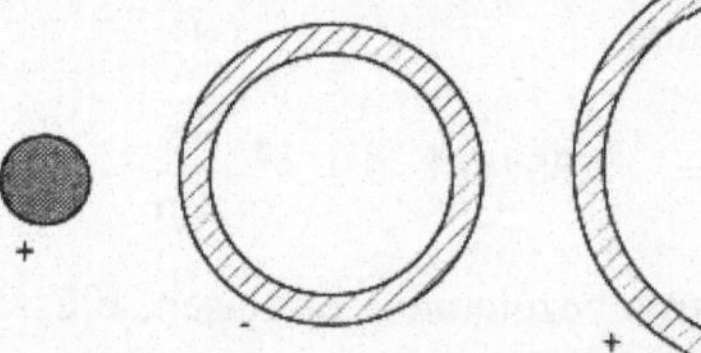

d) Schalen ausserhalb wieder zusammenfügen

Bild 7.2: Influenz und Ladungsmessung bei vollständiger Umhüllung einer Ladungsverteilung

Tabelle 7.1: Relative Permittivität einiger Stoffe

Werkstoffe	Relative Permittivität ε_r
Luft, trocken	1,0006
Paraffin	2,2
Polycarbonat	2,8
Kondensatorpapier	4...6
Al_2O_3	12
Wasser	81
Keramik (NDK)	10...200
Keramik (HDK)	$10^3 \ldots 10^4$

7.3 Die Kapazität

Nach Bild 7.4 werde ein elektrisches Feld $\vec{E}$ durch zwei entgegengesetzt gleiche Ladungen Q erzeugt, die sich auf den beiden leitfähigen Körpern a und b befinden. Die Spannung U_{ab} zwischen diesen beiden Körpern bestimmt man nach Gl. (2.9) und die Ladung Q über die Verschiebung $\vec{D}$ wie im Abschnitt zuvor beschrieben. Der Quotient

$$C = \frac{Q}{U_{ab}} \tag{7.3}$$

bezeichnet das auf die Spannung bezogene spezifische Speichervermögen der Anordnung für elektrische Ladungen und wird **Kapazität C** genannt. Die Masseinheit ist

$$[C] = 1\,\frac{\mathsf{C}}{\mathsf{V}} = 1\,\mathsf{F}\ (\mathsf{Farad}), \tag{7.4}$$

benannt nach dem genialen Forscher M. FARADAY (1791-1867), der auf verschiedenen Gebieten der Physik und der Chemie bahnbrechende Entdeckungen gemacht hat, insbesondere aber als Entdecker der elektromagnetischen Induktion berühmt geworden ist.

Die Kapazität C einer Leiteranordnung hängt von der Geometrie der Leiter und von der Materie im Zwischenraum ab; die mathematische Berechnung ist im allgemeinen Fall schwierig und meist nur auf numerischem Weg durchführbar. Demonstriert wird die Berechnung an zwei einfachen Fällen.

Bild 7.3: M. Faraday

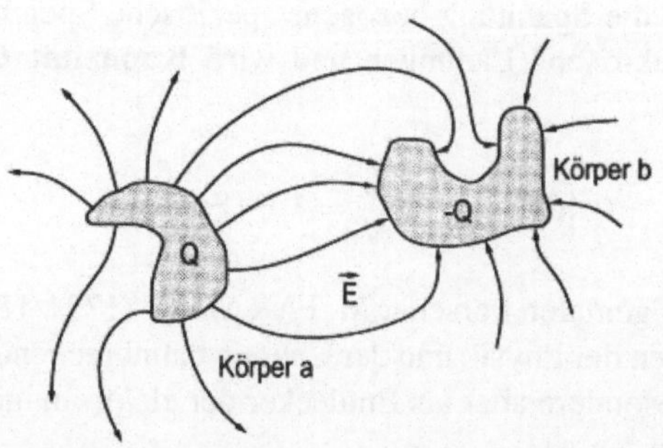

Bild 7.4: elektrisches Feld zwischen geladenen Körpern

7.3.1 Plattenkondensator mit homogenem Feld

Gegeben sei eine Anordnung nach Bild 7.5 bestehend aus zwei leitenden Platten der Fläche A, deren Abstand s gegenüber den Längs- und Querabmessungen gering sei. Dann liegt zwischen den Platten mit guter Näherung ein homogenes Feld vor. Das Randfeld ausserhalb der Platten ist vernachlässigbar klein. Das elektrische Feld $\vec{E}$ und die Verschiebung $\vec{D}$ sind im gesamten Plattenzwischenraum konstant und gleichgerichtet. Damit erhält man für die Ladung

$$Q = D \cdot A$$

und für die Spannung

$$U = E \cdot s$$

und schliesslich für die Kapazität

$$C = \frac{Q}{U} = \frac{D}{E} \cdot \frac{A}{s} = \varepsilon_0 \cdot \varepsilon_r \cdot \frac{A}{s} \tag{7.5}$$

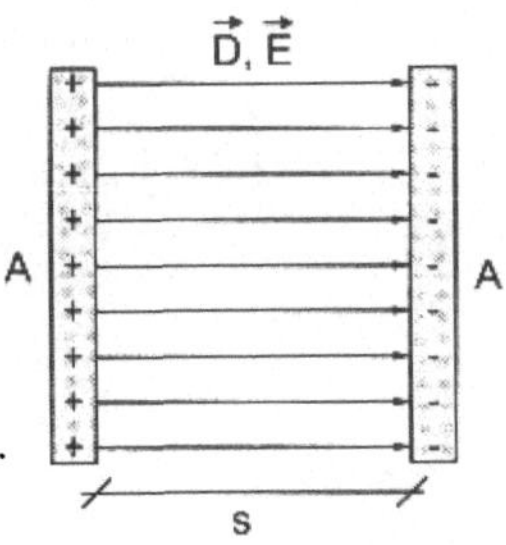

Bild 7.5: Plattenkondensator

Ein derartiger Plattenkondensator ist daher auch eine geeignete Einrichtung zur Bestimmung der relativen Permittivität ε_r, indem man bei gleicher geometrischer Anordnung die Änderung der Kapazität bei verschiedenen, zwischen die Platten eingefügten Materialien bestimmt und durch die Proportionalität von $C \sim \varepsilon_r$ die relative Permittivität ε_r erhält.

Kondensatoren sind Geräte zur Speicherung elektrischer Ladungen und damit auch elektrischer Energie. Kennwerte sind die Kapazität und die maximal zulässige Spannung. Kondensatoren sind wichtige Bauelemente in allen Zweigen der Elektrotechnik und stehen in vielfältigen Ausführungsformen zur Verfügung.

7.3.2 Zylinderkondensator

Der in Bild 7.6 dargestellte Kondensator besteht aus einem leitfähigen Zylinder mit Radius r_a und einem zu diesem Zylinder konzentrisch angeordneten, leitfähigen Hohlzylinder mit Radius r_b. Beide Zylinder besitzen die Länge h. Auch hier seien die geometrischen Abmessungen so, dass $h \gg r_b - r_a$ gilt. Damit wird das elektrische Feld $\vec{E}$ ausserhalb des Zylinderzwischenraumes vernachlässigbar klein.

Die Feldlinien und die Verschiebungslinien verlaufen radial. Die Feldstärke $\vec{E}$ und die Verschiebung $\vec{D}$ sind von der Höhe im Zylinder unabhängig und für einen bestimmten Radius (infolge der Rotationssymmetrie) unabhängig vom Winkel φ. Auf dem Innen- und dem Aussenzylinder befinden sich die Ladungsmengen Q und $-Q$. Für einen gegebenen Radius r ($r_a < r < r_b$) ist die Fläche A des Zylinders $A = 2\pi \cdot r \cdot h$. Damit wird

$$D(r) = \frac{Q}{A} = \frac{Q}{2\pi \cdot r \cdot h} \tag{7.6}$$

und mit der Permittivität ε

$$E(r) = \frac{D(r)}{\varepsilon} = \frac{Q}{2\pi \cdot \varepsilon \cdot r \cdot h} \tag{7.7}$$

Die Spannung beträgt somit

$$U = \int_{r_a}^{r_b} E(r)\,\mathrm{d}r = \frac{Q}{2\pi \cdot \varepsilon \cdot h} \ln\left(\frac{r_b}{r_a}\right) \tag{7.8}$$

und schliesslich die Kapazität

$$C = \frac{Q}{U} = \frac{2\pi \cdot \varepsilon \cdot h}{\ln\left(\frac{r_b}{r_a}\right)} \tag{7.9}$$

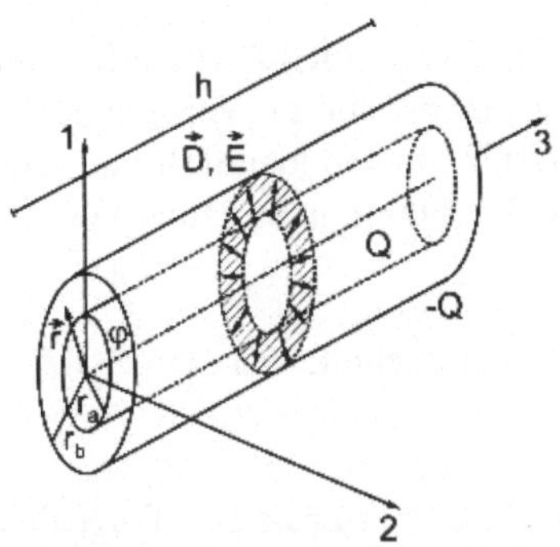

Bild 7.6: Zylinderkondensator

7.4 Das Coulombsche Anziehungsgesetz

Das Feld einer punktförmigen Ladung Q ist, wie Bild 2.3 zeigt, punktsymmetrisch, da keine Richtung bevorzugt ist. Legt man um diese Ladung nach dem Vorgehen von Bild 7.2 eine konzentrische, kugelförmige Hülle mit dem Radius r, so ist deren Fläche

$$A = 4\pi r^2$$

und hierauf der Betrag der Verschiebung überall

$$D = \frac{Q}{A} = \frac{Q}{4\pi \cdot r^2}$$

Der Vektor in jedem Punkt der Hülle zeigt vom Ort der Ladung aus radial nach aussen, desgleichen der Vektor der Feldstärke $\vec{E}$, dessen Betrag

$$E = \frac{Q}{4\pi \cdot \varepsilon \cdot r^2}$$

ist. Auf eine weitere Ladung q wirkt dann nach Kap. 2 die Kraft

$$F = E \cdot q = \frac{q \cdot Q}{4\pi \cdot \varepsilon \cdot r^2} \tag{7.10}$$

Die Richtung der Kraft liegt in der Verbindungslinie der beiden Ladungen. Die beiden Ladungen stossen sich bei gleichem Vorzeichen ab und ziehen sich bei ungleichen Vorzeichen an. Bei abstossender Wirkung ist daher das Vorzeichen positiv. Dieses Gesetz wurde von COULOMB aufgestellt und durch sorgfältige Messungen verifiziert. Es ist bis auf die Vorzeichenregel mit den NEWTONschen Anziehungsgesetz für Massen identisch und eröffnete die Möglichkeit, die Potentialtheorie der Gravitation unmittelbar auf die Elektrostatik zu übertragen.

In den Anfängen der Elektrotechnik war das COULOMB-Gesetz der Ausgangspunkt für die Theorie der Elektrostatik; heute beginnt man bevorzugt mit dem Begriff des elektrischen Feldes. Das Kraftgesetz ist hieraus – wie gezeigt – einfach abzuleiten. Der Faktor $1/4\pi$ ist eine Folge der geometrischen Kugelsymmetrie des elektrischen Feldes der Punktladung.

7.5 Ladestrom und Energieinhalt eines Kondensators

Um einen Kondensator auf eine bestimmte Spannung U aufzuladen, ist vorübergehend ein Strom $i(t)$ erforderlich. Für die Leistung gilt in jedem Augenblick

$$p = u(t) \cdot i(t)$$

und für die hierdurch gespeicherte Energie

$$W = \int_0^{t_U} u(t) \cdot i(t)\,\mathrm{d}t \tag{7.11}$$

wobei t_U die Ladezeit darstellt. Durch die Ladungsmenge $\mathrm{d}Q$ wird die Spannung um $\mathrm{d}u$ geändert, es gilt

$$\mathrm{d}Q = C \cdot \mathrm{d}u$$

und

$$\frac{\mathrm{d}Q}{\mathrm{d}t} = i = C \cdot \frac{\mathrm{d}u}{\mathrm{d}t} \tag{7.12}$$

Zusammen mit Gl. (7.9) wird

$$W = \int_0^{t_U} u \cdot C\,\frac{\mathrm{d}u}{\mathrm{d}t}\,\mathrm{d}t = C \int_0^U u\,\mathrm{d}u$$

$$W = \frac{1}{2} C U^2 \tag{7.13}$$

Die beiden Gleichungen für den Ladestrom Gl. (7.12) und für den Energieinhalt Gl. (7.13) sind in der Theorie und den Anwendungen der Elektrotechnik sehr wichtige Beziehungen.

7.6 Die Anziehungskraft im Plattenkondensator

Um die Anziehungskraft eines Plattenkondensators zu bestimmen, könnte man von der COULOMB-Beziehung Gl. (7.10) ausgehen und durch Integrale die Kraft berechnen. Hierbei wäre von einer gleichmässigen Ladungsverteilung über der Plattenfläche auszugehen – ein umständlicher und mühsamer Weg. Einfacher ist es, in diesem Fall die Kraft über die Energie zu bestimmen; ein Verfahren, das bei der Untersuchung von elektromechanischen Energiewandlern ganz allgemein sehr nützlich ist. Man untersucht bei einer kleinen Wegänderung die Energieänderung

$$\mathrm{d}W = F\,\mathrm{d}s$$

oder

$$F = \frac{\mathrm{d}W}{\mathrm{d}s} \tag{7.14}$$

Bei einem Kondensator ist die Ladung Q unabhängig von allfälligen Wegänderungen. Mit der Beziehung $Q = C \cdot U$ wird die Gl. (7.13)

$$W = \frac{1}{2}\frac{Q^2}{C} \tag{7.15}$$

Die Beziehung Gl. (7.5) für den Plattenkondensator eingesetzt, ergibt

$$W = \frac{1}{2}\frac{Q^2 \cdot s}{\varepsilon \cdot A} \tag{7.16}$$

Hieraus erhält man sofort die Kraft nach Gl. (7.14) zu

$$F = \frac{1}{2}\frac{Q^2}{\varepsilon \cdot A}$$

unabhängig vom Weg s. Ist hingegen die Spannung U konstant, so wird

$$F = \frac{1}{2}\frac{C^2 \cdot U^2}{\varepsilon \cdot A} = \frac{1}{2} \cdot \varepsilon \cdot A \cdot \frac{U^2}{s^2} \tag{7.17}$$

oder mit der Feldstärke $E = U/s$

$$F = \frac{1}{2} \cdot \varepsilon \cdot A \cdot E^2 \tag{7.18}$$

Das Kraftgesetz des Plattenkondensators wird technisch genutzt inbesondere zur Spannungsmessung oder auch zur Messung der Permittivität ε oder auch ε_0. Die praktische Ausführung erfolgt mit Hilfe einer Schutzringanordnung nach Bild 7.7, wodurch der Einfluss der Randfelder wirksam ausgeschaltet wird, wenn Platte A und Ring B auf gleichem Potential gehalten werden.

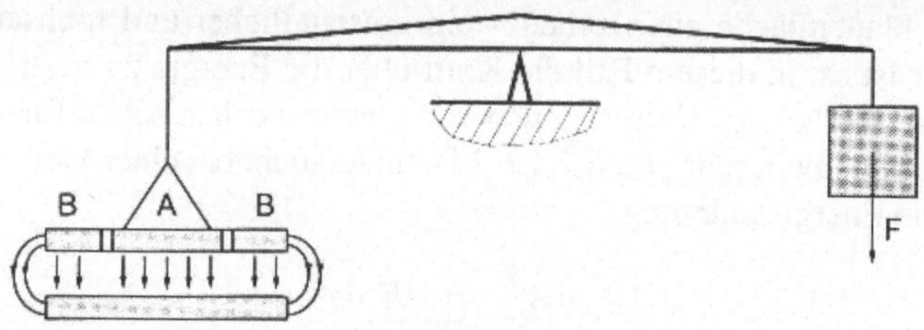

Bild 7.7: Messung der Kraft F, die das elektrische Feld auf die Platte der Fläche A ausübt. Platte A und Schutzring liegen auf gleichem Potential

Bei der Kraftberechnung aus Energieänderungen ist wichtig, dass die Energiebilanz vollständig ist. Bei fester Kondensatorladung Q ist nur die gespeicherte elektrische und die äussere mechanische Energie im Spiel. Wäre man von der Beziehung

$$W = \frac{1}{2} \cdot C \cdot U^2 \tag{7.19}$$

bei fester Spannung U ausgegangen, hätte zusätzlich die bei einer Wegänderung $\mathrm{d}s$ mit der Spannungsquelle ausgetauschte Energie berücksichtigt werden müssen.

7.7 Der elektrische Dipol

Kehren wir nochmals zum elektrischen Feld zurück, dessen Feldstärke $\vec{E}$ nach Betrag und Richtung durch die Kraft $\vec{F}$ auf die Probeladung Q gemessen wurde. Nach Bild 7.8 bringt man zwei entgegengesetzt gleiche Probeladungen $+Q$ und $-Q$, die sich im festen Abstand ℓ auf einem isolierenden Träger befinden, in das elektrische Feld. Vorausgesetzt seien homogene Feldverhältnisse im Bereich der beiden Ladungen. Die beiden auf die Ladungen wirkenden Kräfte sind gleich und der Richtung nach entgegengesetzt. Sie bilden demnach ein sogenanntes Kräftepaar; dieser Begriff ist gleichbedeutend dem des mechanischen Drehmomentes. Steht die Verbindungslinie der Ladungen senkrecht zu den Feldlinien, so wird das Drehmoment maximal

$$M = Q \cdot \ell \cdot E \tag{7.20}$$

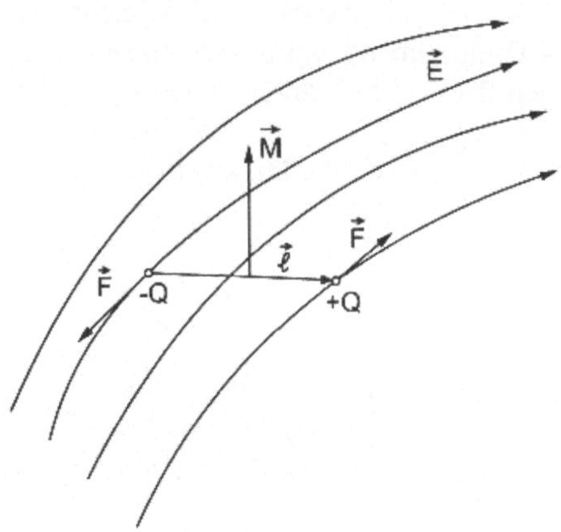

Bild 7.8: Elektrischer Dipol

Bezeichnet hingegen der von $+Q$ nach $-Q$ gepfeilte Abstand der Ladungen einen Abstandsvektor $\vec{\ell}$, so steht der Drehmomentvektor $\vec{M}$ senkrecht zur Ebene, die durch die Vektoren $\vec{E}$ und $\vec{\ell}$ aufgespannt wird. In der Vektorschreibweise[1] ist

$$\vec{M} = Q \cdot \vec{\ell} \times \vec{E} \tag{7.21}$$

Den Vektor

$$\vec{p} = Q \cdot \vec{\ell}$$

bezeichnet man als **Vektor des elektrischen Dipolmomentes**. Nach Bild 7.9 kann ein Dipol durch Influenz in einem bekannten elektrischen Feld und nachfolgendem Unterbruch der Leitungsverbindung hergestellt werden.

[1] Auf dieses Vektorprodukt wird in Kap. 8.2 ausführlicher eingegangen.

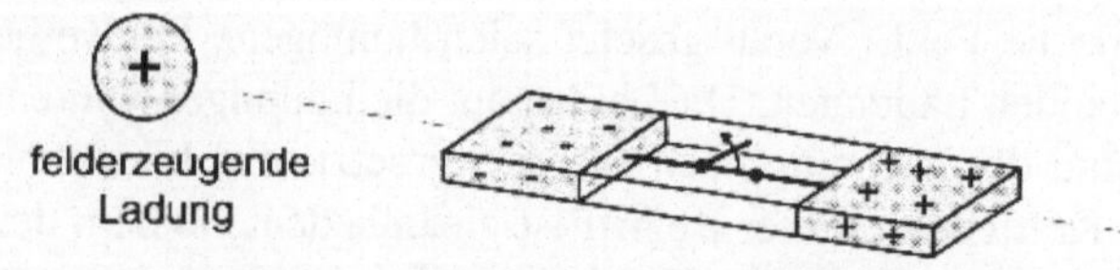

Bild 7.9: Ladungstrennung durch Influenz

Mit einem Dipol mit bekanntem Moment p ist es wie mit einer Probeladung möglich, anhand von Gl. (7.21) die elektrische Feldstärke zu messen. Die direkte Messung des Drehmoments wäre aber meist schwierig. Deshalb geht man anders vor. Nach Bild 7.10 ist das Drehmoment

$$M = p \cdot E \cdot \sin\alpha \tag{7.22}$$

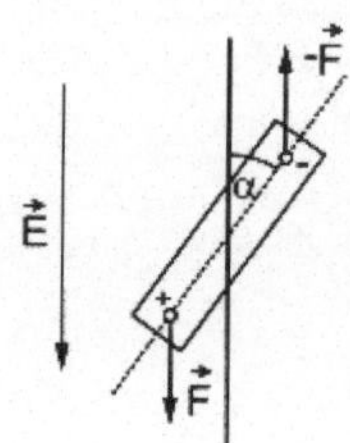

Bild 7.10: Drehmoment bei elektrischem Dipol

Der Dipol wird also durch das Drehmoment in die stabile, senkrechte Ruhelage $\alpha = 0$ bewegt. Hat der Dipol die mechanische Drehmasse J, so entsteht bei $\alpha \ll 1$ und damit $\sin\alpha \approx \alpha$ ein harmonischer Schwinger mit der Schwingungsdauer

$$T = 2\pi\sqrt{\frac{J}{p \cdot E}} \tag{7.23}$$

Schwingungsmessungen lassen sich in aller Regel sehr genau durchführen. Selbst wenn das elektrische Dipolmoment p und die Drehmasse J nicht genau bekannt sind, ist man doch in der Lage, mit der Schwingungsmethode zwei Felder sehr genau zu vergleichen. Elektrische Dipole kommen im atomaren und molekularen Bereich in der Natur vor. Von speziellem Interesse sind die sogenannten polaren Isolierstoffe, deren Moleküle als Dipole ausgebildet sind und die als Stoffe mit besonders hoher relativer Permittivität ε_r Bedeutung beim Bau von Kondensatoren haben. Das bekannteste Beispiel eines polaren Isolators ist das Wassermolekül mit $p = 6{,}1 \cdot 10^{-30}$ Cm.

Mit atomaren oder molekularen Dipolen sind sehr genaue Feldmessungen nach dem beschriebenen Schwingungsverfahren durchführbar. Für den Betrag des elektrischen Dipolmoments p ist nur die Grösse des Produktes $Q \cdot \ell$ wesentlich, die Richtung von $\vec{p}$ wird allein aus der Richtung von $\vec{\ell}$ bestimmt. Auch das von einem Dipol erzeugte elektrische Feld $\vec{E}$ ist bei Abständen $r \gg \ell$ von der Struktur des Dipols praktisch unabhängig. Diese Unabhängigkeit wird uneingeschränkt im Grenzfall $Q \to \infty$; $\ell \to 0$; $Q \cdot \ell = p$ erreicht. Das elektrische Feld des Dipols geht mit der Entfernung wesentlich rascher zurück als das Feld der Einzelladung, nämlich mit der dritten Potenz des Abstandes.

In inhomogenen Feldern, dies sei ergänzend noch vermerkt, wirkt auf den Dipol zusätzlich zum Drehmoment M eine Kraft F, weil sich dann die unterschiedlichen Kräfte an beiden Ladungen in der Summe nicht mehr aufheben.

7.8 Linien-, Flächen- und Raumladungen

Bislang wurden überwiegend punktförmige Ladungen angesehen. Durch die abstossenden und anziehenden Kräfte werden sich auf einem Körper die Ladungen nach bestimmten Gesetzmässigkeiten verteilen, vorausgesetzt die Ladungen sind genügend beweglich. Bei elektrischen Leitern ist dies der Fall.

Bringt man auf eine sich frei im Raum befindliche Metallkugel eine elektrische Ladung, so wird sich diese gleichmässig über der Oberfläche verteilen. Bei zwei Kugeln mit entgegengesetzt gleichen Ladungen, die nicht zu weit voneinander entfernt sind, werden durch die Anziehungskräfte gewisse Ladungsverschiebungen auf den Kugeloberflächen jeweils in Richtung der anderen Kugel stattfinden, so dass sich die abstossenden Kräfte der Ladungen auf jeder Kugel mit den anziehenden Kräften, ausgehend von der gegenüberliegenden Kugel, die Waage halten. Das Feldbild der elektrischen Verschiebung $\vec{D}$ zeigt mit der Dichte der Feldlinien auf den Kugeloberflächen die Ladungsverteilung an; die Ladungsdichte ist der Verschiebungsliniendichte verhältnisgleich.

Ganz allgemein ist die Flächenladungsdichte definiert als

$$\sigma = \frac{\mathrm{d}Q}{\mathrm{d}A} \tag{7.24}$$

und entspricht damit nach Gl. (7.1) der Normalkomponente der elektrischen Verschiebung $\vec{D}$ auf der betrachteten Fläche. Da der Vektor $\vec{D}$ von elektrischen Leitern senkrecht ausgeht oder auf diesen senkrecht endet, ist dort die Flächenladungsdichte σ gleich dem Betrag der elektrischen Verschiebung D.

Sind Ladungen in einem Raumgebiet verteilt, so kann man für jeden Raumpunkt die Dichte der Ladungen, die Raumladungsdichte

$$\rho = \frac{\mathrm{d}Q}{\mathrm{d}V} \tag{7.25}$$

angeben, also die in einem Volumenelement $\mathrm{d}V$ enthaltene Ladungsmenge $\mathrm{d}Q$. Im Vakuum und in der Luft, aber auch in allen Leitern sind Raumladungsverteilungen nicht stabil. Durch die elektrostatischen Kräfte werden Bewegungen eingeleitet, die zu einer Auflösung der Raumladungen führen.

In Gasentladungen und ganz speziell in den Halbleitern spielen Raumladungen und Raumladungsverteilungen eine wichtige Rolle, die stationär jedoch nur in einem Fliessgleichgewicht durch einen fortwährenden Erneuerungsprozess beständig erhaltbar sind.

Als Sonderfall bleibt noch die Linienladung, eine Idealisierung derzufolge man sich eine Ladungsmenge linienförmig angeordnet denkt. Die Ladungsdichte ist dann mit dem Streckenelement $\mathrm{d}s$

$$\overline{Q} = \frac{\mathrm{d}Q}{\mathrm{d}s} \tag{7.26}$$

Eine sehr ausgedehnte, nach Bild 7.11 beispielsweise in Richtung der 3-Achse im Raum verlaufende Linienquelle mit der Ladungsdichte $\overline{Q}$ führt zu einem elektrischen Feld, dessen Feldstärkevektor immer parallel zur 1-2-Ebene liegt. Die Komponente der Feldstärke in Richtung der 3-Achse verschwindet, es gilt durchweg $E_3 = 0$. Das Feldbild in allen zur 1- 2-Ebene parallelen Ebenen ist identisch, man spricht deshalb kurz in diesem und in vergleichbaren Fällen von einem ebenen elektrischen Feld. Die Behandlung ebener Feldprobleme ist wesentlich einfacher als die Berechnung räumlicher Aufgaben. Es gibt

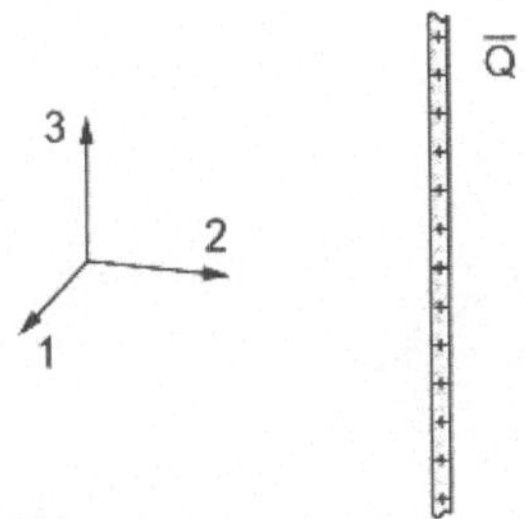

Bild 7.11: Linienladungen und zugeordnetes Koordinatensystem

zahlreiche Anordnungen in der Elektrotechnik, die mit gutem Recht einer ebenen Behandlung unterworfen werden können, man denke beispielsweise an das Feldbild einer elektrischen Übertragungsleitung. Bild 7.12 zeigt das Feldbild eines einzelnen Linienleiters mit dem Schnittbild der zugeordneten Äquipotentialflächen.

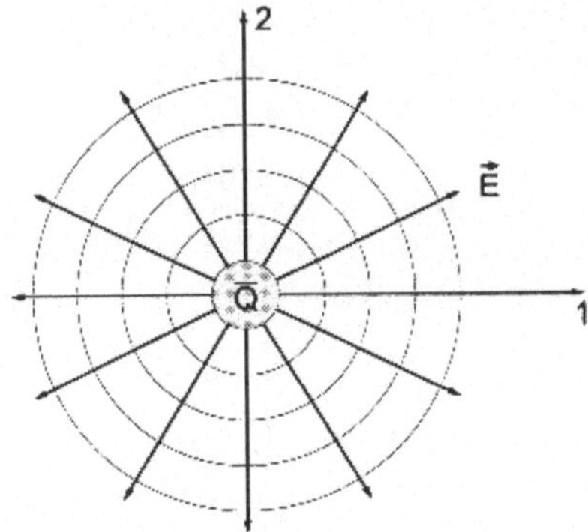

Bild 7.12: Feldbild des Linienleiters, belegt mit der Ladungsdichte $\overline{Q}$

Letztgenannte sind Zylinderflächen, die konzentrisch die 3-Achse umschliessen. Zur Berechnung der Feldstärke kann man von einem Ladungselement der Linienquelle ausgehen und die Feldstärke nach Gl. (2.3) bestimmen. Die Bezeichnungen zu dieser Rechnung entnehme man Bild 7.13.

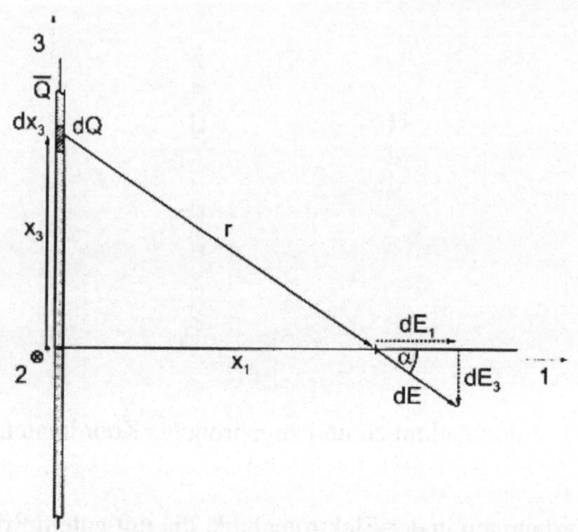

Bild 7.13: Berechnung der elektrischen Feldstärke der Linienquelle

Die Beträge der Komponenten der elektrischen Feldstärke sind

$$\mathrm{d}E_1 = \frac{\mathrm{d}Q}{4\,\pi\,\varepsilon}\,\frac{x_1}{r^3}$$

$$\mathrm{d}E_3 = -\frac{\mathrm{d}Q}{4\,\pi\,\varepsilon}\,\frac{x_3}{r^3}$$

Weiter ist

$$\mathrm{d}Q = \overline{Q}\cdot\mathrm{d}x_3$$

Führt man den Winkel α ein, so werden

$$x_3 = x_1\cdot\tan\alpha$$

$$\mathrm{d}x_3 = \frac{x_1}{\cos^2\alpha}\,\mathrm{d}\alpha$$

$$r = \frac{x_1}{\cos\alpha}$$

und damit

$$\mathrm{d}E_1 = \frac{\overline{Q}}{4\,\pi\,\varepsilon\cdot x_1}\cos\alpha\,\mathrm{d}\alpha$$

$$\mathrm{d}E_3 = \frac{-\overline{Q}}{4\,\pi\,\varepsilon\cdot x_1}\sin\alpha\,\mathrm{d}\alpha$$

Integriert man von $\alpha = -\pi/2$ bis $\alpha = +\pi/2$, so erhält man

$$E_1 = \frac{\overline{Q}}{2\,\pi\,\varepsilon\cdot x_1} \tag{7.27}$$

$$E_3 = 0 \tag{7.28}$$

Der Feldstärkevektor liegt also in der 1-2 Ebene, das Feldbild ist rotationssymmetrisch zur 3-Achse. Die Potentialdifferenz zwischen zwei Radien im Abstand r_a und r_b von der 3-Achse ist

$$U_{ab} = \int_{r_a}^{r_b} E_1\,\mathrm{d}x_1 = \frac{\overline{Q}}{2\,\pi\,\varepsilon}\ln\frac{r_b}{r_a} \tag{7.29}$$

Betrachtet man zwei konzentrische Zylinder der Länge h mit den Radien r_a und r_b, so wird mit $Q = \overline{Q}\cdot h$ die Kapazität

$$C = \frac{Q}{U_{ab}} = \frac{2\,\pi\,\varepsilon\cdot h}{\ln\left(\frac{r_b}{r_a}\right)}$$

in Übereinstimmung mit Gl. (7.9).

Zum Abschluss möge nun noch die Kraft berechnet werden, die zwischen dem betrachteten Linienleiter mit der Ladungsdichte $\overline{Q}_e$ und einem zweiten im Abstand r parallel angeordneten Linienleiter mit der Ladungsdichte $\overline{Q}_f$ wirkt. Die Feldstärke E des Linienleiters e hat am Ort des Linienleiters f den konstanten Betrag

$$E = \frac{\overline{Q}_e}{2\,\pi\,\varepsilon}\cdot\frac{1}{r}$$

Die Kraft auf ein Leitungselement der Länge $\mathrm{d}x_3$ des Linienleiters f ist

$$\mathrm{d}F = \frac{\overline{Q}_e\cdot\overline{Q}_f\cdot\mathrm{d}x_3}{2\,\pi\,\varepsilon\cdot r}$$

und damit die längenbezogene spezifische Kraft

$$\overline{F} = \frac{\mathrm{d}F}{\mathrm{d}x_3} = \frac{\overline{Q}_e \cdot \overline{Q}_f}{2\,\pi\,\varepsilon \cdot r} \tag{7.30}$$

7.9 Aufgaben

7.9.1 Schichtkondensator

Schichtkondensatoren bestehen aus einem Stapel wechselweise geschichteter rechteckförmiger Metall- und Isolierfolien. Wie in Bild 7.14 gezeichnet, werden jeweils die Metallfolien mit gerader und ungerader Ordnungsnummer elektrisch miteinander verbunden. Die höchst mögliche Spannungsbeanspruchung des Kondensators ist durch die zulässige Grenzfeldstärke E_{gr} des Isolierstoffes bestimmt.

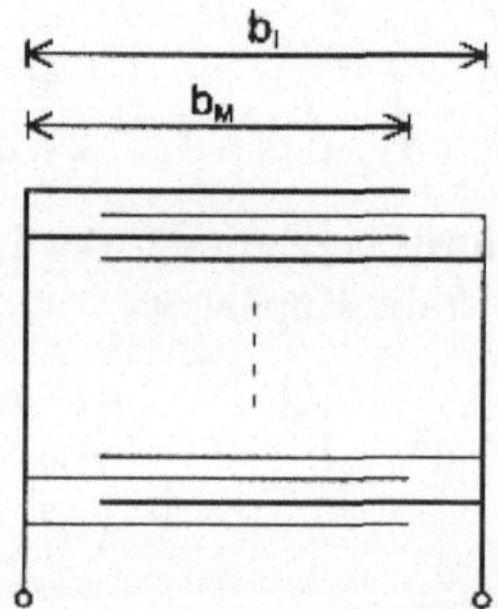

Bild 7.14: Schichtkondensator

Für eine spezielle Ausführung sind folgende Daten gegeben:

Isolierfolie	Länge	$l_I = 2{,}5\ \text{cm}$
	Breite	$b_I = 1{,}5\ \text{cm}$
	Dicke	$d_I = 10\ \mu\text{m}$
	relative Permittivität	$\varepsilon_r = 6$
	Grenzfeldstärke	$E_{gr} = 35\ \text{kV/mm}$
	Anzahl	$n_I = 500$
Metallfolie:	Länge	$l_M = 2\ \text{cm}$
	Breite	$b_M = 1{,}25\ \text{cm}$
	Dicke	$d_M = 1\ \mu\text{m}$
	Anzahl	$n_M = 501$

Bei der Bearbeitung der Aufgabe können die Randfelder vernachlässigt werden.

Fragen:

1. Berechnen Sie die Kapazität, die maximal zulässige Spannung und den maximalen Energieinhalt des Kondensators.

2. Berechnen Sie allgemein den spezifischen (auf das Volumen bezogenen) Energieinhalt w der Kondensatoren, die mit einem bestimmten Isoliermaterial hergestellt werden. Hierbei ist der Flächenausnutzungsfaktor α_F als Quotient der Metallfläche A_M zur Isolierfläche A_I und das Dickenverhältnis $\alpha_D = d_M/d_I$ zu berücksichtigen. Ferner ist für die Anzahl der Folien $n_I = n_M = n$ zu setzen.

3. Berechnen Sie die erreichbare Energiedichte, wobei α_F und α_D anhand des gegebenen Beispiels zu ermitteln sind.

7.9.2 Kondensator mit geschichtetem Dielektrikum

Ein Kondensator mit dem Plattenabstand d sei mit zwei übereinandergeschichteten Dielektrika gefüllt. Die Dicke des ersten Isolierstoffes mit der relativen Permittivität ε_{r1} sei $d_1 = x \cdot d$; die Dicke des zweiten Isolierstoffes mit der relativen Permittivität ε_{r2} sei $d_2 = (1 - x)d$; dabei ist $0 < x < 1$.

Fragen:

1. Berechnen Sie die Feldstärken E_1 und E_2 und das Verhältnis E_1/E_2 sowie die dielektrischen Verschiebungen D_1 und D_2 in den beiden Isoliermaterialien bei einer gegebenen Spannung U zwischen den Platten.

2. Wie gross ist die nach aussen wirksame relative Permittivität des Isolierstoffpaketes?

3. Erläutern Sie, weshalb Lufteinschlüsse in Isoliermaterialien im Kondensatorbau unbedingt vermieden werden müssen, wenn man berücksichtigt, dass generell die Durchschlagfeldstärke E_{max} und die relative Permittivität ε_r in Luft erheblich kleiner sind als in Isoliermaterialien.

7.9.3 Teilweise in eine Flüssigkeit eingetauchter Kondensator

Zwei grossflächige Elektroden der Länge l und der Breite b stehen in einer dielektrischen Flüssigkeit, die Eintauchtiefe sei l_0 (Bild 7.15). Der Plattenabstand sei d. Die Flüssigkeit habe die Dichte ρ und die relative Permittivität ε_r.

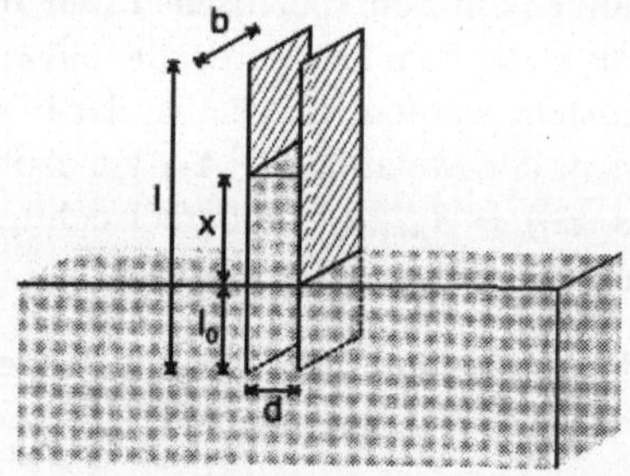

Bild 7.15: Eingetauchter Kondensator

Fragen:

1. Durch Anlegen einer Spannung wird die dielektrische Flüssigkeit in den Kondensator hineingezogen, die Steighöhe sei x, die Eintauchtiefe l_0 bleibe unverändert. Geben Sie die Kapazität $C(x)$ an. Die Randfelder sind vernachlässigbar.

2. Die im Kondensator durch die Spannung U um den Weg x hochgezogene Flüssigkeit erfährt eine Zunahme der potentiellen Energie W_{px} und der Kondensator eine Zunahme der gespeicherten elektrischen Energie W_{ex}. Berechnen Sie W_{px} und W_{ex} als Funktion von x.

3. Berechnen Sie die in Folge des Flüssigkeitsanstiegs um den Weg x bei der Spannung U zusätzlich auf den Kondensator fliessende Ladung Q_x und die diesem Ladungsfluss entsprechende Arbeit W_{zx}.

4. Bestimmen Sie aus dem Vergleich zwischen zugeflossener und gespeicherter Energie die Steighöhe x für $d = 1$ mm und destilliertem Wasser mit $\rho = 1$ kg/dm³ und $\varepsilon_r = 81$ sowie $U = 250$ V.

7.9.4 Elektrostatische Kraftwirkung

Über einer ausgedehnten Wasseroberfläche sei nach Bild 7.16 im Abstand d eine Plattenelektrode angebracht. Durch gelöste Salze kann das Wasser als hinreichend leitfähig angesehen werden. Legt man zwischen der Platte und dem Wasser die Spannung U an, wird der Wasserspiegel um den Weg x gehoben.

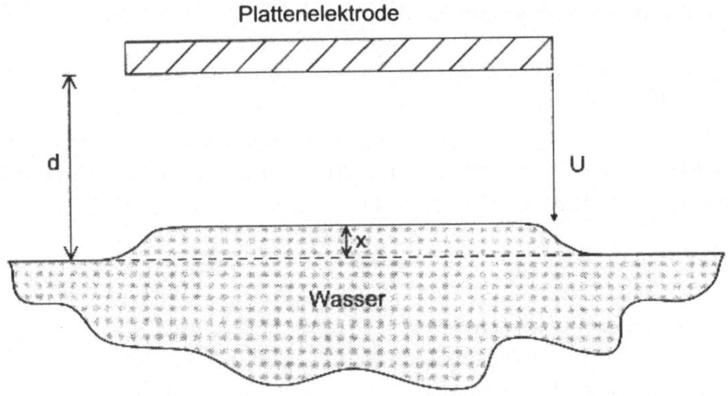

Bild 7.16: Anordnung mit einer Elektrode

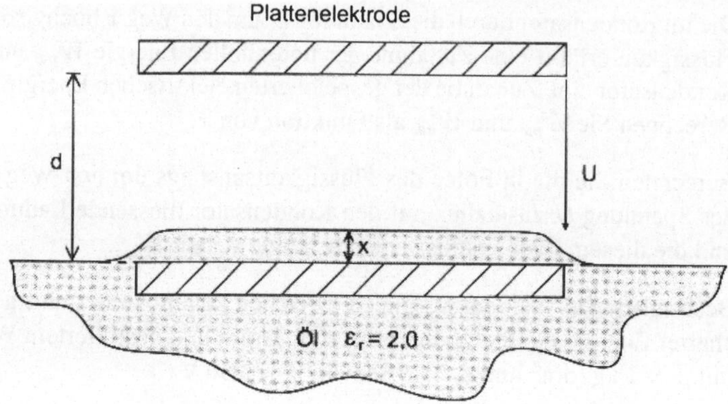

Bild 7.17: Anordnung mit zwei Elektroden

Fragen:

1. Bestimmen Sie die zur Anhebung des Wasserspiegels um den Weg x erforderliche Spannung U als Funktion des bezogenen Hubes x/d für $0 \leq x/d \leq 1$ für $d = 0{,}5$ mm, 1 mm und 1,5 mm, und stellen Sie die Funktionsverläufe graphisch dar.

2. Kennzeichnen Sie in den nach Frage 1 dargestellten Funktionsgraphen die stabilen und instabilen Zweige. Begründen Sie Ihre Feststellung. Ab welchem Wert x_g/d ist überhaupt kein stabiler Betrieb mehr möglich, und bei welchen Spannungen U_g wird bei den drei Werten $d = 0{,}5$; 1 und 1,5 mm diese Grenze erreicht?

3. Die Versuchsanordnung sei nach Bild 7.17 so abgeändert, dass in Höhe des Flüssigkeitsspiegels sich eine zweite Metallelektrode befindet und als Flüssigkeit isolierendes Öl mit $\rho = 0{,}8$ kg/dm^3 und $\varepsilon_r = 2{,}0$ verwendet wird. Geben Sie auch für diesen Fall die elektrische Spannung U als Funktion des bezogenen Hubes x/d für $d = 1$ mm an.

4. Bei welchem Weg x_g/d und bei welcher Spannung $U = U_g$ wird für $d = 1$ mm das System nach Bild 7.17 instabil?

8 Das magnetische Feld

8.1 Vorbemerkungen zum magnetischen Feld

Die von Eisenerzen und Eisenteilen ausgehenden Kraftwirkungen waren bereits im Altertum bekannt. Die Griechen bezeichneten sie nach der Stadt Magnesia in Kleinasien als Magnete. In China ist die Wechselwirkung mit dem grossen Magneten Erde entdeckt worden. Der Magnetismus wurde als äusserst rätselhaft empfunden und gab bis ins 18. Jahrhundert zu den seltsamsten Spekulationen Anlass. Mit der Entdeckung des Zusammenhangs von Magnetismus und elektrischem Strom 1819 durch OERSTED[1] begann die physikalisch-wissenschaftliche Behandlung magnetischer Erscheinungen.

Bild 8.1: H.C. Oersted

Nach der von FARADAY und MAXWELL entwickelten Vorstellung werden die magnetischen Wirkungen (speziell die magnetischen Kräfte) durch Felder

[1] H.C. OERSTED (1777-1851), dänischer Physiker

vermittelt. Magnetische Felder lassen sich anschaulich mit Hilfe von Eisenfeilspänen darstellen. Bild 8.2 zeigt derartige Feldbilder eines Hufeisen- und eines Stabmagneten, die mit Hilfe eines Feldberechnungsprogrammes gezeichnet wurden.

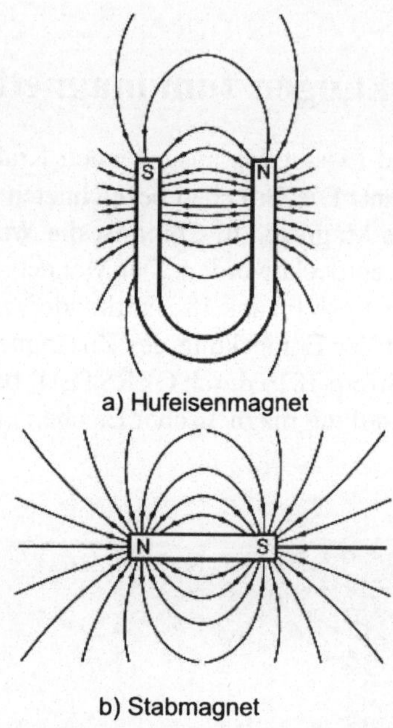

Bild 8.2: Feldlinienbilder mit Permanentmagneten

Diese Bilder haben die Feldvorstellung seit langem nachhaltig geprägt. Analogien zu den elektrischen Feldern sind unverkennbar. So ist das Feld eines Stabmagneten Bild 8.2b dem Feld zweier entgegengesetzter Ladungen Bild 2.5 äusserst ähnlich. Man hat deshalb zunächst in den Enden eines Stabmagneten auch sogenannte magnetische Ladungen angenommen und mit deren Hilfe in ähnlicher Weise versucht, das magnetische Feld quantitativ zu erfassen, wie es mit Hilfe elektrischer Ladungen beim elektrischen Feld geschah (Kap. 2). Problematisch an diesem Vorgehen war, dass die magnetischen Ladungen sich nicht isolieren liessen. Zerbricht man nach Bild 8.3 einen Magneten, so entstehen Teilmagnete mit wiederum zwei entgegengesetzten magnetischen Ladungen. Dieser Befund hat zur Vorstellung geführt, dass alle Magnete aus molekularen zweipoligen Elementarmagneten aufgebaut sind.

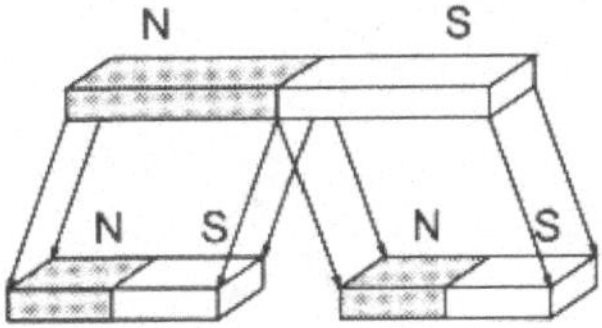

Bild 8.3: Aufbau eines Magneten aus Teilmagneten

Die Tatsache, dass es keine isolierten magnetischen Ladungen gibt – sondern allenfalls Dipole –, wurde (wie in Kap. 7.7 beim elektrischen Dipol gezeigt) zur ersten quantitativen Bestimmung magnetischer Feldgrössen mit Hilfe von Schwingungsmessungen benutzt. Die Vorstellung magnetischer Ladungen, auf denen die magnetischen Feldlinien beginnen oder enden, mag manchmal sehr anschaulich sein, ist eigentlich aber überholt. Magnetische Feldlinien sind in sich geschlossen und bilden einen magnetischen Kreis in ähnlicher Weise, wie die elektrische Strömung von elektrischen Netzwerken in sich geschlossen ist.

Die Erde verhält sich wie ein grosser Stabmagnet, dessen magnetischen Pole in der Nähe der geographischen Pole liegen. Kurioserweise hat man die Bezeichnung magnetischer Nord- und Südpol so festgelegt, dass der Nordpol einer Magnetnadel nach Norden zeigt. In der Nähe des geographischen Nordpols liegt ein magnetischer Südpol. Das magnetische Feld der Erde unterliegt ständigen Änderungen und hängt unter anderem von der Aktivität der Sonne ab. Das Erdfeld ist wissenschaftlicher Gegenstand der Geophysik.

8.2 Die magnetischen Wirkungen des elektrischen Stromes

Um einen langen geraden Leiter, durch den gemäss Bild 8.4 ein Strom I fliesst, bildet sich ein ringförmiges magnetische Feld aus, in dessen Zentrum der stromdurchflossene Leiter steht. Die Magnetnadel orientiert sich in Richtung dieses Feldes; die Feldlinien laufen für einen Beobachter, der in die Richtung des Stromflusses blickt, im Uhrzeigersinn. Anschaulich kann man sich die Feldlinien in der Art einer Schraubenbewegung des Stromes entstanden denken und sich die Zuordnung der magnetischen Feldlinienrichtung zur Stromrichtung mit Hilfe der sogenannten Schrauben- oder Korkenzieher-Regel merken.

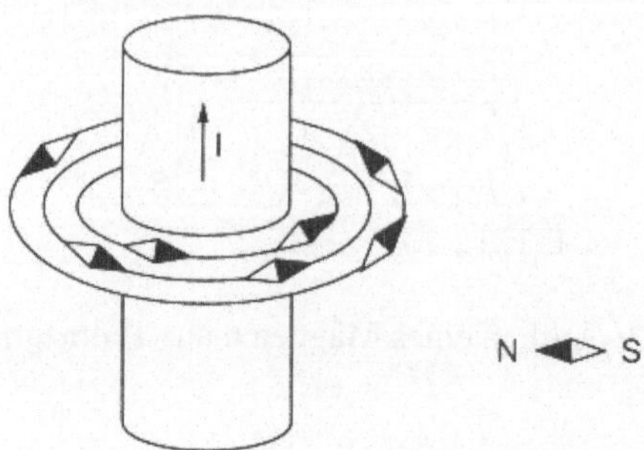

Bild 8.4: Magnetisches Feld eines stromdurchflossenen Leiters

Durch Konvention ist festgelegt, dass die Feldlinien vom Nordpol eines Magneten ausgehend zum Südpol verlaufen. Der Nordpol einer Magnetnadel, die sich im Feld ausgerichtet hat, weist deshalb in die Richtung des Feldlinienverlaufes, da ungleichnamige Pole sich anziehen und gleichnamige sich abstossen. Das Magnetfeld hat den Charakter eines Vektorfeldes, bestimmt durch den Vektor $\vec{B}$. Die physikalische Grösse B wird aus historischen Gründen **magnetische Induktion** genannt und nicht magnetische Feldstärke.

Die Stärke des magnetischen Feldes, also den Betrag der Induktion $\vec{B}$ kann man, wie bereits erwähnt, aus Schwingungsmessungen der Magnetnadel ableiten. Hierbei stellt man fest, dass das magnetische Feld des stromdurchflossenen Leiters (bei genügendem Abstand zur Rückleitung) umgekehrt proportional zum Abstand vom Leitermittelpunkt abnimmt.

Die quantitative Bestimmung der magnetischen Induktion $\vec{B}$ – eine andere gleichbedeutende Beziehung ist **magnetische Flussdichte** – erfolgt mit Hilfe der Kräfte, die das Magnetfeld auf eine mit der Geschwindigkeit $\vec{v}$ bewegte Ladung ausübt. In Bild 8.5 ist ein magnetisches Feld $\vec{B}$ gegeben, durch das die positive Ladung Q mit der Geschwindigkeit $\vec{v}$ bewegt wird. An der Ladung greift die sogenannte LORENTZ[2]-Kraft $\vec{F}$ an.
Bemerkenswert ist, dass die Kraft $\vec{F}$ senkrecht auf der von den Vektoren der Geschwindigkeit $\vec{v}$ und der magnetischen Induktion $\vec{B}$ aufgespannten Ebene steht. Hierbei bilden, wie Bild 8.6 noch deutlicher klarmacht, die Vektoren $\vec{v}$, $\vec{B}$ und $\vec{F}$ ein rechtsorientiertes Dreibein.

[2]H. A. LORENTZ (1853-1928), niederländischer Physiker

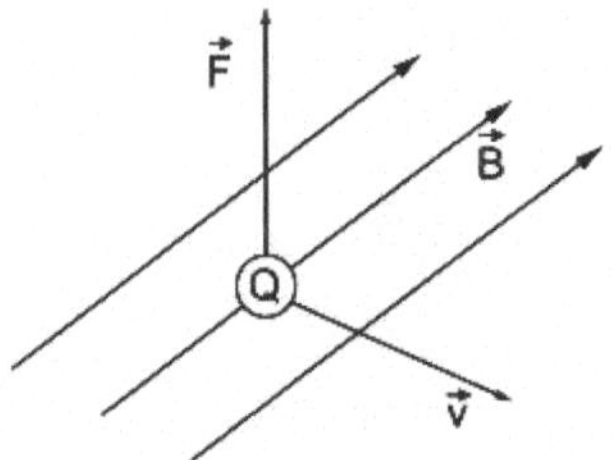

Bild 8.5: Kraft auf eine bewegte positive Ladung im Magnetfeld

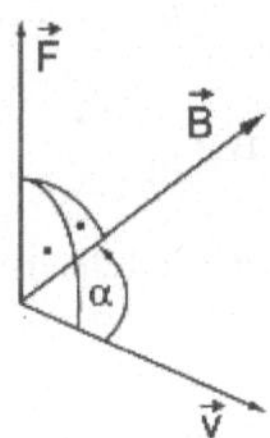

Bild 8.6: Das Dreibein der Vektoren Geschwindigkeit-Induktion-Kraft

Denkt man sich die Bewegung einer Rechtsschraube oder eines Korkenziehers so, dass der Vektor $\vec{v}$ auf kürzestem Weg in Richtung des Vektors $\vec{B}$ gedreht wird, so zeigt der Schraubenvorschub in Richtung des Kraftvektors $\vec{F}$.

Untersucht man die Kraftbildung näher, so findet man, dass bei parallelen Vektoren $\vec{v}$ und $\vec{B}$ (also $\alpha = 0$) die Kraft verschwindet und nur die senkrecht zur magnetischen Induktion $\vec{B}$ liegende Komponente $\vec{v}_n$ der Geschwindigkeit einen Beitrag zur Kraft leistet.
Der Betrag der Kraft ist

$$F = Q \cdot v_n \cdot B$$

oder

$$F = Q \cdot v \cdot B \cdot \sin\alpha \tag{8.1}$$

In der Vektoralgebra wird der gesamte geschilderte Umstand zusammengefasst in der Beziehung

$$\vec{F} = Q \cdot (\vec{v} \times \vec{B}) \tag{8.2}$$

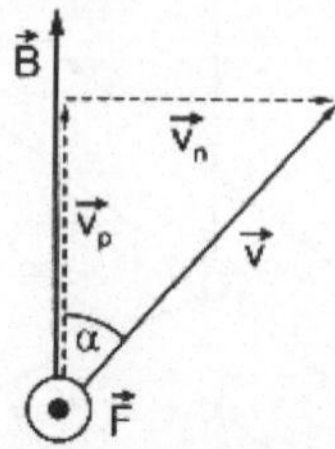

Bild 8.7: Aufspaltung der Geschwindigkeit in die zur Induktion parallele und normale Komponente

Diese Gleichung enthält die Aussagen

a) die Kraft ist der Ladung Q, der Geschwindigkeit v, der Induktion B und dem Sinus des zwischen $\vec{v}$ und $\vec{B}$ eingeschlossenen Winkels proportional und

b) die Kraft $\vec{F}$ steht senkrecht auf der Ebene, die von den Vektoren der Geschwindigkeit $\vec{v}$ und der Induktion $\vec{B}$ aufgespannt wird, wobei die drei Vektoren $\vec{v}$, $\vec{B}$ und $\vec{F}$ ein rechtsorientiertes Dreibein bilden.

Der Klammerausdruck der rechten Seite von Gl. (8.2) wird kurz als Vektorprodukt bezeichnet.

Die Definition des Induktionsvektors $\vec{B}$, der das magnetische Feld nach Betrag und Richtung beschreibt, ist in den Gln. (8.1) und (8.2) enthalten. Die Dinge liegen aber hier etwas komplizierter als bei der Definition des Vektors der elektrischen Feldstärke $\vec{E}$, Gl. (2.2). Das elektrische Feld $\vec{E}$ ist formgleich dem zugeordneten Kraftfeld $\vec{F}$. Beide Felder sind über die Probeladung Q als skalarem Massstabfaktor verbunden. Bei bekannter Ladung Q kann zumindest gedanklich aus einer Kraftmessung an einem Punkt die elektrische Feldstärke in diesem Punkt nach Betrag und Phase bestimmt werden. Beim Magnetfeld zeigt die Kraft auf die bewegte Ladung nicht in Richtung des Vektors der magnetischen Induktion, sondern der Kraftvektor $\vec{F}$ steht senkrecht auf $\vec{B}$.

Bei bekannter Richtung des Geschwindigkeitsvektors $\vec{v}$ gegenüber der Richtung von $\vec{B}$ und damit bekanntem Winkel α ist der Betrag von $\vec{B}$ nach Gl. (8.1) bestimmt.

$$B = \frac{F}{Q \cdot v \cdot \sin\alpha}$$

Im Spezialfall bei $\alpha = \pi/2$ wird die Kraft maximal, und in diesem Fall steht $\vec{B}$ senkrecht auf der Ebene, die von den Vektoren $\vec{F}$ und $\vec{v}$ aufgespannt wird. $\vec{F}_{max}$, $\vec{v}$ und $\vec{B}$ bilden dann ein orthogonales, rechtsorientiertes Dreibein. Um zumindest in Gedanken die Richtung von $\vec{B}$ experimentell aufzufinden, muss die Orientierung der Geschwindigkeit $\vec{v}$ im Raum verändert werden, bis die Kraft $\vec{F}$ maximal wird. Dann ist das orthogonale Dreibein $\vec{F}_{max}$, $\vec{v}$, $\vec{B}$ festgelegt und damit auch die Richtung von $\vec{B}$.

Aus einer Kraftmessung an einer mit der Geschwindigkeit $\vec{v}$ durch einen bestimmten Punkt des Magnetfeldes fliegenden Ladung Q kann nach Gl. (8.2) die magnetische Induktion $\vec{B}$ nicht bestimmt werden. Der Vektor $\vec{B}$ kann alle möglichen, zu $\vec{F}$ senkrechten Richtungen aufweisen und ist deshalb durch eine einzige derartige Messung nicht vollständig und eindeutig festgelegt. Zwei Kraftmessungen an zwei nicht richtungsgleich durch denselben Punkt fliegenden Ladungen erlauben die vollständige Bestimmung der magnetischen Induktion in diesem Punkt. Die Auswertung einer solchen Doppelmessung soll hier nicht weiter diskutiert werden; die hier angestellten Überlegungen dienen allein dazu, den Begriff des Induktionsvektors $\vec{B}$ zu verdeutlichen und geben keine praktisch brauchbare Anleitung zu dessen Messung.

Nach diesen mehr theoretisch, abstrakten Ausführungen zur Definition der magnetischen Induktion ist die Frage interessant, wie Kraftwirkungen im Magnetfeld tatsächlich gemessen werden können. Da in elektrischen Leitungsdrähten bei einem Strom I die Richtung der Ladungsbewegung mit der Richtung der Drahtachse übereinstimmt, kann aus der Kraft, welche auf die in einem Leiterstück fliessenden Ladungen ausgeübt und welche am Leiter wirksam wird, die magnetische Induktion ermittelt werden.

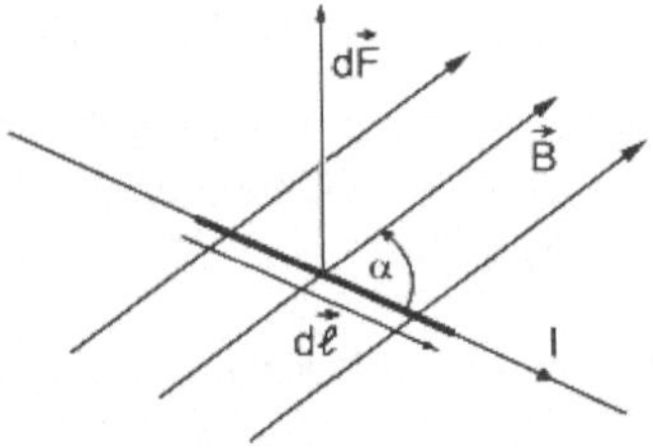

Bild 8.8: Kraft auf ein stromdurchflossenes Leiterelement im Magnetfeld

Bild 8.8 zeigt ein Leiterstück, durch das der Strom I fliesst. Da die magnetische Induktion $\vec{B}$ eine ortsabhängige Grösse ist, muss ein differentielles Leitungsstück, der Vektor $\mathrm{d}\vec{\ell}$ betrachtet werden, das die Kraft $\mathrm{d}\vec{F}$ erfährt; α ist der Winkel zwischen den Vektoren $\mathrm{d}\vec{\ell}$ und $\vec{B}$. Durch den Strom I werden die Ladungen im Leiter mit der Geschwindigkeit v bewegt. Beträgt die im Leiterstück $\mathrm{d}\ell$ befindliche Ladungsmenge $\mathrm{d}Q$, so resultiert die Kraft nach Gl. (8.1).

$$\mathrm{d}F = \mathrm{d}Q \cdot v \cdot B \cdot \sin\alpha \tag{8.3}$$

und mit $v = \mathrm{d}\ell / \mathrm{d}t$

$$\mathrm{d}F = \frac{\mathrm{d}Q}{\mathrm{d}t} \cdot \mathrm{d}\ell \cdot B \cdot \sin\alpha \tag{8.4}$$

und schliesslich mit $I = \mathrm{d}Q / \mathrm{d}t$

$$\mathrm{d}F = I \cdot \mathrm{d}\ell \cdot B \cdot \sin\alpha \tag{8.5}$$

Die Strecke $\mathrm{d}\vec{\ell}$ zeigt in Richtung der Geschwindigkeit $\vec{v}$. Damit kommt man zu der Gl. (8.2) entsprechenden Vektorschreibweise

$$\mathrm{d}\vec{F} = I\,(\mathrm{d}\vec{\ell} \times \vec{B}) \tag{8.6}$$

Die Kraft ist also dem Strom I, der Länge des Wegelementes $\mathrm{d}\vec{\ell}$, dem Betrag der Induktion $\vec{B}$ und dem Sinus des zwischen $\mathrm{d}\vec{\ell}$ und $\vec{B}$ eingeschlossenen Winkels α proportional. Der Vektor $\mathrm{d}\vec{F}$ steht senkrecht auf der Ebene, die durch die Vektoren $\mathrm{d}\vec{\ell}$ und $\vec{B}$ aufgespannt wird, und beide Vektoren bilden mit dem Kraftvektor ein rechtsorientiertes Dreibein.

Um die Gesamtkraft zu bestimmen, die auf einen Leiter wirkt, sind die Teilkräfte aller Leiterelemente aufzusummieren, oder – genauer ausgedrückt – die Kraft ist längs des Weges, der vom Leiterdraht vorgegeben ist, zu integrieren.

Bei speziellen Anordnungen, auf die im nächsten Abschnitt noch näher eingegangen wird, kann dies einfach sein. In allgemeineren Fällen ist die Integration oft nur noch numerisch durchführbar.

Zum Schluss soll aber nochmals ausdrücklich bemerkt werden, dass die mitgeteilten Beziehungen zur Bestimmung der Kraft auf eine bewegte Ladung oder auf einen stromdurchflossenen Leiter und die daraus abgeleitete Bestimmung der magnetischen Feldgrösse Induktion für jedes Feld gelten, ob von Dauermagneten herrührend oder von elektrischen Strömen erzeugt.

8.3 Die Kraftwirkung im Magnetfeld des geraden Leiters

Das am Anfang des vorangehenden Abschnitts qualitativ betrachtete magnetische Feld des geraden, vom Strom I_e durchflossenen Leiters soll nun mit Hilfe der Kraftwirkung auf einen zweiten, vom Strom I_f durchflossenen Leiter der Länge ℓ untersucht werden. Bild 8.9 zeigt die Anordnung.

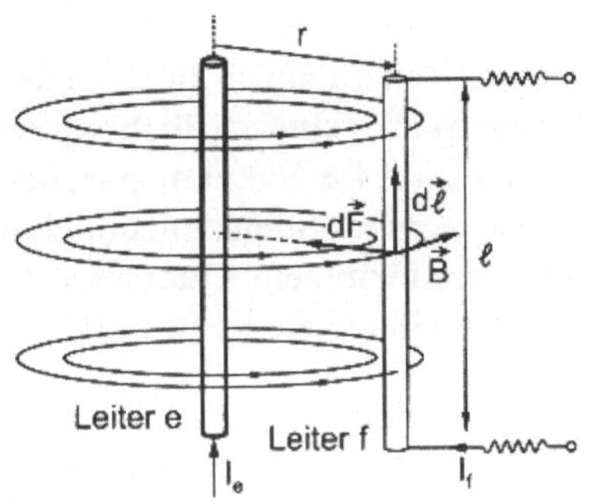

Bild 8.9: Kraft zweier stromdurchflossener Leiter

Das Feld des Leiters *e* ist rotationssymmetrisch. Der parallel angeordnete Messleiter *f* steht senkrecht auf dem Vektor der Induktion $\vec{B}$. Nach Gl. (8.6) erhält man mit $\alpha = \pi/2$

$$F = I_f \cdot \ell \cdot B \tag{8.7}$$

Die Kraft $\vec{F}$ zeigt zum Leiter *e* hin.

Bei der praktischen Ausführung dieses Versuchs, der auf AMPERE zurückgeht, muss man sich Gedanken machen, wie der Strom ohne Kraftrückwirkung dem Leiter *f* zugeführt wird. AMPERE hat die Leitungsenden in Quecksilber getaucht und damit den Leiter von den Zuführungen mechanisch entkoppelt; einfacher sind, wie in Bild 8.9 angedeutet, biegeschlaffe Zuführungslitzen.

Die Kraft F und damit die Induktion B in Gl. (8.7) ist sicherlich auch dem erregenden Strom I_e proportional und, wie bereits erwähnt und von AMPERE in sorgfältigen Messungen verifiziert wurde, umgekehrt proportional zum Abstand r der beiden Drähte.

Damit wird nach Gl. (8.7) mit der noch unbekannten Proportionalitätskonstanten k

$$B = \frac{k \cdot I_e}{r} \tag{8.8}$$

und die Kraft

$$F = \frac{k \cdot I_e \cdot I_f \cdot \ell}{r} \tag{8.9}$$

Die international vereinbarte Definition der Stromstärke besagt nun: **Die Basiseinheit 1 Ampere ist die Stärke eines zeitlich unveränderlichen elektrischen Stromes, der, durch zwei im Vakuum parallel im Abstand 1 Meter voneinander angeordnete, geradlinige, unendlich lange Leiter von vernachlässigbar kleinem, kreisförmigem Querschnitt fliessend, zwischen diesen Leitern je Meter Leiterlänge die Kraft $2 \cdot 10^{-7}$ Newton hervorrufen würde.**

In Gl. (8.9) ist damit die Konstante $k = 2 \cdot 10^{-7}\ \mathrm{N/A^2}$.

Die Bestimmung der Stromstärke über die Kraft wird nicht mehr mit der einfachen von AMPERE vorgeschlagenen Anordnung durchgeführt. Die grösste Schwierigkeit besteht bei allen aus der Definition der Basiseinheit AMPERE abgeleiteten Methoden in der genauen Ermittlung der Längenmasse. Auch die Induktion B wird heute in der Praxis nicht mehr auf der Grundlage von Kraftmessungen bestimmt.

Beispielsweise konnten die klassischen Schwingungsmessungen von Magnetnadeln im magnetischen Feld stark verfeinert werden. Unter Ausnutzung atomarer magnetischer Eigenschaften bestimmter Elemente, z.B. des Wasserstoffs, kann die Stärke und Richtung der Induktion eines magnetischen Feldes äusserst genau aus Frequenzmessungen abgeleitet werden. Daneben gibt es zahlreiche einfachere Methoden zur Messung der Induktion, von denen teilweise noch die Rede sein wird.

Die Einheit der Induktion ist

$$1\ \frac{\mathrm{Vs}}{\mathrm{m^2}} = 1\ \mathrm{T}\ (\mathrm{Tesla}) \tag{8.10}$$

Bild 8.10: N. Tesla

NIKOLA TESLA (1856-1943) gebürtig aus Kroatien, emigrierte in die Vereinigten Staaten von Amerika. Er war ein vielseitiger und erfindungsreicher Forscher und Ingenieur. Am weitreichendsten waren wohl seine Beiträge zur Drehstromtechnik.

8.4 Die magnetische Feldstärke und das Durchflutungsgesetz

Die magnetische Induktion $\vec{B}$ wurde aus der Kraftwirkung auf bewegte Ladungen abgeleitet. Sie ist daher mit der Feldstärke $\vec{E}$ des elektrischen Feldes vergleichbar, die zur Beschreibung der Wirkungen des elektrischen Feldes, beispielsweise der Kräfte auf Ladungen, herangezogen wurde. Daneben hat sich als zweite beschreibende Grösse für das elektrische Feld die elektrische Verschiebung $\vec{D}$ als zweckmässig erwiesen, die von den Ursachen des Feldes, also den Quellen, ausgeht.

Auch für die magnetischen Felder ist es empfehlenswert, ausgehend von den Strömen als Feldursache, eine zweite Feldgrösse festzulegen. Diese nennt man **magnetische Feldstärke** $\vec{H}$. Im Gegensatz zur Intensitätsgrösse $\vec{B}$ ist $\vec{H}$ eine

Quantitätsgrösse. Beim einfachen geraden Draht, der vom Strom I_e durchflossen ist, nimmt H umgekehrt proportional zum Abstand r vom Leitungszentrum ab, ist aber dem Strom I_e proportional.

Bei konstantem r ist, wie Bild 8.11 zeigt, $\vec{H}$ dem Betrag nach konstant, ändert aber die Richtung nach Massgabe des Ortsvektors $\vec{r}$, zu dem der Vektor $\vec{H}$ senkrecht steht.

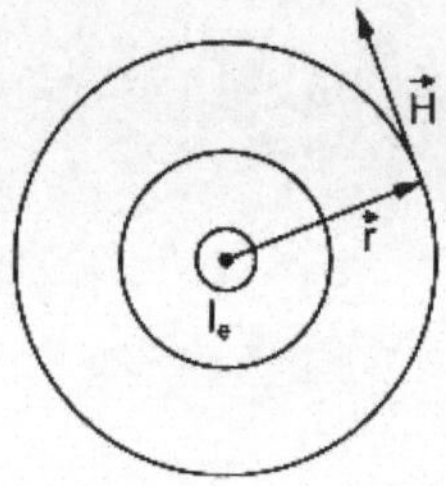

Bild 8.11: Magnetische Feldstärke des langen geraden Leiters

Das Produkt $H \cdot r$ ist unabhängig vom Radius und damit auch das Produkt $H \cdot 2\pi \cdot r$, also das Produkt der magnetischen Feldstärke mit dem Umlaufweg $s = 2\pi \cdot r$. Die magnetische Feldstärke wird nun in diesem einfachen Fall als Quotient von Strom I_e und Umlaufweg $s = 2\pi r$ festgelegt.

$$H = \frac{I_e}{2\pi \cdot r} \tag{8.11}$$

Die Richtung der Feldstärke ist so festgelegt, dass der in Stromrichtung zeigende, parallel zum Leiter liegende Vektor $\vec{I}$, der Radiusvektor $\vec{r}$ und der Vektor der magnetischen Feldstärke $\vec{H}$ ein rechtsorientiertes Dreibein bilden, wie Bild 8.12 zeigt.

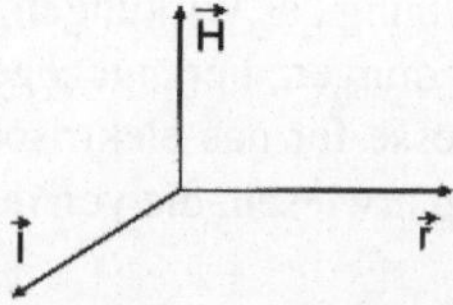

Bild 8.12: Dreibein Radius, magnetische Feldstärke und Stromstärke

Nun ist, genau genommen, die Stromstärke kein Vektor, sondern allein die Stromdichte $\vec{S}$. Bei drahtförmigen Leitern mit der Querschnittsfläche A darf jedoch unbedenklich vom Stromvektor

$$\vec{I} = A \cdot \vec{S} \tag{8.12}$$

gesprochen werden. Um die magnetische Feldstärke zu bestimmen, die von mehreren Leitern in einem Punkt erregt wird, müssen nur die Feldstärken der einzelnen Leiter addiert werden. Dies ist für drei Leiter in Bild 8.13 gezeigt.

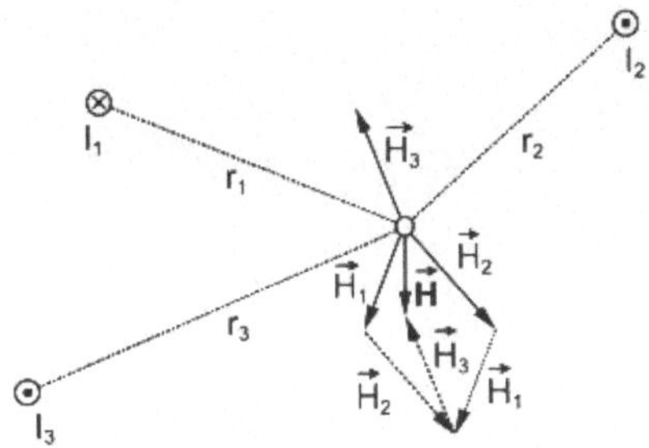

Bild 8.13: Vektorielle Addition der magnetischen Feldstärken

In vektorieller Schreibweise ist

$$\vec{H} = \vec{H}_1 + \vec{H}_2 + \cdots + \vec{H}_n \tag{8.13}$$

Das Feldbild einer Anordnung mit mehreren Leitern sieht dann um einiges komplizierter aus als das einfache Bild des Einzelleiters. Für ein Leitungspaar mit entgegengesetzt gleichen Strömen wurde das in Bild 8.14 dargestellte Feldbild berechnet. Noch komplizierter werden die Verhältnisse bei nichtebenen Problemen, wenn also die Leiter einen beliebigen Verlauf im Raum aufweisen.

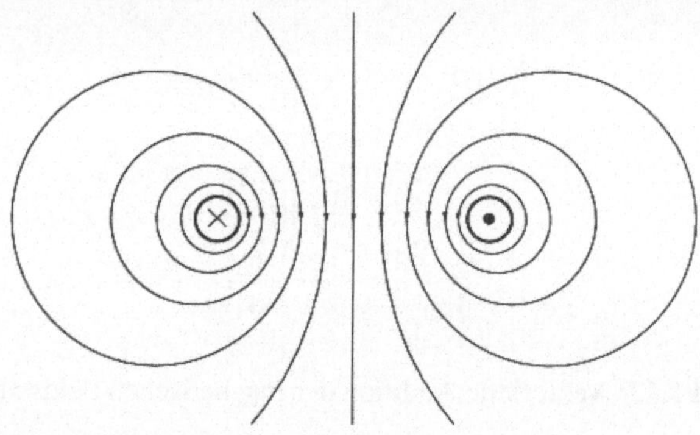

Bild 8.14: Magnetisches Feldbild einer Zweileiteranordnung

Betrachtet man nach Bild 8.15 nun im Magnetfeld einen geschlossenen Weg, so lässt sich der Magnetfeld-Vektor $\vec{H}$ in jedem Wegpunkt in eine normale Komponente H_n und eine tangentiale Komponente H_t zerlegen.

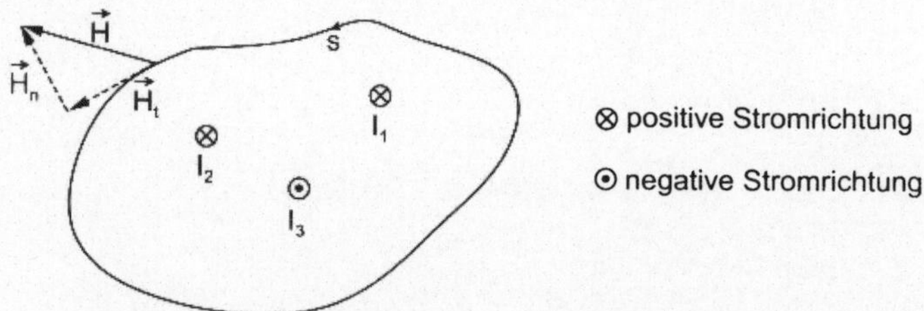

Bild 8.15: Magnetfeld und geschlossener Umlauf

Bemerkenswert ist jetzt, dass die Summe aller mit dem Wegelement ds multiplizierten Komponenten H_t, über den geschlossenen Weg aufsummiert, gerade die Summe der vom Weg umschlossenen Ströme und somit die den geschlossenen Linienzug s durchsetzende Strom-**Durchflutung** ergeben. Hierbei ist auf die Stromrichtung zu achten, nicht die Beträge dürfen addiert werden. In vektorieller Schreibweise ergibt dies

$$\oint_s \vec{H}\,\mathrm{d}\vec{s} = \sum I \tag{8.14}$$

Dieses **Durchflutungsgesetz** wurde von AMPERE entdeckt.

Für den Einzelleiter, der den Strom I_e führt und der nach Bild 8.11 auf einem Kreis mit dem Radius r umwandert wird, ist konstant $H = H_t$ und der Weg $s = 2\,\pi\,r$, also nach dem Durchflutungsgesetz

$$H \cdot s = H \cdot 2\pi r = I_e$$

in Übereinstimmung mit Gl. (8.11).

Die Einheit der magnetischen Feldstärke ist

$$[H] = 1\,\frac{\mathsf{A}}{\mathsf{m}} \tag{8.15}$$

Im Vakuum und mit guter Näherung auch in Luft, sowie in vielen nicht-magnetischen Substanzen, unterscheiden sich das $\vec{H}$-Feld und das $\vec{B}$-Feld der äusseren Form nach nicht, so dass auch hier wieder Zweifel aufkommen können, weshalb zur Beschreibung der magnetischen Erscheinungen zwei Feldgrössen zweckmässig sein sollen. Wie im nächsten Abschnitt aber gezeigt wird, ist bei Anwesenheit von Materie in den Feldern die Trennung der Feldgrössen in solche der Ursache und solche der Wirkung unverzichtbar.

8.5 Der Zusammenhang zwischen magnetischer Feldstärke und Induktion

Die eingebürgerten Begriffe magnetische Feldstärke und Induktion, aber auch die elektrische Verschiebung und elektrische Feldstärke sind aus heutiger Sicht sehr unglücklich gewählt, da sie dem physikalischen Verständnis keine Hilfe bieten. Insbesondere die Tatsache, dass der Begriff der Feldstärke beim elektrischen Feld die Wirkung, beim magnetischen die Ursache charakterisiert, macht die Sache nicht einfacher. Es hat nicht an Versuchen gefehlt, die Dinge zu bessern – allerdings ohne Erfolg. Es bleibt daher nichts anderes übrig, als mit den Begriffen zu leben, wie sie sind und diese als Namen für bestimmte physikalische Grössen anzusehen, ohne aus den Bezeichnungen eine Interpretation abzuleiten. Auch bei den Menschen ist es ja so, dass ein Gottlieb durchaus ein Teufel sein kann.

Wie im vorangegangenen Abschnitt angedeutet, besteht im Vakuum und näherungsweise in den nicht magnetischen Stoffen und speziell in der Luft ein einfacher Zusammenhang zwischen den Vektoren der magnetischen Feldstärke $\vec{H}$ und der Induktion $\vec{B}$.

Dieser geht bereits aus Gl. (8.8) hervor, indem für k der gesetzlich definierte Wert $2 \cdot 10^{-7}\ \mathsf{N/A^2}$ eingesetzt wird. Hiernach ist

$$B = 2 \cdot 10^{-7}\ \frac{\mathsf{N}}{\mathsf{A}^2} \cdot \frac{I_e}{r}$$

und mit $2\,\pi$ erweitert.

$$B = 4\,\pi \cdot 10^{-7}\ \frac{\mathsf{N}}{\mathsf{A}^2} \cdot \frac{I_e}{2\,\pi\,r} = \mu_0 \cdot H$$

Die neue Konstante

$$\mu_0 = 4\,\pi \cdot 10^{-7}\ \frac{\mathsf{N}}{\mathsf{A}^2} = 4\,\pi \cdot 10^{-7}\ \frac{\mathsf{Vs}}{\mathsf{Am}} \tag{8.16}$$

wird **Permeabilität des Vakuums** genannt, wobei exakt

$$B = \mu_0 \cdot H \tag{8.17}$$

gilt, da μ_0 per definitionem ein exakter Wert ist. Zwischen der Lichtgeschwindigkeit c im Vakuum, der Permittivität ε_0 und der Permeabilität μ_0 im Vakuum besteht zudem der Zusammenhang

$$c^2 = \frac{1}{\mu_0 \cdot \varepsilon_0} \tag{8.18}$$

Diese Erkenntnis hat MAXWELL zur Vermutung geführt, dass Licht ein elektromagnetischer Vorgang sein müsse. Diese Vermutung hat sich bekanntlich bestätigt. Nach den heute gültigen Definitionen ist die Lichtgeschwindigkeit

$$c = 299792{,}458 \cdot 10^3\ \mathsf{m/s}$$

exakt vereinbart. Hieraus wird beispielsweise mit Hilfe der Sekundendefinition die Längeneinheit m abgeleitet. Für diese Festlegung der Basiseinheit der Länge waren messtechnische Zweckmässigkeitsüberlegungen ausschlaggebend. Mit der exakten Definition des Wertes c ist wegen der exakten Festlegung von μ_0 Gl. (8.16) auch die Permittivität ε_0 Gl. (7.3) exakt bestimmt.

Bei Anwesenheit von Materie schreibt man formal

$$B = \mu \cdot H = \mu_0 \cdot \mu_r \cdot H \tag{8.19}$$

Die dimensionsbehaftete **Permeabilität** μ oder gleichermassen die dimensionslose **relative Permeabilität** μ_r sind keineswegs immer Konstanten sondern können in sehr komplexer Weise von B und H, von der Vorgeschichte und vielen anderen Parametern abhängen. Auch ist in Materie nicht sichergestellt, dass die Richtungen der Vektoren $\vec{B}$ und $\vec{H}$ übereinstimmen. In den Dauermagneten sind $\vec{B}$ und $\vec{H}$ sogar einander gegengerichtet orientiert. Im komplexen Verhalten der Kenngrösse μ_r spiegeln sich die vielfältigen magnetischen Eigenschaften der Materie, die nicht als ärgerlich verwirrend angesehen werden sollten. Die vielseitigen Eigenschaften der Magnetmaterialien geben dem Ingenieur einen reichen Vorrat an Möglichkeiten zur konstruktiven Nutzung. Besonders die Legierungen des Eisens und anderer ferromagnetischer Werkstoffe sind von grösster Bedeutung in den Anwendungen der Elektrotechnik.

Es sollen hier nur einige wichtige Grundtatsachen zusammengestellt werden.

Bei den **diamagnetischen Stoffen** ist $\mu_r < 1$, die magnetische Induktion ist bei Anwesenheit von Materie kleiner als ohne diese. Von den Metallen zeichnet sich Wismut mit $\mu_r = 0{,}99847$ durch einen besonders hohen Diamagnetismus aus. Weicht wie hier die relative Permeabilität nur geringfügig vom Wert 1 ab gibt man die **Suszeptibilität** κ an, wobei gilt:

$$\kappa = \mu_r - 1 \tag{8.20}$$

Für Wismut ist $\kappa = -1{,}53 \cdot 10^{-4}$. Übertroffen werden jedoch alle diamagnetischen Substanzen durch die **Supraleiter** mit $\mu_r = 0$. In einem Supraleiter, dessen spezifischer Widerstand unterhalb einer kritischen Temperatur (der Sprungtemperatur) völlig verschwindet, kann keine magnetische Induktion existieren. Beim Übergang vom normalleitenden zum supraleitenden Zustand durch Abkühlung wird jeder Magnetismus aus der Materie "herausgedrängt". Diese

Erscheinung – der MEISSNER-OCHSENFELD-Effekt[3] – ist das untrügliche Kennzeichen des supraleitenden Zustandes. Die **paramagnetischen** Substanzen bewirken eine Zunahme der Induktion. So besitzt Platin die Suszeptibilität $\kappa = 2{,}64 \cdot 10^{-4}$ und flüssiger Sauerstoff den Wert $\kappa = 3{,}62 \cdot 10^{-3}$. Paramagnetische Stoffe werden von einem Magneten angezogen; beispielsweise kann flüssiger Sauerstoff an den Polen eines starken Elektromagneten aufgehängt werden.

Beim **Ferromagnetismus**, den Eisen, Nickel, Kobalt und spezielle Legierungen zeigen, ist die relative Permeabilität $\mu_r \gg 1$; Werte bis zu 10^6 sind erreichbar. Diese Stoffe werden in vielfältiger Weise konstruktiv genutzt, um die magnetischen Felder in elektrischen Konstruktionen auf bestimmten, vorgegebenen Wegen zu führen. Ähnlich den elektrischen Strömen in den Leitern können die magnetischen Feldflüsse in den hochpermeablen Stoffen geführt werden.

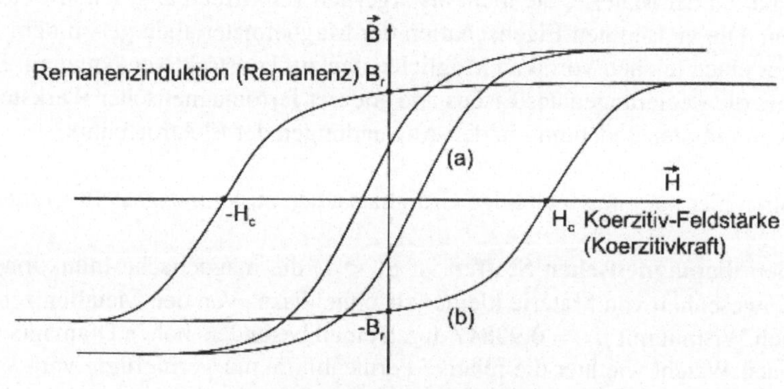

Bild 8.16: B-H-Charakteristik magnetischer Werkstoffe

Den Zusammenhang zwischen magnetischer Feldstärke $\vec{H}$ und der Induktion $\vec{B}$ einiger ferromagnetischer Stoffe zeigt Bild 8.16. Der Zusammenhang ist stark nichtlinear, bei höheren Feldstärken wird der Induktionszuwachs immer

[3]Benannt nach W. MEISSNER und R. OCHSENFELD

geringer, und das Material zeigt die Erscheinung der Sättigung. Beim Auf- und Abmagnetisieren, also bei wachsender und fallender magnetischer Feldstärke erhält man unterschiedliche Magnetisierungskurven. Diese Erscheinung nennt man Hysterese.

Auch bei verschwindender äusserer Magnetisierung bleibt immer eine bestimmte Induktion im Material zurück – man spricht hier von der Remanenz und speziell von der Remanenzinduktion. Die Remanenz in Verbindung mit einer breiten Hystereseschleife bei bestimmten Materialen erlaubt den Bau wirksamer Dauermagnete.

8.6 Das Magnetfeld als relativistischer Effekt bewegter Ladungen

Die magnetischen Erscheinungen, insbesondere die magnetischen Kräfte lassen sich als relativistische Effekte bewegter Ladungen erklären. Am Beispiel zweier paralleler Leiter soll dies näher ausgeführt werden.

Nach Gl. (7.30) wirkt zwischen zwei unendlich lang gedachten Linienladungen $\overline{Q}_e$ und $\overline{Q}_f$, die im Abstand r parallel zueinander liegen, die auf die Länge bezogene, spezifische Kraft oder kurz die Kraftdichte

$$\overline{F} = \frac{\overline{Q}_e \cdot \overline{Q}_f}{2\pi \cdot \varepsilon_0 \cdot r} \tag{8.21}$$

wobei das positive Vorzeichen eine abstossende, das negative eine anziehende Wirkung kennzeichnet. In einem neutralen Leiter ist die Zahl der positiven und negativen Ladungsträger exakt gleich. Die Leiter sollen sich im Vakuum oder in einem Medium mit $\varepsilon_r \approx 1$, also beispielsweise in Luft, befinden.

Zwei lange, gerade im Abstand r voneinander angeordnete Metalldrähte mit den Linienladungen $\pm\overline{Q}_e$ und $\pm\overline{Q}_f$ wirken nach Gl. (8.21) wechselseitig mit folgenden Kraftdichten aufeinander:

Leiter e	Leiter f	Kraftdichte
$+\overline{Q}_e$	$+\overline{Q}_f$	$\overline{F}_1 = \dfrac{\overline{Q}_e \cdot \overline{Q}_f}{2\pi \cdot \varepsilon_0 \cdot r}$
$+\overline{Q}_e$	$-\overline{Q}_f$	$\overline{F}_2 = -\dfrac{\overline{Q}_e \cdot \overline{Q}_f}{2\pi \cdot \varepsilon_0 \cdot r}$
$-\overline{Q}_e$	$+\overline{Q}_f$	$\overline{F}_3 = -\dfrac{\overline{Q}_e \cdot \overline{Q}_f}{2\pi \cdot \varepsilon_0 \cdot r}$
$-\overline{Q}_e$	$-\overline{Q}_f$	$\overline{F}_4 = \dfrac{\overline{Q}_e \cdot \overline{Q}_f}{2\pi \cdot \varepsilon_0 \cdot r}$

Die Summe der vier Kraftdichten gibt die Gesamtkraftdichte und ist erwartungsgemäss null. Nach der speziellen Relativitätstheorie[4] sieht ein mit der Geschwindigkeit v bewegter Beobachter gegenüber einem ruhenden Beobachter einen ruhenden Gegenstand der Länge ℓ in Bewegungsrichtung verkürzt. Bezeichnet c die Lichtgeschwindigkeit, so beträgt aufgrund der LORENTZ-Transformation die vom bewegten Beobachter festgestellte Länge

$$\ell' = \ell \cdot \sqrt{1 - \frac{v^2}{c^2}}$$

Eine mit der Geschwindigkeit v_e im Leiter e bewegte Ladung *sieht* gegenüber einem ruhenden Beobachter die im gegenüberliegenden Leiterstück der Länge ℓ befindlichen ruhenden Ladungen zusammengedrängt in einem auf ℓ' verkürzten Leiterstück. Quantitativ ausgedrückt: die bewegte Ladung stellt im gegenüber liegenden Leitungsstück eine höhere Ladungsdichte $\overline{Q}'_f$ fest:

$$\overline{Q}'_f = \overline{Q}_f \cdot \frac{\ell}{\ell'} = \frac{\overline{Q}_f}{\sqrt{1 - \frac{v_e^2}{c^2}}} \tag{8.22}$$

Sind die betrachteten Ladungen im Leiter f mit der Geschwindigkeit v_f in

[4]Die spezielle Relativitätstheorie wurde 1905 von A. EINSTEIN (1875-1954) in seiner berühmten Arbeit "Die Elektrodynamik bewegter Körper" vorgestellt. In den Erörterungen zum Induktionsgesetz im nächsten Kapitel wird die wichtige Folgerung aus der Relativitätstheorie, derzufolge Feldänderungen sich äusserstenfalls mit der Lichtgeschwindigkeit c ausbreiten können, eine besondere Rolle spielen.

Bewegung, so wird

$$\overline{Q}'_f = \frac{\overline{Q}_f}{\sqrt{1 - \frac{(v_e - v_f)^2}{c^2}}} \tag{8.23}$$

da allein die Relativgeschwindigkeit für die Längenverkürzung und damit für die relativistische Ladungserhöhung massgebend ist. Wie bereits in Kap. 3.3 ausgeführt, liegen die Geschwindigkeiten der Ladungsbewegung in allen festen oder flüssigen Leitern im Bereich weniger cm/s oder darunter. Die Geschwindigkeiten sind auf jeden Fall sehr viel kleiner als die Lichtgeschwindigkeit c. Gln. (8.22) und (8.23) können deshalb mit sehr guter Näherung in eine Taylor-Reihe entwickelt werden, bei der die Glieder mit der zweiten und allen höheren Ableitungen als vernachlässigbar klein anzusehen sind. Dies ergibt anstelle von Gl. (8.23) die Beziehung

$$\overline{Q}'_f = \overline{Q}_f \cdot \left(1 + \frac{1}{2}\frac{(v_e - v_f)^2}{c^2}\right)$$

Bewegen sich also in den beiden Leitern die positiven Ladungsträger mit den Geschwindigkeiten v_e und v_f und verharren die negativen Ladungsträger in Ruhe, so führt dies zu folgenden Teilkraftdichten:

Leiter e	Leiter f	Kraft
$+\overline{Q}_e$	$+\overline{Q}_f$	$\overline{F}_1 = \frac{\overline{Q}_e \cdot \overline{Q}_f}{2\pi \cdot \varepsilon_0 \cdot r} \cdot \left(1 + \frac{1}{2}\frac{(v_e - v_f)^2}{c^2}\right)$
$+\overline{Q}_e$	$-\overline{Q}_f$	$\overline{F}_2 = -\frac{\overline{Q}_e \cdot \overline{Q}_f}{2\pi \cdot \varepsilon_0 \cdot r} \cdot \left(1 + \frac{1}{2}\frac{v_e^2}{c^2}\right)$
$-\overline{Q}_e$	$+\overline{Q}_f$	$\overline{F}_3 = -\frac{\overline{Q}_e \cdot \overline{Q}_f}{2\pi \cdot \varepsilon_0 \cdot r} \cdot \left(1 + \frac{1}{2}\frac{v_f^2}{c^2}\right)$
$-\overline{Q}_e$	$-\overline{Q}_f$	$\overline{F}_4 = \frac{\overline{Q}_e \cdot \overline{Q}_f}{2\pi \cdot \varepsilon_0 \cdot r}$

Die Summe aller Kraftdichten ist

$$\overline{F} = -\frac{\overline{Q}_e \cdot \overline{Q}_f}{2\pi \cdot \varepsilon_0 \cdot r} \cdot \frac{v_e \cdot v_f}{c^2} \tag{8.24}$$

Die Annahme, dass sich nur positive Ladungsträger bewegen, erscheint willkürlich, denn in Metallen ist es ja gerade umgekehrt, da sich dort ausschliesslich die negativen Ladungsträger bewegen. Doch die Ladungsdichte $\overline{Q}$ multipliziert mit der Geschwindigkeit v ergibt den Strom, und beim Stromtransport durch negative Ladungen kehrt sich auch das Vorzeichen der Geschwindigkeit um. Daher ist Gl. (8.24) allgemein gültig und mit

$$I_e = \overline{Q}_e \cdot v_e$$

$$I_f = \overline{Q}_f \cdot v_f$$

wird

$$\overline{F} = -\frac{I_e \cdot I_f}{2\pi \cdot \varepsilon_0 \cdot r \cdot c^2}$$

Schliesslich ist nach Gl. (8.18)

$$\mu_0 \cdot \varepsilon_0 = \frac{1}{c^2}$$

und damit

$$\overline{F} = -\frac{\mu_0}{2\pi} \cdot \frac{I_e \cdot I_f}{r} \tag{8.25}$$

oder mit $\mu_0 = 4\pi \cdot 10^{-7}\ \mathsf{Vs/Am}$

$$F = \overline{F} \cdot l = -2 \cdot 10^{-7}\ \frac{\mathsf{N}}{\mathsf{A}^2}\ \frac{I_e \cdot I_f}{r} \cdot l \tag{8.26}$$

Diese Gleichung ist bis auf das Vorzeichen übereinstimmend mit Gl. (8.9). Das negative Vorzeichen besagt, dass gleichgerichtete Ströme eine anziehende Wirkung zwischen den beiden parallelen Leitern verursachen. Gl. (8.9) beruht auf Bild 8.9, dort ist die Kraftrichtung entgegengesetzt der Kraftrichtung in Gl. (8.26) festgelegt, wodurch sich der Vorzeichenunterschied erklärt.

Die magnetischen Eigenschaften sind ein relativistischer Effekt bewegter elektrischer Ladungen. Es ist bemerkenswert, dass entgegen weit verbreiteter Ansicht relativistische Erscheinungen nicht nur bei extrem hohen Geschwindigkeiten feststellbar sind. Auch sind elektrische und magnetische Erscheinungen enger miteinander verknüpft, als dies zunächst den Anschein hatte, und diesem engen Zusammenhang kann in einer zusammengefassten Beschreibung elektrischer und magnetischer Felder durch vierdimensionale Feldvektoren Rechnung getragen werden. In den Ingenieurwissenschaften ist es jedoch nur gelegentlich notwendig, sich dieser Darstellung zu bedienen.

8.7 Aufgaben

8.7.1 Magnetfeldberechnung in einer Ringspule

Eine Ringspule nach Bild 8.17 bestehe aus einem ringförmigen Wickelkörper, der dicht bewickelt ist. Die Windungszahl der Wicklung sei N. Wesentlich sei das Magnetfeld im Innern des Ringes, in dem ein Ort durch den Radius r und den Winkel α gekennzeichnet sei. Das Ringgebiet ist durch $r_A \leq r \leq r_B$ begrenzt. Die Höhe des Ringes sei gross gegenüber der Ringdicke, so dass die Werte des Magnetfeldes im Ring nicht von der dritten Dimension abhängen.

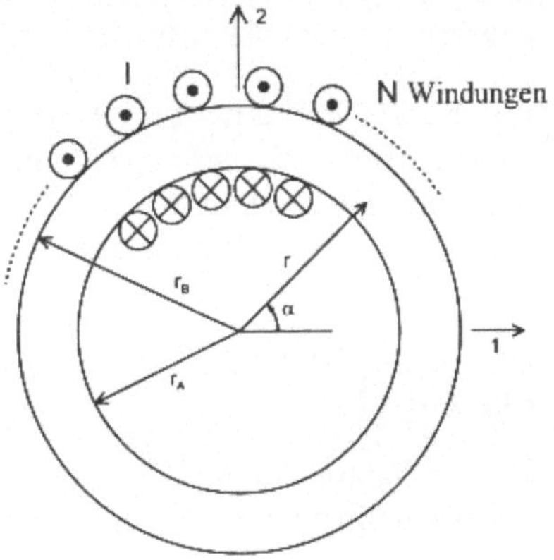

Bild 8.17: Ringspule

Daten für eine spezielle Ausführung:

Innerer Ringradius	$r_A = 100$ mm
Äusserer Ringradius	$r_B = 110$ mm
Windungszahl	$N = 2000$

Fragen:

1. Der Ring bestehe aus nicht-magnetischem Material $(\mu_r = 1)$, und der Leiterstrom sei I. Aus Symmetriegründen hängt der Betrag der magnetischen Induktion nicht vom Winkel α ab. Berechnen Sie mit Hilfe des Durchflutungssatzes den Betrag der Induktion B als Funktion des Radius r im Innern des Rings.

2. Geben Sie quantitativ B am Innenrand $(r = r_A)$ und am Aussenrand $(r = r_B)$ für $I = 1$ A an. Wie gross sind die Abweichungen von der Induktion B_m des mittleren Radius $r_m = (r_A + r_B)/2$?

3. Zeichnen Sie den Verlauf der Induktionslinien und berechnen Sie die Koordinaten des Induktionsvektors $\vec{B} = (B_1, B_2, B_3)$ als Funktion von Radius r und Winkel α.

4. Die Spule wird mit einem ferromagnetischen Material mit der relativen Permeabilität $\mu_r = 1200$ gefüllt, dessen Sättigungsinduktion $B_S = 0{,}3$ T sei. Wie gross darf die Stromstärke I höchstens gewählt werden, damit die Sättigungsgrenze nicht überschritten wird?

5. Der ferromagnetische Ring wird durchgesägt, so dass ein Luftspalt der Länge $\ell_L = 1$ mm entsteht. Es darf angenommen werden, dass sich die Gestalt der Induktionslinien hierdurch nicht verändert. Berechnen Sie die Stromstärke I, bei der das ferromagnetische Material die Sättigungsgrenze erreicht.

8.7.2 Magnetischer Dipol

Der elektrische Dipol $\vec{p}$ ist ein Vektor, der die Wirkung zweier entgegengesetzter Ladungen und deren Abstand in einer Grösse zusammenfasst. Der magnetische Dipol wird durch den Vektor $\vec{m}$ dargestellt. Seine Definition erfolgt mit Hilfe einer Leiterschleife, die vom Strom I durchflossen ist. Im Spezialfall ist die Leiterschleife rechteckig mit den Abmessungen a und b. Im homogenen $\vec{B}$-Feld erfährt die Leiterschleife ein Drehmoment M, jedoch keine Kräfte.

Fragen:

1. Definieren Sie zweckmässig den magnetischen Dipolvektor $\vec{m}$ aus geometrischen und elektrischen Grössen für den Spezialfall einer rechteckigen Schleife, so dass bei geeigneter Festlegung des Richtungswinkels α die Beziehung $|\vec{M}| = |\vec{m}| \cdot |\vec{B}| \cdot \sin\alpha$ gilt.

2. Schlagen Sie eine Verallgemeinerung für die Definition des Dipolvektors für beliebige ebene Schleifen vor.

3. Der Träger eines magnetischen Dipols, z.B. eine Leiterschleife oder eine Magnetnadel, habe die Drehmasse (Massenträgheitsmoment) J. Wie

gross ist die Schwingungsdauer T bei kleinen Auslenkungen aus der Gleichgewichtslage im homogenen Magnetfeld der Induktion B?

8.7.3 Dauermagnetkreis

Der in Bild 8.18 dargestellte Dauermagnetkreis besteht aus dem Dauermagneten (1), den beiden Führungselementen (2) und (3) und dem Luftspalt (4). Der Dauermagnet habe den Querschnitt A_M und die Länge ℓ_M. Die B-H-Kennlinie des Magnetmaterials wird durch die Gleichung $B_M = B_r + \mu_M \cdot H_M$ beschrieben. Die Führungselemente aus hochpermeablem Eisen können als ideal angesehen werden, benötigen also keine Durchflutung zur Führung des magnetischen Feldes. Für den Luftspalt ist der Querschnitt A_L gegeben; die Luftspaltlänge ℓ_L sei variabel. Die magnetischen Streufelder sollen unberücksichtigt bleiben. Ein derartiger Magnetkreis kann wie ein Stromkreis aufgefasst werden, in dem der magnetische Fluss $\Phi = B \cdot A$ fliesst. Dieser Fluss ist in allen Teilen des Magnetkreises konstant.

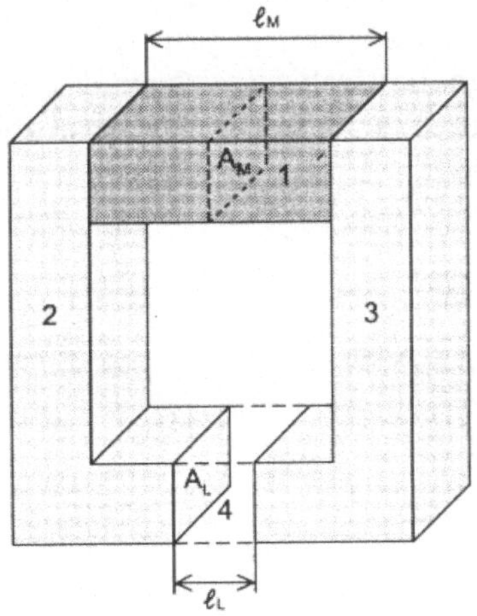

Bild 8.18: Dauermagnetkreis

Daten des Dauermagnetkreises:

Magnetmaterial:	Remanenzinduktion	$B_r = 1{,}1\ \mathrm{T}$
	Permeabilität	$\mu_M = 4\,\mu_0$
	Länge	$\ell_M = 1\ \mathrm{cm}$
	Querschnitt	$A_M = 2\ \mathrm{cm}^2$
Luftspalt:	Querschnitt	$A_L = 4\ \mathrm{cm}^2$

Fragen:

1. Bestimmen Sie mit Hilfe des Durchflutungsgesetzes die Induktion B_L im Luftspalt und B_M im Magneten, als auch die magnetische Feldstärke H_M.

2. Formen Sie die Beziehungen nach Frage 1 so um, dass aus einer beliebig gestalteten B_M-H_M-Kennlinie des Dauermagnetwerkstoffes direkt der Arbeitspunkt (B_M, H_M) des Magnetkreises entnommen werden kann.

3. Im Luftspalt ist die Energiedichte des magnetischen Feldes (Energie bezogen auf das Volumen) $W = \frac{1}{2} B_L H_L$. Unter welcher Bedingung für ℓ_L wird die im Luftspalt gespeicherte Energie maximal und welche maximale Energie kann im Luftspalt des gegebenen Magnetkreises gespeichert werden?

9 Das Induktionsgesetz

9.1 Vorbemerkungen zum Induktionsgesetz und der Begriff des magnetischen Flusses

Das Induktionsgesetz wurde nach jahrelanger Suche 1831 von FARADAY und unabhängig kurze Zeit später von HENRY entdeckt. Es beschreibt die elektrischen Erscheinungen, die mit einem veränderlichen magnetischen Feld verknüpft sind. Umgekehrt sind veränderliche elektrische Felder mit einem Magnetfeld verkoppelt, eine Erkenntnis, die 1864 von MAXWELL postuliert wurde. Die wichtigste Konsequenz dieser engen Verknüpfung der elektrischen und magnetischen Erscheinungen sind die elektromagnetischen Wellen, die auf der Grundlage der von MAXWELL entwickelten Vorstellungen von HERTZ erstmals 1888 experimentell nachgewiesen werden konnten.

Ein zentraler Begriff zur quantitativen Erfassung des Induktionsgesetzes ist der magnetische Fluss. In einem magnetischen Feld, beschrieben durch den Vektor $\vec{B}$ im Raum sei nach Bild 9.1 eine Kontrollfläche A festgelegt, berandet von der geschlossenen Kurve s.

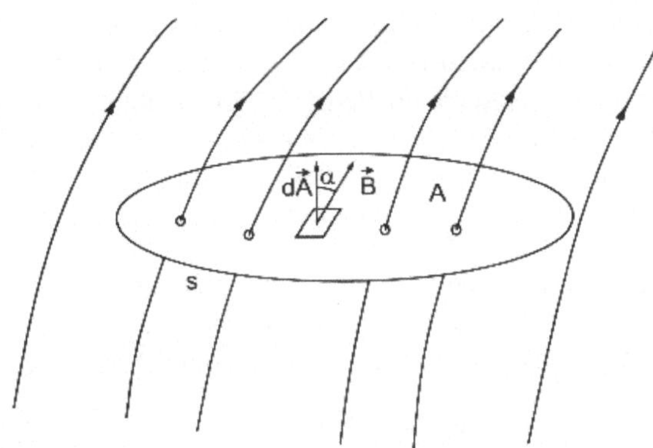

Bild 9.1: Kontrollfläche in einem magnetischen Feld

Die Fläche A kann man sich aus den Flächenelementen $\mathrm{d}\vec{A}$ zusammengesetzt denken, deren Orientierung durch den Flächen-Normalenvektor $\vec{a} = \mathrm{d}\vec{A}/\,\mathrm{d}A$ beschrieben wird. Der durch das Flächenelement $\mathrm{d}\vec{A}$ tretende Vektor $\vec{B}$ der magnetischen Induktion ist nur ausnahmsweise richtungsgleich mit dem Flächen-Normalenvektor; im Allgemeinen ist der Richtungwinkel zwischen den beiden Vektoren $\mathrm{d}\vec{A}$ und $\vec{B}$ von Ort zu Ort auf der Fläche A verschieden. Als Flusselement $\mathrm{d}\Phi$ bezeichnet man das Produkt des Flächenelementes $\mathrm{d}A$ und der auf die Richtung des Flächen-Normalenvektors $\vec{a}$ projizierten Komponente B_n des Vektors $\vec{B}$ der magnetischen Induktion.

$$\mathrm{d}\Phi = B_n \cdot \mathrm{d}A = B \cdot \cos\alpha \cdot \mathrm{d}A \tag{9.1}$$

Diese Gleichung ist das Skalarprodukt der Vektoren $\vec{B}$ und $\mathrm{d}\vec{A}$ und deshalb kurz

$$\mathrm{d}\Phi = \vec{B} \cdot \mathrm{d}\vec{A} \tag{9.2}$$

Fasst man über der gesamten Fläche A die Summe der Flusselemente $\mathrm{d}\Phi$ zusammen, so gelangt man zum Integral

$$\Phi = \int_A \vec{B} \cdot \mathrm{d}\vec{A} \tag{9.3}$$

das den magnetischen Fluss durch die Fläche A bestimmt.

Das Vektorfeld der magnetischen Induktion $\vec{B}$ besitzt die bemerkenswerte Eigenschaft, dass die Feldlinien weder Anfang noch Ende haben, also in einem, mehreren oder auch unendlich vielen Umläufen in sich geschlossen sind; man bezeichnet ein solches Feld als quellenfrei. Eine wichtige Konsequenz dieser Eigenschaft ist, dass für alle Flächen, die über ein und derselben Randkurve s aufgespannt werden, das Integral Gl. (9.3) auf den gleichen Wert des Flusses Φ führt. Der Fluss wird durch die Randkurve s eindeutig bestimmt.

Besonders einfach werden die Verhältnisse bei einem homogenen Feld und einer ebenen Randkurve s; in Bild 9.2 ist dieser Fall dargestellt.
Mit dem Richtungswinkel α zwischen den Vektoren $\vec{A}$ und $\vec{B}$ wird der Fluss

$$\Phi = B \cdot A \cdot \cos\alpha \tag{9.4}$$

und speziell für $\alpha = 0$

$$\Phi = B \cdot A \tag{9.5}$$

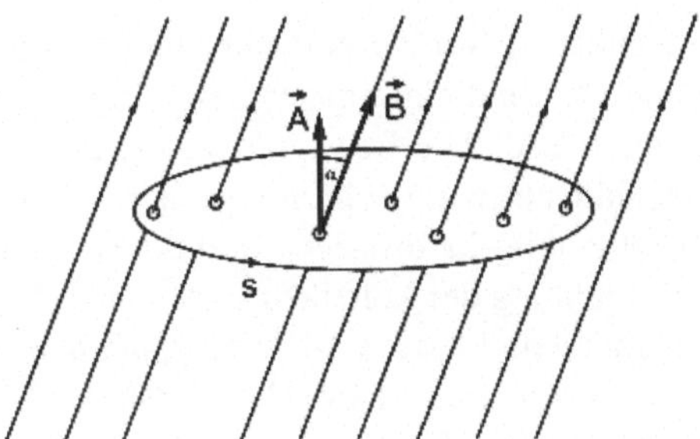

Bild 9.2: Homogenes Magnetfeld und ebene Schleife

9.2 Die induzierte Spannung in einem bewegten Leiter

Nach Gl. (8.2) erfährt eine im Magnetfeld $\vec{B}$ mit der Geschwindigkeit $\vec{v}$ bewegte Ladung Q die hier mit $\vec{F_M}$ bezeichnete Kraft, die senkrecht zu $\vec{B}$ und $\vec{v}$ orientiert ist und mit Hilfe des Vektorproduktes

$$\vec{F_M} = Q \cdot (\vec{v} \times \vec{B}) \tag{9.6}$$

berechnet werden kann. Diese Kraft wirkt auch auf die beweglichen Ladungsträger in einem Leiter, zum Beispiel auf die freien Elektronen in Metallen. Durch die Kraft $\vec{F_M}$ werden die Ladungsträger in Bewegung gesetzt; positive und negative Ladungen werden getrennt, es entsteht ein elektrisches Feld $\vec{E}$. Die durch $\vec{F_M}$ initiierte Bewegung der Ladungsträger kommt zum Stillstand, wenn die Feldkraft $\vec{F_E} = Q \cdot \vec{E}$ entgegengesetzt gleich $\vec{F_M}$ wird. Für das Kräftegleichgewicht gilt also

$$Q(\vec{v} \times \vec{B}) + Q \cdot \vec{E} = 0 \tag{9.7}$$

Das elektrische Feld ist demnach

$$\vec{E} = -(\vec{v} \times \vec{B}) \tag{9.8}$$

Diese Beziehung gilt für jeden Punkt im Leiter; zwischen zwei Punkten (a) und (b) stellt man nach Gl. (2.9) die Spannung

$$U_{ab} = \int_a^b \vec{E}\,\mathrm{d}\vec{s} \tag{9.9}$$

fest. Diese Zusammenhänge werden einfacher und transparenter, wenn das Magnetfeld $\vec{B}$ homogen ist und ein gerader Leiter der Länge l senkrecht zur Feldrichtung angeordnet wird. Die Bewegung des Leiters mit der Geschwindigkeit v geschieht senkrecht zur Feldrichtung und Leiterachse. Führt man nach Bild 9.3 ein rechtwinklig-kartesisches Koordinatensystem im Raum ein, dessen 1-Richtung in Richtung der Leiterachse, dessen 2-Richtung mit der des Geschwindigkeitsvektors $\vec{v}$ und dessen 3-Richtung mit der des Induktionsvektors $\vec{B}$ übereinstimmt, so wird eine elektrische Feldstärke $\vec{E}$ aufgebaut, die der 1-Richtung entgegengesetzt ist. Die Spannung ist unter Berücksichtigung der in Bild 9.3 gewählten Zählpfeilrichtung

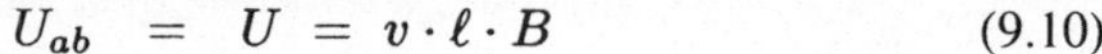

$$U_{ab} = U = v \cdot \ell \cdot B \tag{9.10}$$

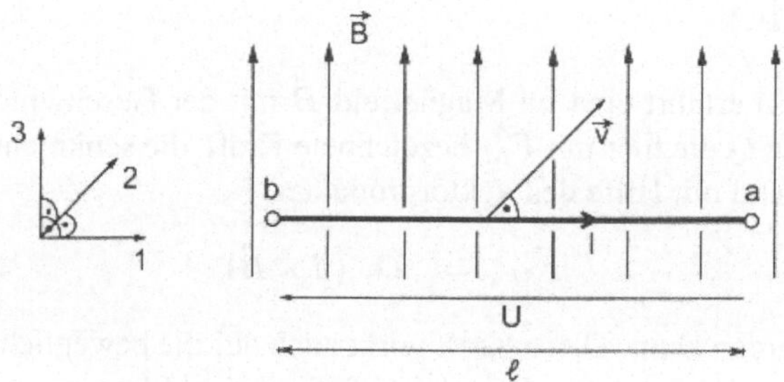

Bild 9.3: Bewegter Leiter im Magnetfeld

Im Leiter der Anordnung Bild 9.3 fliesse von (b) nach (a) in 1-Richtung ein Strom I, dessen Ursache unerheblich ist. Dann entsteht nach Gl. (8.6) eine Kraft $\vec{F}$, die entgegen dem Vektor $\vec{v}$ der Geschwindigkeit orientiert ist und den Betrag

$$F = B \cdot \ell \cdot I \tag{9.11}$$

besitzt. Die Bewegung des Leiters entgegen der Kraft ist nur möglich, wenn die mechanische Leistung

$$P_{mech} = v \cdot F = v \cdot B \cdot \ell \cdot I \tag{9.12}$$

zugeführt wird, die der an den Klemmen (a) und (b) abgegebenen Leistung

$$P_{el} = U \cdot I \tag{9.13}$$

entsprechen muss, wenn der Widerstand des Leiters – wie hier zunächst angenommen sei – vernachlässigbar klein ist. Mit $P_{el} = P_{mech}$ gelangt man wiederum zu der bereits bekannten Beziehung für die **induzierte Spannung** Gl. (9.9).

Die Beschreibung der Energiewandlung folgt den Darlegungen des Kap. 6.2. Hiernach kann, wie in Bild 9.4 dargestellt, der bewegte Leiter durch eine Spannungsquelle U und dem nunmehr berücksichtigten Leiterwiderstand R_i dargestellt werden. Dieser Innenwiderstand bestimmt sich aus den Leiterabmessun-

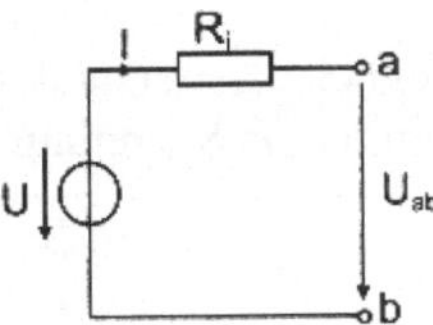

Bild 9.4: Ersatzschema der mechanisch-elektrischen Energiewandlung mit Hilfe eines Leiters, der im Magnetfeld bewegt wird

gen Länge und Querschnitt sowie dem spezifischen Widerstand des Leitermaterials. Bei einer Bewegung des Leiters in Richtung der Kraft wird mechanische Arbeit frei; die Anordnung wandelt elektrische Leistung in mechanische Leistung um und arbeitet als Motor. Im Ersatzschema Bild 9.4 kehrt sich dann die Richtung der Spannung U um und die Anordnung wird zum Verbraucher elektrischer Leistung. Im Prinzipschema Bild 9.4 ist nun nicht weiter ausgeführt, wie von und zu den Leiterenden (a) und (b) die Stromzufuhr bewerkstelligt wird; technisch sind verschiedene Anordnungen denkbar. Ein Beispiel zeigt Bild 9.5. Hierbei rollt oder gleitet der Leiter auf zwei im Abstand ℓ senkrecht zu den magnetischen Feldlinien angeordneten Strom-Abnahmeschienen. Der magnetische Fluss ist

$$\Phi = B \cdot \ell \cdot x \tag{9.14}$$

und die Flussänderungsgeschwindigkeit

$$\frac{\mathrm{d}\Phi}{\mathrm{d}t} = B \cdot \ell \cdot \frac{\mathrm{d}x}{\mathrm{d}t} = B \cdot \ell \cdot v \tag{9.15}$$

Die induzierte Spannung ist deshalb nach Gl. (9.9)

$$U = \frac{\mathrm{d}\Phi}{\mathrm{d}t} \tag{9.16}$$

Dieser unter sehr speziellen Bedingungen abgeleitete Zusammenhang zwischen induzierter Spannung und der Änderung des magnetischen Flusses in einer Leiterschleife hat viel allgemeinere Gültigkeit, wie im Folgenden noch gezeigt werden soll.

9.3 Induzierte Spannung bei veränderlichem Magnetfeld

Hält man in Bild 9.5 das bewegliche Leiterstück fest und verändert das Magnetfeld B, so stellt man wiederum eine Spannung fest, diesmal

$$U = \ell \cdot x \cdot \frac{\mathrm{d}B}{\mathrm{d}t}. \tag{9.17}$$

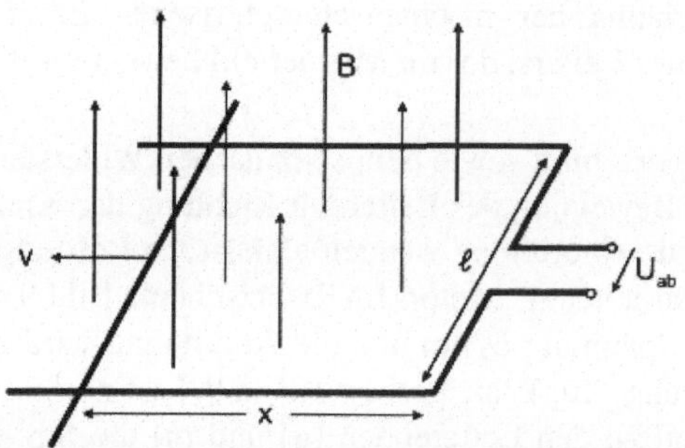

Bild 9.5: Leiterschleife mit beweglichem Leiter

Mit Gl. (9.14) gelangt man wiederum zu Gl. (9.16)

$$U = \frac{\mathrm{d}\Phi}{\mathrm{d}t} \tag{9.18}$$

Auch in diesem Falle kann eine mechanisch-elektrische Energiewandlung vorliegen, wenn beispielsweise das Magnetfeld mit einem Dauermagneten erzeugt wird, den man der Schleife nähert oder von ihr entfernt.

An dieser Stelle soll auf die wichtige Tatsache hingewiesen werden, dass es nicht entscheidend ist, ob die Leiterschleife oder der Träger des Magnetfeldes, beispielsweise ein Dauermagnet oder ein Elektromagnet, bewegt wird. Für das

Entstehen einer induzierten Spannung in einer Leiterschleife ist allein die Relativgeschwindigkeit v zwischen der Induktionsschleife und dem Magnetfeld massgebend. Bei gegebener geometrischer Anordnung von Leiterschleife und Magnetfeld mit seinem Träger bestimmt sich die Höhe der induzierten Spannung entsprechend der gegenseitigen Relativgeschwindigkeit v.

Diese sehr einleuchtende und verständliche Gesetzmässigkeit, letztendlich aus dem Energieerhaltungssatz folgend, kommt bei vertiefter Betrachtung mit den Gesetzen der von GALILEI und NEWTON begründeten Mechanik in Konflikt; der Widerspruch ist 1905 von EINSTEIN mit der speziellen Relativitätstheorie bereinigt worden. Deren Bedeutung für das volle Verständnis des Induktionsgesetzes wird später noch klar werden.

Das Magnetfeld kann jedoch auch durch eine zweite, gegenüber der Leiterschleife unbewegten Stromschleife erzeugt und verändert werden. Dann aber findet beim Induktionsvorgang eine elektrisch-elektrische Energieübertragung mit dem magnetischen Feld als Zwischenmedium statt.

Die in Bild 9.6 dargestellte Anordnung ist die einfachste Form eines induktiven Übertragers.

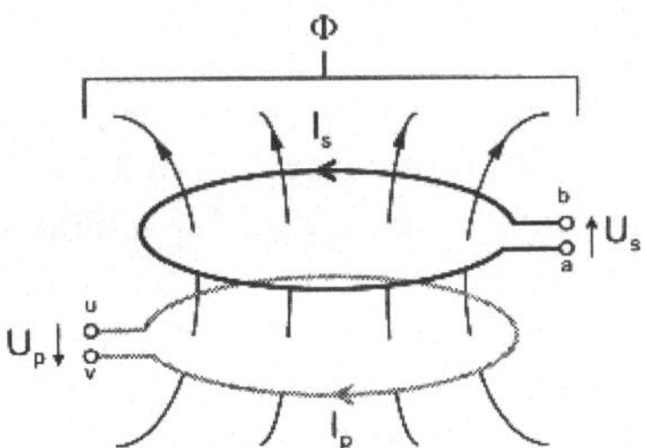

Bild 9.6: Veränderung des magnetischen Flusses bei elektrischer Erregung des Magnetfeldes

In die Klemmen [u,v] wird die elektrische Leistung $P_p = U_p \cdot I_p$ eingespiesen, an den Klemmen [a,b] kann dann die Leistung $P_s = U_s \cdot I_s$ abgenommen werden. Die Richtung des Leistungsflusses kann sich selbstverständlich auch umkehren.

9.4 Weitere Ausführungen zum Induktionsgesetz

Das Induktionsgesetz fasst nach Gl. (9.16) zwei Vorgänge zusammen, die keinen inneren Bezug zu haben scheinen: die Induktion durch Bewegung und Feldänderung. Mit der vereinfachten Beziehung für den Fluss $\Phi = B \cdot A$ nach Gl. (9.16) wird dies unmittelbar ersichtlich, denn nach der Produktregel der Differentialrechnung gilt

$$U = \frac{d\Phi}{dt} = B \cdot \frac{dA}{dt} + \frac{dB}{dt} \cdot A \tag{9.19}$$

Das erste Glied auf der linken Seite beschreibt den Bewegungsanteil, das zweite Glied den Feldänderungsanteil an der induzierten Spannung. Letzterer wird häufig auch transformatorischer Teil der induzierten Spannung genannt.

Der Bewegungsanteil erlaubt, wie bereits gesagt, eine elektro-mechanische Energiewandlung in beiden Richtungen und spielt die Hauptrolle bei der Anwendung des Induktionsgesetzes in Generatoren und Motoren. Der transformatorische Anteil kommt in allen induktiven Bauteilen der elektrischen Energie- und Signalübertragung in vielfältiger Art und Weise technisch zur Anwendung.

Bei dieser Erklärung der Induktionswirkung durch Feldänderung müssen physikalische Bedenken aufkommen: Wie soll eine in der Schleifenmitte auftretende Feldänderung im entfernten Leiter eine Spannung induzieren? Physikalische Wechselwirkungen sind allein beim örtlichen *und* zeitlichen Zusammentreffen der beiden Wechselwirkungspartner möglich. Wird in einer gegenüber der Leiterschleife unbeweglichen Spule ein Magnetfeld durch Stromänderung verändert, so dauert es eine gewisse Zeit, bis die Feldänderung die Schleife erreicht. Der Relativitätstheorie gemäss breiten sich die Felder im Vakuum und mit guter Näherung auch in der Luft mit der Lichtgeschwindigkeit c aus. Für viele technische Anordnungen und Verhältnisse ist deshalb die Zeitdauer der Magnetfeldausbreitung zwar äusserst kurz, aber nicht verschwindend klein. Wie diese Tatsache mit dem Induktionsgesetz zusammenhängt, soll wiederum an einer einfachen Anordnung untersucht werden.

In Bild 9.7 sei ein rechteckiger Leiterrahmen mit den Seitenlängen ℓ und x so orientiert, dass die beiden Seiten der Länge x in 1-Richtung zeigen, die beiden anderen Seiten in 2-Richtung. Zur Spannungsmessung ist eine Seite zwischen den Klemmen (a) und (b) unterbrochen.

Der Vektor des Magnetfeldes $\vec{B}$, das von der 2-Richtung unabhängig sein soll, zeige in die 3-Richtung; er ist abhängig von der Position x_1 in 1-Richtung und der Zeit t. Das Feld wandere mit der Relativgeschwindigkeit c in 1-Richtung über den Leiterrahmen. Nur in den Leitern der Länge ℓ, die senkrecht zur Geschwindigkeitsrichtung stehen, werden Spannungen induziert, nämlich rechts die Spannung U_r, links die Spannung U_l.

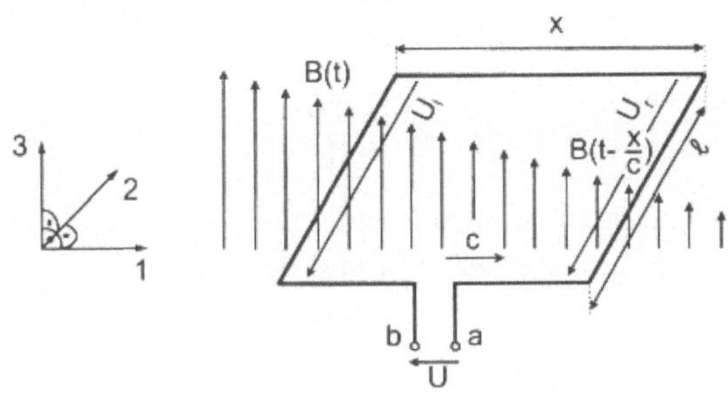

Bild 9.7: Induktion bei dem mit der Geschwindigkeit c sich ausbreitenden Magnetfeld

Das über den Rahmen laufende Magnetfeld $B(t_1, x_1)$ erreicht den rechten Schleifenabschnitt der Länge ℓ um die Zeit x/c verzögert gegenüber dem linken. Für die zeitlichen Verläufe der magnetischen Induktion an den Stellen des linken und rechten Leiterabschnittes gilt

$$B_l = B(t) \tag{9.20}$$

$$B_r = B\left(t - \frac{x}{c}\right). \tag{9.21}$$

Die gesamte in der Schleife induzierte Spannung ist daher

$$U = c \cdot \ell \cdot B_l - c \cdot \ell \cdot B_r \tag{9.22}$$

und mit Gl. (9.20)

$$U = c \cdot \ell \left[B(t) - B\left(t - \frac{x}{c}\right)\right] \tag{9.23}$$

Diese Gleichung kann noch mit x erweitert und wie folgt umgeschrieben werden:

$$U = \frac{B(t) - B\left(t - \frac{x}{c}\right)}{\frac{x}{c}} \cdot x \cdot \ell \tag{9.24}$$

Für $x/c \to 0$ geht der Differenzenquotient in den Differentialquotienten über. Die induzierte Spannung ist dann mit $x \cdot \ell = A$

$$U = \frac{\mathrm{d}B}{\mathrm{d}t} \cdot A \tag{9.25}$$

Die auf der Feldänderung beruhende Induktionsspannung ist als Bewegungsinduktion zwischen der Leiterschleife und dem äusserst rasch im Raum mit Relativgeschwindigkeit c sich ausbreitenden Magnetfeld erklärbar. In Luft entspricht c praktisch der Lichtgeschwindigkeit im Vakuum.

Der Grenzübergang $x/c \to 0$ kennzeichnet im Übrigen die Grundlage der Netzwerktheorie, derzufolge das elektromagnetische Geschehen aus den Feldern in konzentrierte Elemente verlegt wird.

An dieser Stelle ist noch etwas zur Vorzeichenkonvention anzufügen. Bei der bislang gewählten Richtung des magnetischen Feldes und der Zählpfeilrichtung der Spannung U_{ab} gilt Gl. (9.16) mit positiven Vorzeichen, wie nochmals in Bild 9.8 im linken Teilbild dargestellt ist. Wird hingegen Feld und Leiterschleife und die Spannung U_{ba} nach Bild 9.8, rechtes Teilbild, orientiert, so ist die Spannung U_{ba} gleich der negativen Flussänderung oder, wie man gelegentlich sagt, proportional dem magnetischen Schwund.

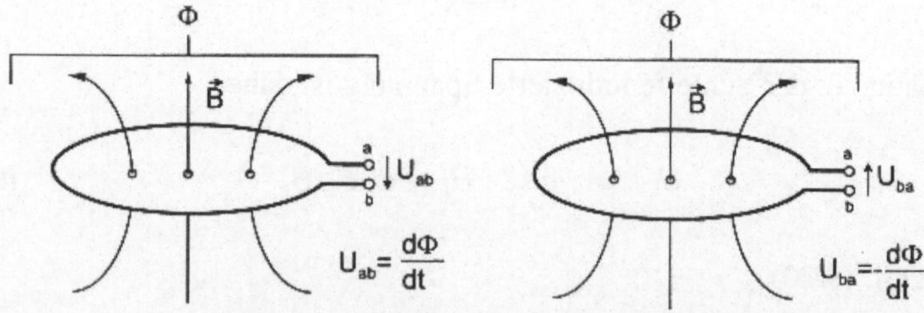

Bild 9.8: Vorzeichen beim Induktionsgesetz

Bei einer geschlossenen Leiterschleife nach Bild 9.9 wird mit wachsendem Fluss Φ ein positiver Strom I in der eingezeichneten Richtung induziert. Die

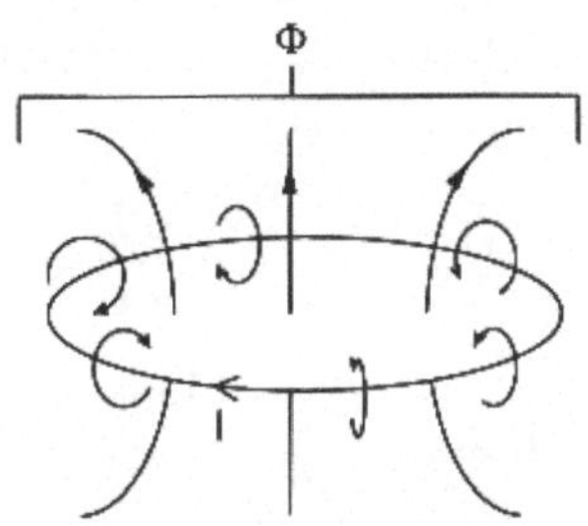

Bild 9.9: Strom in einer geschlossenen Leiterschleife

magnetischen Wirkungen dieses Stromes sind der Flussänderung entgegengerichtet (LENZsche Regel[1]). Die Grösse des Stromes bestimmt sich aus der induzierten Spannung nach Gl. (9.16) und dem Widerstand der Leiterschleife. Unter dem Fluss der Leiterschleife versteht man immer den gesamten Fluss, dessen Ursache mehrere Quellen haben kann. In Bild 9.9 hat dieser Fluss zwei Ursachen, die sich überlagern: einmal die äussere, nicht näher bezeichnete Quelle der Felderregung und zum Anderen die Rückwirkung des Stromes auf die Leiterschleife, die der Wirkung der äusseren Ursache entgegenwirkt.

Ordnet man nach Bild 9.10 mehrere benachbarte Leiterschleifen an, so wird in jeder einzelnen die mit der jeweiligen Flussänderung verbundene Spannung

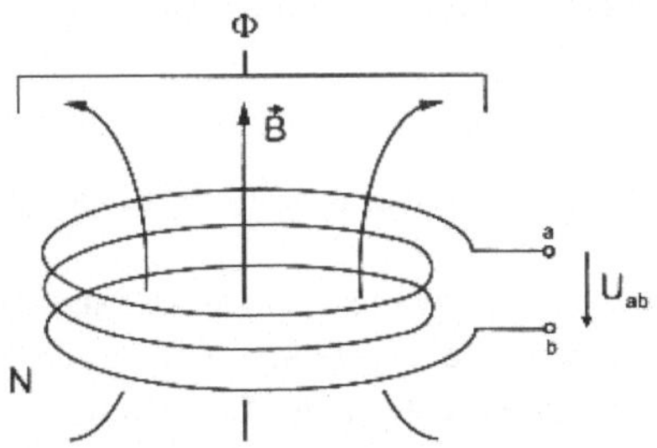

Bild 9.10: Induzierte Spannung in einer mehrwindigen Spule

[1] Benannt nach H.F.E. LENZ (1804-1865)

induziert; jede Schleife ist eine individuelle Spannungsquelle (mit Innenwiderstand). Diese sind bei der mehrgängigen Wicklung nach Bild 9.10 in Reihe geschaltet. Liegen die Windungen der einzelnen Schleifen genügend eng beisammen, so wird in jeder Schleife die gleiche Spannung induziert. Die Gesamtspannung bei N Windungen ist also

$$U_{ab} = N \cdot \frac{\mathrm{d}\Phi}{\mathrm{d}t} \tag{9.26}$$

wenn alle Windungen exakt vom gleichen Fluss Φ durchsetzt werden. Dann kann man auch vom Gesamtfluss

$$\psi = N \cdot \Phi \tag{9.27}$$

sprechen und das Induktionsgesetz lautet

$$U_{ab} = \frac{\mathrm{d}\psi}{\mathrm{d}t} \tag{9.28}$$

Im Allgemeinen ist aber der Fluss $\Phi_\nu(n = 1, 2, \ldots, N)$ in jeder Windung unterschiedlich. Dann ist der Gesamtfluss ψ aus der Summe der Teilflüsse Φ_ν zu bestimmen. Gl. (9.28) bleibt auch für diesen Fall gültig.

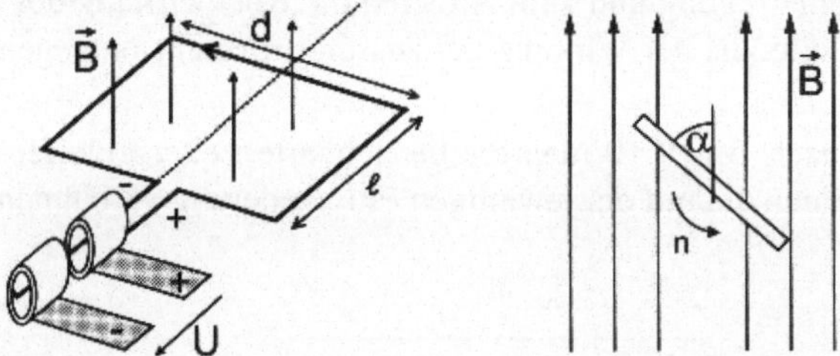

Bild 9.11: Drehbare Leiterschleife im homogenen Magnetfeld

Bild 9.10 schliesslich zeigt eine weitere, praktisch sehr wichtige Möglichkeit der Flussveränderung in einer Leiterschleife. An den Enden der Leiterschleife sind jeweils Schleifringe angebracht, über die Strom zugeführt und auch eine etwaige induzierte Spannung gemessen werden kann. Die Leiterschleife ist so zum zeitlich konstanten, homogenen Magnetfeld der Stärke B orientiert, dass die zur Drehachse parallelen Seiten der Länge ℓ senkrecht zu den Feldlinien des Magnetfeldes stehen. Die zur Drehachse senkrechten Seiten der Länge d

zeigen gegenüber den Feldlinien den Orientierungswinkel α. Die Leiterschleife hat die Fläche

$$A_0 = \ell \cdot d$$

Der Fluss durch die Leiterschleife ist

$$\Phi = B \cdot A_0 \cdot \sin\alpha \tag{9.29}$$

Bei einem zeitveränderlichen Drehwinkel wird die induzierte Spannung

$$U = \frac{\mathrm{d}\Phi}{\mathrm{d}t} = B \cdot A_0 \cdot \cos\alpha \, \frac{\mathrm{d}\alpha}{\mathrm{d}t} \tag{9.30}$$

Interessant ist der Fall konstanter Drehzahl n, also

$$\alpha = 2\pi n \cdot t = \omega_m \cdot t$$

und damit

$$\frac{\mathrm{d}\alpha}{\mathrm{d}t} = 2\pi n = \omega_m \tag{9.31}$$

Hierbei bezeichnet ω_m die mechanische Winkelgeschwindigkeit.

Die induzierte Spannung ist

$$U = B \cdot A_0 \cdot \omega_m \cos(\omega_m \cdot t) \tag{9.32}$$

und mit der Scheitelspannung

$$\hat{U} = B \cdot A_0 \cdot \omega_m$$

$$U = \hat{U} \cdot \cos(\omega_m \cdot t) \tag{9.33}$$

Dies ist eine sinusförmige Wechselspannung mit der Amplitude $\hat{U}$ und der Frequenz

$$f_m = \frac{\omega_m}{2\pi} \tag{9.34}$$

Der Spannungsverlauf über der Zeit ist in Bild 9.12 skizziert.
Die in Bild 9.11 vorgestellte Anordnung ist die Urform eines Wechselspannungsgenerators und stellt das Grundprinzip der elektromechanischen Energiewandler vom Fahrraddynamo bis zu den grössten Kraftwerksgeneratoren im Gigawattbereich vor.

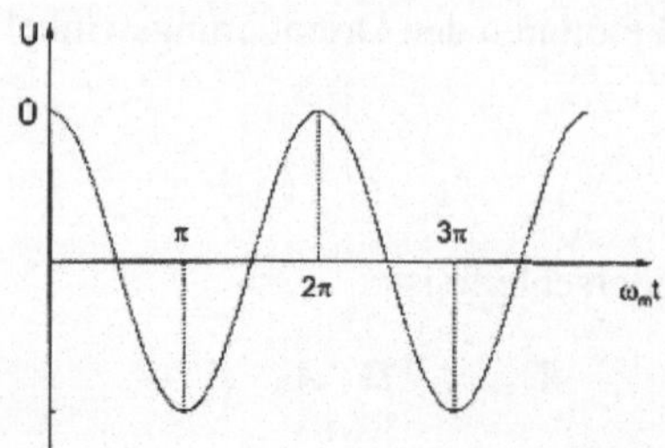

Bild 9.12: Schleifenspannung bei Drehung der Schleife mit konstanter Drehzahl

9.5 Aufgaben

9.5.1 HELMHOLTZ-Spulenpaar

Die Spulenanordnung nach Bild 9.13, bestehend aus zwei Kreisringen mit dem Durchmesser D, die im Abstand $D/2$ angeordnet sind und den Strom I führen, erzeugt in der Umgebung des Mittelpunktes und Koordinatenursprungs mit guter Genauigkeit ein homogenes Magnetfeld. Die magnetische Feldstärke berechnet sich im Koordinatenursprung zu $H_1 = 2{,}795 \cdot I/D$; H_2 und H_3 sind null. Die Anordnung wird nach ihrem Erfinder HELMHOLTZ-Spulenpaar genannt.

Der Strom I werde fortlaufend in linearer Zeitabhängigkeit zwischen $-\widehat{I}$ und $+\widehat{I}$ und wiederum zurück auf $-\widehat{I}$ gebracht; ein voller Zyklus benötigt die Zeit T. Im Koordinatenursprung befinde sich eine Messspule der Fläche A und der Windungszahl N, die Flächennormale sei gegenüber der 1-Achse um den Winkel β geneigt.
Daten der Anordnung:

HELMHOLTZ-Spulenpaar:	Spulendurchmesser	$D = 0{,}1$ m
	Maximalstrom	$\widehat{I} = 500$ A
Messspule:	Spulenfläche	$A = 4$ cm^2
	Windungszahl	$N = 1000$
	Spulenwiderstand	$R = 800$

Fragen:

1. Wie gross ist die maximale magnetische Feldstärke $\widehat{H}$ und die maximale Induktion $\widehat{B}$ im Koodinatenursprung?

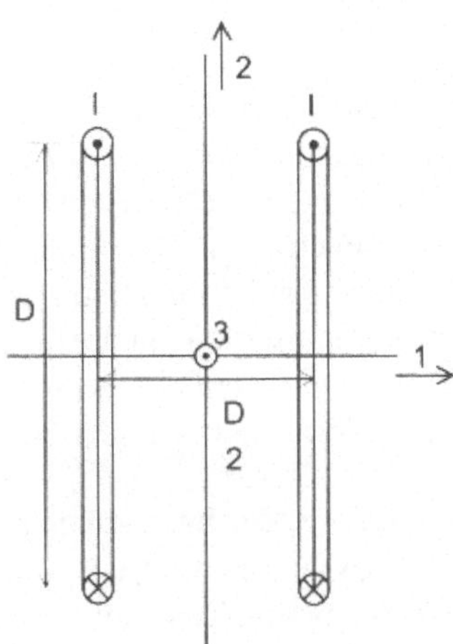

Bild 9.13: HELMHOLTZ-Spulenpaar zur Erzeugung homogener magnetischer Felder

2. Wie gross ist der maximale Messspulen-Fluss $\widehat{\Phi}_M$ als Funktion des Lagewinkels β?

3. Es sei $\beta = 0$. Welchen Spannungsverlauf $U_M(t)$ misst man an den Klemmen der Messspule als Funktion der Zeit, wenn $T = 1\ \mathsf{ms}$ ist?

4. Die Messspule wird über eine ideale Diode, die den Strom nur in eine Richtung fliessen lässt, an einen entladenen Kondensator C angeschlossen und dann rasch aus dem den Strom $\widehat{I}$ führenden HELMHOLTZ-Spulenpaar entfernt. Ursprünglich war der Messspulenfluss maximal. Auf welche Spannung lädt sich ein Kondensator $C = 10\ \mu\mathsf{F}$ auf, vorausgesetzt die Diode ist so angeordnet, dass der Strom auch fliessen kann und nicht gesperrt wird?

5. Geben Sie eine Schaltung mit vier Dioden an, so dass die in Frage 4 angedeutete Möglichkeit einer Fehlschaltung sicher vermieden wird. Wie kann mit dieser Schaltung die Messempfindlichkeit verbessert werden?

9.5.2 Weltraumgenerator

Im Februar 1996 unternahm die amerikanische Weltraumbehörde NASA den Versuch, von einer Weltraumstation einen gefesselten Hilfssatelliten auszubringen, der an einem langen, isolierten elektrischen Leiter hing. Der Versuch scheiterte bekanntlich durch Leiterbruch. Die schematische Anordnung zeigt Bild 9.14. Der Leiter der Länge ℓ zeigt radial von der Erde weg und bewegt sich in der Bahnebene der Weltraumstation mit der Geschwindigkeit v. Hierbei schneidet der Leiter das erdmagnetische Feld, dessen Induktionsvektor $\vec{B}$ um den Winkel β gegenüber dem Normalenvektor der Bahnebene geneigt ist.

Im elektrischen Leiter wird in Folge der Bewegung durch das Magnetfeld eine Spannung U induziert. Das System bewegt sich durch die leitfähige Ionosphäre, so dass hierüber ein Stromrückfluss vom kugelförmigen, metallischen Hilfssatelliten zur Weltraumstation möglich wird.

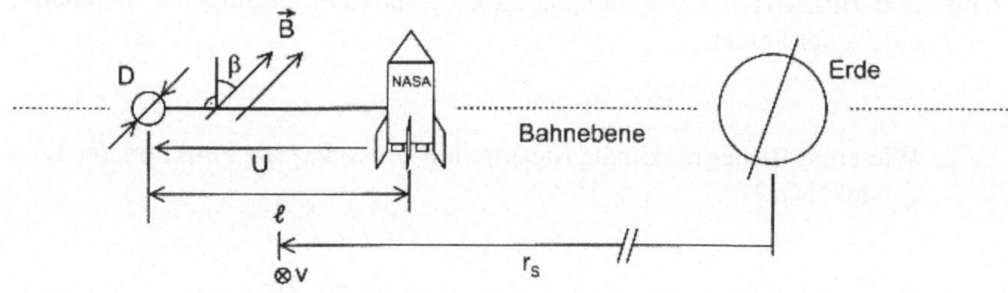

Bild 9.14: Schema des Weltraumgenerators

Daten der Einrichtung:

Bahnradius des Systems	$r_S = 6680$ km
Umlaufdauer des Systems um die Erde	$T = 1$ h30′
Durchmesser des Hilfssatelliten	$D = 1{,}6$ m
Länge des Leiterdrahtes	$\ell = 20$ km
Leitfähigkeit des Leitermaterials	$\rho = 2 \cdot 10^{-8}\ \Omega$m
Durchmesser des Leiterdrahtes	$d = 0{,}5$ mm
Betrag des Erdmagnetfeldes	$B = 30\ \mu$T
Winkel des Feldes gegen die Bahnnormale	$\beta = \pi/6$ rad

Fragen:

1. Wie gross ist die Bahngeschwindigkeit v des Systems?

2. Wie gross ist die induzierte Leerlaufspannung U_i zwischen Station und Hilfssatellit?

3. Wie gross ist der Widerstand R_L des Leiters?

4. Beim Kurzschluss zwischen Leiter und metallischer Aussenhülle fliesse ein Strom $I_K = 0{,}5\ \mathsf{A}$. Geben Sie ein Ersatzschema des Weltraumgenerators an und bestimmen Sie den Wert des Rückleitungswiderstandes R_I.

5. Zur näherungsweisen Bestimmung des spezifischen Widerstandes ρ_I der Ionosphäre darf ein kugelsymmetrisches Feld zwischen zwei Kugeln mit dem Radius $r_1 = D/2$ und $r_2 = \ell$ angenommen werden, da die Abmessungen der Weltraumstation gross gegenüber dem Durchmesser D des Hilfssatelliten anzusehen sind. Bestimmen Sie unter dieser vereinfachten Annahme ρ_I.

6. Mit welcher Massnahme lässt sich R_I konstruktiv beeinflussen? Geben Sie eine Näherungsbeziehung für diese Massnahme an.

10 Gegeninduktion und Selbstinduktion

10.1 Magnetische Kopplung von Stromkreisen

Ein elektrischer Stromkreis, beispielsweise als Leiterschleife oder als Spule ausgebildet, erzeugt im Raum ein Magnetfeld $\vec{B}$, dessen Stärke ungeachtet seiner räumlichen Verteilung dem Strom des Kreises proportional ist. In Bild 10.1 wird durch den Strom I_1 der Leiterschleife (1) das Feld erzeugt.

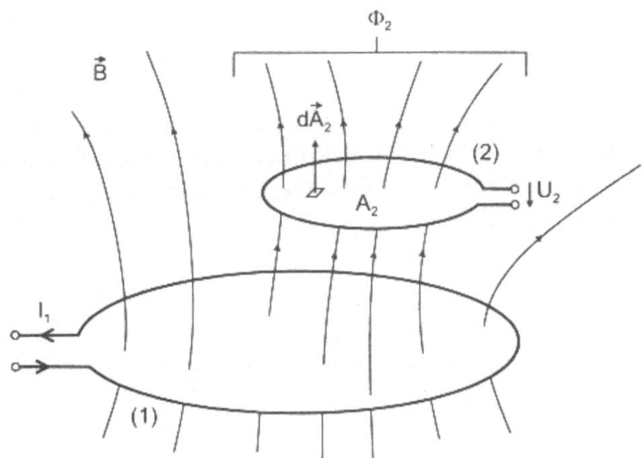

Bild 10.1: Magnetfeld verkoppelter Leiterschleifen

Ein Teil des magnetischen Feldes durchsetzt die Leiterschleife (2), deren Fluss Φ_2 nach Gl. (9.2)

$$\Phi_2 = \int_{A_2} \vec{B} \cdot d\vec{A_2} \tag{10.1}$$

ist und zumindest theoretisch nach dieser Gleichung bestimmt werden kann. Bei veränderlichem Strom I_1 verändert sich die geometrische Gestalt des $\vec{B}$-Feldes nicht, der Betrag der Feldstärke ist dem Strom I_1 proportional, während die Richtung der Feldvektoren im Raum von der Stromänderung nicht berührt wird. Man kann also aus $\vec{B}$ den auf den Strom bezogenen Vektor

$$\vec{b} = \frac{\vec{B}}{M \cdot I_1} \tag{10.2}$$

ableiten, der unabhängig vom Strom I_1 die Feldgeometrie beschreibt. Wählt man insbesondere den Proportionalitätsfaktor M so, dass das Integral

$$\int_{A_2} \vec{b} \cdot \mathrm{d}\vec{A}_2 = 1 \tag{10.3}$$

wird, so gilt für den Fluss

$$\Phi_2 = M \cdot I_1 \tag{10.4}$$

Aufgrund der Festlegung in Gl. (10.3) ist der Wert M ausschliesslich von der Geometrie der Anordnung und möglicherweise von den magnetischen Eigenschaften des Raumes abhängig. Im Vakuum und in Luft, jedoch *nicht* bei Mitwirkung von Materie mit veränderlicher Permeabilität unter magnetischem Feldeinfluss wie beispielsweise bei Anwesenheit ferromagnetischer Stoffe, ist M eine Konstante und wird **Gegen- oder Koppelinduktivität** der beiden Stromkreise genannt.

Die induzierte Spannung ist deshalb unter den genannten Voraussetzungen

$$U_2 = \frac{\mathrm{d}\Phi_2}{\mathrm{d}t} = M \cdot \frac{\mathrm{d}I_1}{\mathrm{d}t}$$

Ein zeitlinearer Stromanstieg, also $\mathrm{d}I_1/\,\mathrm{d}t = \mathit{konstant}$, hat eine konstante induzierte Spannung U_2 zur Folge, deren Grösse bei gegebenem $\mathrm{d}I_1/\,\mathrm{d}t$ durch die Geometrie der Anordnung, charakterisiert durch die Gegeninduktivität M, bestimmt ist.

Bei einer einfachen Leiterschleife wurde bisher stets mit nur einer Windung gerechnet ($N = 1$), so dass der Gesamtfluss $\psi_2 = \Phi_2$ ist. Verallgemeinert auf Leiterschleifen mit beliebiger Windungszahl N gilt unter Berücksichtigung des Gesamtflusses ψ_2, also der Summe der Windungsflüsse

$$U_2 = \frac{\mathrm{d}\psi_2}{\mathrm{d}t} = M \cdot \frac{\mathrm{d}I_1}{\mathrm{d}t} \tag{10.5}$$

10.2 Selbstinduktion

In einer Leiterschleife oder Spule erzeugt der eigene Strom ein Magnetfeld, das unabhängig von anderen möglichen Erregungen zu einem magnetischen Fluss in der Spule führt. Dies wurde bereits in Kap. 9.4 angedeutet. In einer Leiterschleife nach Bild 10.2 hängt wiederum die Geometrie des Magnetfeldes nicht vom Wert des Stromes I ab, so dass analog zur Vorgehensweise im letzten Abschnitt geschrieben werden kann

$$\psi = L \cdot I \tag{10.6}$$

wobei der Proportionalitätsfaktor L den feldbestimmenden Einfluss der Leitergeometrie zusammenfasst. Bei der in Bild 10.2 gewählten Richtung der Zählpfeile ist

$$U = \frac{\mathrm{d}\psi}{\mathrm{d}t} = L \cdot \frac{\mathrm{d}I}{\mathrm{d}t} \tag{10.7}$$

L nennt man den Selbstinduktionskoeffizienten oder kurz die **Selbstinduktion** eines Stromkreises.

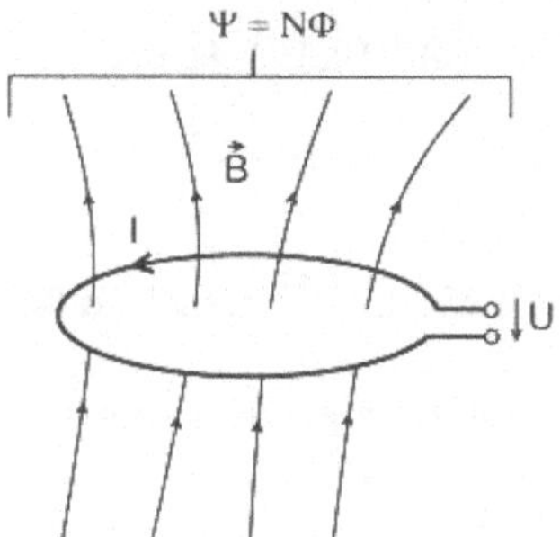

Bild 10.2: Bezeichnung zur Definition des Selbstinduktionskoeffizienten

Selbst- und Gegeninduktionskoeffizienten haben die Einheit

$$\left.\begin{matrix}[L]\\ \\ [M]\end{matrix}\right\} = 1\,\frac{\mathsf{Vs}}{\mathsf{A}} = 1\,\mathsf{H}\ (\mathsf{Henry}) \tag{10.8}$$

kurz als Einheit der Induktivität bezeichnet. Diese ist benannt nach dem amerikanischen Physiker JOSEPH HENRY (1797-1878), der, wie bereits gesagt, kurze Zeit nach FARADAY und von diesem unabhängig das Induktionsgesetz entdeckt hat. Als Sekretär der Smithonian Institution in Washington hat er deren Weltruf durch die von ihm herausgegebenen Jahresberichte begründet.

Bild 10.3: J. Henry

10.3 Induktivität und Widerstand

Bislang wurde der Leitungswiderstand der Leiterschleife oder Spule vernachlässigt; dies ist oftmals auch in Theorie und Praxis zulässig. Dann kennzeichnet man die ideale Induktivität einer Einrichtung durch die Symbole nach Bild 10.4.

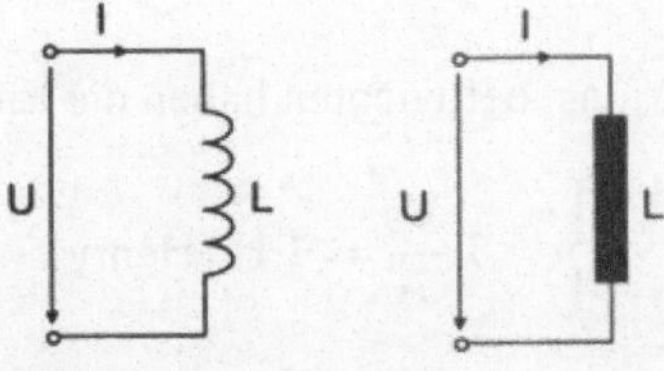

Bild 10.4: Schaltsymbole der Induktivität

Das physikalische Verhalten wird exakt durch Gl. (10.7) beschrieben. Dies ist unabhängig vom vernachlässigten Widerstand eine Idealisierung, da ein Magnetfeld immer räumlich ausgedehnt ist und genau genommen nicht vollständig durch eine Gleichung erfassbar ist, in der keine Raumparameter vorkommen. Doch für hinreichend langsam verlaufende Vorgänge ist die gewählte Beschreibung nach Gl. (10.7) mit grosser Genauigkeit erfüllt; bei schnell veränderlichen elektrischen Vorgängen muss die begrenzte Gültigkeit der Näherung selbstverständlich im Auge behalten werden. Berücksichtigt man zusätzlich den Leitungswiderstand der Stromschleife, dann bildet dieser mit der widerstandsfreien Spule eine Reihenschaltung. Ein einfacher Stromkreis einer widerstandsbehafteten Spule an einer Spannungsquelle ist in Bild 10.5 dargestellt.

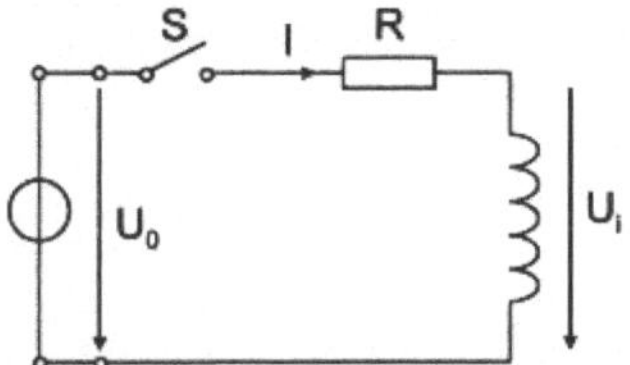

Bild 10.5: Stromkreis einer widerstandsbehafteten Spule

Bei offenem Schalter S ist der Strom und damit auch der Fluss in der Spule null. Schaltet man im Zeitpunkt $t = 0$ die Spannungsquelle zu, so kann der Strom im ersten Augenblick nicht springen, sonst würde $\mathrm{d}I/\,\mathrm{d}t$ und damit $\mathrm{d}\Phi/\,\mathrm{d}t$ und auch die Spulenspannung U_i sehr gross werden. U_i ist aber festgelegt als

$$U_i = U_0 - I \cdot R \tag{10.9}$$

Im ersten Augenblick muss also wegen $I = 0$

$$U_i = U_0 = L \cdot \left.\frac{\mathrm{d}I}{\mathrm{d}t}\right|_{t=0}$$

gelten. Die Geschwindigkeit des Stromanstieges ist

$$\left.\frac{\mathrm{d}I}{\mathrm{d}t}\right|_{t=0} = \frac{U_i}{L} \tag{10.10}$$

Steigt der Strom an, vermindert sich nach Gl. (10.9) die Spannung U_i und damit auch die weitere Stromanstiegsgeschwindigkeit. Nach einiger Zeit wird der zeitbezogene Stromanstieg vernachlässigbar klein und der Strom nur noch durch den Widerstand bestimmt.

$$I_{t\to\infty} = \frac{U_0}{R} \tag{10.11}$$

In Bild 10.6 ist die Strom-Zeitfunktion des Vorganges dargestellt.

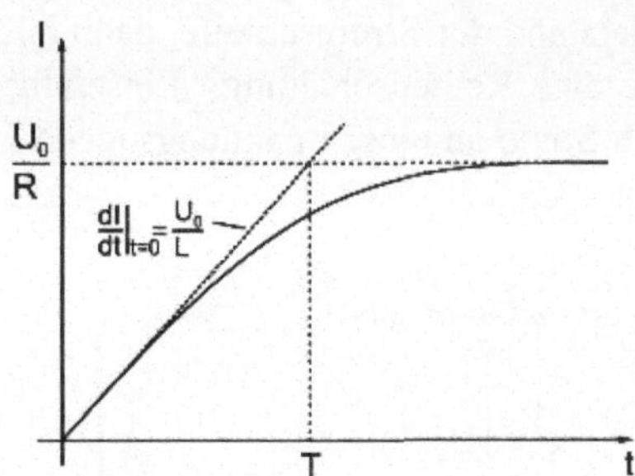

Bild 10.6: Strom-Zeit-Funktion beim Anschluss einer widerstandsbehafteten Induktivität an eine Gleichspannung

Die Zeitdauer T, die durch den Schnittpunkt der Anfangs- und Endtangente der Strom- Zeitfunktion bestimmt ist, nennt man Zeitkonstante. Sie ist eine charakteristische Grösse des beschriebenen Ausgleichsvorganges und ebenfalls ein Gerätekennwert der Leiterschleife oder Spule. Nach Bild 10.6 ist

$$\frac{U_0}{L} \cdot T = \frac{U_0}{R}$$

und damit

$$T = \frac{L}{R} \tag{10.12}$$

Die Berechnung solcher Übergangs- oder Ausgleichsvorgänge wird in Kap. 17 besprochen.

10.4 Zwei verkoppelte Leiterschleifen

Betrachtet man die bereits im Abschnitt 1 eingeführte Anordnung zweier Leiterschleifen mit den Bezeichnungen nach Bild 10.7, so sieht man, dass das Mag-

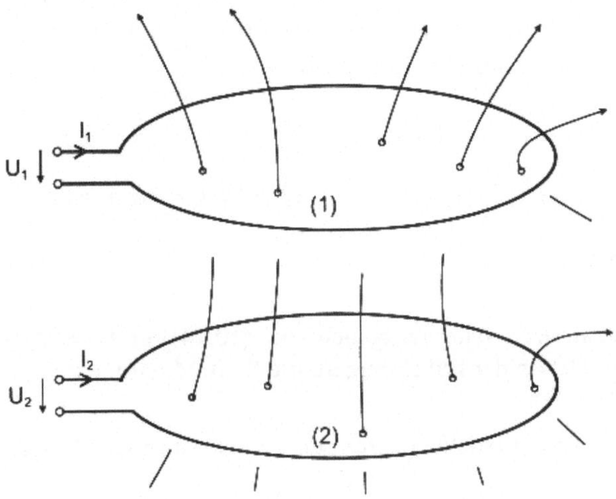

Bild 10.7: Verkoppelte Stromkreise

netfeld von den Strömen beider Leiter erzeugt wird. Ein Teil der Induktionslinien ist nur mit der einen oder der anderen Schleife verkoppelt, ein Teil der Feldlinien jedoch mit beiden Schleifen gemeinsam.

Der Gesamtfluss in den beiden Schleifen setzt sich deshalb jeweils aus zwei Anteilen zusammen:

$$\begin{aligned} \psi_1 &= \psi_{11} + \psi_{12} \\ \psi_2 &= \psi_{21} + \psi_{22} \end{aligned} \tag{10.13}$$

Nach den Erläuterungen der Abschnitte 1 und 2 hängt der Gesamtfluss linear mit den Strömen I_1 und I_2 zusammen, so dass geschrieben werden kann

$$\begin{aligned} \psi_1 &= L_{11} \cdot I_1 + L_{12} \cdot I_2 \\ \psi_2 &= L_{21} \cdot I_1 + L_{22} \cdot I_2 \end{aligned} \tag{10.14}$$

Hierbei ist aber zu beachten, dass ψ_{11} nur von I_1, ψ_{22} nur von I_2, jedoch ψ_{12} und ψ_{21} von I_1 und I_2 gemeinsam abhängen; deshalb sind die Summanden der

Gln. (10.13) und (10.14) keineswegs einander zugeordnet. Diese Zuordnung kann durch Umformung der Gl. (10.14) in

$$\begin{aligned} \psi_1 &= (L_{11} - L_{12}) \cdot I_1 + L_{12} \cdot (I_1 + I_2) \\ \psi_2 &= L_{21} \cdot (I_1 + I_2) + (L_{22} - L_{21}) \cdot I_2 \end{aligned}$$

hergestellt werden.

Betrachtet man die zweite der beiden Gln. (10.14) für $I_2 = 0$, so entspricht diese der Gl. (10.4); der früher eingeführte Wert M wird jetzt L_{21} genannt.

Die Widerstände der Leiterschleifen seien zunächst vernachlässigt. Dann ist

$$\begin{aligned} \frac{\mathrm{d}\psi_1}{\mathrm{d}t} = U_1 = L_{11}\,\frac{\mathrm{d}I_1}{\mathrm{d}t} + L_{12}\,\frac{\mathrm{d}I_2}{\mathrm{d}t} \\ \frac{\mathrm{d}\psi_2}{\mathrm{d}t} = U_2 = L_{21}\,\frac{\mathrm{d}I_1}{\mathrm{d}t} + L_{22}\,\frac{\mathrm{d}I_2}{\mathrm{d}t} \end{aligned} \tag{10.15}$$

Dies sind die allgemeinen Grundgleichungen der induktiven Verkettung zweier Stromkreise; vorausgesetzt wurde, dies sei nochmals betont, eine vom Magnetfeld unabhängige, konstante Permeabilität des Raumes.

F. NEUMANN[1] hat 1845 die Kopplungsinduktivität L_{12} in der Form eines doppelten Linienintegrals dargestellt, in dem die geometrische Anordnung der Leiterschleifen im Raum die Integrationswege vorschreiben. Wie hier nicht einzeln erläutert werden soll, geht aus dem Integral unmittelbar

$$L_{12} = L_{21} \tag{10.16}$$

hervor.

Eine bestimmte zeitliche Stromänderung in den Wicklungen (1) und (2) induziert die gleiche Spannung im jeweils anderen Kreis. Die Wicklungsflüsse $\Phi_1 = \Psi_1/N_1$ und $\Phi_2 = \Psi_2/N_2$ sind grösser als der Koppelfluss Φ_{12}. Den

[1] F. NEUMANN (1798-1895), Professor für Mineralogie und theoretische Physik in Königsberg (Pr.)

Grenzfall $\Phi_1 = \Phi_2 = \Phi_{12}$ bezeichnet man als feste Kopplung. Definitionsgemäss ist

$$\begin{aligned} L_{11} &= N_1 \frac{\mathrm{d}\Phi_1}{\mathrm{d}I_1} \\ L_{22} &= N_2 \frac{\mathrm{d}\Phi_2}{\mathrm{d}I_2} \\ L_{12} &= N_2 \frac{\mathrm{d}\Phi_{12}}{\mathrm{d}I_1} = N_1 \frac{\mathrm{d}\Phi_{12}}{\mathrm{d}I_2} \end{aligned} \tag{10.17}$$

Deshalb ist immer

$$\begin{aligned} \frac{L_{11}}{N_1} &\geq \frac{L_{12}}{N_2} \\ \frac{L_{22}}{N_2} &\geq \frac{L_{12}}{N_1} \end{aligned} \tag{10.18}$$

Das Gleichheitszeichen gilt für den Grenzfall fester Kopplung; daraus folgt weiter

$$L_{11} \cdot L_{22} \geq L_{12}^2$$

oder in Determinantenschreibweise

$$\begin{vmatrix} L_{11} & L_{12} \\ L_{12} & L_{22} \end{vmatrix} \geq 0 \tag{10.19}$$

mit dem Gleichheitszeichen bei fester Kopplung. Diese erreicht man näherungsweise mit Schleifen in engster nachbarschaftlicher Anodnung. Da aber alle Leiter endliche Abmessungen haben, ist der Grenzfall nicht exakt realisierbar. Es gibt immer Flüsse, die nur mit dem einen oder dem anderen Leiter verkoppelt sind.

Die Kopplung zweier Stromkreise wird durch den dimensionslosen **Kopplungsfaktor**

$$k = \frac{L_{12}}{\sqrt{L_{11} \cdot L_{22}}} \tag{10.20}$$

beschrieben. Bei $k = 0$ ist keine Kopplung vorhanden, der Grenzfall fester Kopplung bedeutet $k = 1$.

Die Unvollkommenheit der Kopplung kennzeichnet auf andere Weise der **Streufaktor**

$$\sigma \;=\; 1 - \frac{L_{12}^2}{L_{11} \cdot L_{22}} \tag{10.21}$$

der mit dem Kopplungsfaktor nach Gl. (10.20) über die Beziehung

$$\sigma \;=\; 1 - k^2 \tag{10.22}$$

zusammenhängt.

Stromdurchflossene Spulen sind Energiespeicher; die Speicherung erfolgt im magnetischen Feld. Eine Drosselspule mit der Selbstinduktion L, die vom Strom i durchflossen wird, hat die Spannung

$$u \;=\; L\,\frac{\mathrm{d}i}{\mathrm{d}t} \tag{10.23}$$

und nimmt die Leistung

$$p \;=\; u \cdot i \;=\; L \cdot i\,\frac{\mathrm{d}i}{\mathrm{d}t} \tag{10.24}$$

auf. Der Energieinhalt einer vom Strom I durchflossenen Spule mit der Induktivität L ist deshalb

$$W_L \;=\; \int_0^{t_I} p\,\mathrm{d}t \;=\; L\int_0^I i\,\mathrm{d}i \;=\; \frac{1}{2}\,L\,I^2 \tag{10.25}$$

Betrachtet man eine Gegeninduktivität L_{12} mit den Strömen i_1 und i_2, die wie in Bild 10.7 gepfeilt seien und sich in ihren magnetischen Wirkungen unterstützen. Dann ergeben sich die beiden Wicklungsspannungen zu

$$u_1 \;=\; u_2 \;=\; L_{12}\left(\frac{\mathrm{d}i_1}{\mathrm{d}t} + \frac{\mathrm{d}i_2}{\mathrm{d}t}\right) \tag{10.26}$$

und die Gesamtleistung als Summe der Wicklungsleistungen

$$p \;=\; u_1 i_1 + u_2 i_2 \;=\; L_{12}(i_1 + i_2)\left(\frac{\mathrm{d}i_1}{\mathrm{d}t} + \frac{\mathrm{d}i_2}{\mathrm{d}t}\right) \tag{10.27}$$

Das Integral

$$W_M \;=\; \int_0^{t_I} p\,\mathrm{d}t \;=\; L_{12}\int_0^{I_1,I_2} (i_1 + i_2)(\,\mathrm{d}i_1 + \mathrm{d}i_2) \tag{10.28}$$

besteht aus vier Summanden

$$W_M = L_{12} \int_0^{I_1, I_2} (i_1 \, di_1 + i_1 \, di_2 + i_2 \, di_1 + i_2 \, di_2) \qquad (10.29)$$

Die beiden mittleren Summanden können nach der Produktregel der Differentialrechnung umgeformt werden und man erhält

$$W_M = L_{12} \int_0^{I_1, I_2} (i_1 \, di_1 + d(i_1 \cdot i_2) + i_2 \, di_2) \qquad (10.30)$$

also

$$W_M = \frac{1}{2} L_{12} (I_1^2 + 2 I_1 I_2 + I_2^2) \qquad (10.31)$$

und schliesslich den Energieinhalt der Gegeninduktivität

$$W_M = \frac{1}{2} L_{12} (I_1 + I_2)^2 \qquad (10.32)$$

Fliessen die Ströme so, dass ihre magnetischen Wirkungen entgegengesetzt gerichtet sind, so tritt in Gl. (10.32) anstelle des Pluszeichens das Minuszeichen. Für die magnetische Energie in Mehrwicklungs-Anordnungen ist immer die Gesamtdurchflutung massgebend; einzelne Ströme können sich gegenseitig kompensieren. Ungeachtet der Grösse der Einzelströme verschwindet bei exakter Kompensation das magnetische Feld und damit auch die Energie W_M. Nur festverkoppelte Spulen gleicher Windungszahl enthalten ausschliesslich magnetische Energie W_M. Im allgemeinen Fall sind weitere Energieanteile in den Selbstinduktivitäten vorhanden, die sich nach Gl. (10.25) bestimmen lassen.

10.5 Berechnung der Selbstinduktion einfacher Spulen

10.5.1 Ringspule

Die Ringspule nach Bild 10.8 zeigt konzentrisch verlaufende Feldlinien im Innern des Ringes, das Äussere ist praktisch feldfrei. Sofern der mittlere Ringdurchmesser R gross gegenüber der Ringdicke b gewählt wird, also $R \gg b$ ist, wird der Betrag der magnetischen Induktion praktisch unabhängig vom Ort im Ringinnern.

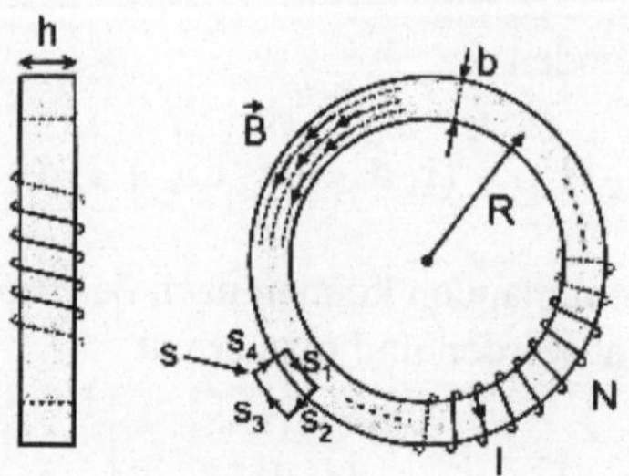

Bild 10.8: Ringspule

Die Ringhöhe sei h, die Windungszahl N und die Stromstärke I.

Wendet man auf die in Bild 10.8 eingezeichnete Leiterschleife das Durchflutungsgesetz an, so erhält man

$$\int_s \vec{H} \cdot \mathrm{d}\vec{s} = H \cdot s_1 \tag{10.33}$$

da auf den Wegen 2 und 4 die Feldlinien von $\vec{H}$ senkrecht auf dem Weg stehen, und auf dem Weg 3 die magnetische Feldstärke null ist. Deshalb liefern diese drei Wege keinen Beitrag zum Integral Gl. (10.33).

Der umschlossene Strom ist

$$\Theta = \frac{N \cdot I \cdot s_1}{2\,\pi \cdot R} \tag{10.34}$$

Gln. (10.33) und (10.34) gleichgesetzt ergeben

$$H = \frac{N \cdot I}{2\,\pi \cdot R} \tag{10.35}$$

und mit der Permeabilität μ wird

$$B = \mu \cdot \frac{N \cdot I}{2\,\pi \cdot R} \tag{10.36}$$

Der Fluss durch die Querschnittsfläche des Ringes $A = b \cdot h$ ist

$$\Phi = B \cdot A = \mu \cdot \frac{N \cdot I}{2\,\pi \cdot R} \cdot A \tag{10.37}$$

Die induzierte Spannung in den N Windungen der Spule ist unter Verwendung der Kettenregel der Differentialrechnung

$$U = N \cdot \frac{\mathrm{d}\Phi}{\mathrm{d}t} = \frac{\mathrm{d}\psi}{\mathrm{d}t} = \frac{\mathrm{d}\psi}{\mathrm{d}I} \cdot \frac{\mathrm{d}I}{\mathrm{d}t} = L \cdot \frac{\mathrm{d}I}{\mathrm{d}t} \quad (10.38)$$

und damit

$$L = \frac{\mathrm{d}\psi}{\mathrm{d}I} = \mu \cdot \frac{N^2}{2\pi \cdot R} \cdot A \quad (10.39)$$

Diese Beziehung gilt, da der Betrag der Induktion im Ringinnern praktisch ortsunabhängig ist, für beliebige Querschnittsformen, beispielsweise auch für einen kreisförmigen oder elliptischen Querschnitt, ungeachtet der speziellen Herleitung für den Rechteckquerschnitt.

10.5.2 Schlanke Zylinderspule

Die Näherung Gl. (10.39) für die Ringspule ist für $b \ll R$ sehr genau. Die Beziehung ändert sich nur unwesentlich, wenn der Ring aufgebogen wird und eine gerade, schlanke Zylinderspule der Länge $\ell = 2\pi R$ betrachtet wird. Es gilt

$$L \approx \mu \cdot \frac{N^2}{\ell} \cdot A \quad (10.40)$$

wobei N wiederum die Windungszahl und A die Querschnittsfläche der Spule darstellt.

10.6 Induktivitäten mit Eisenkreis

Bereits AMPERE hatte erkannt, dass sich durch Eisen die magnetischen Wirkungen des Stromes nachhaltig verstärken. Um die Gesetzmässigkeiten näher kennenzulernen, sei die aufgeschnittene Ringspule nach Bild 10.9 betrachtet. Der Ring besteht jetzt also überwiegend aus Eisen und besitzt einen schmalen Luftspalt der Länge ℓ_L, der Eisenweg sei $\ell_E \approx 2\pi R$. Die Breite des Ringes sei b, die Höhe h.

Die Feldlinien der magnetischen Induktion B verlaufen weiterhin konzentrisch im Innenraum des Ringes und müssen bekanntlich in sich geschlossen sein.

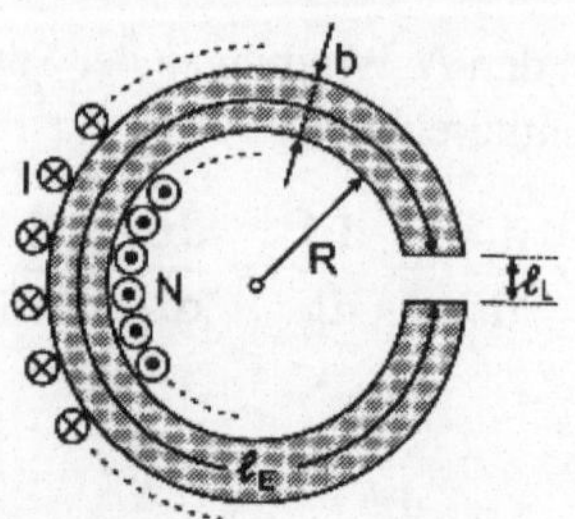

Bild 10.9: Ringspule mit Luftspalt

Damit sind Fluss Φ und Induktion B im Ring praktisch unabhängig vom Ort, also im Eisen- und Luftbereich gleich.

$$B = \frac{\psi}{A \cdot N} \tag{10.41}$$

Die magnetische Feldstärke ist jedoch in der Luft.

$$H_L = \frac{B}{\mu_0} = \frac{\psi}{\mu_0 \cdot A \cdot N} \tag{10.42}$$

und im Eisen

$$H_E = \frac{B}{\mu_0 \cdot \mu_{rE}} = \frac{\psi}{\mu_0 \cdot \mu_{rE} \cdot A \cdot N} \tag{10.43}$$

Der Durchflutungssatz liefert

$$H_L \cdot \ell_L + H_E \cdot \ell_E = N \cdot I$$

oder mit Gln. (10.42) und (10.43)

$$\frac{\psi \cdot \ell_L}{\mu_0 \cdot A \cdot N} + \frac{\psi \cdot \ell_E}{\mu_0 \cdot \mu_{rE} \cdot A \cdot N} = N \cdot I$$

und hieraus erhält man den Gesamtfluss $\psi = N \cdot \Phi$

$$\psi = \frac{\mu_0 \cdot A \cdot N^2 \cdot I}{\ell_L + \dfrac{\ell_E}{\mu_{rE}}} \tag{10.44}$$

Die Induktivität wiederum ist

$$L = \frac{d\psi}{dI} = \frac{\mu_0 \cdot A \cdot N^2}{\ell_L} \cdot \frac{1}{\left(1 + \frac{\ell_E}{\ell_L \cdot \mu_{rE}}\right)} \tag{10.45}$$

Auch wenn der Luftweg ℓ_L üblicherweise klein gegenüber dem Eisenweg ausfällt, so ist bei geeigneten Eisensorten unterhalb der Sättigungsgrenze, also für $B < 1 \ldots 1{,}5$ T, die relative Permeabilität sehr gross:

$$\mu_{rE} \approx 10^4 \ldots 10^5$$

Dann aber wird

$$\frac{\ell_E}{\ell_L \cdot \mu_{rE}} \ll 1$$

und für die Induktivität erhält man einfach

$$L \approx \frac{\mu_0 \cdot A \cdot N^2}{\ell_L} \tag{10.46}$$

Die Durchflutung $N \cdot I$ zur Magnetisierung des Kreises wird also ganz überwiegend vom Luftweg benötigt, während der Durchflutungsbedarf für das Eisen vernachlässigbar klein ausfällt. Analog zu den guten elektrischen Leitern, an denen im Stromkreis nur geringe Spannungsabfälle auftreten, wird für die Eisenwege eines magnetischen Kreises nur eine geringe Durchflutung benötigt. Man sagt auch, Eisen sei ein guter Leiter für den magnetischen Fluss, im Gegensatz zur Luft oder zu unmagnetischen Materialien. Die Durchflutung wird deshalb in Analogie zu den Stromkreisen öfters auch als magnetische Spannung bezeichnet.

10.7 Aufgaben

10.7.1 Abschalten von Gleichstrom

Die grundsätzlichen Probleme beim Abschalten von Gleichströmen lassen sich anhand der Schaltung Bild 10.10 studieren. Im Zeitpunkt $t = 0$ öffnet der Schalter, der Strom $I(0) = I_0$ kann bekanntlich nicht springen mit möglicherweise gefährlichen Konsequenzen für den Schalter. Aus diesem Grunde sieht man für den Schalter eine Schutzbeschaltung vor, die vorübergehend den

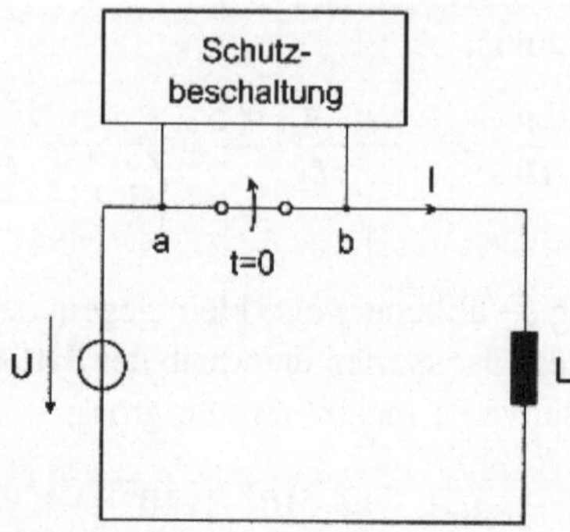

Bild 10.10: Stromkreis mit Schalter und Schutzbeschaltung

Strom übernimmt und die Trennstelle entlastet. Es gibt zahlreiche Varianten derartiger Schutzbeschaltungen.

Beim mechanischen Schalter entsteht an der Trennstelle ein Lichtbogen, der allerdings bei höheren Spannungen und Strömen nicht genügt, um den Strom genügend rasch zu vermindern. Durch konstruktive Massnahmen lässt sich aber erreichen, dass der Lichtbogen von der Trennstelle in eine sogenannte Löschkammer springt, und dort in zahlreiche, in Reihe geschaltete Lichtbögen zwischen den einzelnen Blechen der Löschkammer zerfällt. Die Gesamtspannung U_B der Lichtbögen kann mit guter Näherung als konstant und unabhängig vom Strom angesehen werden. Die Schutzbeschaltung hat die Ersatzschaltung Bild 10.11a.

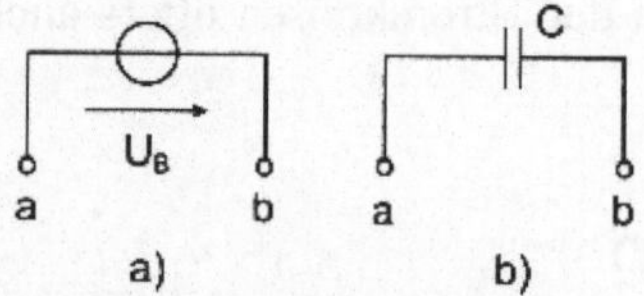

Bild 10.11: Beispiele von Schutzbeschaltungen
a) Lichtbogenstrecke mit konstanter Brennspannung U_B
b) Kondensator

Eine weitere Möglichkeit der Schutzbeschaltung zeigt Bild 10.11b. Der Strom nach der Schaltertrennung wird vom Kondensator C übernommen, L und C bilden einen Schwingkreis; Strom I und Schalterspannung U_C schwingen harmonisch.

Fragen:

1. Eingesetzt sei die Schutzbeschaltung Bild 10.11a. Berechnen Sie den Verlauf des Stromes $I(t)$ für $0 \leq t \leq t_E$; im Zeitpunkt t_E wird $I(t_E)$ null.

2. Wie gross ist die Energie W_B, die in der Schutzbeschaltung umgesetzt wird? Stellen Sie diese Energie bezogen auf die ursprünglich in der Drossel gespeicherte Energie als Funktion von U_B/U übersichtlich in einem Diagramm dar.

3. Beim Abschalten mit Schutzbeschaltung Bild 10.11b verläuft der Strom nach der Funktion $I = I_0 \cos(\omega t) + U\sqrt{C/L} \cdot \sin(\omega t)$, die Kreisfrequenz ω ist aus der Resonanzbedingung $w^2 LC = 1$ bekannt. Nach welcher Zeit wird die Kondensatorspannung maximal und welcher Strom fliesst in diesem Zeitpunkt?

10.7.2 Ringkern mit Gegeninduktivität

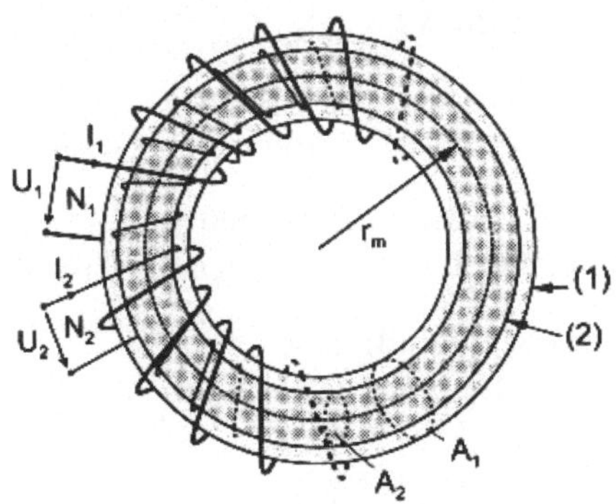

Bild 10.12: Ringkern

Zwei ineinandergeschachtelte Ringkerne (1) und (2) nach Bild 10.12 tragen gleichmässig über dem Umfang verteilt jeweils eine Wicklung mit den Windungszahlen N_1 und N_2. Die Windungsquerschnitte seien A_1 und A_2. Das Magnetfeld des inneren Ringes wird vollständig vom Feldraum des äusseren Ringes umfasst, während ein von der Wicklung des äusseren Ringes erzeugtes Magnetfeld nur teilweise den inneren Ring durchdringt. Die Träger der Wicklungen sind unmagnetisch, haben also $\mu_r = 1$, die Ohmwiderstände der Wicklungen seien vernachlässigbar.

Daten der Anordnung:

Querschnitt des Ringes 1	A_1	=	$4\ \mathsf{cm}^2$
Querschnitt des Ringes 2	A_2	=	$3\ \mathsf{cm}^2$
Mittlerer Radius beider Ringe	r_m	=	$10\ \mathsf{cm}$
Windungszahl des Ringes 1	N_1	=	500
Windungszahl des Ringes 2	N_2	=	1000

Fragen:

1. Es fliesse nur der Strom I_1. Wie gross ist der Fluss Φ_{11} in der Spule (1) und der Fluss Φ_{21} in der Spule (2)?

2. Es fliesse nur der Strom I_2. Wie gross ist der Fluss Φ_{12} in der Spule (1) und der Fluss Φ_{22} in der Spule (2)?

3. Berechnen Sie die Induktivitäten L_{11}, L_{12} und L_{22} allgemein und numerisch, und zeigen Sie, dass $L_{12} = L_{21}$ ist. Wie gross sind Streufaktor σ und Kopplungsfaktor k?

4. An die Wicklung (1) wird die Spannung $U_1 = 10\ \mathsf{V}$ angelegt, die Wicklung (2) sei unbelastet. Bestimmen Sie U_2 und $\mathrm{d}I_1/\,\mathrm{d}t$.

5. An die Wicklung (2) wird die Spannung $U_2 = 10\ \mathsf{V}$ angelegt, die Wicklung (1) sei unbelastet. Bestimmen Sie U_1 und $\mathrm{d}I_2/\,\mathrm{d}t$.

6. Die Wicklungen (1) und (2) lassen sich auf 2 Arten in Serie schalten. Wie gross ist für beide Fälle die Gesamtinduktivität?

11 Wechselgrössen

11.1 Begriffe der Wechselgrössen

Eine physikalische Grösse x verläuft zeitlich periodisch, wenn sich der Zeitverlauf $x(t)$ in konstanten Zeitintervallen der Dauer T fortlaufend wiederholt.

$$x(t) = x(t + \nu T) \tag{11.1}$$

$$\nu = \ldots, -3, -2, -1, 0, 1, 2, 3, \ldots$$

Die Zeit T wird **Periodendauer** oder auch primitive Periode genannt, deren Reziprokwert ist die Frequenz f. Es gilt also

$$f = \frac{1}{T} \tag{11.2}$$

Die Einheit der **Frequenz** ist

$$1\,\frac{1}{\mathrm{s}} = 1\ \mathrm{Hz}\ \ (\mathrm{Hertz}) \tag{11.3}$$

benannt nach H. HERTZ (1857-1894), der zu den grossen Persönlichkeiten der Physik gezählt werden muss. Er war ein brillanter Theoretiker auf den unterschiedlichsten Arbeitsgebieten aber auch ein bedeutender Experimentator. Berühmt wurde er durch den experimentellen Nachweis der elektromagnetischen Wellen im Jahre 1888. Die Einführung einer besonderen Bezeichnung für die Einheit der Frequenz ist zunächst vielfach als unnötig kritisiert und bespöttelt worden[1]. Der Begriff der Frequenz ist heute aber nicht nur für die Fachleute sondern auch für die breite Allgemeinheit von grosser Bedeutung, vor allem durch Funk und Telekommunikation. Deshalb ist ein eigener Einheitenname für die Frequenz durchaus gerechtfertigt.

Den arithmetischen Mittelwert einer physikalischen Grösse, kurz **Mittelwert** genannt,

$$\overline{X} = \frac{1}{T} \int_{t_0}^{t_0+T} x(t)\,\mathrm{d}t \tag{11.4}$$

[1] Der bedeutende Chemiker und Physiker W. NERNST hat in diesem Zusammenhang vorgeschlagen, die Durchflusseinheit Liter pro Sekunde nach dem trinkfesten SHAKESPEARE-Helden mit der Einheit 1 Fallstaff abzukürzen.

Bild 11.1: H. Hertz

bildet man über eine Periode T, wobei dieser Wert unabhängig vom Anfangswert t_0 ist. Auch bei einem ganzzahligen Vielfachen ν ist unverändert

$$\overline{X} = \frac{1}{\nu T} \int_{t_0}^{t_0+\nu T} x(t)\,\mathrm{d}t \qquad (11.5)$$

Ist der Mittelwert $\overline{X} = 0$, so spricht man von einem periodischen Vorgang ohne Gleichanteil, in der Elektrotechnik auch von einer (reinen) Wechselgrösse. Es gibt hiernach Wechselspannungen, Wechselströme und Wechselflüsse, um nur einige Beispiele zu nennen.

Eine weitere, zusammenfassende Grösse eines allgemeinen periodischen Vorganges ist der quadratische zeitliche Mittelwert

$$X = \sqrt{\frac{1}{T} \int_{t_0}^{t_0+T} x^2(t)\,\mathrm{d}t} \qquad (11.6)$$

der auch als **Effektivwert** bezeichnet wird. Häufig findet man hierfür auch die Abkürzungen X_{eff} oder X_{RMS}[2]. Ausgezeichnet vor allen allgemeinen

[2]Englische Abkürzung für «Root Mean Square»

Wechselgrössen sind die harmonischen oder zeitlich sinusförmigen Vorgänge, die der Gleichung

$$x(t) = \hat{x} \cdot \sin\left(\frac{2\pi}{T}t + \varphi\right) \tag{11.7}$$

oder auch

$$x(t) = \hat{x} \cdot \cos\left(\frac{2\pi}{T}t + \psi\right) \tag{11.8}$$

gehorchen. Beide Darstellungen sind äquivalent. Mit

$$\varphi = \psi + \frac{\pi}{2} \tag{11.9}$$

geht Gl. (11.8) aus Gl. (11.7) hervor. Der Ausdruck

$$\omega = \frac{2\pi}{T} = 2\pi f \tag{11.10}$$

bezeichnet die **Kreisfrequenz**. Das Produkt der Kreisfrequenz ω mit der Zeit t führt zur Winkelgrösse der normierten Zeit

$$\tau = \omega \cdot t \tag{11.11}$$

Es sei ausdrücklich darauf hingewiesen, dass für die Kreisfrequenz immer die Einheit $1/\mathsf{s}$ (oder $\mathsf{rad/s}$) verwendet wird, da die Einheit Hz allein für die Frequenz reserviert ist. Die Winkelgrösse τ nach Gl. (11.11) hat gewöhnlich die Einheit rad. Eine sinusförmige Wechselgrösse kann demnach die Darstellung

$$x = \hat{x} \cdot \sin(\omega t + \varphi) \tag{11.12}$$

oder auch

$$x = \hat{x} \cdot \sin(\tau + \varphi) \tag{11.13}$$

besitzen. Bei normierter Zeit ist die normierte Periodendauer der Winkel 2π.

Der Faktor $\hat{x}$ kennzeichnet die **Amplitude** der Schwingung, der Winkel φ die **Phase** gegenüber der Wechselgrösse $x = \hat{x}\,\sin\tau$. Bei positivem Winkel φ spricht man von einer gegenüber der Bezugsgrösse vorauseilenden, bei negativem Winkel von einer nachfolgenden Wechselgrösse.

Der Effektivwert im Fall des sinusförmigen Zeitverlaufes ist nach Gl. (11.6)

$$X = \frac{\hat{x}}{\sqrt{2}} \tag{11.14}$$

man schreibt sehr häufig auch Gl. (11.7) in der Form

$$x(t) = \sqrt{2} \cdot X \cdot \sin(\omega t + \varphi) \tag{11.15}$$

Bild 11.2 zeigt zwei sinusförmige Wechselgrössen als Funktionen der Zeit, wobei $x_2(t)$ gegenüber $x_1(t)$ nachhinkt oder, gleichbedeutend, $x_1(t)$ gegenüber $x_2(t)$ vorauseilt.

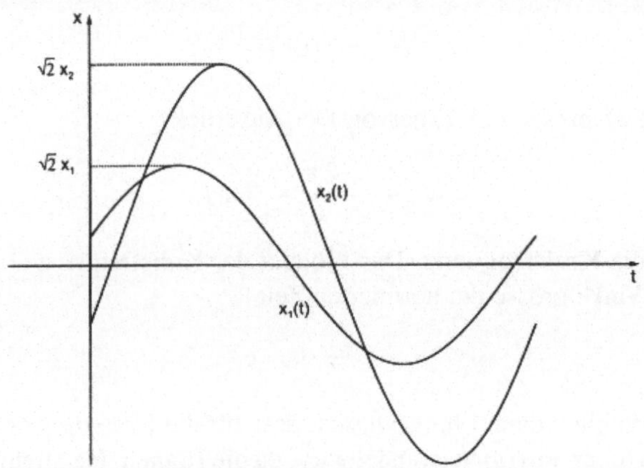

Bild 11.2: Sinusförmige Wechselgrössen

Betrachtet man als Spezialfall

$$x_1(\tau) = \cos\tau \tag{11.16}$$

$$x_2(\tau) = \sin\tau \tag{11.17}$$

so stellt man fest, dass wiederum die Grösse $x_1(\tau)$ der Grösse $x_2(\tau)$ um den Winkel $\pi/2$ vorauseilt, ist doch

$$\cos\tau = \sin\left(\tau + \frac{\pi}{2}\right) \tag{11.18}$$

Eine sinusförmige Wechselgrösse wird durch die Amplitude $\hat{x}$ oder den Effektivwert X gekennzeichnet, gegenüber einer zweiten Wechselgrösse gleicher

Frequenz zusätzlich durch die Lage, also durch den Phasenwinkel φ.

Jede sinusförmige Wechselgrösse lässt sich in der Form

$$x(\tau) = \sqrt{2}\,(A \cdot \cos\tau + B \cdot \sin\tau) \qquad (11.19)$$

darstellen. Zerlegt man beispielsweise Gl. (11.15) nach den Regeln der Trigonometrie, so wird

$$x(\tau) = \sqrt{2}\,(X \cdot \sin\varphi \cdot \cos\tau + X \cdot \cos\varphi \cdot \sin\tau) \qquad (11.20)$$

mit den Abkürzungen

$$A = X \cdot \sin\varphi \qquad (11.21a)$$

$$B = X \cdot \cos\varphi \qquad (11.21b)$$

Umgekehrt erhält man

$$X = \sqrt{A^2 + B^2} \qquad (11.22a)$$

$$\tan\varphi = \frac{A}{B} \qquad (11.22b)$$

bei der Bestimmung von φ ist auf die Wahl des richtigen Zweiges der arctan-Funktion zu achten. Genaueres hierzu ist in Kap. 12.1 ausgeführt.

11.2 Elemente der Wechselstrom-Netzwerke

Die Wechselstromnetzwerke enthalten, wie die Gleichstromnetzwerke, Spannungsquellen, Stromquellen und Widerstände oder Leitwerte. Die Widerstände, in denen der Strom nach Massgabe des OHMschen Gesetzes augenblicklich der Spannung folgt, werden Wirkwiderstände oder auch OHM-Widerstände genannt. Daneben treten Drosselspulen als induktive und Kondensatoren als kapazitive Widerstände auf. Die schaltungstechnische Darstellung der Spannungsquellen, der Stromquellen und Widerstände folgt den Gepflogenheiten der Gleichstromtechnik. Die kennzeichnenden Buchstaben für Ströme und Spannungen werden unterstrichen, um die Wechselgrösse zu charakterisieren. Hinzu kommen die Schaltsymbole für die Induktivität und für die Kapazität. In Bild 11.3 sind die Elemente wie beschrieben zusammengestellt.

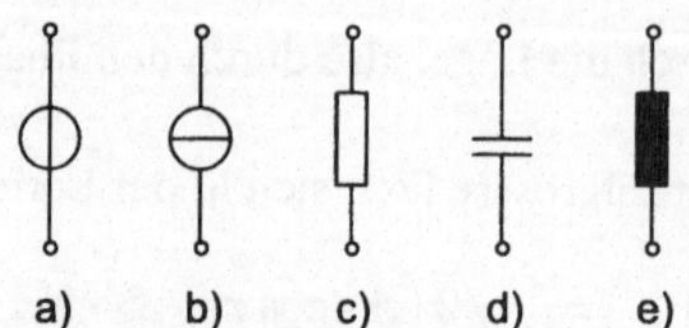

a) Spannungsquelle
b) Stromquelle
c) Widerstand (Leitwert)
d) Kapazität
e) Induktivität

Bild 11.3: Elemente der Wechselstromnetzwerke

Weiterhin ist die korrekte und konsequente Verwendung der Zählpfeile für Spannungen und Ströme geboten.

Gegeben sei eine Spannungsquelle mit der Wechselspannung

$$u(t) \quad = \quad \sqrt{2} \cdot U \cdot \sin(\omega\, t) \tag{11.23}$$

an den Klemmen eines OHM-Widerstandes R. Dann fliesst der phasengleiche Strom

$$i_R(t) \quad = \quad \sqrt{2} \cdot \frac{U}{R} \cdot \sin(\omega\, t) \tag{11.24}$$

Schliesst man hingegen einen Kondensator mit der Kapazität C an, so wird wegen

$$\begin{aligned} i_C &= C \cdot \frac{\mathrm{d}U_C}{\mathrm{d}t} \\ i_C(t) &= \sqrt{2} \cdot \omega\, C \cdot U \cdot \cos(\omega\, t) = \sqrt{2} \cdot I_C \cdot \cos(\omega\, t) \\ &= \sqrt{2} \cdot I_C \cdot \sin\left(\omega\, t + \frac{\pi}{2}\right) \end{aligned} \tag{11.25}$$

Der Strom eilt der Spannung um $\varphi = \pi/2$ voraus und hat den Betrag

$$I_C \quad = \quad \omega \cdot C \cdot U \tag{11.26}$$

Man spricht in diesem Zusammenhang auch vom kapazitiven Widerstand

$$\frac{U}{I_C} \quad = \quad X_C = \frac{1}{\omega\, C} \tag{11.27}$$

Für die Induktivität gilt

$$u_L = L \cdot \frac{\mathrm{d}i_L}{\mathrm{d}t} \tag{11.28}$$

Wird diese an die Spannungsquelle angeschlossen, so ist

$$i_L = \frac{1}{L} \int u_L \,\mathrm{d}t + i_H \tag{11.29}$$

oder

$$\begin{aligned} i_L(t) &= -\sqrt{2} \cdot \frac{U}{\omega L} \cdot \cos(\omega t) + i_H \\ &= -\sqrt{2} \cdot I_L \cdot \cos(\omega t) + i_H \\ &= \sqrt{2} \cdot I_L \cdot \sin\left(\omega t - \frac{\pi}{2}\right) + i_H \end{aligned} \tag{11.30}$$

Der Strom folgt der Spannung um $\varphi = \pi/2$ verzögert und hat den Betrag

$$I_L = \frac{U}{\omega L} \tag{11.31}$$

Der induktive Widerstand ist

$$\frac{U}{I_L} = X_L = \omega L \tag{11.32}$$

Nun ist natürlich noch der Wert i_H zu bestimmen, der einem konstanten Gleichstrom entspricht. Wird im Zeitpunkt $t = t_0$ die zuvor stromlose Drosselspule an die Spannungsquelle angeschlossen, so ist $i_L(t_0) = 0$. In Gl. (11.30) eingesetzt ist

$$-\sqrt{2} \cdot \frac{U}{\omega L} \cdot \cos(\omega t_0) + i_H = 0 \tag{11.33}$$

oder

$$i_H = \sqrt{2} \cdot \frac{U}{\omega L} \cdot \cos(\omega t_0) \tag{11.34}$$

Der Wert i_H hängt vom Schaltzeitpunkt ab und kann einen beliebigen Wert zwischen den Grenzen

$$-\sqrt{2} \cdot \frac{U}{\omega L} \le i_H \le \sqrt{2} \cdot \frac{U}{\omega L} \tag{11.35}$$

annehmen. Im ungünstigsten Fall überlagern sich der Wechselstrom und der Gleichstrom i_H zur doppelten Stromamplitude. Allerdings ist i_H nur bei einer idealen Spannungsquelle und einer idealen Drossel unveränderlich, bei realen Spannungsquellen und Drosseln klingt der Strom mit der Zeit ab, häufig innerhalb weniger Perioden oder gar innerhalb von Bruchteilen einer Periode der treibenden Wechselspannung. Die Behandlung dieser Erscheinung geschieht in der Theorie der Ausgleichsvorgänge. In der Theorie der Wechselstromnetzwerke des stationären Betriebszustandes werden diese Ausgleichsvorgänge nicht beachtet, im Folgenden wird durchweg

$$i_H = 0 \tag{11.36}$$

angenommen. Man sagt auch, das betrachtete Netzwerk sei im eingeschwungenen Zustand, um anzudeuten, dass man alle Ausgleichsvorgänge als abgeklungen ansieht. Dann sind alle Ströme und Spannungen reine Wechselgrössen der Frequenz f.

Man kann sich die Frage stellen, warum bei der Untersuchung des Wechselstromverhaltens des Kondensators das Problem des Ausgleichsvorgangs nicht in Erscheinung trat: Der Kondensator ist wie die Drosselspule ein Energiespeicher. Die Energie eines Speichers kann nicht springen. Beim Kondensator kann also die Spannung U_C und in der Drosselspule der Strom I_L sich nicht sprungartig verändern, denn die augenblickliche Leistung müsste sonst unendlich sein. Hätte man das Verhalten des Kondensators mit dem eingeprägten Wechselstrom I_C studiert, wie es nach dem eben Gesagten die angemessenere Vorgehensweise gewesen wäre, so hätte eine Gleichspannung u_H als Integrationskonstante eingeführt werden müssen. Im eingeschwungenen Zustand wird aber $u_H = 0$.

11.3 Zeigerdiagramme

Die Wechselgrössen in einem elektrischen Netzwerk haben alle dieselbe Frequenz, aber unterschiedliche Phasenlagen und Amplituden. Um nun zwei Wechselgrössen

$$a_1 = \sqrt{2} \cdot A_1 \cdot \sin(\omega t + \varphi_1) \tag{11.37}$$

$$a_2 = \sqrt{2} \cdot A_2 \cdot \sin(\omega t + \varphi_2) \tag{11.38}$$

zusammenzusetzen, zerlegt man die beiden Ausdrücke in

$$a_1 = \sqrt{2} \cdot A_1 \cdot \cos\varphi_1 \sin(\omega\, t) + \sqrt{2} \cdot A_1 \cdot sin\varphi_1 \cos(\omega\, t) \quad (11.39)$$

$$a_2 = \sqrt{2} \cdot A_2 \cdot \cos\varphi_2 \sin(\omega\, t) + \sqrt{2} \cdot A_2 \cdot sin\varphi_2 \cos(\omega\, t) \quad (11.40)$$

und fasst zusammen:

$$\begin{aligned} a &= a_1 + a_2 \\ &= \sqrt{2} \cdot (A_1 \cdot \cos\varphi_1 + A_2 \cdot \cos\varphi_2) \cdot \sin(\omega\, t) \quad (11.41) \\ &+ \sqrt{2} \cdot (A_1 \cdot \sin\varphi_1 + A_2 \cdot \sin\varphi_2) \cdot \cos(\omega\, t) \end{aligned}$$

Diese Ausdrücke können geometrisch interpretiert werden, wie Bild 11.4 zeigt.

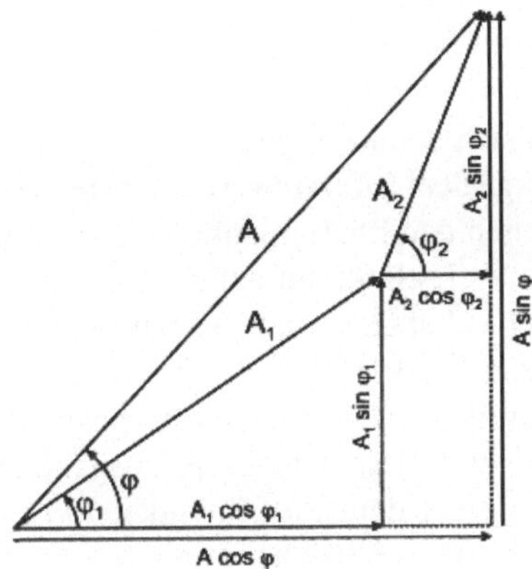

Bild 11.4: Geometrisch-konstruktive Methode zur Addition zweier Wechselgrössen

Trägt man einen Zeiger der Länge A_1 gegenüber der Abszisse um den Winkel φ_1 geneigt auf, so entspricht die Projektion auf die Ordinate dem Anteil der Sinusschwingung und die Projektion auf die Abszisse dem Anteil der Kosinusschwingung der zerlegten Schwingung a_1. Entsprechend zerlegt man den der Grösse a_2 entsprechenden Zeiger der Länge A_2. Die Zusammensetzung nach Gl. (11.41), dargestellt in Bild 11.4 liefert dann

$$a = \sqrt{2} \cdot A \cdot \sin(\omega\, t + \varphi) \quad (11.42)$$

Da häufig nur die gegenseitige Zuordnung der Wechselgrössen interessiert, kann das Zeigerdiagramm vereinfacht nach Bild 11.5 gezeichnet werden, wobei der gewählte Bezugszeiger, hier beispielsweise $\underline{A}_1$, willkürlich in der Ebene orientiert sein darf. Die Zeiger der Wechselgrössen werden durch Unterstreichen zweckmässig bezeichnet.

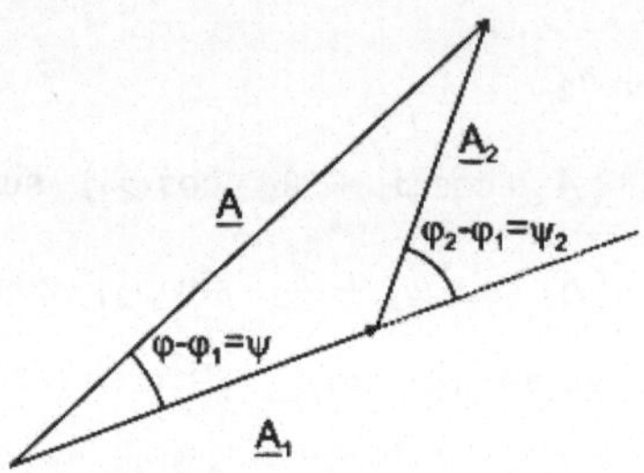

Bild 11.5: Vereinfachte Darstellung des Zeigerdiagrammes

Wechselgrössen lassen sich demnach geometrisch durch Vektoren in der Ebene darstellen, deren Länge dem Effektivwert und deren Orientierung gegenüber einem Bezugsvektor durch den Phasenwinkel bestimmt wird. Für die Summe oder Differenz zweier Wechselgrössen gelten die Regeln für die Vektoraddition. Der Summenvektor charakterisiert die Summenschwingung, die Länge entspricht wiederum dem Effektivwert und die Orientierung der Phasenlage. Den Vektor einer vorauseilenden Wechselgrösse gegenüber einer Bezugsgrösse kennzeichnet ein positiver Lagewinkel ψ, ausgehend vom Bezugsvektor. Dieser Lagewinkel entspricht dem Phasenwinkel zwischen beiden Wechselgrössen. Um begriffliche Verwechslungen mit den räumlichen Vektoren der Elektrotechnik zum Beispiel den Vektoren der elektrischen Feldstärke, der Induktion oder anderen zu vermeiden, bezeichnet man die Vektoren der Wechselgrössen als Zeiger[3]. Es gibt Eiferer, die die Verwendung des Wortes Vektor für eine Wechselgrösse als unverzeihlichen Fehler brandmarken. Sachlich liegt der Zeigerdarstellung die Abbildung einer Zeitfunktion aus dem Funktionenraum in den zweidimensionalen Vektorraum zugrunde. Es ist daher zweckmässig, den Begriff Zeiger für ebendiese zweidimensionalen Vektoren zu verwenden, die aus einer Abbildung einer Zeitfunktion resultieren und die zwei-, drei- und mehrdimensionalen Grössen der Geometrie und Feldtheorie als Vektoren zu bezeichnen.

---

[3]Engl.: Phasor

11.4 Einfache Wechselstromnetzwerke

Die Eigenschaften der Wechselstromwiderstände sind in der folgenden Tabelle nochmals zusammengefasst.

Symbol			
Widerstand	$X_R = R$	$X_C = \dfrac{1}{\omega C}$	$X_L = \omega L$
Leitwert	$Y_R = G = \dfrac{1}{R}$	$Y_C = \omega C$	$Y_L = \dfrac{1}{\omega L}$
$\angle$ UI	0	$\pi/2$	$-\pi/2$
$\angle$ IU	0	$-\pi/2$	$\pi/2$

Auch in Wechselstromkreisen gelten die Maschen- und Knotenregel in jedem Augenblick. Beide Regeln lassen sich, wie später noch bewiesen wird, auch auf Spannungs- und Stromzeiger anwenden, doch dann sind die Addition und Subtraktion geometrisch, also nach den Vorschriften der Vektorrechnung durchzuführen. Mit Hilfe der Zeigerdiagramme lassen sich einfache Netzwerke analysieren und gegebenenfalls auch mit Hilfe der ebenen Trigonometrie berechnen. Solche Rechnungen werden aber nur in Ausnahmefällen durchgeführt, da für die analytische Behandlung von Wechselstromnetzen leistungsfähigere Methoden existieren. Die Zeigerdiagramme sind jedoch ein sehr anschauliches Mittel, um die Betrags- und Phasenbeziehungen in Wechselstromnetzwerken anschaulich darzustellen.

Als erstes Beispiel sei nach Bild 11.6 die Reihenschaltung eines Widerstandes mit einer Induktivität untersucht.
Nach der erweiterten Maschenregel ist

$$U = U_R + U_L \tag{11.43}$$

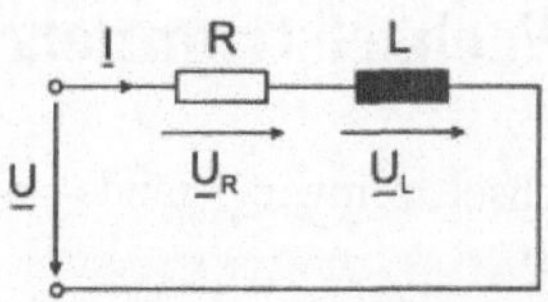

Bild 11.6: Einfacher Wechselstromkreis

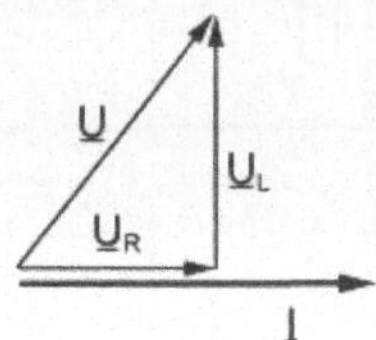

Bild 11.7: Zeigerdiagramm zur Schaltung Bild 11.6

Es ist weiterhin

$$U_R = I \cdot R \tag{11.44}$$

$$U_L = I \cdot \omega L \tag{11.45}$$

wobei U_L dem Strom I gegenüber und damit auch gegenüber U_R um $\pi/2$ vorauseilt. Damit erhält man das Zeigerdiagramm Bild 11.7.
Sofern der Strom $\underline{I}$ gegeben ist, können unmittelbar nach Bild 11.7 die Spannungen $\underline{U}_R$,$\underline{U}_L$ und $\underline{U}$ nach Betrag und Phasenzuordnungen angegeben werden. Ist hingegen die Spannung $\underline{U}$ gegeben, so ist mit einer Hilfskonstruktion für einen angenommenen Strom $\underline{I}_H$ zunächst $\underline{U}_{RH}$, $\underline{U}_{LH}$ und $\underline{U}_H$ zu bestimmen. Schliesslich gewinnt man mit der Konstruktion nach Bild 11.8 die definitiven Werte $\underline{I}_R$, $\underline{I}_L$ und $\underline{I}$. In der Praxis vermeidet man natürlich die Konstruktion ähnlicher Dreiecke wie in Bild 11.8 gezeigt und passt einfach den Zeichenmassstab für Spannungen und Ströme entsprechend an. Ein weiteres Beispiel nach Bild 11.9 möge dies verdeutlichen.
Hier beginnt man mit $\underline{U}_2$ und rechnet die Ströme

$$I_R = \frac{U_2}{R} \tag{11.46}$$

$$I_C = U_2 \cdot \omega C \tag{11.47}$$

aus. Diese werden vektoriell addiert und ergeben $\underline{I}_L$. Die Spannung

$$U_L = \omega L \cdot I_L \tag{11.48}$$

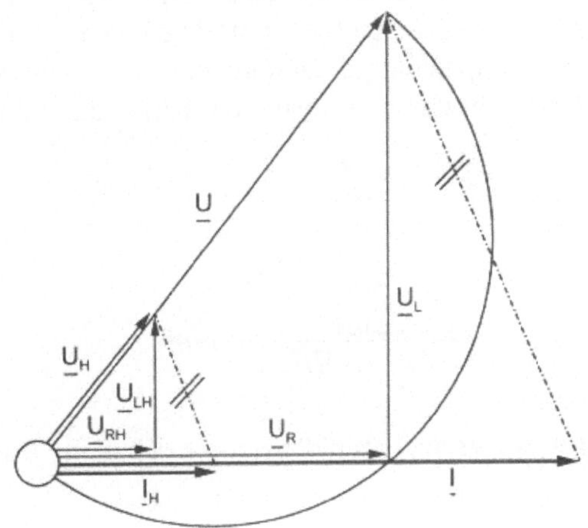

1. Hilfskonstruktion

   $U_{LH} = I_H \, \omega L$

   $U_{RH} = I_H \, R$ $\longrightarrow$ $\underline{U}_H$ Verlängerung $\underline{U}$

2. Thaleskreis über $\underline{U}$

   Verlängerung $\underline{U}_{RH}$ $\longrightarrow$ $\underline{U}_R$

3. Verlängerung von $\underline{I}_H$ $\longrightarrow$ $\underline{I}$

   mit Hilfe der parallelen Hilfslinien

   durch die Spitzen der Spannungszeiger $\underline{U}_H$ und $\underline{U}$

Bild 11.8: Konstruktion des Zeigerdiagrammes für die Schaltung bei gegebener Spannung $\underline{U}$

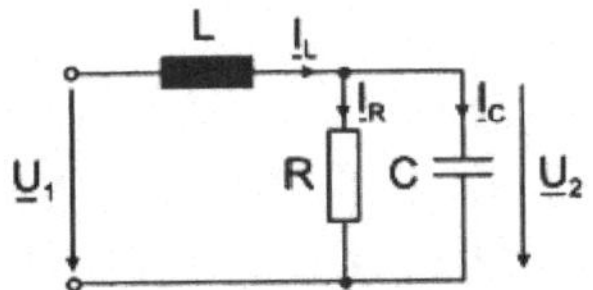

Bild 11.9: Schaltungsbeispiel

die den Strom I_L um $\pi/2$ vorauseilt, wird dann zur Spannung $\underline{U}_2$ vektoriell addiert. Das Zeigerdiagramm zeigt Bild 11.10. Die Zeigerdiagramme zerfallen in je ein Strom- und ein Spannungsdiagramm, die meist ineinander gezeichnet werden, zweckmässig aber durch Strichart oder Farbe unterschieden werden.

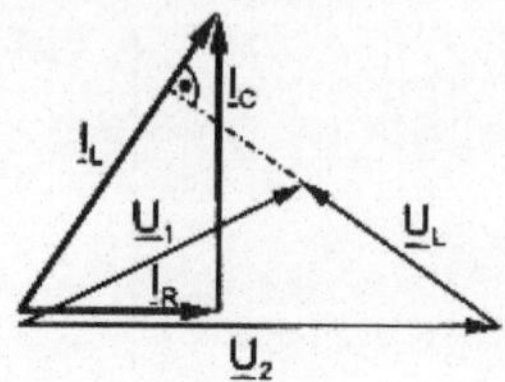

Bild 11.10: Zeigerdiagramm der Beispielschaltung Bild 11.9

11.5 Aufgaben

11.5.1 Anpassung von Verbrauchern an ein Netz

Eine immer wiederkehrende Aufgabe besteht darin, einen elektrischen Verbraucher mit der Nennspannung U_n aus einer Quelle zu versorgen, deren Spannung U nicht mit U_n übereinstimmt. Ist $U > U_n$, so hat man verschiedene Möglichkeiten, Glühlampen mit zum Beispiel $U_n = 115$ V aus dem Netz mit $U = 230$ V, 50 Hz, zu versorgen (siehe Bild 11.11).

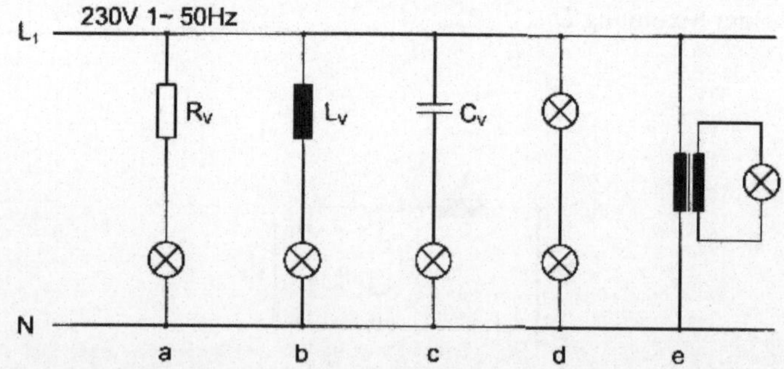

Bild 11.11: Möglichkeiten zur Anpassung eines 115 V-Verbrauchers an ein 230 V-Netz

In dieser Aufgabe soll die Lösung Bild 11.11e mit einem Transformator, die auch für $U_n > U$ möglich ist, nicht weiter betrachtet werden.

Fragen:

1. Bei der Reihenschaltung zweier Lampen gleicher Leistung nach Bild 11.11d erreicht man selten, dass beide mit gleicher Helligkeit brennen. Erklären Sie diese Beobachtung.

2. Dimensionieren Sie die Schaltung Bild 11.11a, b, c für eine Glühlampe 115 V, 100 W.

3. Die Glühlampen seien Wirkverbraucher mit dem Widerstand R. Ermitteln Sie für die Fälle Bild 11.11a, b, c die relative Stromänderung $\mathrm{d}I/I$ als Funktion der relativen Widerstandsänderung $\mathrm{d}R/R$. Diskutieren Sie das Ergebnis.

4. Es wird vorgeschlagen, mit Hilfe einer Diode in Reihe zur Glühlampe diese nur mit einer Halbschwingung der Spannung U pro Periode zu versorgen; beim praktischen Versuch brennt die Lampe allerdings durch. Wäre dieses Ergebnis vorhersehbar gewesen? Erläutern Sie das Versuchsergebnis.

11.5.2 Modulation von Wechselgrössen

Wird nach Bild 11.12 eine Wechselgrösse x_1 mit einer zweiten Grösse x_2 multipliziert, so entsteht die modulierte Wechselgrösse x_3.

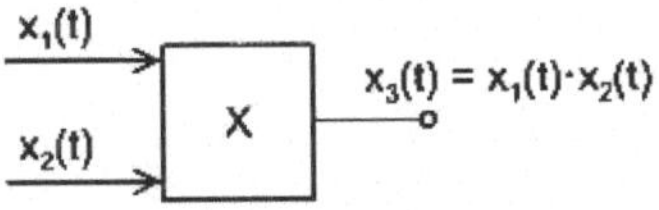

Bild 11.12: Modulation zweier Wechselgrössen

Solche Modulationen und auch der inverse Prozess, die Demodulation, bei der $x_2(t)$ aus $x_3(t)$ zurückgewonnen wird, spielen in allen Zweigen der Elektrotechnik eine grosse Rolle. Zur Demodulation benötigt man die als Träger bezeichnete Wechselgrösse $x_1(t)$.

Fragen:

1. Die Trägerfunktion sei $x_1(t) = \widehat{x}_1 \sin(\omega_1 t)$, die modulierende Funktion $x_2(t) = \widehat{x}_2 \sin(\omega_2 t - \varphi)$. Geben Sie die Amplituden und Phasen der in x_3 enthaltenen Wechselgrössen an.
2. Zeigen Sie, dass mit Hilfe einer zweiten Modulation der jeweils um $\pi/2$ phasenverschobenen Wechselgrössen x_1^c und x_2^c sich die Teilkomponenten in x_3 trennen lassen.
3. Zeigen Sie, wie mit Hilfe der Modulation eine Phasenmessung möglich ist. Diese Messung soll den Betrag und das Vorzeichen von φ liefern.

12 Komplexe Berechnung von Wechselstromkreisen

12.1 Komplexe Zahlen

Die komplexen Zahlen sind eine Erweiterung der reellen Zahlen, dargestellt als Zahlenpaar in der Form

$$\underline{z} = a + j \cdot b \tag{12.1}$$

Hierbei wird a als **Realteil** $Re(\underline{z})$, b als **Imaginärteil** $Im(\underline{z})$ der komplexen Zahl bezeichnet. Die imaginäre Einheit gehorcht der Beziehung

$$j^2 \quad = \quad -1 \tag{12.2}$$

Anschaulich lässt sich die komplexe Zahl nach Bild 12.1 in der **komplexen Zahlenebene** darstellen; es ist üblich, den Realteil als Abszisse, den Imaginärteil als Ordinate zu wählen.

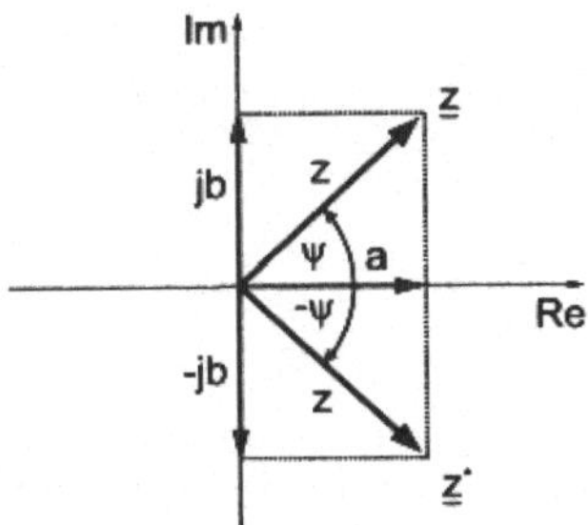

Bild 12.1: Darstellung der komplexen und der zu ihr konjugiert komplexen Zahl in der komplexen Zahlenebene

Die komplexen Zahlen sind Punkte in der Zahlenebene; der vom Koordinatenursprung ausgehende Pfeil zur komplexen Zahl wird Zeiger genannt und ebenfalls mit dem unterstrichenen Buchstaben $\underline{z}$ bezeichnet. Seine Länge, der **Betrag** der komplexen Zahl oder des Zeigers ist

$$z = |\underline{z}| = +\sqrt{a^2 + b^2} \qquad (12.3)$$

Mit Hilfe des Winkels ψ ist die komplexe Zahl in trigonometrischer Form darstellbar

$$\underline{z} = z \cdot (\cos\psi + j \cdot \sin\psi) \qquad (12.4)$$

Man bezeichnet den Ausdruck in der Klammer **Richtungsfaktor**. Die $\underline{z}$ zugeordnete Zahl $\underline{z}^*$ mit gleichem Realteil und vertauschtem Vorzeichen des Imaginärteils heisst die zu $\underline{z}$ **konjugiert komplexe Zahl**, sie erscheint in der Zahlenebene an der reellen Achse gespiegelt.

Die komplexen Zahlen gehorchen, unter Berücksichtigung der Gl. (12.2), den bekannten Rechenregeln der Algebra.

Zwei komplexe Zahlen $\underline{z}_1$ und $\underline{z}_2$ werden addiert oder subtrahiert, indem man gesondert die Summe oder Differenz von Realteil und Imaginärteil bildet.

$$\underline{z}_1 + \underline{z}_2 = a_1 + a_2 + j \cdot (b_1 + b_2) \qquad (12.5)$$

$$\underline{z}_1 - \underline{z}_2 = a_1 - a_2 + j \cdot (b_1 - b_2) \qquad (12.6)$$

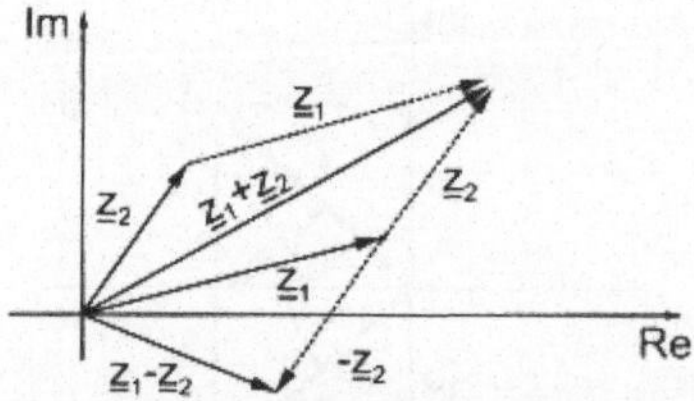

Bild 12.2: Summe und Differenz zweier komplexer Zahlen

In der komplexen Ebene wird nach Bild 12.2 die Summe und die Differenz durch geometrische Addition oder Subtraktion nach dem Vorbild der Vektorrechnung in der Ebene anschaulich dargestellt. Für die Multiplikation zweier komplexer Zahlen erhält man

$$\underline{z}_1 \cdot \underline{z}_2 = a_1 \cdot a_2 - b_1 \cdot b_2 + j \cdot (a_1 \cdot b_2 + a_2 \cdot b_1) \qquad (12.7)$$

und für die Division

$$\frac{\underline{z}_1}{\underline{z}_2} = \frac{\underline{z}_1 \cdot \underline{z}_2^*}{\underline{z}_2 \cdot \underline{z}_2^*} = \frac{a_1 \cdot a_2 + b_1 \cdot b_2 - j \cdot (a_1 \cdot b_2 - a_2 \cdot b_1)}{a_2^2 + b_2^2} \tag{12.8}$$

Hierbei wurde die Beziehung

$$\underline{z} \cdot \underline{z}^* = |\underline{z}|^2 = z^2 \tag{12.9}$$

benutzt. Mit Hilfe der konjugiert komplexen Zahl $\underline{z}^*$ lassen sich auch Real- und Imaginärteil darstellen

$$Re(\underline{z}) = \frac{\underline{z} + \underline{z}^*}{2} \tag{12.10}$$

$$j \cdot Im(\underline{z}) = \frac{\underline{z} - \underline{z}^*}{2} \tag{12.11}$$

Die Darstellung von $\underline{z}$ nach Gl. (12.4) mit Hilfe des Betrages z und des Winkels ψ steht in direktem Zusammenhang mit der Exponentialfunktion; es gilt die EULER-Beziehung[1]

$$e^{j \cdot \psi} = \cos\psi + j \cdot \sin\psi \tag{12.12}$$

hiernach ist die komplexe Zahl auch darstellbar als

$$\underline{z} = z \cdot e^{j \cdot \psi} \tag{12.13}$$

Mit Hilfe der konjugiert komplexen Zahl

$$\underline{z}^* = z \cdot e^{-j \cdot \psi}$$

und den Gln. (12.10) und (12.11) erhält man für Real- und Imaginärteil

$$Re(\underline{z}) = z \cdot \frac{e^{j \cdot \psi} + e^{-j \cdot \psi}}{2} \tag{12.14}$$

$$Im(\underline{z}) = z \cdot \frac{e^{j \cdot \psi} - e^{-j \cdot \psi}}{2 \cdot j} \tag{12.15}$$

und für $z = 1$ die Umkehrung von Gl. (12.12)

$$\cos\psi = \frac{e^{j \cdot \psi} + e^{-j \cdot \psi}}{2} \tag{12.16}$$

$$\sin\psi = \frac{e^{j \cdot \psi} - e^{-j \cdot \psi}}{2 \cdot j} \tag{12.17}$$

[1] Nach L. EULER (1707-1783) schweiz. Mathematiker

Die Bestimmung des Betrages z aus Realteil und Imaginärteil erfolgt nach Gl. (12.3), für den Winkel gilt

$$\tan\psi = \frac{Im(\underline{z})}{Re(\underline{z})} = \frac{b}{a} \tag{12.18}$$

Bei der Bestimmung von ψ ist auf die Wahl des richtigen Zweiges der unendlich vieldeutigen Arcustangens-Funktion zu achten[2]. Die nachstehende Tabelle gibt eine Übersicht über alle Fälle und Grenzfälle

$Re\backslash Im$	$b < 0$	$b = 0$	$b > 0$
$a > 0$	$\psi = \arctan\frac{b}{a}$	$\psi = 0$	$\psi = \arctan\frac{b}{a}$
$a = 0$	$\psi = -\frac{\pi}{2}$	unbestimmt	$\psi = \frac{\pi}{2}$
$a < 0$	$\psi = \arctan\frac{b}{a} - \pi$	$\psi = \pm\pi$	$\psi = \arctan\frac{b}{a} + \pi$

Die Multiplikation und Division komplexer Zahlen wird besonders bequem in der Betrag- Winkeldarstellung. Hiernach ist

$$\underline{z}_1 \cdot \underline{z}_2 = z_1 \cdot z_2 \cdot e^{j\,(\psi_1+\psi_2)} \tag{12.19}$$

$$\frac{\underline{z}_1}{\underline{z}_2} = \frac{z_1}{z_2} \cdot e^{j\,(\psi_1-\psi_2)} \tag{12.20}$$

In der komplexen Zahlenebene Bild 12.3 erkennt man anschaulich, wie eine komplexe Zahl z_1 multipliziert mit z_2 um den Winkel ψ_2 gedreht und auf die Länge $z_1 \cdot z_2$ gestreckt wird; die Multiplikation wird deshalb auch Operation der **Drehstreckung** genannt.

Die Multiplikation einer komplexen Zahl $\underline{z}$ mit der imaginären Einheit j dreht den zugehörigen Zeiger um den Winkel $\pi/2$. Es gilt zudem

$$\frac{1}{j} = -j \tag{12.21}$$

Eine Division durch j entspricht einer Zeigerdrehung um den Winkel $-\pi/2$.

---

[2]Unter $\Phi = \arctan z$ versteht man den eindeutigen Hauptwert der Arcustangensfunktion im Bereich $-\pi/2 < \Phi < \pi/2$. Die Schreibweise für die gesamte, alle Zweige umfassende Funktion ist uneinheitlich; empfehlenswert ist $\Phi = Arctan\ z$ (nach ABRAMOWITZ/STEGUN: *Handbook of Mathematical Functions*, DOVER Publications, Inc., New York)

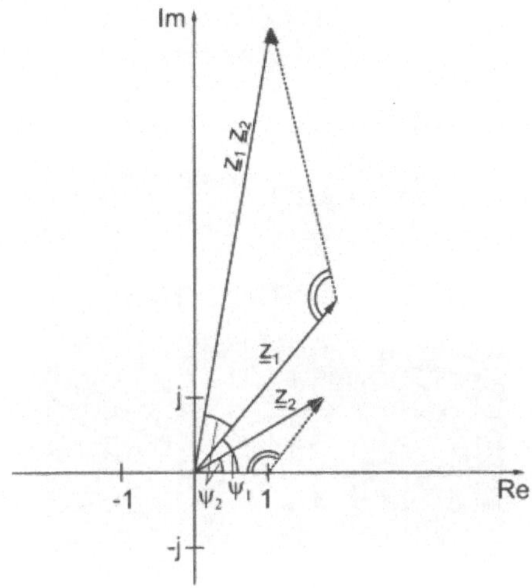

Bild 12.3: Multiplikation zweier komplexer Zahlen als Drehstreckung

12.2 Darstellung von Wechselgrössen in der komplexen Zahlenebene

Die komplexen Zahlen sind ein leistungsfähiges und einfaches Hilfsmittel für die Behandlung von Schwingungsvorgängen im stationären Zustand. Die Behandlung von Netzwerkaufgaben der Wechselstromtechnik mit Hilfe der komplexen Rechnung gehört zum Grundlagenwissen des Elektroingenieurs. Die Methode, harmonische Wechselgrössen durch komplexe Zahlen oder durch Zeiger in der komplexen Zahlenebene darzustellen, geht auf C.P. STEINMETZ (1865-1923) zurück.
Er war neben TESLA, FERRARIS[3] und DOLIWO DOBROWOLSKI[4] ein bedeutender Pionier der Wechsel- und Drehstromtechnik.

Nach Gl. (12.12) mit $\psi = \omega \cdot t$ erhält man

$$\underline{z}_a = z_a \cdot e^{j\,\omega\,t} = z_a \cdot (\cos(\omega\,t) + j \cdot \sin(\omega\,t)) \qquad (12.22)$$

[3]G. FERRARIS (1847-1897) ital. Physiker

[4]M. v. DOLIWO DOBROWOLSKI (1862-1919) dt.-russ. Ingenieur

Bild 12.4: C.P. Steinmetz

Eine Sinusschwingung ist demnach als Imaginärteil, eine Kosinusschwingung als Realteil einer komplexen Zahl darstellbar. Der Zeiger $\underline{z}_a$ rotiert in der komplexen Zahlenebene mit konstanter Winkelgeschwindigkeit. Die gegenüber den Schwingungen Gl. (12.22) um den Winkel φ voreilenden Schwingungen lassen sich durch die komplexe Grösse

$$\underline{z}_b = z_b \cdot e^{j(\omega t + \varphi)} = z_b \cdot (\cos(\omega t + \varphi) + j \cdot \sin(\omega t + \varphi)) \qquad (12.23)$$

darstellen. In einem Netzwerk ist es nun meistens gar nicht wesentlich, ob die Bezugsgrösse eine Sinus-, phasenverschobene Sinus-, Kosinus- oder phasenverschobene Kosinusschwingung ist. Vielmehr ist allein entscheidend, welche Beträge die einzelnen Wechselgrössen im Netzwerk haben, und in welcher Phasenlage sie zueinander stehen. Stellt man alle Wechselgrössen als Zeiger in der komplexen Ebene zusammen, so laufen alle mit derselben Kreisfrequenz um, die einzelnen Zeiger behalten jedoch ihre Grösse und ihre gegenseitige relative Lage. Man kann daher ein mit der Winkelgeschwindigkeit ω umlaufendes Bezugskoordinatensystem einführen, dem gegenüber die umlaufenden Zeiger in Ruhe verharren. Der Bezug auf dieses umlaufende Koordinatensystems entspricht der Multiplikation aller umlaufenden Zeiger mit dem Faktor $e^{-j\omega t}$.

Es wird also

$$\underline{z}_{a0} = \underline{z}_a \cdot e^{-j\,\omega\,t} = z_a \tag{12.24}$$

$$\underline{z}_{b0} = \underline{z}_b \cdot e^{-j\,\omega\,t} = z_b \cdot e^{j\,\varphi} \tag{12.25}$$

$\underline{z}_{b0}$ ist also hiernach ein Zeiger, der dem Zeiger $\underline{z}_{a0}$ um den Winkel φ vorauseilt. Damit besitzt man eine einfache Möglichkeit, Betrags- und Phasenzuordnungen durch komplexe Zahlen darzustellen.

Die Zusammenhänge zwischen Spannungen und Strömen bei den drei Grundelementen der Wechselstromkreise sind

$$\begin{array}{ll} U_R = R \cdot I & \angle IU = 0 \\ U_L = \omega\, L \cdot I & \angle IU = \pi/2 \\ U_C = I/(\omega\, C) & \angle IU = -\pi/2 \end{array}$$

Nach dem zuvor Gesagten kann einfacher geschrieben werden

$$\begin{aligned} \underline{U}_R &= R \cdot \underline{I} \\ \underline{U}_L &= \omega\, L \cdot I \cdot e^{j \cdot \pi/2} \\ \underline{U}_C &= \frac{\underline{I}}{\omega\, C} \cdot e^{-j \cdot \pi/2} \end{aligned}$$

Nach Gl. (12.12) ist $e^{j\,\pi/2} = j$ und $e^{-j\,\pi/2} = 1/j$, also ist

$$\begin{aligned} \underline{U}_R &= R \cdot \underline{I} \\ \underline{U}_L &= j\omega\, L \cdot \underline{I} \\ \underline{U}_C &= \frac{\underline{I}}{j\omega\, C} \end{aligned} \tag{12.26}$$

Die Gln. (12.26) stellen das ins Komplexe erweiterte OHM-sche Gesetz mit dem Wirkwiderstand R und den beiden Blindwiderständen $j\omega L$ und $1//j\omega C)$ dar. Maschen- und Knotenregel, deren Erweiterung auf Wechselstromnetzwerke im Kap. 13.2 studiert wird, gelten unabhängig von den Eigenschaften der Zweigelemente, so dass die für Gleichstromnetzwerke entwickelten Methoden zur Netzwerksberechnung auf komplexe Widerstände und Leitwerte direkt erweiterbar sind.

12.3 Zusammengesetzte komplexe Widerstände

Widerstände, Kapazitäten und Induktivitäten sind, wie bereits mehrfach betont, die elementaren Zweipole, die durch Reihen- und Parallelschaltung zu Wechselstromnetzwerken zusammengefügt werden. Die bereits früher studierte Schaltung Bild 10.7, die Reihenschaltung von Widerstand und Induktivität sei nochmals betrachtet.

Nach der Maschenregel ist

$$\underline{U} = \underline{U}_R + \underline{U}_L$$

sowie

$$\underline{U}_R = R \cdot \underline{I}$$

$$\underline{U}_L = j\,\omega\,L \cdot \underline{I}$$

und damit

$$\underline{U} = (R + j\,\omega\,L) \cdot \underline{I} \qquad (12.27)$$

Der Klammerausdruck wird **Scheinwiderstand** oder **komplexer Widerstand** bezeichnet

$$\frac{\underline{U}}{\underline{I}} = \underline{Z} = R + j\,\omega\,L \qquad (12.28)$$

dessen Betrag

$$Z = |\underline{Z}| = \sqrt{R^2 + \omega^2\,L^2} \qquad (12.29)$$

ist.

Der Phasenwinkel φ als $\angle IU$ ist

$$\varphi = \arctan\left(\frac{Im(\underline{z})}{Re(\underline{z})}\right) = \arctan\left(\frac{\omega\,L}{R}\right) \qquad (12.30)$$

Der so festgelegte Phasenwinkel φ kennzeichnet die Lage der Spannung $\underline{U}$ in Bezug auf den Strom $\underline{I}$, er ist positiv, also eilt die Spannung dem Strom um den Winkel φ voraus. Gl. (12.27) nach $\underline{I}$ aufgelöst gibt

$$\underline{I} = \frac{\underline{U}}{R + j\,\omega\,L} = \frac{\underline{U}}{\underline{Z}} = \underline{Y} \cdot \underline{U}$$

Der **Scheinleitwert**, der Reziprokwert des Scheinwiderstandes Gl. (12.28) ist

$$\underline{Y} = \frac{1}{R + j\,\omega\,L} = \frac{R - j\,\omega\,L}{R^2 + \omega^2\,L^2} \qquad (12.31)$$

Nun ist der Phasenwinkel ψ von $\underline{U}$ nach $\underline{I}$

$$\psi = \arctan\left(\frac{-\omega\,L}{R}\right) = -\varphi \qquad (12.32)$$

Der Strom folgt der Spannung um den Winkel φ verspätet.

Eine weitere Schreibweise von Scheinwiderstand und Scheinleitwert ist

$$\underline{Z} = Z \cdot e^{j\,\varphi} = \sqrt{R^2 + \omega^2\,L^2} \cdot e^{j\,\varphi} \qquad (12.33)$$

$$\underline{Y} = Y \cdot e^{-j\,\varphi} = \frac{e^{-j\,\varphi}}{\sqrt{R^2 + \omega^2\,L^2}} \qquad (12.34)$$

Diese Darstellung ist den Gln. (12.28) und (12.31) äquivalent. Die Beträge von Scheinwiderstand und Scheinleitwert sind zueinander reziprok, die Phasenwinkel sind einander entgegengesetzt gleich. Die Multiplikation des Stromes $\underline{I}$ mit dem Schweinwiderstand $\underline{Z}$ streckt und dreht den Stromzeiger auf die Grösse und in die Richtung des Spannungszeigers.

Die in der Wechselstromtechnik üblichen Begriffe sind zusammengefasst:

Widerstand	R	Resistanz
Wirkleitwert	$G = 1/R$	Konduktanz
Blindwiderstand	X	Reaktanz
Blindleitwert	$B = 1/X$	Suszeptanz
Scheinwiderstand	Z	Impedanz
Scheinleitwert	$Y = 1/Z$	Admittanz

So ist beispielsweise $X = \omega\,L$ eine Reaktanz, und diese bildet mit einer in Reihe geschalteten Resistanz R die Impedanz

$$\underline{Z} = R + j \cdot X \qquad (12.35)$$

Eine Konduktanz G parallel mit der Suszeptanz $B = \omega C$ gibt die Admittanz

$$\underline{Y} = G + j \cdot B \tag{12.36}$$

Die einfachste Schaltung hierzu ist in Bild 12.5 gezeigt

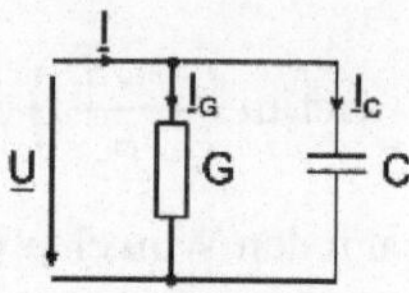

Bild 12.5: Parallelschaltung von Leitwert und Kapazität

Es gilt die Knotenregel

$$\underline{I} = \underline{I}_G + \underline{I}_C$$

sowie

$$\underline{I}_G = G \cdot \underline{U}$$
$$\underline{I}_C = j\,\omega C \cdot \underline{U}$$

und damit

$$\underline{I} = (G + j\,\omega C) \cdot \underline{U} \tag{12.37}$$

Die formale Ähnlichkeit der Gl. (12.27) einerseits und Gl. (12.37) andererseits ist nicht zufällig sondern Ausdruck der schon bei Gleichstromnetzwerken beobachteten Symmetrieeigenschaft elektrischer Netzwerke, der sogenannten **Dualität**. Duale Netzwerke gehen auseinander hervor durch den gegenseitigen Tausch von

Widerständen	$\Longleftrightarrow$	Leitwerten
Kapazitäten	$\Longleftrightarrow$	Induktivitäten
Spannungsquellen	$\Longleftrightarrow$	Stromquellen
Reihenschaltungen	$\Longleftrightarrow$	Parallelschaltungen

Am Beispiel der Reihen- und Parallelschaltung induktiver oder kapazitiver Blindwiderstände werden die Gesetzmässigkeiten der Dualität deutlich sichtbar.

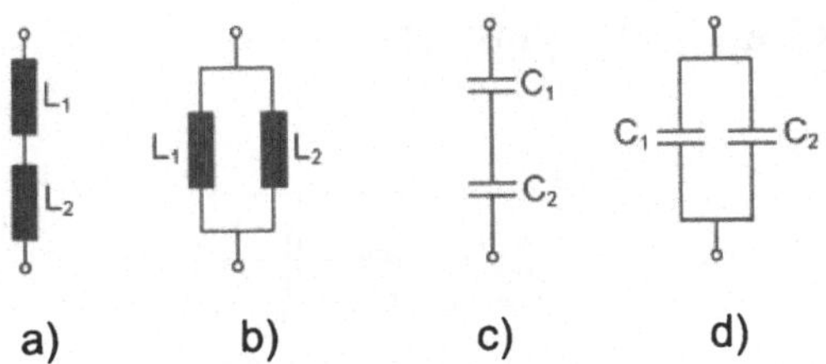

Bild 12.6: Reihen- und Parallelschaltung von Induktivitäten und Kapazitäten

Induktivitäten und Kapazitäten sind zueinander duale Elemente; der Blindwiderstand $j\omega L$ ist dual zum Blindleitwert $j\omega C$. Bei der Reihenschaltung von Widerständen oder bei der Parallelschaltung von Leitwerten addieren sich die Werte der Einzelelemente zum Gesamtwert; bei der Parallelschaltung von Widerständen oder der Reihenschaltung von Leitwerten gibt die Summe der Reziprokwerte den reziproken Gesamtwert.

Im Einzelnen ist nach

Bild 12.6a, der Reihenschaltung von Induktivitäten

$$L = L_1 + L_2 \tag{12.38}$$

Bild 12.6b, der Parallelschaltung von Induktivitäten

$$\frac{1}{L} = \frac{1}{L_1} + \frac{1}{L_2} \quad ; \quad L = \frac{L_1 \cdot L_2}{L_1 + L_2} \tag{12.39}$$

Bild 12.6c, der Reihenschaltung von Kapazitäten

$$\frac{1}{C} = \frac{1}{C_1} + \frac{1}{C_2} \quad ; \quad C = \frac{C_1 \cdot C_2}{C_1 + C_2} \tag{12.40}$$

Bild 12.6c, der Parallelschaltung von Kapazitäten

$$C = C_1 + C_2 \tag{12.41}$$

12.4 Der Schwingkreis

Ein aus Drosselspule, Kondensator und Widerstand bestehender Stromkreis wird kurz als Schwingkreis bezeichnet. Der Anordnung der Bauelemente entsprechend unterscheidet man die beiden Grundtypen Reihenschwingkreis und Parallelschwingkreis.

12.4.1 Der Reihenschwingkreis

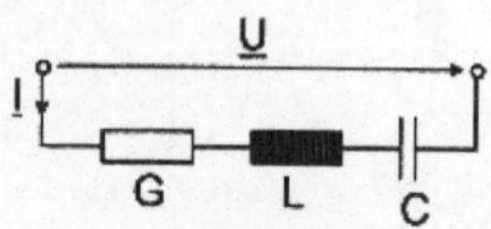

Bild 12.7: Reihenschwingkreis

$$\underline{U} = \underline{R}_R \cdot \underline{I} \tag{12.42}$$

$$\underline{R}_R = R + j\,\omega\,L + \frac{1}{j\,\omega\,C} \tag{12.43}$$

$$\underline{R}_R = R + j\left(\omega\,L - \frac{1}{\omega\,C}\right) \tag{12.44}$$

Der Widerstand wird minimal bei verschwindendem Imaginärteil, also bei

$$\omega_0\,L = \frac{1}{\omega_0\,C}$$

mit der Kreisfrequenz

$$\omega_0 = \frac{1}{\sqrt{L\,C}} \tag{12.45}$$

Bezieht man die Kreisfrequenz ω auf diesen Wert, so gelangt man zur bezogenen Kreisfrequenz

$$\Omega = \frac{\omega}{\omega_0} \tag{12.46}$$

und damit zu

$$\omega\,L = \Omega \cdot \omega_0\,L = \Omega \cdot \sqrt{\frac{L}{C}} \tag{12.47}$$

$$\omega\,C = \Omega \cdot \omega_0\,C = \Omega \cdot \sqrt{\frac{C}{L}} \tag{12.48}$$

Man bezeichnet

$$Z = \sqrt{\frac{L}{C}} \tag{12.49}$$

als den **Schwingwiderstand**. Damit wird:

$$\omega L = \Omega \cdot Z \tag{12.50}$$

$$\frac{1}{\omega C} = \frac{Z}{\Omega} \tag{12.51}$$

Eingesetzt in die Gleichung für den Widerstand des Reihenschwingkreises erhält man

$$\underline{R}_R = R + j \cdot Z \left(\Omega - \frac{1}{\Omega}\right) \tag{12.52}$$

und mit

$$R = 2\alpha \cdot Z \tag{12.53}$$

$$\underline{R}_R = Z \cdot \left(2\alpha + j\left(\Omega - \frac{1}{\Omega}\right)\right) \tag{12.54}$$

Die Grösse α bezeichnet den **Dämpfungsfaktor**. Der Betrag des Widerstandes ist

$$R_R = Z \cdot \sqrt{4\alpha^2 + \left(\Omega - \frac{1}{\Omega}\right)^2} \tag{12.55}$$

Damit gewinnt man die Darstellung

$$\underline{R}_R = R_R \cdot e^{j\varphi} \tag{12.56}$$

mit dem Phasenwinkel

$$\varphi = \arctan \frac{\Omega - 1/\Omega}{2\alpha} \tag{12.57}$$

Der Verlauf der Funktionen $\underline{R}_R/Z$ und $Z/\underline{R}_R$ ist für verschiedene Werte von α in Bild 12.8 und Bild 12.9 dargestellt.
Zur Berechnung der Breite der Resonanzkurve bezieht man den Strom auf den Resonanzstrom

$$I_0 = \frac{U}{R} = \frac{U}{Z \cdot 2\alpha} \tag{12.58}$$

und erhält damit Gl. (12.42) in Betragsform

$$\frac{I}{I_0} = \frac{2\alpha \cdot Z}{R_R} \tag{12.59}$$

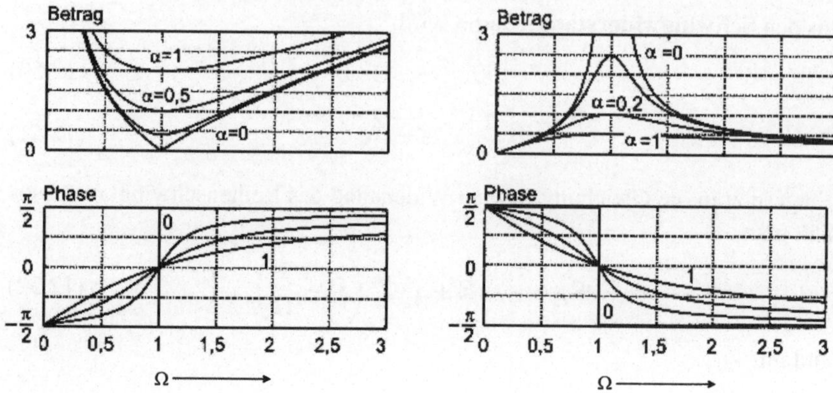

Bild 12.8: $\underline{R}_R/Z$ in Funktion von Ω

Bild 12.9: $Z/\underline{R}_R$ in Funktion von Ω

Gl. (12.55) eingesetzt liefert

$$\frac{I}{I_0} = \frac{2\,\alpha}{\sqrt{4\,\alpha^2 + \left(\Omega - \frac{1}{\Omega}\right)^2}} \tag{12.60}$$

oder umgeformt

$$\frac{I}{I_0} = \frac{1}{\sqrt{1 + \left(\frac{\Omega^2 - 1}{2\,\alpha \cdot \Omega}\right)^2}} \tag{12.61}$$

Die Funktion $\underline{I}/I_0$ ist für verschiedene Dämpfungsfaktoren α in Bild 12.10 dargestellt.
Die Breite der Resonanzkurve wird mit den speziellen Werten

$$\frac{I_r}{I_0} = \frac{1}{\sqrt{2}} \tag{12.62}$$

und der damit verbundenen normierten oberen Frequenz Ω_2 und der unteren Frequenz Ω_1 festgelegt. Die Bestimmung dieser beiden Frequenzen erfolgt

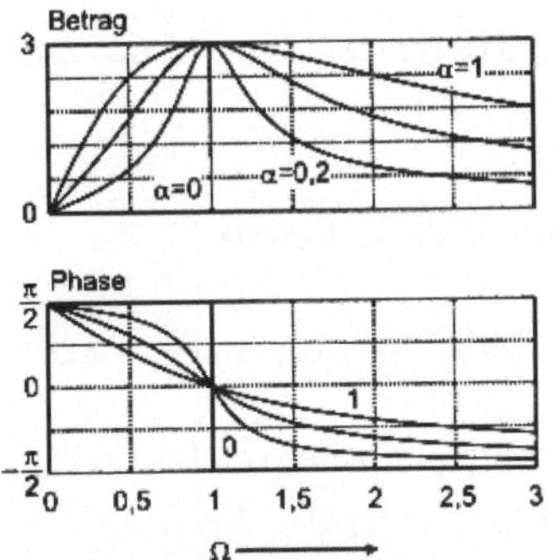

Bild 12.10: $\underline{I}/I_0$ in Funktion von Ω

aus

$$\begin{aligned}\Omega_2 - \frac{1}{\Omega_2} &= 2\,\alpha \\ \Omega_1 - \frac{1}{\Omega_1} &= -2\,\alpha\end{aligned} \tag{12.63}$$

Die beiden quadratischen Gleichungen haben die Form

$$\Omega^2 \pm 2\,\alpha \cdot \Omega - 1 = 0$$

mit den Lösungen

$$\Omega = \pm\alpha \pm \sqrt{\alpha^2 + 1}$$

Die Frequenzen Ω sind positiv. Da der Ausdruck unter der Wurzel grösser als der Wert α^2 ist, sind ausschliesslich die Lösungen mit positiven Vorzeichen vor der Wurzel von Interesse.

$$\Omega_2 = \alpha + \sqrt{\alpha^2 + 1} \tag{12.64}$$

$$\Omega_1 = -\alpha + \sqrt{\alpha^2 + 1} \tag{12.65}$$

Das Produkt der beiden Frequenzen Ω_2 und Ω_1 ist

$$\Omega_2 \cdot \Omega_1 = 1 \tag{12.66}$$

wie man durch Ausmultiplizieren der Gln. (12.64) und (12.65) unmittelbar feststellt.

Die **Resonanzbandbreite** ist die Differenz

$$\Delta\Omega = \Omega_2 - \Omega_1 = 2\,\alpha \tag{12.67}$$

Die Phasenwinkel an den Frequenzgrenzen Ω_2 und Ω_1 sind nach den Gln. (12.57) und (12.63)

$$\varphi_2 = \frac{\pi}{4} \tag{12.68}$$

$$\varphi_1 = -\frac{\pi}{4} \tag{12.69}$$

Nach Gl. (12.45) erhält man

$$\Omega_2 = \frac{\omega_2}{\omega_0} \quad ; \quad \Omega_1 = \frac{\omega_1}{\omega_0} \quad ; \quad \Delta\Omega = \frac{\Delta\omega}{\Delta\omega_0}$$

mit

$$\Delta\omega = \omega_2 - \omega_1$$

Dann ist nach den Gln. (12.66) und (12.67)

$$\Delta\omega = 2\,\alpha \cdot \omega_0 \tag{12.70}$$

und mit Gl. (12.66)

$$\omega_0 = \sqrt{\omega_1 \cdot \omega_2} \tag{12.71}$$

12.4.2 Der Parallelschwingkreis

Der Parallelschwingkreis Bild 12.11 ist zum Reihenschwingkreis dual. Tauscht man, wie im vorigen Abschnitt erläutert, alle Grössen gegen ihre dualen Partner aus, so erhält man für den Parallelschwingkreis einen identischen Satz an Gleichungen und Beziehungen, wie vorstehend für den Reihenschwingkreis.

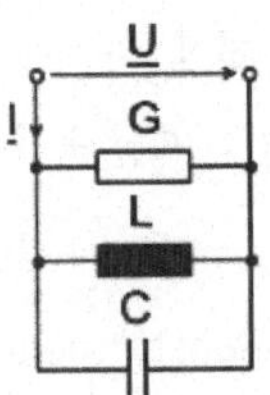

Bild 12.11: Parallelschwingkreis

12.5 Allgemeines zum Transformator

Die technische Nutzung der in Kap. 10.4 beschriebenen magnetischen Kopplung von Stromkreisen erfolgt mit Transformatoren. Der gemeinsame Fluss der beiden mehrwindigen Leiterschleifen wird in Kernen aus Eisen oder anderem hochpermeablen Material geführt, wodurch eine sehr enge, streuungsarme Kopplung erreichbar ist. Das grundsätzliche Schema eines derartigen Zweiwicklungs-Transformators zeigt Bild 12.12. Die beiden Wicklungen mit den Windungszahlen N_1 und N_2 sind über den Hauptfluss Φ_H magnetisch verkoppelt. Vorläufig seien widerstandsfreie Wicklungen angenommen; die unvermeidlichen OHM-Widerstände werden später berücksichtigt. Mit den jeweiligen Windungen allein sind zusätzlich die Streuflüsse $\Phi_{\sigma 1}$ und $\Phi_{\sigma 2}$ verbunden, wobei beide im Allgemeinen nur einen geringen Bruchteil der jewei-

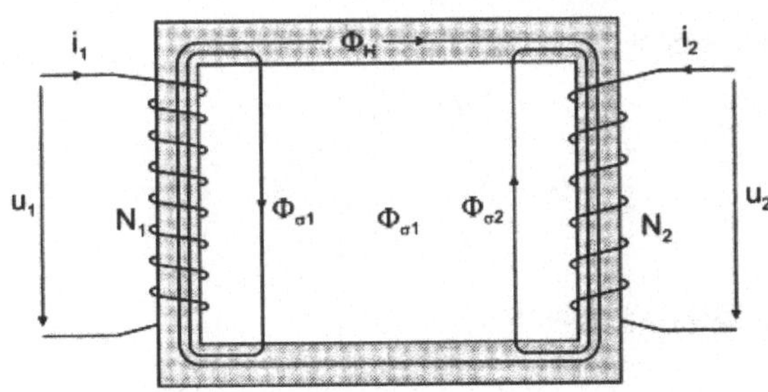

Bild 12.12: Schema des Transformators

ligen Spulen- Gesamtflüsse Φ_1 und Φ_2 ausmachen. Es gilt also

$$\begin{aligned}\Phi_1 &= \Phi_H + \Phi_{\sigma 1}\\ \Phi_2 &= \Phi_H + \Phi_{\sigma 2}\end{aligned}\tag{12.72}$$

Diese Flüsse stehen mit den Spulenströmen – lineare Verhältnisse vorausgesetzt – in folgender Beziehung

$$\begin{aligned}\Phi &= \lambda_H \cdot (N_1 \cdot i_1 + N_2 \cdot i_2)\\ \Phi_{\sigma 1} &= \lambda_{\sigma 1} \cdot N_1 \cdot i_1\\ \Phi_{\sigma 2} &= \lambda_{\sigma 2} \cdot N_2 \cdot i_2\end{aligned}\tag{12.73}$$

Die Faktoren λ_H, $\lambda_{\sigma 1}$ und $\lambda_{\sigma 2}$ hängen von der Geometrie der Anordnung und den magnetischen Eigenschaften des Kernmaterials ab. Das Induktionsgesetz liefert die weiteren Beziehungen.

$$\begin{aligned}u_1 &= N_1 \cdot \frac{\mathrm{d}\Phi_1}{\mathrm{d}t} = N_1 \cdot \frac{\mathrm{d}\Phi_H}{\mathrm{d}t} + N_1 \cdot \frac{\mathrm{d}\Phi_{\sigma 1}}{\mathrm{d}t}\\ u_2 &= N_2 \cdot \frac{\mathrm{d}\Phi_2}{\mathrm{d}t} = N_2 \cdot \frac{\mathrm{d}\Phi_H}{\mathrm{d}t} + N_2 \cdot \frac{\mathrm{d}\Phi_{\sigma 2}}{\mathrm{d}t}\end{aligned}\tag{12.74}$$

Die Gln. (12.73) eingesetzt ergeben für die beiden Spannungen

$$\begin{aligned}u_1 &= (\lambda_{\sigma 1} + \lambda_H) \cdot N_1^2 \cdot \frac{\mathrm{d}i_1}{\mathrm{d}t} + \lambda_H \cdot N_1 \cdot N_2 \cdot \frac{\mathrm{d}i_2}{\mathrm{d}t}\\ u_2 &= \lambda_H \cdot N_1 \cdot N_2 \cdot \frac{\mathrm{d}i_1}{\mathrm{d}t} + (\lambda_{\sigma 2} + \lambda_H) \cdot N_2^2 \cdot \frac{\mathrm{d}i_2}{\mathrm{d}t}\end{aligned}\tag{12.75}$$

Mit den Abkürzungen

$$\begin{aligned}(\lambda_{\sigma 1} + \lambda_H) \cdot N_1^2 &= L_{11}\\ (\lambda_{\sigma 2} + \lambda_H) \cdot N_2^2 &= L_{22}\\ \lambda_H \cdot N_1 \cdot N_2 &= L_{12} = L_{21}\end{aligned}\tag{12.76}$$

erhält man die bereits bekannten Gln. (10.15)

$$\begin{aligned}u_1 &= L_{11} \cdot \frac{\mathrm{d}i_1}{\mathrm{d}t} + L_{21} \cdot \frac{\mathrm{d}i_2}{\mathrm{d}t}\\ u_2 &= L_{21} \cdot \frac{\mathrm{d}i_1}{\mathrm{d}t} + L_{22} \cdot \frac{\mathrm{d}i_2}{\mathrm{d}t}\end{aligned}\tag{12.77}$$

Bei drei und mehr, also allgemein n Wicklungen kommt man zu folgender Darstellung der Zusammenhänge zwischen den Wicklungsspannungen u_ν und den Wicklungsströmen i_ν:

$$\begin{aligned} u_1 &= L_{11}\cdot\frac{\mathrm{d}i_1}{\mathrm{d}t} + L_{21}\cdot\frac{\mathrm{d}i_2}{\mathrm{d}t} + \cdots + L_{1n}\cdot\frac{\mathrm{d}i_n}{\mathrm{d}t} \\ u_2 &= L_{21}\cdot\frac{\mathrm{d}i_1}{\mathrm{d}t} + L_{22}\cdot\frac{\mathrm{d}i_2}{\mathrm{d}t} + \cdots + L_{2n}\cdot\frac{\mathrm{d}i_n}{\mathrm{d}t} \\ &\vdots \\ u_n &= L_{n1}\cdot\frac{\mathrm{d}i_1}{\mathrm{d}t} + L_{n2}\cdot\frac{\mathrm{d}i_2}{\mathrm{d}t} + \cdots + L_{nn}\cdot\frac{\mathrm{d}i_n}{\mathrm{d}t} \end{aligned} \tag{12.78}$$

Weiterhin gilt $L_{\nu\mu} = L_{\mu\nu}$.

Für den Zweiwicklungs-Transformator gilt nach Gl. (10.19)

$$\begin{vmatrix} L_{11} & L_{12} \\ L_{12} & L_{22} \end{vmatrix} \geq 0 \tag{12.79}$$

wobei das Gleichheitszeichen den fest verkoppelten, also streuungsfreien Transformator kennzeichnet. Für den n-Wicklungstransformator gelangt man zur Determinantenbedingung:

$$\begin{vmatrix} L_{11} & L_{12} & L_{13} & \dots & L_{1n} \\ L_{21} & L_{22} & L_{23} & \dots & L_{2n} \\ L_{31} & L_{32} & L_{33} & \dots & L_{3n} \\ \vdots & \vdots & \vdots & & \vdots \\ L_{n1} & L_{n2} & L_{n3} & \dots & L_{nm} \end{vmatrix} \geq 0 \tag{12.80}$$

Neben der Gesamtdeterminante müssen auch alle eingetragenen Unterdeterminanten ≥ 0 sein. Da die Numerierung der Wicklungen willkürlich ist, können in der Induktivitätsdeterminante gleiche Zeilen und Spalten zusammen vertauscht werden. Werden in irgendwelchen dieser Anordnungen bestimmte Determinanten gleich null, so zeigt dies die feste, streuungsfreie Verkopplung aller davon betroffenen Wicklungen an.

Weiterhin seien die Spannungen, Ströme und Flüsse zeitlich harmonisch verlaufende Grössen der Kreisfrequenz ω. Die induktiven Verkopplungen in komplexer Darstellung sind dann

$$\begin{aligned} \underline{U}_1 &= j\,\omega \cdot L_{11} \cdot \underline{I}_1 + j\,\omega \cdot L_{12} \cdot \underline{I}_2 \\ \underline{U}_2 &= j\,\omega \cdot L_{21} \cdot \underline{I}_1 + j\,\omega \cdot L_{22} \cdot \underline{I}_2 \end{aligned} \tag{12.81}$$

Diese Gleichungen lassen sich umschreiben in

$$\begin{aligned} \underline{U}_1 &= j \cdot \omega \cdot [(L_{11} - L_{12}) \cdot \underline{I}_1 + L_{12} \cdot (\underline{I}_1 + \underline{I}_2)] \\ \underline{U}_2 &= j \cdot \omega \cdot [L_{12} \cdot (\underline{I}_1 + \underline{I}_2) + (L_{22} - L_{12}) \cdot \underline{I}_2] \end{aligned} \tag{12.82}$$

woraus sich unmittelbar das Ersatzschema Bild 12.13 ergibt.

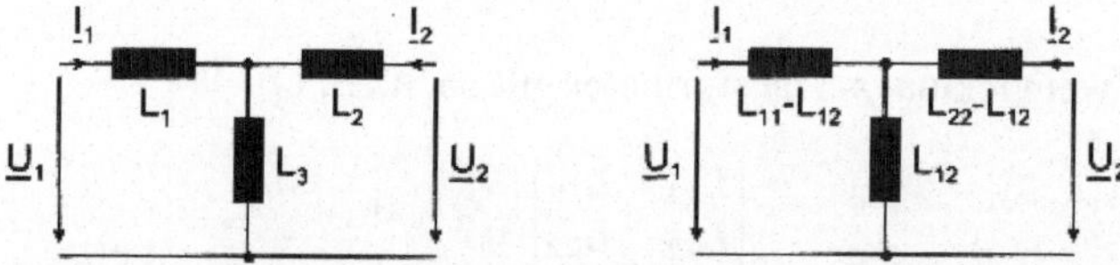

Bild 12.13: Ersatzschema des Transformators ohne Wicklungswiderstände (verlustfreier Transformator) mit den beiden üblichen Bezeichnungen

Es ist zu beachten, dass dieses Schema einen rein formalen Charakter hat und nur in Ausnahmefällen durch drei Induktivitäten praktisch realisierbar ist, da $L_1 = L_{11} - L_{12}$ oder $L_2 = L_{22} - L_{12}$ negativ werden können. Die Netzwerksberechnung mit diesem Ersatzschema ist dennoch in bekannter Weise uneingeschränkt durchführbar.

12.6 Fest verkoppelter und idealer Transformator

Bei fester, also streuungsfreier Verkopplung werden die Faktoren $\lambda_{\sigma 1}$ und $\lambda_{\sigma 2}$ null. Damit erhält man

$$\begin{aligned} \underline{U}_1 &= j \cdot \omega \cdot \lambda_H \cdot N_1 \cdot (N_1 \cdot \underline{I}_1 + N_2 \cdot \underline{I}_2) \\ \underline{U}_2 &= j \cdot \omega \cdot \lambda_H \cdot N_2 \cdot (N_1 \cdot \underline{I}_1 + N_2 \cdot \underline{I}_2) \end{aligned} \tag{12.83}$$

In diesem Fall wird, unabhängig von den Strömen

$$\frac{\underline{U}_1}{\underline{U}_2} = \frac{N_1}{N_2} \tag{12.84}$$

Die Spannungsübersetzung wird nur durch das Windungszahlenverhältnis N_1/N_2 bestimmt. Dieser **fest verkoppelte Transformator** benötigt zur Magnetisierung die Durchflutung

$$\Theta_H = N_1 \cdot \underline{I}_1 + N_2 \cdot \underline{I}_2 \tag{12.85}$$

die bei fester Spannung U_1 oder U_2 unabhängig von den Strömen I_1 und I_2 konstant ist.

Für die Magnetisierungs-Durchflutung gilt also

$$\frac{\underline{U}_1}{j\,\omega \cdot \lambda_H \cdot N_1} = \frac{\underline{U}_2}{j\,\omega \cdot \lambda_H \cdot N_2} = N_1 \cdot \underline{I}_1 + N_2 \cdot \underline{I}_2 \tag{12.86}$$

Im Grenzfall $\lambda_H \to \infty$, also bei idealer Leitfähigkeit des Kernmaterials für den magnetischen Fluss wird

$$N_1\,\underline{I}_1 + N_2\,\underline{I}_2 = 0 \tag{12.87}$$

oder

$$\frac{\underline{I}_1}{\underline{I}_2} = -\frac{N_2}{N_1} \tag{12.88}$$

Ein derartiger Transformator wird **idealer Transformator** genannt. Die magnetische Energie des idealen Transformators ist wegen $\Theta_H = 0$ ebenfalls null. Die Strom- und Spannungsübersetzung des idealen Transformators ist unabhängig von der Frequenz und gilt damit auch für $f \to 0$.

Das Schaltschema des idealen Transformators zeigt Bild 12.14.
Mit den Bezeichnungen

$$\ddot{u}_{12} = \frac{N_1}{N_2} \quad ; \quad \ddot{u}_{21} = \frac{N_2}{N_1} \tag{12.89}$$

wird

$$\begin{aligned} \underline{U}_2 &= \ddot{u}_{21} \cdot \underline{U}_1 \\ \underline{I}_2 &= -\ddot{u}_{12} \cdot \underline{I}_1 \end{aligned} \tag{12.90}$$

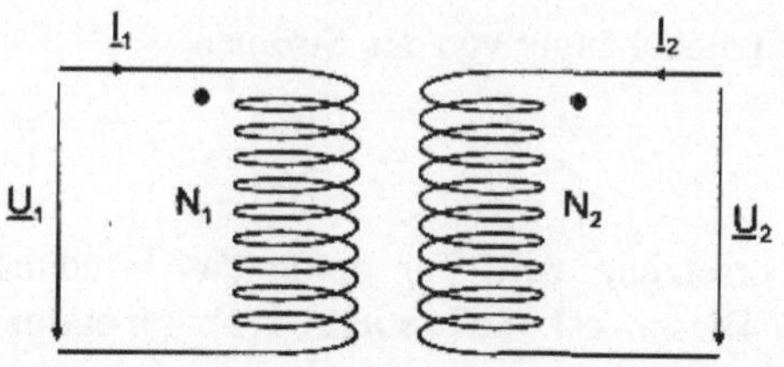

Bild 12.14: Schema des idealen Transformators

Um Missverständnisse bezüglich der Wicklungsorientierung zu vermeiden, können die Wicklungsanfänge durch Punkte gekennzeichnet werden. Dabei wird vorausgesetzt, dass alle Spulen gleichsinnig gewickelt sind.

Der fest verkoppelte Transformator besitzt einen bestimmten Durchflutungsbedarf Θ_H, der in einer Induktivität lokalisiert werden kann. Hierzu schreibt man Gl. (12.86)

$$\underline{I}_{H1} \quad = \quad \frac{\underline{U}_1}{j\,\omega \cdot \lambda_H \cdot N_1^2} = \underline{I}_1 + \frac{N_2}{N_1} \cdot \underline{I}_2 = \frac{\underline{U}_1}{j\,\omega \cdot L_{H1}} \qquad (12.91)$$

darstellbar durch die Schaltung Bild 12.15. Die Induktivität L_{H1} heisst **primäre Hauptinduktivität**.

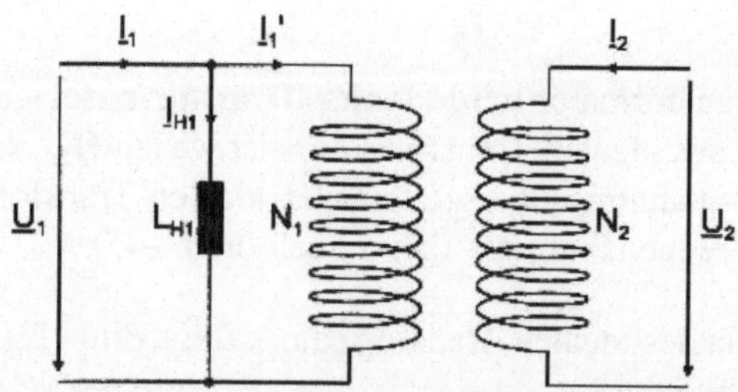

Bild 12.15: Fest verkoppelter Transformator mit primärer Hauptinduktivität

Die zweite Darstellungsmöglichkeit von Gl. (12.86) ist gegeben durch

$$\underline{I}_{H2} \quad = \quad \frac{\underline{U}_2}{j\,\omega \cdot \lambda_H \cdot N_2^2} = \frac{N_1}{N_2} \cdot \underline{I}_1 + \underline{I}_2 = \frac{\underline{U}_2}{j\,\omega \cdot L_{H2}} \qquad (12.92)$$

und führt zur Schaltung Bild 12.16 mit **sekundärer Hauptinduktivität**.

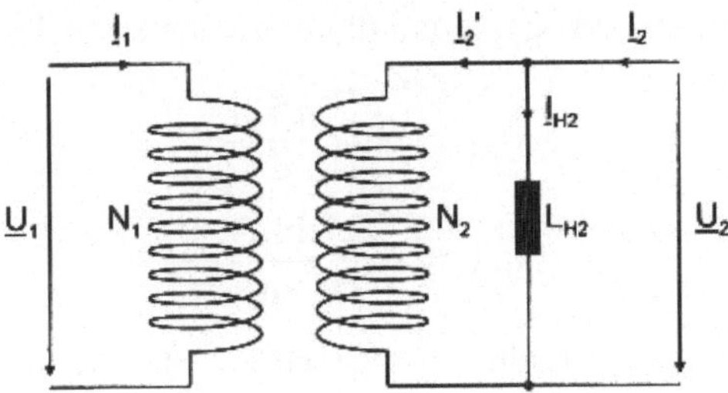

Bild 12.16: Fest verkoppelter Transformator mit sekundärer Hauptinduktivität

Die beiden Schaltungen Bild 12.15 und Bild 12.16 sind einander völlig äquivalent. Der fest verkoppelte Transformator ist in verschiedener Form als eine Kombination von Induktivität und idealem Transformator darstellbar.
Insbesondere gilt:

$$\frac{I_1'}{I_2} = \frac{I_1}{I_2'} = -\frac{N_2}{N_1} \tag{12.93}$$

$$I_{H1} = I_1 - I_1' = I_1 + \frac{N_2}{N_1} \cdot I_2 \tag{12.94}$$

$$I_{H2} = I_2 - I_2' = \frac{N_1}{N_2} \cdot I_1 + I_2 \tag{12.95}$$

Die letzte Gleichung mit N_2/N_1 multipliziert ergibt

$$\frac{N_2}{N_1} \cdot I_{H2} = I_1 + \frac{N_2}{N_1} \cdot I_2 = I_{H1}$$

und wegen

$$\omega \cdot L_{H1} \cdot I_{H1} \cdot \frac{N_2}{N_1} = \omega \cdot L_{H2} \cdot I_{H2}$$

wird

$$\frac{L_{H2}}{L_{H1}} = \frac{N_2^2}{N_1^2} \tag{12.96}$$

Der ideale Transformator transformiert Spannungen entsprechend dem Windungszahlenverhältnis, Ströme negativ reziprok zum Windungszahlenverhältnis und Impedanzen und Widerstände proportional zum Quadrat des Windungszahlenverhältnisses. Nach Bild 12.12 sind mit den Spulen die Teilflüsse $\Phi_{\sigma 1}$

und $\Phi_{\sigma 2}$ jeweils allein verkoppelt und führen zu den zusätzlichen Spannungen

$$\begin{aligned} u_{\sigma 1} &= N_1 \cdot \frac{\mathrm{d}\Phi_{\sigma 1}}{\mathrm{d}t} \\ u_{\sigma 2} &= N_2 \cdot \frac{\mathrm{d}\Phi_{\sigma 2}}{\mathrm{d}t} \end{aligned} \tag{12.97}$$

Weiter sind die Spannungsabfälle an den OHM-schen Widerständen der Wicklungen zu berücksichtigen

$$\begin{aligned} u_{R1} &= R_1 \cdot i_1 \\ u_{R2} &= R_2 \cdot i_2 \end{aligned} \tag{12.98}$$

In komplexer Darstellung erhält man für die Streuspannungen

$$\begin{aligned} \underline{U}_{\sigma 1} &= j\,\omega \cdot \lambda_{\sigma 1} \cdot N_1^2 \cdot \underline{I}_1 = j\,\omega \cdot L_{\sigma 1} \cdot \underline{I}_1 \\ \underline{U}_{\sigma 2} &= j\,\omega \cdot \lambda_{\sigma 2} \cdot N_2^2 \cdot \underline{I}_2 = j\,\omega \cdot L_{\sigma 2} \cdot \underline{I}_2 \end{aligned} \tag{12.99}$$

und für die Spannungen an den OHM-schen Widerständen

$$\begin{aligned} \underline{U}_{R1} &= R_1 \cdot \underline{I}_1 \\ \underline{U}_{R2} &= R_2 \cdot \underline{I}_2 \end{aligned} \tag{12.100}$$

$L_{\sigma 1}$ und $L_{\sigma 2}$ sind die primäre und sekundäre **Streuinduktivität**, R_1 und R_2 der primäre und sekundäre **Wicklundswiderstand**. Die Schaltbilder Bild 12.15 und 12.16 hiermit ergänzt führen auf die Schemata Bild 12.17 und 12.18. Schliesslich erhält man aus Bild 12.13 das allgemeine Ersatzschema Bild 12.19 unter Berücksichtigung der OHM-Widerstände R_1 und R_2.
Die hier mitgeteilten Schaltbilder des Transformators zeigen die gebräuchlichsten Darstellungen und sind, dies sei nochmals ausdrücklich betont, einander völlig äquivalent. Es hängt von der speziellen Netzwerksaufgabe ab, welchem Schema der Vorzug gegeben wird. Mit den gezeigten drei Schaltungen ist also die Zahl der Darstellungsmöglichkeiten für den Transformator keineswegs erschöpft, gelegentlich macht man von weiteren Varianten Gebrauch.

Auf einen wichtigen Unterschied zwischen den Darstellungen Bild 12.17 und 12.18 einerseits und Bild 12.19 andererseits ist noch hinzuweisen: Transformatoren bewirken eine Potentialtrennung zwischen primärer und sekundärer

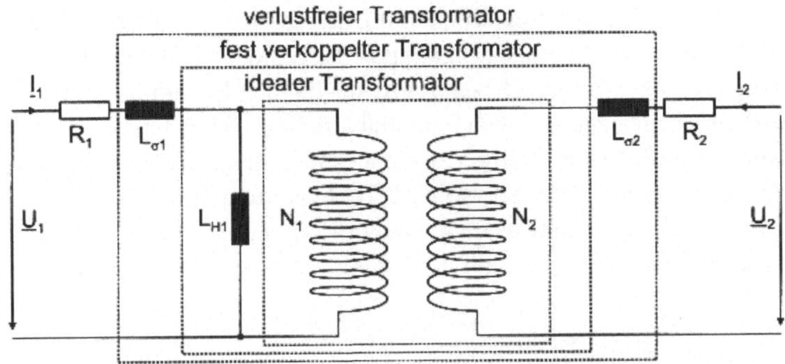

Bild 12.17: Gesamtes Schaltbild des Transformators mit primärer Magnetisierung

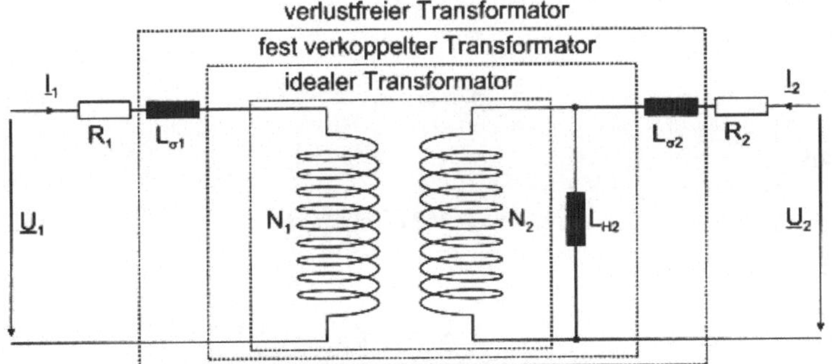

Bild 12.18: Gesamtes Schaltbild des Transformators mit sekundärer Magnetisierung

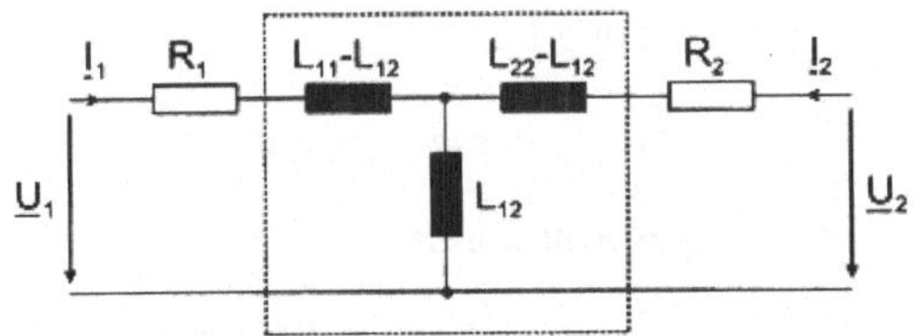

Bild 12.19: Allgemeines Ersatzschema des Transformators

Wicklung. Diese Potentialtrennung ist in Bild 12.19 aufgehoben; beide Transformatorhälften sind galvanisch gekoppelt dargestellt. In vielen technischen Aufgaben ist dieser Umstand belanglos, da für die Bestimmung des Schaltungsverhaltens die gegenseitigen Potentialverhältnisse der Transformatorwicklungen unwesentlich sind. Werden allerdings die Potentialverhältnisse über das umgebende Netzwerk definiert, so darf die Schaltung Bild 12.19 nicht mehr uneingeschränkt angewandt werden, sondern muss durch einen idealen Übertrager mit der Übersetzung 1:1 auf der Primär- oder Sekundärseite ergänzt werden.

12.7 Leistungsbeziehungen bei Wechselspannungen und Wechselströmen

Die allgemeine Leistungsbeziehung Gl. (6.2) gilt auch in Wechselstromkreisen in jedem Augenblick

$$p = u \cdot i \tag{12.101}$$

Ist nun

$$u = \sqrt{2} U \cos(\omega t) \tag{12.102}$$

und

$$i = \sqrt{2} I \cos(\omega t + \varphi) \tag{12.103}$$

so ist der Augenblickswert der Leistung

$$p = 2 U I \cos(\omega t) \cos(\omega t + \varphi) \tag{12.104}$$

Die trigonometrische Entwicklung liefert

$$p = 2 U I \left[\cos^2(\omega t) \cos\varphi - \cos(\omega t) \sin(\omega t) \sin\varphi\right] \tag{12.105}$$

Dieser Ausdruck weiter umgeformt ergibt

$$p = U I \left\{[1 + \cos(2 \omega t)] \cos\varphi - \sin(2 \omega t) \sin\varphi\right\} \tag{12.106}$$

und schliesslich

$$p = U I \cos\varphi + U I \cos(2 \omega t + \varphi) \tag{12.107}$$

Die Leistung p besteht aus dem konstanten Anteil

$$P_W = U\,I\,\cos\varphi \tag{12.108}$$

und einem mit doppelter Frequenz $2\,f$ pulsierenden Anteil

$$P_\sim = U\,I\,\cos(2\,\omega\,t + \varphi) \tag{12.109}$$

Der pulsierende Anteil ist im Mittel null. Das Produkt der Effektivwerte von Spannung und Strom ist die **Scheinleistung**

$$P_S = U \cdot I \tag{12.110}$$

Als **Wirkleistung** bezeichnet man

$$P_W = P_S\,\cos\varphi \tag{12.111}$$

Deren Betrag ist kleiner, höchstens aber gleich der Scheinleistung. Das Gleichheitszeichen gilt bei $\varphi = 0$ oder $\varphi = \pi$.

$$|P_W| \leq P_S \tag{12.112}$$

Als **Blindleistung** bezeichnet man den Ausdruck

$$P_B = P_S\,\sin\varphi \tag{12.113}$$

die der Gl. (12.112) entsprechenden Beziehung

$$|P_B| \leq P_S \tag{12.114}$$

gehorcht und bei $\varphi = \pi/2$ oder $\varphi = -\pi/2$ den maximal möglichen Wert erreicht.

Zwischen Wirk-, Blind- und Scheinleistung gilt die Beziehung

$$P_W^2 + P_B^2 = P_S^2 \tag{12.115}$$

Die für zeitlich harmonische Spannungs- und Stromverläufe definierten Begriffe lassen sich auf periodische, nichtsinusförmige Grössen erweitern. Die Periodendauer sei T. Dann ist die Wirkleistung

$$P_W = \frac{1}{T}\int_{t_0}^{t_0+T} u(t) \cdot i(t)\,\mathrm{d}t \tag{12.116}$$

und für die Scheinleistung das Produkt der Effektivwerte von Spannung U und Strom I (Gl. (12.110)). Die Effektivwerte berechnet man für nichtsinusförmige, periodische Vorgänge nach der in Gl. (11.6) gegebenen Vorschrift. Die Blindleistung schliesslich wird nach Gl. (12.115) bestimmt.

$$P_B = \sqrt{P_S^2 - P_W^2} \tag{12.117}$$

Bei harmonischem Verlauf der Spannung und des Stromes lassen sich Wirk- und Blindleistung direkt aus den zugeordneten komplexen Grössen bestimmen. An einem Zweipol mit der Impedanz

$$\underline{Z} = Z\,e^{j\,\varphi} \tag{12.118}$$

ist bei gegebener Spannung $\underline{U}$ der Strom

$$\underline{I} = \frac{\underline{U}}{\underline{Z}} = \frac{\underline{U}}{Z\,e^{j\,\varphi}} \tag{12.119}$$

oder

$$\underline{I} = \frac{\underline{U}}{Z}(\cos\varphi - j\,\sin\varphi) \tag{12.120}$$

Die **komplexe Leistung** ist definiert als

$$\underline{P} = \underline{U}\cdot\underline{I}^* = \frac{\underline{U}\,\underline{U}^*}{Z}(\cos\varphi + j\,\sin\varphi) \tag{12.121}$$

Hierin ist wegen $\underline{U}\,\underline{U}^* = U^2$

$$\frac{\underline{U}\,\underline{U}^*}{Z} = \frac{U^2}{Z} = P_S \tag{12.122}$$

und damit

$$\underline{P} = P_S\,(\cos\varphi + j\,\sin\varphi) \tag{12.123}$$

Im Einzelnen ist

$$P_W = Re(\underline{P}) = P_S\,\cos\varphi \tag{12.124}$$

und

$$P_B = Im(\underline{P}) = P_S\,\sin\varphi \tag{12.125}$$

Die derart festgelegte Blindleistung P_B hat bei einem gegenüber der Spannung nacheilenden Strom positives Vorzeichen; bei positiver Blindleistung hat die Impedanz Z induktiven Charakter.

Durch diese Konvention wird im Rahmen des Verbraucher-Zählpfeilsystems die induktive Blindleistung positiv, die kapazitive Blindleistung negativ festgelegt. Induktivitäten sind hiernach Blindleistungsverbraucher, Kapazitäten hingegen Blindleistungserzeuger.

Bei der Berechnung der komplexen Leistung treten Ausdrücke der Form

$$\underline{I} \;=\; f(\underline{U}_1,\underline{U}_2,\ldots,\underline{Z}_1,\underline{Z}_2,\ldots) \qquad (12.126)$$

auf, deren konjugiert komplexer Wert $\underline{I}^*$ benötigt wird. In linearen Netzwerken mit konzentrierten Elementen ist f eine rationale Funktion. Für die vier Grundrechenarten gilt jeweils

$$\begin{aligned} \underline{a}^* + \underline{b}^* &= (\underline{a} + \underline{b})^* \\ \underline{a}^* - \underline{b}^* &= (\underline{a} - \underline{b})^* \\ \underline{a}^* \cdot \underline{b}^* &= (\underline{a} \cdot \underline{b})^* \\ \frac{\underline{a}^*}{\underline{b}^*} &= \left(\frac{\underline{a}}{\underline{b}}\right)^* \end{aligned} \qquad (12.127)$$

Die konjugiert komplexe Grösse $\underline{I}^*$ der Gl. (12.126) ist daher einfach

$$\underline{I}^* \;=\; f(\underline{U}_1^*,\underline{U}_2^*,\ldots,\underline{Z}_1^*,\underline{Z}_2^*,\ldots) \qquad (12.128)$$

es sind also *alle* komplexen Grössen der Funktion f durch die entsprechenden konjugiert komplexen Grössen zu ersetzen. Diese Regel beschränkt sich im übrigen nicht allein auf die rationalen, aus den vier Grundrechnungsarten entwickelten Funktionen.

12.8 Aufgaben

12.8.1 Wechselstromschaltung mit zwei Widerständen, Drossel und Kondensator

Der in Bild 12.20 dargestellte Zweipol ist zu untersuchen.

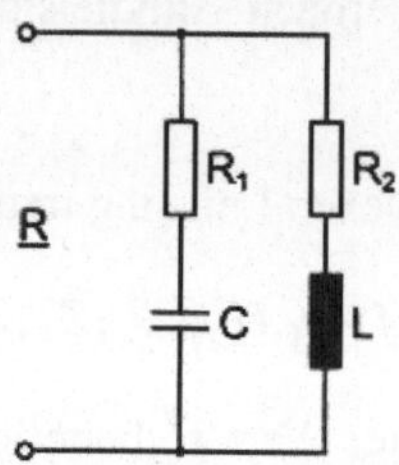

Bild 12.20: Zweipol

Fragen:

1. Man bestimme allgemein den Gesamtwiderstand $\underline{R}(\omega)$.

2. Wie gross ist $\underline{R}(0)$ und $\underline{R}(\infty)$, also bei Gleichstrom und bei sehr hohen Frequenzen. Überzeugen Sie sich, dass das Ergebnis physikalisch sinnvoll ist.

3. Man überzeuge sich, dass durch geeignete Bemessung der Schaltelemente im gesamten Frequenzberich $0 \leq \omega \leq \infty$ der Widerstand $\underline{R}$ reell gemacht werden kann. Unter welchen Bedingungen gelingt dies?

4. Zeigen Sie anhand von zwei Zeigerdiagrammen, eines für die tiefen und eines für die hohen Frequenzen, dass bei gegebener Spannung der Gesamtstrom, den die Schaltung aufnimmt, nicht von der Frequenz abhängt.

12.8.2 Transformator mit verschiedenen Belastungen

Ein fest verkoppelter (streuungsfreier) Transformator mit Windungszahlverhältnis $N_2/N_1 = ü$, dessen Ohmwiderstände R_1 und R_2 vernachlässigbar klein seien, wird an die feste Wechselspannungsquelle $\underline{U}_1$ mit seiner Primärwicklung angeschlossen und nimmt dabei den Magnetisierungsstrom $\underline{I}_m$ auf. An die andere Wicklung werden nacheinander ein Ohmwiderstand R, eine Induktivität L und die Kapazität C angeschlossen.

Fragen:

1. Man ermittle für die drei Fälle den Primärstrom $\underline{I}_1$ und gebe je in einem Zeigerdiagramm den Bereich von $\underline{I}_1$ an.
2. In welchem der drei Fälle kann I_1 verschwinden und wie gross muss das entsprechende Schaltelement abhängig von U_1, I_m, ω und $ü$ gewählt werden? Woher bezieht nun der Transformator seinen Magnetisierungsstrom?

12.8.3 Netztransformator

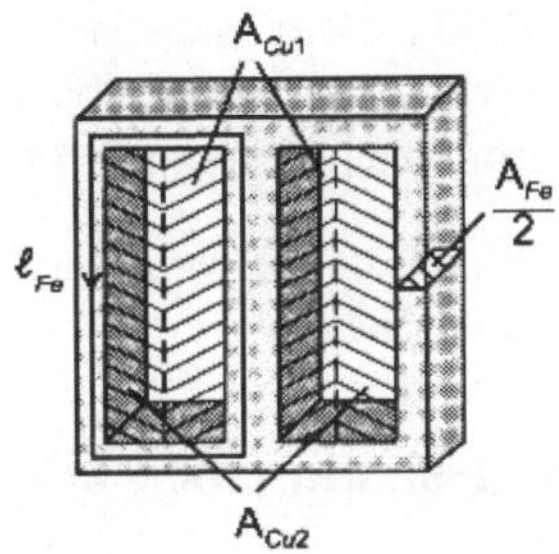

Bild 12.21: Transformator

Gegeben sei ein flacher Transformatorkern nach Bild 12.21 mit der Normbezeichnung EI195a[5]. Der Eisenquerschnitt beträgt im Kern $A_{Fe} = 28\ \text{cm}^2$, die Joche haben den Querschnitt $A_{Fe}/2$. Man darf also von einem Eisenkreis mit konstantem A_{Fe} ausgehen. Die Eisenweglänge beträgt $\ell_{Fe} = 45$ cm. Der Wickelraum steht hälftig der Primär- und der Sekundärwicklung zur Verfügung; der Kupferquerschnitt (Gesamtquerschnitt abzüglich Flächenbedarf für Isolierung und unvermeidliche Zwischenräume zwischen den Leitern) beträgt

[5]Normen über Kleintransformatoren: DIN 41300 (Kennzeichnende Daten), DIN 41302 (Kernblech) und DIN 41303 (Wickelkörper)

$A_{Cu1} = A_{Cu2} = 1000\ \mathrm{mm}^2$.
Für die Primärwicklung ist die mittlere Länge einer Wicklung $\ell_{W1} = 32$ cm und für die Sekundärwicklung $\ell_{W2} = 43$ cm. Die maximal zulässige Stromdichte beträgt $S_{max} = 1{,}5\ \mathrm{A/mm^2}$ und die maximal zulässige Induktion $B_{max} = 1{,}4$ T. Der Verlauf der Spannungen und Ströme sei sinusförmig mit der Frequenz $f_N = 50$ Hz.

Fragen:

1. Berechnen Sie mit Hilfe des Induktionsgesetzes den Effektivwert der in einer Windung induzierten Spannung U_W bei maximaler Ausnutzung des Eisens.

2. Berechnen Sie die Windungszahlen N_1 und N_2 für die Leerlauf-Primärspannung $U_1 = 230$ V und die Leerlauf-Sekundärspannung $U_1 = 12$ V. Wie gross sind die Wicklungswiderstände der beiden Wicklungen?

3. Das Kernmaterial habe, vereinfacht angenommen, die konstante relative Permeabilität $\mu_r = 1000$. Berechnen Sie die von der Primärseite aus gesehene Hauptinduktivität L_{H1} und den bei offenen Sekundärklemmen auftretenden Primärstrom nach Betrag und Phase.

4. Geben Sie unter Annahme fester Verkopplung das 3-Induktivitäts-Ersatzschema an und bestimmen Sie die Werte für L_1, L_2 und L_3.

12.8.4 Magnetisierungsstrom eines Transformators mit Sättigungseinfluss

Ein leerlaufender Transformator, dessen Streuung im Folgenden vernachlässigbar sei, liege an der sinusförmigen Spannung U mit der Kreisfrequenz ω; es fliesst lediglich der Magnetisierungsstrom I_M, der bei konstanter Hauptinduktivität L_H ebenfalls sinusförmig ist. Allerdings werden in der Praxis die Transformatoren so ausgenützt, dass bei der Berechnung des Magnetisierungsstromes die Nichtlinearität der Eisenkennlinie zu beachten ist. Diese habe im Folgenden vereinfacht die Form

$$H = a_1 B + a_3 B^3$$

mit den festen Beiwerten a_1 und a_3. Weiter sei angenommen, dass der Eisenkreis mit der Eisenweglänge ℓ_E den konstanten Querschnitt A_E besitze.

Daten:

Nennspannung	$U_n = 230\,\mathrm{V}$
Nennfrequenz	$f = 50\,\mathrm{Hz}$
Hauptinduktivität im ungesättigten Bereich	$L_H = 1{,}2\,\mathrm{H}$
Eisenvolumen des Transformators	$V_E = 1{,}5\,\mathrm{dm}^3$
Beiwerte der Magnetisierungskennlinie	$a_1 = 200\,\mathrm{A/(m\,T)}$
	$a_3 = 40\,\mathrm{A/(m\,T^3)}$

Fragen:

1. Zeigen Sie, dass bei sinusförmiger Spannung $u = \sqrt{2} \cdot U \cdot \cos \omega t$ der Strom der Beziehung

$$i = \frac{\sqrt{2}U}{\omega L_H} \left[(1 + \frac{3}{4} b_3) \cdot \sin(\omega t) - b_3 \cdot sin(3\omega t) \right]$$

gehorcht. Bestimmen Sie den Einflussfaktor b_3 als Funktion von U, ω.

2. Stellen Sie $i(t)$ in zweckmässig bezogener Form für $U/U_n = 0{,}5$; 1 und 1,5 in einem Funktionsschaubild dar und diskutieren Sie das Ergebnis.

13 Wechselstromnetzwerke

13.1 Lineare Gleichungssysteme mit komplexen Grössen

Die in Kap. 5 vorgestellten allgemeinen Verfahren zur Behandlung von Gleichstromnetzwerken lassen sich mit Hilfe der komplexen Rechnung auch auf Wechselstromnetzwerke anwenden. Potentiale, Spannungen, Ströme, Widerstände und Leitwerte sind komplexe Grössen und führen daher auf komplexe lineare Gleichungssysteme. Das Maschenstromverfahren liefert beispielsweise die Beziehung

$$\underline{\mathbf{R}} \cdot \underline{\mathbf{i}} = \underline{\mathbf{u}} \tag{13.1}$$

mit der $n \times n$ Matrix $\underline{R}$ und den Vektoren $\underline{\mathbf{i}}$ und $\underline{\mathbf{u}}$, also

$$\underline{\mathbf{R}} = \begin{pmatrix} \underline{r}_{11} & \underline{r}_{12} & \cdots & \underline{r}_{1n} \\ \underline{r}_{21} & \underline{r}_{22} & \cdots & \underline{r}_{2n} \\ \vdots & \vdots & & \vdots \\ \underline{r}_{n1} & \underline{r}_{n2} & \cdots & \underline{r}_{nn} \end{pmatrix} \quad ; \quad \underline{\mathbf{i}} = \begin{pmatrix} \underline{i}_1 \\ \underline{i}_2 \\ \vdots \\ \underline{i}_n \end{pmatrix} \quad ; \quad \underline{\mathbf{u}} = \begin{pmatrix} \underline{u}_1 \\ \underline{u}_2 \\ \vdots \\ \underline{u}_n \end{pmatrix} \tag{13.2}$$

Gl. (13.1) ist nach $\underline{\mathbf{i}}$ aufzulösen, formal ist

$$\underline{\mathbf{i}} = \underline{\mathbf{R}}^{-1} \cdot \underline{\mathbf{u}} \tag{13.3}$$

Die Elemente der Matrizen und Vektoren sind komplexe Zahlen, mit denen grundsätzlich ebenso gerechnet werden kann, wie mit den reellen Zahlen. Komplexe lineare Gleichungssysteme mit n Unbekannten können aber auch auf ein reelles Gleichungssystem mit $2\,n$ Unbekannten zurückgeführt werden. Jede komplexe Matrix und jeder komplexe Vektor kann nach dem Vorbild der komplexen Zahlen als Summe von Realteil und Imaginärteil mit reellen Elementen geschrieben werden:

$$\underline{\mathbf{C}} = \mathbf{A} + j\,\mathbf{B} \tag{13.4}$$

mit

$$\underline{\mathbf{C}} = (\underline{c}_{\nu\mu}) = (a_{\nu\mu} + j \cdot b_{\nu\mu}) \tag{13.5}$$

und

$$\mathbf{A} = (a_{\nu\mu}) \quad ; \quad \mathbf{B} = (b_{\nu\mu}) \tag{13.6}$$

sowie

$$\underline{\mathbf{z}} = \mathbf{x} + j \cdot \mathbf{y} \quad ; \quad \underline{\mathbf{t}} = \mathbf{p} + j \cdot \mathbf{q} \tag{13.7}$$

mit

$$\begin{aligned} \underline{\mathbf{z}} &= (\underline{z}_i) = (x_i + j \cdot y_i) \\ \underline{\mathbf{t}} &= (\underline{t}_i) = (p_i + j \cdot q_i) \end{aligned} \tag{13.8}$$

Das lineare Gleichungssystem

$$\underline{\mathbf{C}} \cdot \underline{\mathbf{z}} = \underline{\mathbf{t}} \tag{13.9}$$

ausführlich geschrieben

$$(\mathbf{A} + j\,\mathbf{B}) \cdot (\mathbf{x} + j\,\mathbf{y}) = (\mathbf{p} + j\,\mathbf{q})$$

wird

$$(\mathbf{A}\,\mathbf{x} - \mathbf{B}\,\mathbf{y}) + j\,(\mathbf{B}\,\mathbf{x} + \mathbf{A}\,\mathbf{y}) = \mathbf{p} + j\,\mathbf{q} \tag{13.10}$$

Real und Imaginärteil bilden zwei unabhängige Gleichungssysteme, die sich wie folgt zusammenfassen lassen

$$\begin{pmatrix} \mathbf{A} & -\mathbf{B} \\ \mathbf{B} & \mathbf{A} \end{pmatrix} \cdot \begin{pmatrix} \mathbf{x} \\ \mathbf{y} \end{pmatrix} = \begin{pmatrix} \mathbf{p} \\ \mathbf{q} \end{pmatrix} \tag{13.11}$$

Ausführlich geschrieben erhält man das Gleichungssystem mit $2\,n$ Unbekannten.

$$\begin{pmatrix} a_{11} & \dots & a_{1n} & -b_{11} & \dots & -b_{1n} \\ a_{21} & \dots & a_{2n} & -b_{21} & \dots & -b_{2n} \\ \vdots & & \vdots & \vdots & & \vdots \\ a_{n1} & \dots & a_{nn} & -b_{n1} & \dots & -b_{nn} \\ b_{11} & \dots & b_{1n} & a_{11} & \dots & a_{1n} \\ b_{21} & \dots & b_{2n} & a_{21} & \dots & a_{2n} \\ \vdots & & \vdots & \vdots & & \vdots \\ b_{n1} & \dots & b_{nn} & a_{n1} & \dots & a_{nn} \end{pmatrix} \cdot \begin{pmatrix} x_1 \\ x_2 \\ \vdots \\ x_n \\ y_1 \\ y_2 \\ \vdots \\ y_n \end{pmatrix} = \begin{pmatrix} p_1 \\ p_2 \\ \vdots \\ p_n \\ q_1 \\ q_2 \\ \vdots \\ q_n \end{pmatrix} \tag{13.12}$$

13.2 Maschen- und Knotenregel in komplexen Wechselstromschaltungen

Grundlage der Netzwerkberechnung sind die Knoten- und Maschenregel, die in jedem Augenblick erfüllt sein müssen. Die Wechselstromgrössen werden jedoch durch Effektivwert und Phasenwinkel beschrieben; die Auswirkungen der Knoten- und Maschenregel auf diese Kennwerte und damit auf die komplexen Spannungen und Ströme bedarf der besonderen Klärung. Dies soll am Beispiel der Knotenregel eingehend geschehen.

Auf einen Knoten mögen n Ströme

$$i_\nu = \sqrt{2} \cdot I_\nu \cdot \sin(\tau + \varphi_\nu) \qquad (13.13)$$

treffen. In jedem Augenblick muss daher gelten

$$\sum_{\nu=1}^{n} i_\nu = 0 \qquad (13.14)$$

Mit der Entwicklung

$$\sin(\tau + \varphi_\nu) = \cos\varphi_\nu \cdot \sin\tau + \sin\varphi_\nu \cdot \cos\tau$$

schreibt sich die Knotenregel Gl. (13.15)

$$\sum_{\nu=1}^{n} \sqrt{2} \cdot I_\nu \cdot (\cos\varphi_\nu \cdot \sin\tau + \sin\varphi_\nu \cdot \cos\tau) = 0 \qquad (13.15)$$

Diese Gleichung ist nur dann immer erfüllt, wenn gleichzeitig gilt

$$\sum_{\nu=1}^{n} I_\nu \cdot \cos\varphi_\nu = 0 \qquad (13.16)$$

$$\sum_{\nu=1}^{n} I_\nu \cdot \sin\varphi_\nu = 0 \qquad (13.17)$$

Beide Gleichungen lassen sich in bekannter Weise in komplexer Form zusammengefasst schreiben

$$\sum_{\nu=1}^{n} I_\nu \cdot e^{j\,\varphi_\nu} = 0 \qquad (13.18)$$

wobei gleichzeitig Real- und Imaginärteil der Summe verschwinden müssen. Die Knotenregel darf also auf die komplexen Ströme $\underline{I}$ erweitert werden.

$$\sum_{\nu=1}^{n} \underline{I}_\nu = 0 \tag{13.19}$$

Die Addition dieser Ströme muss nach den Regeln der komplexen Rechnung erfolgen, in der geometrischen Interpretation bilden die auf einen Knoten fliessenden Ströme ein geschlossenes Polygon. Ein Beispiel zeigt Bild 13.1.

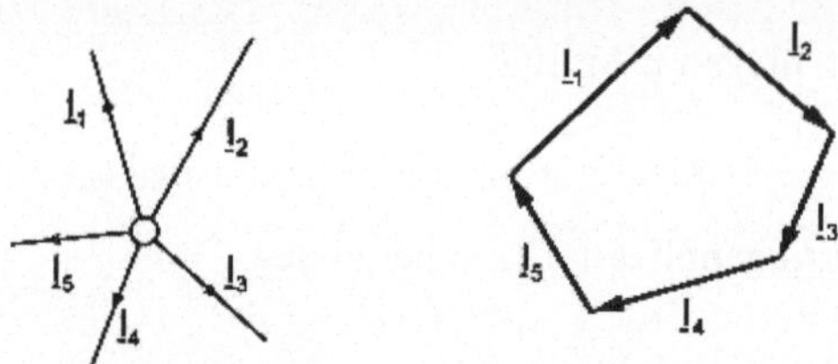

Bild 13.1: Knotenregel für Wechselströme

In gleicher Weise kann die Maschenregel für komplexe Grössen abgeleitet werden. Über einem geschlossenen Umlauf muss die Summe der komplexen Spannungen verschwinden, für jede solche Masche gilt

$$\sum_{\nu=1}^{n} \underline{U}_\nu = 0 \tag{13.20}$$

Ein Beispiel mit 5 Knoten zeigt Bild 13.2. Den einzelnen Knoten lassen sich auch komplexe Knotenpotentiale $\underline{\varphi}_\nu$ zuordnen; die Differenz der Potentiale $\underline{\varphi}_\nu$ und $\underline{\varphi}_\mu$ zweier Knoten gibt die Spannung

$$\underline{U}_{\nu\mu} = \underline{\varphi}_\nu - \underline{\varphi}_\mu = -\underline{U}_{\nu\mu} \tag{13.21}$$

zwischen beiden Knoten an. Die Knotenpotentiale sind die Spannungen der Knoten gegenüber einem einheitlichen, aber beliebig wählbaren Hilfsknoten mit dem Index 0, dessen Potential $\varphi_0 = 0$ festgelegt ist. Das Zeigerdiagramm Bild 13.3 verdeutlicht Gl. (13.21).
An dieser Stelle sei nochmals darauf hingewiesen, dass die Zeigerdiagramme und die zugeordneten komplexen Grössen die Effektivwerte der Spannungen und Ströme und deren gegenseitige Phasenlagen darstellen. Die Orientierung

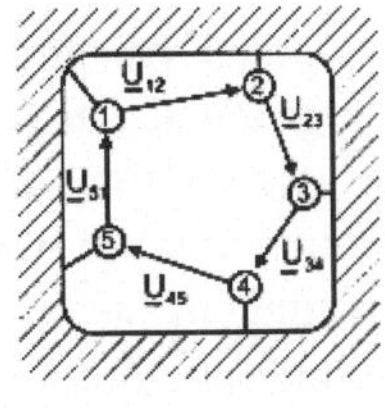
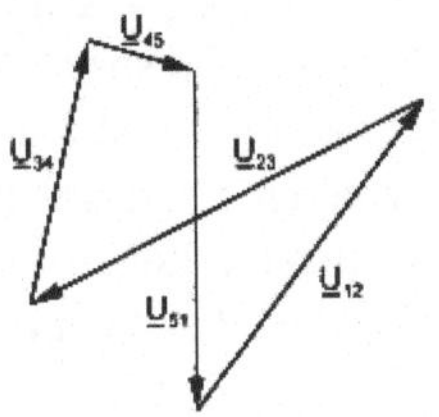

Bild 13.2: Maschenregel für komplexe Wechselspannungen

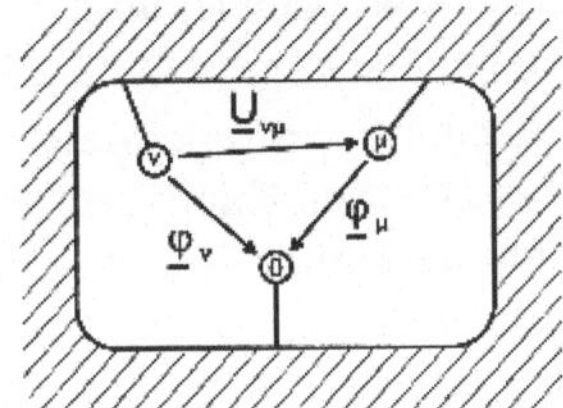
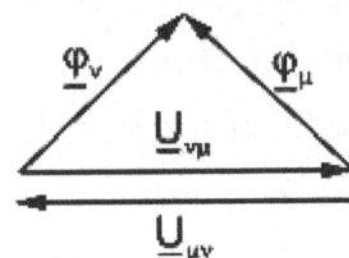

Bild 13.3: Komplexe Knotenpotentiale und Potentialdifferenz

in der komplexen Ebene ist nur dann wesentlich, wenn die Phasenlage zu einer weiteren, dem betrachteten Schaltschema nicht zugehörigen Bezugsgrösse hergestellt werden muss.

13.3 Allgemeines zur Theorie der Wechselstromnetzwerke

Die Elemente der Wechselstrom-Netzwerke bestehen aus idealen Spannungs- oder Stromquellen und den Zweigelementen, die dem verallgemeinerten OHMschen Gesetz gehorchen, also zwischen Klemmenspannung und Zweigstrom lineares Verhalten zeigen. Weiter gilt für die den Wechselspannungen und Wechselströmen zugeordneten komplexen Grössen die Maschen- und Knotenregel. Letztere liefern generell lineare Beziehungen, während der Zusammenhang zwischen Strömen und Spannungen der Zweigelemente auch nichtlinear sein kann.

Damit können alle in Kap. 5 getroffenen Aussagen und beschriebenen Methoden unmittelbar auf Wechselstrom-Netzwerke angewandt werden, insbesondere die Methode der Knotenpotentiale und das Maschenstromverfahren. Weiter gelten die Sätze von der Ersatzspannungsquelle und von der Ersatzstromquelle. In Wechselstromschaltungen sind alle Spannungen, Ströme, Widerstände und Leitwerte komplexe Grössen und nur in Sonderfällen reell oder auch rein imaginär.

Eine Besonderheit in Wechselstrom-Netzwerken sind die möglichen magnetischen Kopplungen. Diese lassen sich in den Schaltplänen durch Transformatoren darstellen, deren Ersatzschemata, bestehend aus Induktivitäten und Widerständen sowie gegebenenfalls noch aus idealen Übertragern aus Kap. 12 bekannt sind. Wenn aber, wie am Schluss des zwölften Kapitels erläutert wurde, die Potentialtrennung bei Transformatoren wesentlich ist, so kann beispielsweise das Knotenpotentialverfahren in seiner ursprünglichen, im Kap. 5 beschriebenen Form nicht mehr angewandt werden und ist zu modifizieren.

Die Grundaufgabe der Netzwerktheorie geht von einer gegebenen Netzwerkstruktur (Topologie) mit bekannten Zweigelementen aus. Neben den Daten der im Netzwerk enthaltenen Wirk- und Blindwiderstände oder Leitwerte sowie allfälliger magnetischer Verkopplungen sind die Kenngrössen der Quellen bekannt. Jedes Netzwerk enthält mindestens eine Spannungs- oder Stromquelle. Ist nur eine Quelle gegeben, so genügt die Angabe des Effektivwertes von deren Spannung oder Strom; die Einzelquelle ist dann auch Bezugsgrösse für die Phasen der übrigen Spannungen und Ströme des Netzwerkes. Sind hingegen mehrere Quellen vorhanden, so müssen zur Lösung der Grundaufgabe deren gegenseitige Phasenbeziehungen bekannt sein. Die Grundaufgabe schliesslich besteht in der Ermittlung der Ströme in den Zweigen und der Spannungen zwischen den Knoten. Hierzu gibt es verschiedene Ansätze, die alle auf ein komplexes lineares Gleichungssystem führen und selbstverständlich alle auch dieselbe Lösung liefern. Neben den in Kap. 5 beschriebenen Methoden (Knotenpotentialverfahren und Maschenstromverfahren) gibt es weitere Ansätze zur Netzwerkberechnung.

In welcher Weise schliesslich zweckmässig vorgegangen wird, hängt von verschiedenen Gesichtspunkten der speziellen Aufgabenstellung ab. Nur verhältnismässig kleine Netzwerke lassen sich einfach und übersichtlich von Hand behandeln; mittlere und grosse Netzwerke mit tausenden von Knoten und Zweigen werden mit Digitalrechnern bearbeitet. Dabei wird zweckmässig die Aufstellung der Gleichungssysteme und die Auflösung automatisiert. Die Behandlung grosser Netzwerke, zum Beispiel für die Untersuchung von Verteilnetzen der Energietechnik, ist ein eigenständiges Forschungs- und Fachgebiet. Die rationelle Speicherung der Daten und die effiziente Lösung der grossen Gleichungssysteme unter Berücksichtigung besonderer Bedingungen, wie beispielsweise das Auftreten schwach besetzter Matrizen, sind wichtige Gesichtspunkte in den praktischen Anwendungen.

Neben der Grundaufgabe treten im Zusammenhang mit Netzwerken auch ganz anders geartete Fragestellungen auf.

Ein sehr wichtiges Problem betrifft die Identifikation von Netzwerken. Hierbei sollen aus Messungen am Netzwerk die Parameter der Zweigelemente bestimmt werden. Eine Erschwernis ist oft dadurch gegeben, dass das Netzwerk nur teilweise für Messungen zugänglich ist.

Ein weiterer Aspekt betrifft die Synthese von Netzwerken. Aus vorgeschriebenen Eigenschaften, z.B. Frequenzcharakteristiken, soll ein geeignetes Netzwerk konstruiert werden. Gesucht sind dessen Struktur und die Kenndaten der Zweigelemente unter Berücksichtigung von Realisierbarkeitsbeschränkungen. Beispielsweise ist bei Induktivitäten immer ein bestimmter Wicklungswiderstand vorhanden.

Die genannten und weitere Fragen aus der Netzwerktheorie können hier nicht vertieft behandelt werden.

13.4 Aufgaben

13.4.1 Allpass 1. Ordnung

In Bild 13.4 ist ein unbelasteter Vierpol dargestellt, der Allpass 1. Ordnung bezeichnet wird. Hierbei ist $\underline{U}_1$ eine Wechselspannung variabler Frequenz. Unter bestimmten Bedingungen ist das Betragsverhältnis U_2/U_1 von der Frequenz unabhängig.

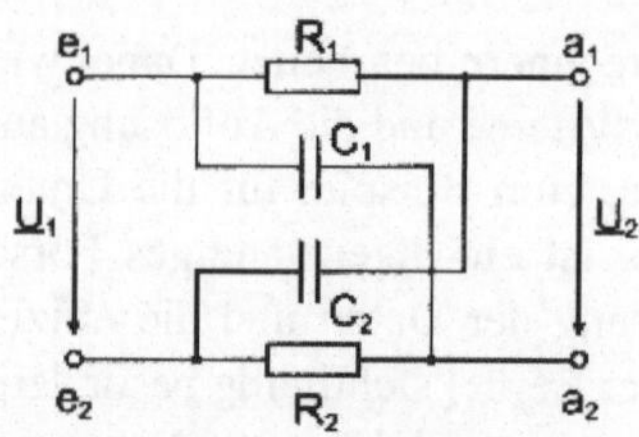

Bild 13.4: Allpass 1.Ordnung

Fragen:

1. Geben Sie das Verhältnis $\underline{U}_2/\underline{U}_1$ und das Betragsverhältnis $|\underline{U}_2/\underline{U}_1| = U_2/U_1$ als Funktion der Schaltelemente R_1, R_2, C_1 und C_2 an. Unter welcher Bedingung zeigt die Schaltung Allpassverhalten?
2. Stellen Sie Betrag und Phase der Ausgangsspannung $\underline{U}_2$ in einem Diagramm als Funktion der Kreisfrequenz ω dar für den Fall, dass die oben hergeleitete Bedingung für Allpassverhalten erfüllt ist.
3. Wie gross ist der nach dem Satz von der Ersatzspannungsquelle sich ergebende komplexe Innenwiderstand aus Sicht der Ausgangsklemmen a_i, wenn an den Eingangsklemmen e_i eine starre Spannungsquelle angeschlossen ist?
4. Wie gross wird der Innenwiderstand nach Frage 3, wenn der Eingang aus einer idealen Wechselstromquelle versorgt wird?

13.4.2 Leistungsanpassung

Eine Wechselspannungsquelle mit der Spannung $\underline{U}$ und dem Innenwiderstand $\underline{Z} = R + jX$ werde mit dem Verbraucher $\underline{W} = r + jx$ belastet. Welchen Bedingungen muss $\underline{W}$ genügen, damit aus der Quelle die maximale Wirkleistung entnommen werden kann. Die Aufgabe kann mit Hilfe einer einfachen physikalischen Überlegung oder durch formale Rechnung gelöst werden.

13.4.3 Fahrrad-Beleuchtung

Die Beleuchtung von Fahrrädern besorgt üblicherweise ein kleiner Wechselstromgenerator, der über eine Reibrolle mit dem Durchmesser d angetrieben wird. Im Folgenden sei die Umfangsgeschwindigkeit der Rolle gleich der Fahrtgeschwindigkeit angenommen. Die abgegebene Leerlaufspannung U_i ist proportional zur Geschwindigkeit v, ebenso die Frequenz f, wobei auf eine Generator-Umdrehung p Perioden kommen. Die Glühlampenbelastung wird zur Prüfung der Lichtmaschine durch einen OHM-Widerstand R_v ersetzt. Der Innenwiderstand des Generators besteht aus der Serieschaltung einer Induktivität L und dem Wicklungs-Wirkwiderstand R_w. Für ein Baumuster ist bekannt:

Induktivität	$L = 0{,}02$ H
Wicklungswiderstand	$R_w = 3\,\Omega$
Nenn-Belastungswiderstand	$R_v = 12\,\Omega$
Rollendruchmesser	$d = 20$ mm
Anzahl Perioden pro Umdrehung der Reibrolle (Polpaarzahl)	$p = 4$

Fragen:

1. Zeichnen Sie den Ersatzstromkreis der Fahrrad-Lichtmaschine und tragen Sie die erforderlichen Bezeichnungen ein.

2. Ausgehend von der Beziehung $U_i = U_H \cdot \omega/\omega_H$ für die Leerlaufspannung ist die Gleichung für die Klemmenspannung U_v der Maschine unter Nennbelastung abzuleiten.

3. Der unbekannte Quotient U_H/ω_H ist unter Berücksichtigung der maximal zulässigen Spannnung U_{vmax} festzulegen und die Beziehung $U_v = U_v(L, R_w, R_v, U_{vmax}, \omega)$ anzugeben.

4. Stellen Sie das Ergebnis der Frage 3 abhängig von der Geschwindigkeit v in der Form

$$\frac{U_v}{U_v max} = \frac{v}{\sqrt{v^2 + v_H^2}}$$

dar, und bestimmen Sie v_H. Stellen Sie die Funktion in einem Diagramm dar, wobei U_v/U_{vmax} die Ordinatengrösse und v/v_H die Abszissengrösse sein soll.

5. Prüfen Sie nach, ob die für Fahrrad-Lichtmaschinen gesetzlich vorgeschriebenen Bedingungen bei $U_{vmax} = 7$ V erfüllt sind. Die Bedingungen lauten

$$U_v > 3\ \mathsf{V} \qquad \text{bei } v = 5\ \mathsf{km/h}$$
$$U_v > 5{,}7\ \mathsf{V} \qquad \text{bei } v = 15\ \mathsf{km/h}.$$

6. (Expertenfrage) Der OHM-Widerstand R_v ist keine ausreichende Nachbildung der Glühlampenbelastung. Für $U_v = 3$ V eignet sich eine der Kennlinie $U_v = I \cdot R_L - U_L$ gehorchende Belastung, mit den Werten $R_L = 24\ \Omega$ und $U_L = 6$ V. Lösen Sie die Fragen 1 bis 5 für die so belastete Lichtmaschine.

14 Vierpole

14.1 Erklärung der Vierpole in verschiedenen Darstellungsformen

Das in Bild 14.1 dargestellte System wird **Zweitor** oder **Vierpol** bezeichnet. Überwiegend interessiert das Übertragungsverhalten zwischen dem Klemmenpaar (a_1, b_1) und dem Klemmenpaar (a_2, b_2) der im Block befindlichen elektrotechnischen Einrichtung. Solche Blöcke bezeichnet man häufig als *schwarze Kästen* nach dem englischen Begriff *black box*. Die Eingangsgrössen U_1, I_1 und die Ausgangsgrössen U_2, I_2 sind im Allgemeinen komplex (Wechselgrössen)[1], gelegentlich aber auch reell (Gleichgrössen).

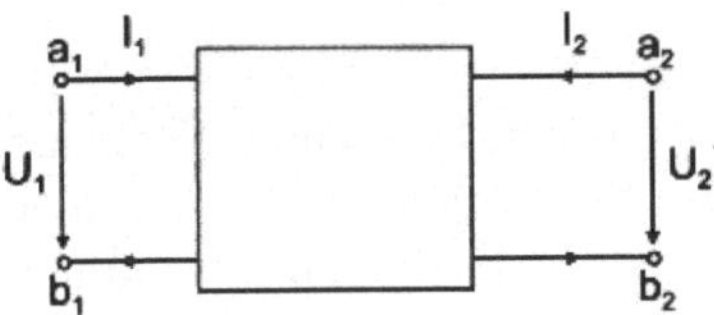

Bild 14.1: Zweitor oder Vierpol

Zur Bestimmung der Übertragungseigenschaften von Leitungsnetzen, Verstärkern, Filterschaltungen und anderen technischen Gebilden sind die Spannungen zwischen den Eingangs- und Ausgangsklemmen nicht wesentlich und gelegentlich auch nicht bestimmbar. beispielsweise, wenn die innere Schaltung zur Potentialtrennung einen Transformator enthält. Man beachte, dass deshalb für die Eingangs- und Ausgangsklemmenpaare die Knotenregel einzeln gültig sein muss; d.h. die den a-Klemmen zufliessenden Ströme fliessen an den zugehörigen b-Klemmen ab. Sofern die innere Schaltung keine Quellen und nur lineare Schaltelemente (Widerstände, Kondensatoren, Drosselspulen und Übertrager) enthält, liegt ein passiver linearer Vierpol vor. Dann kann die Wirkleistung, die über die beiden Klemmenpaare eingespeist wird, nur grösser

[1] In diesem Kapitel werden Wechselgrössen nicht speziell mit unterstrichenen Buchstaben gekennzeichnet.

oder allenfalls gleich null sein. Der letztgenannte Fall gilt für ein – idealisierend angenommen – verlustfreies Netzwerk. Leistungsüberschüsse haben im Verbraucherzählpfeilsystem negatives Vorzeichen. Vierpole, deren Leistungsbilanz negativ ist, beispielsweise Verstärkerschaltungen, müssen Quellen und gegebenenfalls nichtlineare Widerstände enthalten und zählen deshalb zu den aktiven Vierpolen. Es sei aber bemerkt, dass passive Vierpole durchaus neben OHMschen Widerständen, Kapazitäten, Induktivitäten und Übertragern nichtlineare Widerstände und Quellen, sowie weitere Elemente, beispielsweise elektromechanischen Aktoren, enthalten können.

Der Inhalt des *schwarzen Kastens* muss zur Beschreibung des Übertragungsverhaltens nicht in allen Einzelheiten bekannt sein. Die Vierpoldarstellung reduziert den komplizierten Inhalt einer technischen Einrichtung auf die zur Beschreibung des Übertragungsverhaltens notwendigen Elemente.

Für das Folgende sei der einfache Sonderfall angenommen, die innere Schaltung bestehe aus den besagten linearen passiven Elementen der Gleich- und Wechselstromnetzwerke.

Nach Kap. 5.2, in dem das Knotenpotential-Verfahren besprochen wurde, erhält man für ein lineares Netzwerk, unter der Annahme, dass neben U_1 und U_2 keine weiteren Quellen vorhanden sind, für die Ströme

$$\begin{aligned} I_1 &= Y_{11}\,U_1 - Y_{12}\,U_2 \\ I_2 &= -Y_{21}\,U_1 + Y_{22}\,U_2 \\ I_3 &= -Y_{31}\,U_1 - Y_{32}\,U_2 \\ &\vdots \\ I_n &= -Y_{n1}\,U_1 - Y_{n2}\,U_2 \end{aligned} \qquad (14.1)$$

mit der Symmetriebedingung nach Gl. (5.14)

$$Y_{\mu\nu} = Y_{\nu\mu}$$

Die Ströme I_3, I_4 usw. sind innere Ströme des Netzwerkes und interessieren genau so wenig wie die inneren Potentialverhältnisse. Die Übertragungseigenschaften des Vierpols beschreiben die Gleichungen in der **Leitwertform** unter

Berücksichtigung der Symmetrieeigenschaft linearer Netzwerke $Y_{21} = Y_{12}$:

$$I_1 = Y_{11}\,U_1 - Y_{12}\,U_2$$
$$I_2 = -Y_{12}\,U_1 + Y_{22}\,U_2 \tag{14.2}$$

Man schreibt auch häufig

$$\begin{pmatrix} I_1 \\ I_2 \end{pmatrix} = \begin{pmatrix} Y_{11} & -Y_{12} \\ -Y_{12} & Y_{22} \end{pmatrix} \cdot \begin{pmatrix} U_1 \\ U_2 \end{pmatrix} \tag{14.3}$$

mit der **Leitwertmatrix** oder **Y-Matrix**

$$\mathbf{Y} = \begin{pmatrix} Y_{11} & -Y_{12} \\ -Y_{12} & Y_{22} \end{pmatrix} \tag{14.4}$$

Dann wird mit den Vektoren

$$\mathbf{I} = \begin{pmatrix} I_1 \\ I_2 \end{pmatrix} \quad \text{und} \quad \mathbf{U} = \begin{pmatrix} U_1 \\ U_2 \end{pmatrix} \tag{14.5}$$

kurz

$$\mathbf{I} = \mathbf{Y} \cdot \mathbf{U} \tag{14.6}$$

Mit der Kehrmatrix

$$\mathbf{Z} = \mathbf{Y}^{-1} = \begin{pmatrix} \dfrac{Y_{22}}{Y_{11}\,Y_{22} - Y_{12}^2} & \dfrac{Y_{12}}{Y_{11}\,Y_{22} - Y_{12}^2} \\[2ex] \dfrac{Y_{12}}{Y_{11}\,Y_{22} - Y_{12}^2} & \dfrac{Y_{11}}{Y_{11}\,Y_{22} - Y_{12}^2} \end{pmatrix} \tag{14.7}$$

erhält man die **Widerstandsform**

$$\mathbf{U} = \mathbf{Z} \cdot \mathbf{I} \tag{14.8}$$

Aus einer gegebenen **Widerstandsmatrix** oder **Z-Matrix** gewinnt man durch Matrixinversion die Leitwertmatrix

$$\mathbf{Y} = \mathbf{Z}^{-1} = \begin{pmatrix} \dfrac{Z_{22}}{Z_{11}\,Z_{22} - Z_{12}^2} & -\dfrac{Z_{12}}{Z_{11}\,Z_{22} - Z_{12}^2} \\[2ex] -\dfrac{Z_{12}}{Z_{11}\,Z_{22} - Z_{12}^2} & \dfrac{Z_{11}}{Z_{11}\,Z_{22} - Z_{12}^2} \end{pmatrix} \tag{14.9}$$

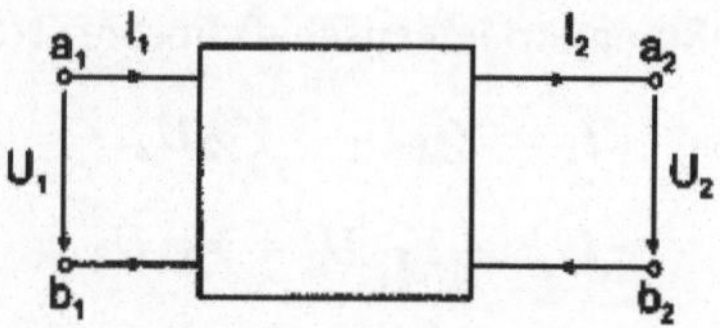

Bild 14.2: Vierpoldarstellung mit ausfliessend gepfeiltem Strom I_2 (Kettendarstellung)

Eine zweite Darstellungsform der Vierpolgleichungen geht vom umgekehrt gepfeilten Strom I_2 nach Bild 14.2 aus.
Diese Darstellung ist bei einer Hintereinanderschaltung mehrerer Vierpole besonders zweckmässig, da dann die Ausgangsgrössen des vorangestellten Vierpols die Eingangsgrössen des Folgenden bilden. Die Leitwertmatrix Gl. (14.4) wird in diesem Falle

$$\mathbf{Y}^{\dagger} = \begin{pmatrix} Y_{11} & -Y_{12} \\ Y_{12} & -Y_{22} \end{pmatrix} \tag{14.10}$$

Neben diesen Grundformen der Vierpolgleichungen existieren beliebige Mischformen, jede Paarkombination aus den beiden Spannungen U_1, U_2 und Strömen I_1, I_2 kann auf der linken Seite einzeln und als Linearkombination auf der rechten Seite stehen. Die zugehörigen 2×2- Matrizen enthalten vier Koeffizienten, z.B. $H_{\mu,\nu}$ und werden dann wie oben dem gewählten Buchstaben entsprechend benannt, hier also **H**-Matrix.

Eine wichtige Darstellungsform für Vierpole ist die **Kettendarstellung**

$$\begin{aligned} U_2 &= A_{11}\,U_1 + A_{12}\,I_1 \\ I_2 &= A_{21}\,U_1 + A_{22}\,I_1 \end{aligned} \tag{14.11}$$

mit der **Kettenmatrix** oder **A-Matrix**

$$\mathbf{A} = \begin{pmatrix} A_{11} & A_{12} \\ A_{21} & A_{22} \end{pmatrix} \tag{14.12}$$

In der Kettendarstellung gilt die Strompfeilung für I_2 nach Bild 14.2. Die Kettendarstellung erlaubt die Bestimmung der Ausgangsgrössen U_2, I_2 aus den Eingangsgrössen U_1, I_1. Häufig findet man in der Literatur auch eine Kettendarstellung, bei der die Grössenpaare gegenüber der hier getroffenen Wahl vertauscht sind. Um aus der Leitwertgleichung in Kettendarstellung

$$\begin{aligned} I_1 &= Y_{11}\,U_1 - Y_{12}\,U_2 \\ I_2 &= Y_{12}\,U_1 - Y_{22}\,U_2 \end{aligned} \tag{14.13}$$

die Kettenmatrix **A** zu berechnen, müssen die Variablen U_2 und I_1 vertauscht werden. Für einen solchen Variablentausch in linearen Gleichungssystemen hat STIFEL[2] ein nützliches Schema angegeben, das sich für die Umrechnung der einzelnen Vierpoldarstellungen empfiehlt. Soll beispielsweise in einem linearen Gleichungssystem

$$\begin{aligned} y_1 &= a_{11}\,x_1 + a_{12}\,x_2 + \cdots + a_{1\nu}\,x_\nu + \cdots + a_{1n}\,x_n \\ y_2 &= a_{21}\,x_1 + a_{22}\,x_2 + \cdots + a_{2\nu}\,x_\nu + \cdots + a_{2n}\,x_n \\ &\vdots \\ y_\mu &= a_{\mu 1}\,x_1 + a_{\mu 2}\,x_2 + \cdots + a_{\mu\nu}\,x_\nu + \cdots + a_{\mu n}\,x_n \\ &\vdots \\ y_n &= a_{n1}\,x_1 + a_{n2}\,x_2 + \cdots + a_{n\nu}\,x_\nu + \cdots + a_{nn}\,x_n \end{aligned}$$

die Variable x_ν mit der Variablen y_μ ausgetauscht werden, so erhält man das neue Gleichungssystem

$$\begin{aligned} y_1 &= b_{11}\,x_1 + b_{12}\,x_2 + \cdots + b_{1\nu}\,y_\mu + \cdots + b_{1n}\,x_n \\ y_2 &= b_{21}\,x_1 + b_{22}\,x_2 + \cdots + b_{2\nu}\,y_\mu + \cdots + b_{2n}\,x_n \\ &\vdots \\ y_\mu &= b_{\mu 1}\,x_1 + b_{\mu 2}\,x_2 + \cdots + b_{\mu\nu}\,y_\mu + \cdots + b_{\mu n}\,x_n \\ &\vdots \\ y_n &= b_{n1}\,x_1 + b_{n2}\,x_2 + \cdots + b_{n\nu}\,y_\mu + \cdots + b_{nn}\,x_n \end{aligned}$$

---

[2] E. STIFEL (1909-1978), Mathematikprofessor an der ETH Zürich. Im Grundsatz geht die Methode auf E. STEINITZ (1871-1928) zurück.

Die Matrixelemente $b_{i,k}$ entstehen aus den Elementen $a_{i,k}$ nach folgendem Schema: Das sogenannte Pivotelement mit der Indexkombination μ, ν verwandelt sich durch einfache Kehrwertbildung

$$b_{\mu\nu} = \frac{1}{a_{\mu\nu}}$$

Die übrigen Elemente der Pivot-Zeile mit dem Indexpaar μ, k verwandeln sich entsprechend

$$b_{\mu k} = -\frac{a_{\mu k}}{a_{\mu\nu}}$$

Die übrigen Elemente der Pivot-Spalte mit dem Indexpaar i, ν berechnen sich zu

$$b_{i\nu} = \frac{a_{i\nu}}{a_{\mu\nu}}$$

Die restlichen Elemente mit $i \neq \mu$ und $k \neq \nu$ werden mit Hilfe der Rechteckregel

$$b_{ik} = a_{ik} - \frac{a_{\mu k}\, a_{i\nu}}{a_{\mu\nu}}$$

umgeformt. Hiernach erhält man aus Gl. (14.13) die Elemente der Kettenmatrix **A**:

$$\begin{aligned} A_{11} &= \frac{Y_{11}}{Y_{12}} \\ A_{12} &= -\frac{1}{Y_{12}} \\ A_{21} &= \frac{Y_{12}^2 - Y_{11}\, Y_{22}}{Y_{12}} \\ A_{22} &= \frac{Y_{22}}{Y_{12}} \end{aligned} \tag{14.14}$$

Umgekehrt erhält man aus den Elementen der Kettenmatrix die Elemente der Leitwertmatrix

$$\begin{aligned} Y_{11} &= -\frac{A_{11}}{A_{12}} \\ Y_{12} &= -\frac{1}{A_{12}} \\ Y_{22} &= -\frac{A_{22}}{A_{12}} \end{aligned} \qquad (14.15)$$

Aus der Widerstandsmatrix Gl. (14.7) berechnet man die Kettenmatrix-Elemente zu

$$\begin{aligned} A_{11} &= \frac{Z_{22}}{Z_{12}} \\ A_{12} &= \frac{Z_{12}^2 - Z_{11}\,Z_{22}}{Z_{12}} \\ A_{21} &= -\frac{1}{Z_{12}} \\ A_{22} &= \frac{Z_{11}}{Z_{12}} \end{aligned} \qquad (14.16)$$

und aus diesen zurück die Elemente der Widerstandsmatrix

$$\begin{aligned} Z_{11} &= -\frac{A_{22}}{A_{21}} \\ Z_{12} &= -\frac{1}{A_{21}} \\ Z_{22} &= -\frac{A_{11}}{A_{21}} \end{aligned} \qquad (14.17)$$

Die Kettenmatrix hat die Determinante

$$det\,\mathbf{A} \;=\; A_{11}\,A_{22} - A_{12}\,A_{21} = 1 \qquad (14.18)$$

Auch in der Kettenmatrix sind, wie zu erwarten war, nur drei der vier Kenngrössen voneinander unabhängig.

14.2 Messungen an Vierpolen

An Vierpolen lassen sich zu deren Identifikation verschiedene Messungen durchführen. Die Messung nach Bild 14.3 bei leerlaufendem Ausgang liefert das Ausgangs-Spannungsverhältnis im Leerlauf

$$\frac{U_{2\ell}}{U_1} = \frac{Z_{12}}{Z_{11}} \tag{14.19}$$

und den Eingangswiderstand im Leerlauf

$$\frac{U_1}{I_{1\ell}} = Z_{11} \tag{14.20}$$

Schliesst man hingegen nach Bild 14.4 den Ausgang kurz, so ist $U_2 = 0$, und man erhält das Ausgangs-Stromverhältnis bei Kurzschluss

$$\frac{I_{2k}}{I_{1k}} = -\frac{Y_{12}}{Y_{11}} \tag{14.21}$$

und den Eingangsleitwert bei Kurzschluss

$$\frac{I_{1k}}{U_1} = Y_{11} \tag{14.22}$$

Weitere Messungen lassen sich mit der Einspeisung am Ausgang bei leerlaufendem und kurzgeschlossenem Eingang durchführen. Die Messung nach Bild 14.5 mit $I_1 = 0$ liefert das Eingangs- Spannungsverhältnis im Leerlauf

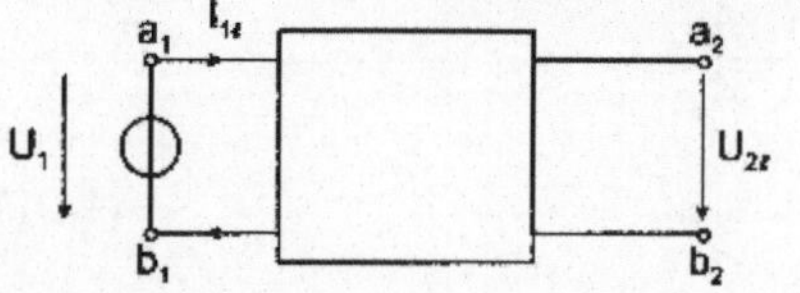

Bild 14.3: Messung mit leerlaufendem Ausgang

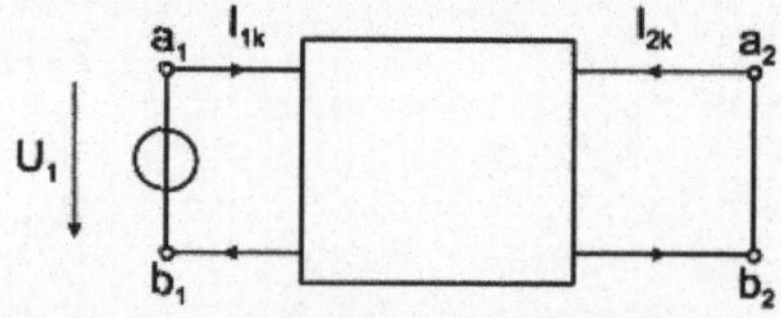

Bild 14.4: Messung mit kurzgeschlossenem Ausgang

$$\frac{U_{1\ell}}{U_2} = \frac{Z_{12}}{Z_{22}} \tag{14.23}$$

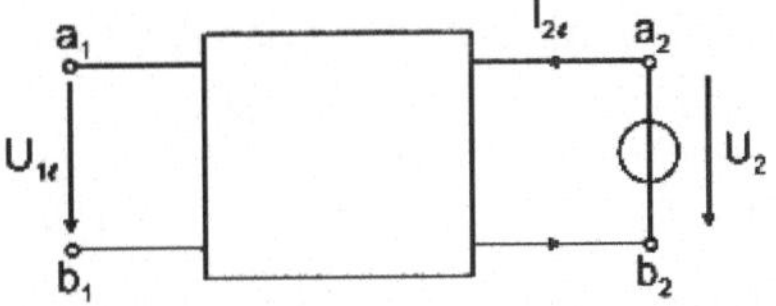

Bild 14.5: Messung mit leerlaufendem Eingang

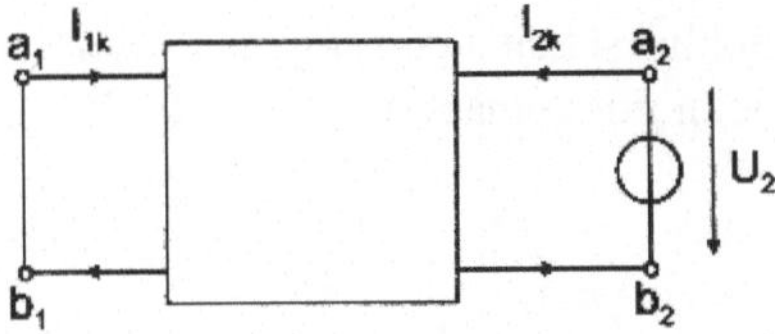

Bild 14.6: Messung mit kurzgeschlossenem Eingang

und den Ausgangswiderstand im Leerlauf

$$\frac{U_2}{I_{2\ell}} = Z_{22} \tag{14.24}$$

Schliesst man nach Bild 14.6 den Eingang kurz, so ist $U_1 = 0$, und man erhält das Eingangs- Stromverhältnis bei Kurzschluss

$$\frac{I_{1k}}{I_{2k}} = -\frac{Y_{12}}{Y_{22}} \tag{14.25}$$

und den Ausgangsleitwert bei Kurzschluss

$$\frac{I_{2k}}{U_2} = Y_{22} \tag{14.26}$$

Insgesamt ergeben sich zwei Sätze mit je vier Gleichungen zur Bestimmung der Widerstandsmatrix **Z** und der Leitwertmatrix **Y**. Da jede Matrix nur drei unabhängige Kennwerte besitzt, liegt eine Überbestimmung von Y_{12} oder Z_{12} vor, die zur Kontrolle der Messungen ausgenutzt werden können. Verwendet man alle acht Messungen zur Bestimmung der Kennwerte, so erhält man weitere Kontrollmöglichkeiten oder ist in der Lage, durch eine Ausgleichsrechnung die Messgenauigkeit zu steigern. Es soll an dieser Stelle nochmals darauf hingewiesen werden, dass bei Wechselgrössen die Spannungs- und Strommessungen nach Betrag und Phase durchzuführen sind, denn alle Wechselgrössen und die Vierpolparameter sind dann grundsätzlich komplex anzusehen.

Legt man eine bestimmte Spannung U an den Eingang eines Vierpols und schliesst den Ausgang kurz, so ist nach Gln. (14.21) und (14.22)

$$I_{2k} = -Y_{12}\,U \tag{14.27}$$

Schliesst man den Eingang desselben Vierpols kurz und legt U an den Ausgang, dann gilt gemäss den Gln. (14.25) und (14.26)

$$I_{1k} = -Y_{12}\,U \tag{14.28}$$

Ist diese Gleichheit der Ströme bei der Vertauschung von Eingangs- und Ausgangsklemmen gegeben, dann gehorcht der Vierpol dem **Umkehrungssatz** (Reziprozitäts-Theorem). Er gilt für **reziproke Vierpole**, die eine symmetrische Widerstands- oder Leitwertmatrix haben und für deren Kettenmatrix die Determinantenbedingung Gl. (14.18) $det\ \mathbf{A} = 1$ gilt. Ist zusätzlich $Y_{11} = Y_{22}$ und damit $Z_{11} = Z_{22}$, so liegt ein **symmetrischer Vierpol** vor, bei dem die beiden Klemmenpaare von aussen nicht mehr unterscheidbar sind.

14.3 T- und Π-Ersatzschaltbild des Vierpols

Reziproke Vierpole werden durch drei Kennwerte bestimmt. Eine allgemeine Ersatzschaltung benötigt deshalb mindestens drei unabhängige Elemente. Die in Bild 14.7 dargestellte **T-Ersatzschaltung** liefert die Widerstandsmatrix

$$\mathbf{Z} = \begin{pmatrix} R_1 + R_3 & R_3 \\ R_3 & R_2 + R_3 \end{pmatrix} \tag{14.29}$$

während die in Bild 14.8 dargestellte **Π-Ersatzschaltung** auf die Leitwertmatrix

$$\mathbf{Y} = \begin{pmatrix} G_{31} + G_{12} & -G_{12} \\ -G_{12} & G_{23} + G_{12} \end{pmatrix} \tag{14.30}$$

führt.
Die drei Elemente beider Ersatzschaltungen lassen sich zur rechnerischen Behandlung von Vierpolschaltungen verwenden. Wie allerdings die Zweipole mit der gegebenen komplexen, frequenzabhängigen Impedanz technisch realisierbar sind, ist eine andere nicht einfach beantwortbare Frage.
Anhand des Beispiels Bild 14.9 wird gezeigt, dass nicht alle technisch realisierbaren Vierpole mit Hilfe einer realisierbaren T- oder Π-Ersatzschaltung darstellbar sind. Es handelt sich um die bereits aus Kap. 5 bekannte Brückenschaltung. Die Bezeichnungen und die Wahl der Maschenströme wurde zur besseren Anpassung an die Vierpolbetrachtungen gegenüber Gl. (5.4) geändert.

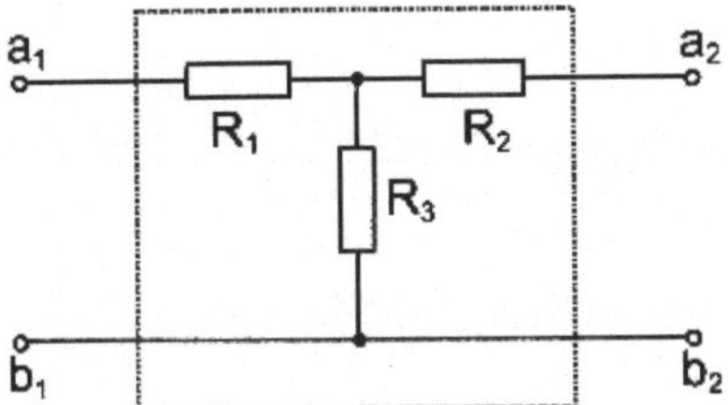

Bild 14.7: T-Ersatzschaltbild eines Vierpols

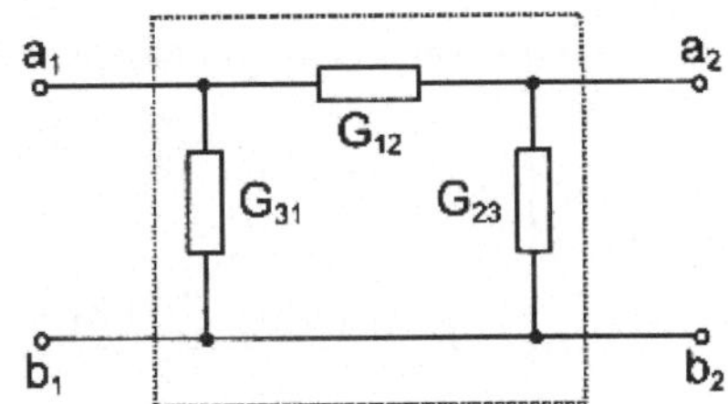

Bild 14.8: Π-Ersatzschaltbild eines Vierpols

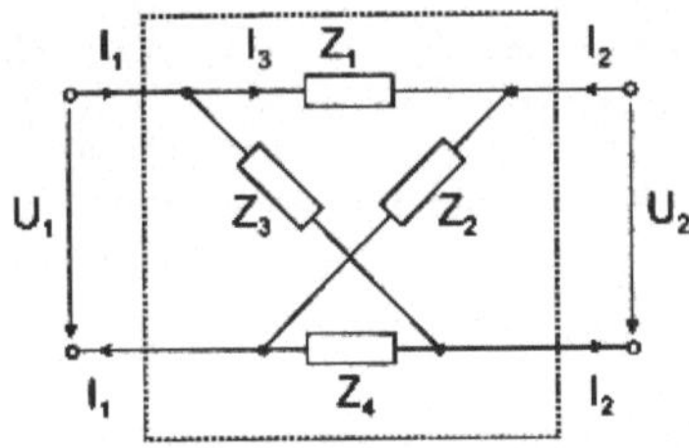

Bild 14.9: Brückenschaltung als Vierpol

Die Maschengleichungen führen unmittelbar auf die Beziehung

$$\begin{pmatrix} U_1 \\ U_2 \\ 0 \end{pmatrix} = \begin{pmatrix} Z_1 + Z_2 & -Z_1 & Z_1 + Z_2 \\ -Z_1 & Z_1 + Z_3 & -(Z_1 + Z_3) \\ Z_1 + Z_2 & -(Z_1 + Z_3) & Z_1 + Z_2 + Z_3 + Z_4 \end{pmatrix} \cdot \begin{pmatrix} I_1 \\ I_2 \\ I_3 \end{pmatrix} \quad (14.31)$$

Da der Strom I_3 ein innerer Strom ist, der bei den Betrachtungen des Vierpolverhaltens nicht interessiert, führt man den Variablentausch mit der dritten Zeile und der dritten Spalte durch. Das Pivot-Element ist

$$\sum Z = Z_1 + Z_2 + Z_3 + Z_4 \quad (14.32)$$

Von der neuen Matrix interessiert nur die Untermatrix, bestehend aus den beiden ersten Zeilen und Spalten, die, im Gegensatz zur gesamten vom Austauschprozess betroffenen Matrix, weiterhin eine Widerstandsmatrix ist. Auf die vier

Elemente die Rechteckregel angewandt, ergibt

$$\mathbf{Z} = \begin{pmatrix} Z_1 + Z_2 - \dfrac{(Z_1+Z_2)^2}{\sum Z} & -Z_1 + \dfrac{(Z_1+Z_2)(Z_1+Z_3)}{\sum Z} \\ -Z_1 + \dfrac{(Z_1+Z_2)(Z_1+Z_3)}{\sum Z} & \dfrac{(Z_1+Z_3)(Z_2+Z_4)}{\sum Z} \end{pmatrix}$$

oder umgeformt

$$\mathbf{Z} = \begin{pmatrix} \dfrac{(Z_1+Z_2)(Z_3+Z_4)}{\sum Z} & \dfrac{Z_2 Z_3 - Z_1 Z_4}{\sum Z} \\ \dfrac{Z_2 Z_3 - Z_1 Z_4}{\sum Z} & \dfrac{(Z_1+Z_3)(Z_2+Z_4)}{\sum Z} \end{pmatrix} \tag{14.33}$$

Die beiden Elemente in der Nebendiagonale können auch bei reellen Z_i positiv oder negativ gemacht werden. Mit Hilfe der T- oder Π-Schaltung lassen sich keine Vierpole mit negativen Nebendiagonalelementen der Widerstandsmatrix verwirklichen.

14.4 Verknüpfung von Vierpolen

Vierpole lassen sich in unterschiedlicher Weise verknüpfen, beispielsweise nach Bild 14.10 so hintereinanderschalten, dass der Ausgang des ersten Gliedes zum Eingang des zweiten wird.

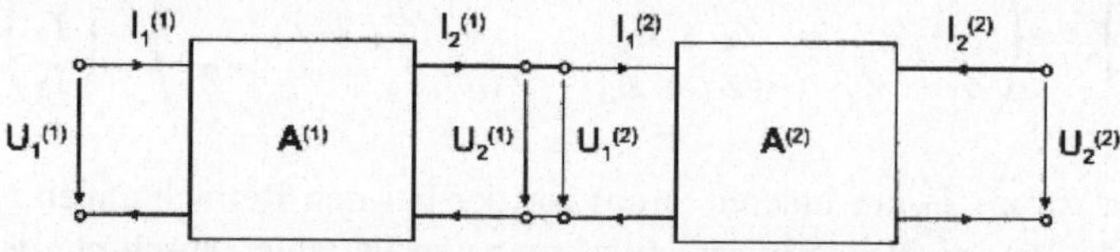

Bild 14.10: Hintereinanderschaltung zweier Vierpole

In diesem Falle ist die Darstellung des Vierpoles in Kettenform zweckmässig und auch die gegenüber der Widerstands- oder Leitwertdarstellung vertauschte Richtung des Ausgangsstromes nützlich, denn nun werden mit

$$\begin{pmatrix} U_2^{(2)} \\ I_2^{(2)} \end{pmatrix} = (\mathbf{A}^{(2)}) \cdot \begin{pmatrix} U_1^{(2)} \\ I_1^{(2)} \end{pmatrix} \quad ; \quad \begin{pmatrix} U_2^{(1)} \\ I_2^{(1)} \end{pmatrix} = (\mathbf{A}^{(1)}) \cdot \begin{pmatrix} U_1^{(1)} \\ I_1^{(1)} \end{pmatrix} \tag{14.34}$$

die Ausgangsgrössen des ersten Vierpols die Eingangsgrössen des zweiten:

$$\begin{pmatrix} U_1^{(2)} \\ I_1^{(2)} \end{pmatrix} = \begin{pmatrix} U_2^{(1)} \\ I_2^{(1)} \end{pmatrix}$$

Damit erhält man

$$\begin{pmatrix} U_2^{(2)} \\ I_2^{(2)} \end{pmatrix} = (\mathbf{A}^{(2)}) \cdot (\mathbf{A}^{(1)}) \cdot \begin{pmatrix} U_1^{(1)} \\ I_1^{(1)} \end{pmatrix} \tag{14.35}$$

Die neue Kettenmatrix ist

$$\mathbf{A}^{(2,1)} = \mathbf{A}^{(2)} \cdot \mathbf{A}^{(1)} \tag{14.36}$$

wobei zu beachten ist, dass die Matrixmultiplikation nicht vertauschbar ist.

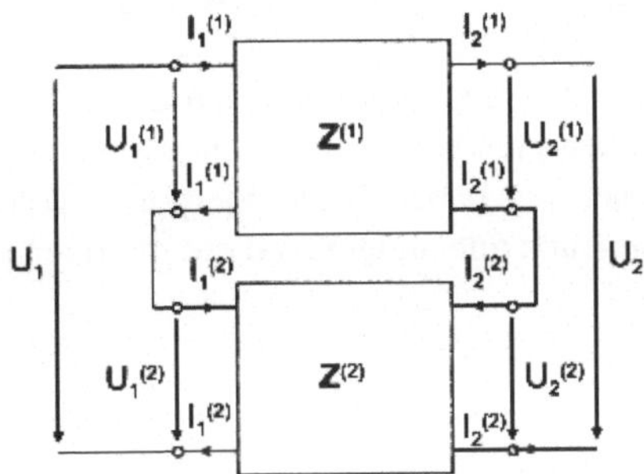

Bild 14.11: Spannungsaddierende Parallelschaltung zweier Vierpole

Bei der Schaltung nach Bild 14.11 geht man am besten von den Widerstandsmatrizen aus, da beide Vierpole jeweils gleiche Eingangs- und Ausgangsströme haben. Die Eingangs- und Ausgangsspannungen addieren sich jeweils mit den Beziehungen

$$\begin{pmatrix} U_1^{(1)} \\ U_2^{(1)} \end{pmatrix} = \mathbf{Z}^{(1)} \cdot \begin{pmatrix} I_1^{(1)} \\ I_2^{(1)} \end{pmatrix} \quad ; \quad \begin{pmatrix} U_1^{(2)} \\ U_2^{(2)} \end{pmatrix} = \mathbf{Z}^{(2)} \cdot \begin{pmatrix} I_1^{(2)} \\ I_2^{(2)} \end{pmatrix} \tag{14.37}$$

Wegen

$$\begin{pmatrix} I_1^{(1)} \\ I_2^{(1)} \end{pmatrix} = \begin{pmatrix} I_1^{(2)} \\ I_2^{(2)} \end{pmatrix} = \begin{pmatrix} I_1 \\ I_2 \end{pmatrix} \tag{14.38}$$

ist

$$\begin{pmatrix} U_1 \\ U_2 \end{pmatrix} = \begin{pmatrix} U_1^{(1)} + U_1^{(2)} \\ U_2^{(1)} + U_2^{(2)} \end{pmatrix} = \left(\mathbf{Z}^{(1)} + \mathbf{Z}^{(2)}\right) \cdot \begin{pmatrix} I_1 \\ I_2 \end{pmatrix} \qquad (14.39)$$

Hierbei ist aber zu beachten, dass bei der Ableitung der Vierpolgleichungen vorausgesetzt wurde, dass die Knotenregel $\sum I = 0$ für jedes Klemmenpaar gesondert erfüllt ist. Betrachtet man nach Bild 14.12 einen Vierpol in T-Ersatzschaltung und den gleichen Vierpol mit jeweils vertauschten Eingangs- und Ausgangsklemmen, so haben beide Vierpole selbstverständlich gleiche Widerstandsmatrizen; auch alle anderen Vierpolmatrizen sind gleich.

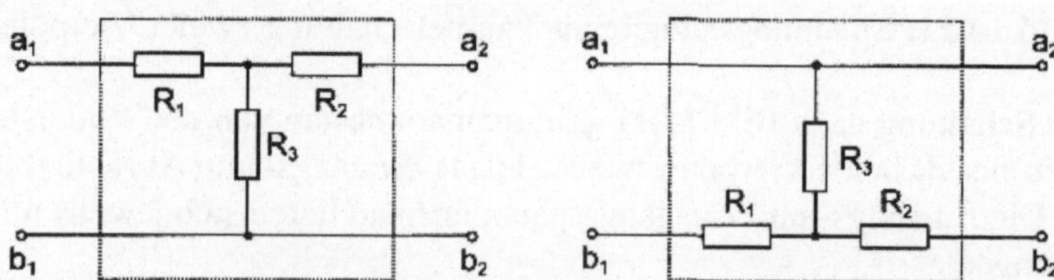

Bild 14.12: Zwei identische Vierpole

Bei der Zusammenschaltung zweier derartiger Vierpole nach Bild 14.13 erhält man nicht das korrekte Ergebnis, wenn man die beiden Matrizen

$$\mathbf{Z}^{(1)} = \begin{pmatrix} R_1 + R_3 & R_3 \\ R_3 & R_2 + R_3 \end{pmatrix} \quad \text{und}$$
$$\mathbf{Z}^{(2)} = \begin{pmatrix} r_1 + r_3 & r_3 \\ r_3 & r_2 + r_3 \end{pmatrix} \tag{14.40}$$

ensprechend Gl. (14.39) addiert.

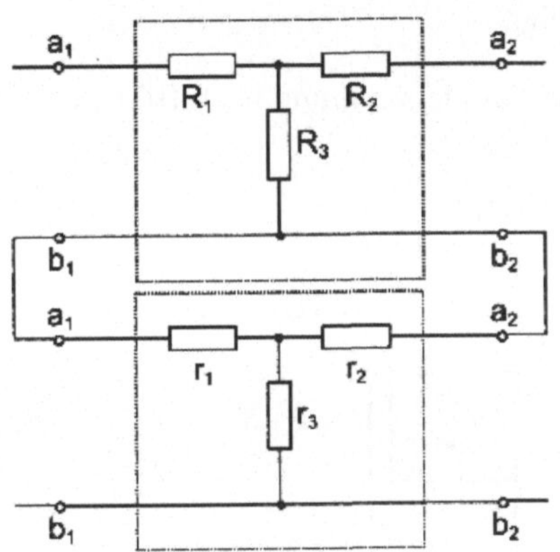

Bild 14.13: Schaltung zweier T-Glieder: Erste Möglichkeit

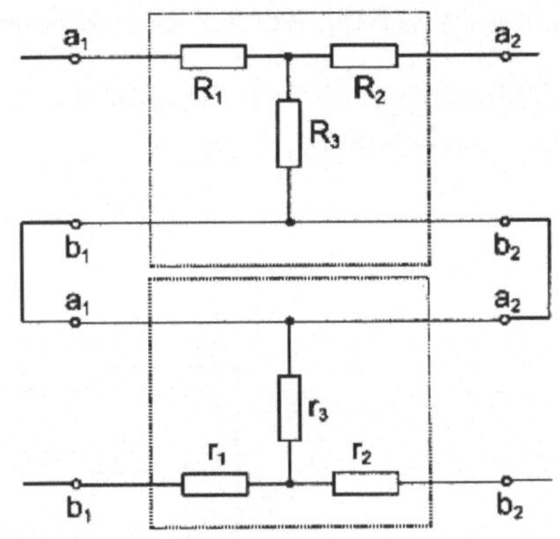

Bild 14.14: Schaltung zweier T-Glieder: Zweite Möglichkeit

Die Widerstandsmatrix ist nicht die Summe der Matrizen Gl. (14.40) sondern berechnet sich zu

$$\mathbf{Z} = \begin{pmatrix} R_1 + R_3 + \dfrac{r_1 r_2}{r_1 + r_2} + r_3 & R_3 + \dfrac{r_1 r_2}{r_1 + r_2} + r_3 \\ \\ R_3 + \dfrac{r_1 r_2}{r_1 + r_2} + r_3 & R_2 + R_3 + \dfrac{r_1 r_2}{r_1 + r_2} + r_3 \end{pmatrix} \tag{14.41}$$

Die Anwendung von Gl. (14.39) führt offensichtlich zu einem falschen Resultat. Zunächst stellt man fest, dass die Knotenregel nicht mehr für die vier Klemmenpaare gesondert gilt, denn die Ströme der Übergänge $b_1^{(1)} \leftrightarrow a_1^{(2)}$ und $b_2^{(1)} \leftrightarrow a_2^{(2)}$ sind im allgemeinen Fall nicht, wie zu fordern wäre, I_1 und I_2.

Schaltet man hingegen die beiden Vierpole nach Bild 14.14 parallel, so erhält man

$$\mathbf{Z} = \begin{pmatrix} R_1 + R_3 + r_1 + r_3 & R_3 + r_3 \\ R_3 + r_3 & R_2 + R_3 + r_2 + r_3 \end{pmatrix} = \mathbf{Z}^{(1)} + \mathbf{Z}^{(2)} \tag{14.42}$$

Das Ergebnis entspricht Gl. (14.39), obwohl hier überhaupt keine Aussage möglich ist, ob die Knotenregel für die einzelnen Klemmenpaare erfüllt ist. Sofern die Knotenregel für alle Klemmenpaare erfüllt ist, so gilt Gl. (14.39) uneingeschränkt; die Knotenbedingungen sind also hinreichend. Sie sind aber nicht notwendig, wie das letzte Beispiel zeigt.

Schliesslich soll noch die stromaddierende Parallelschaltung nach Bild 14.15 untersucht werden.

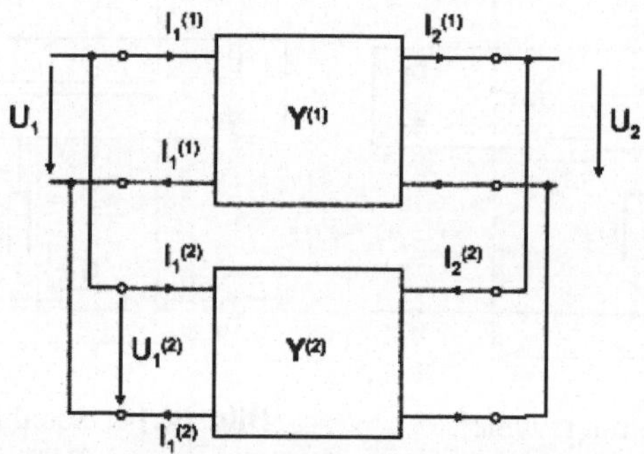

Bild 14.15: Stromaddierende Parallelschaltung zweier Vierpole

In diesem Fall addieren sich jeweils Eingangs- und Ausgangsströme der beiden Vierpole, ihre Eingangs- und Ausgangsspannungen sind gleich. Deshalb geht man am besten von den Leitwertmatrizen $\mathbf{Y}^{(1)}$ und $\mathbf{Y}^{(2)}$ aus: Die resultierende Leitwertmatrix ist die Summe

$$\mathbf{Y} = \mathbf{Y}^{(1)} + \mathbf{Y}^{(2)} \tag{14.43}$$

14.5 Wellenparameter-Darstellung

Die verschiedenen Darstellungsformen für ein und denselben Vierpol erleichtern, wie der vorangegangene Abschnitt gezeigt hat, die Lösung bestimmter technischer Aufgaben. Im Hinblick auf Probleme der Signalübertragung über Leitungen und Kabel hat sich eine weitere Beschreibungsform eingebürgert: die Wellenparameter-Darstellung.

Ausgangspunkt ist der nach Bild 14.16 einmal mit der Impedanz Z_2 ausgangsseitig (Bild 14.16a) und zum anderen eingangsseitig (Bild 14.16b) mit der Impedanz Z_1 abgeschlossene Vierpol. Im Folgenden wird ein Paar (Z_1, Z_2) gesucht, so dass im ersten Fall der Eingangswiderstand $U_1/I_1 = Z_1$ und im zweiten Fall der Ausgangswiderstand $U_2/I_2 = Z_2$ festgestellt wird.

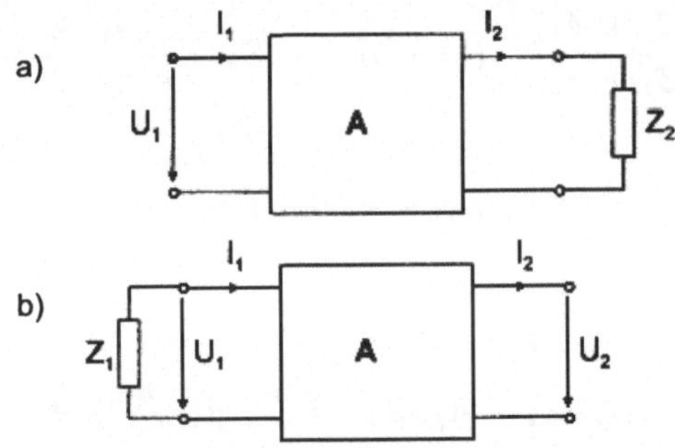

Bild 14.16: Ausgangs- und Eingangsseitig belasteter Vierpol

Es ist also

im Fall a)

$$Z_1 = \frac{U_1}{I_1} \qquad Z_2 = \frac{U_2}{I_2} \tag{14.44a}$$

im Fall b)

$$Z_1 = -\frac{U_1}{I_1} \qquad Z_2 = -\frac{U_2}{I_2} \tag{14.44b}$$

Aus der Kettendarstellung

$$\begin{aligned} U_2 &= A_{11}\,U_1 + A_{12}\,I_1 \\ I_2 &= A_{21}\,U_1 + A_{22}\,I_1 \end{aligned} \tag{14.45}$$

erhält man

$$\begin{aligned} Z_2\,I_2 &= (A_{11}\,Z_1 + A_{12})\,I_1 & \qquad -Z_2\,I_2 &= (-A_{11}\,Z_1 + A_{12})\,I_1 \\ I_2 &= (A_{21}\,Z_1 + A_{22})\,I_1 & I_2 &= (-A_{21}\,Z_1 + A_{22})\,I_1 \end{aligned}$$

Beide Gleichungen durcheinander dividiert ergeben

$$Z_2 = \frac{A_{11}\,Z_1 + A_{12}}{A_{21}\,Z_1 + A_{22}} \quad (14.47a) \qquad -Z_2 = \frac{-A_{11}\,Z_1 + A_{12}}{-A_{21}\,Z_1 + A_{22}} \quad (14.47b)$$

Ausmultipliziert gewinnt man zwei nichtlineare Gleichungen für die beiden Unbekannten Z_1 und Z_2:

$$\begin{aligned} A_{21}\,Z_1\,Z_2 + A_{22}\,Z_2 &= A_{11}\,Z_1 + A_{12} \\ A_{21}\,Z_1\,Z_2 - A_{22}\,Z_2 &= -A_{11}\,Z_1 + A_{12} \end{aligned}$$

Addition und Subtraktion der beiden Gleichungen ergibt

$$2\,A_{21}\,Z_1\,Z_2 = 2\,A_{12} \qquad \text{und} \qquad 2\,A_{22}\,Z_2 = 2\,A_{11}\,Z_1 \qquad (14.48)$$

Aus dem Quotienten und dem Produkt jeweils von rechter und linker Seite beider Gleichungen erhält man

$$Z_1 = \sqrt{\frac{A_{22}}{A_{11}}\frac{A_{12}}{A_{21}}} \qquad (14.49)$$

$$Z_2 = \sqrt{\frac{A_{11}}{A_{22}}\frac{A_{12}}{A_{21}}} \qquad (14.50)$$

Z_1 und Z_2 sind im Allgemeinen komplex. Die Lösung ist zweideutig; beide Zweige der Quadratwurzel erfüllen tatsächlich die eingangs erhobene Forderung der Gln. (14.44a) und (14.44b). In der Regel wählt man Werte mit positivem Realteil. Auf jeden Fall müssen die beiden Werte Z_1 und Z_2 Gl. (14.48) erfüllen. Man hat also bei der Wellenparameterdarstellung stets zu beachten, dass die Wurzelfunktion zweideutig ist; im Folgenden wird dies nicht mehr explizit erwähnt.

Zur eindeutigen Beschreibung eines passiven linearen Vierpols sind, wie bereits gesagt wurde, drei Kennwerte nötig. In der Wellenparameter-Darstellung wählt man als Kennwerte neben Z_1 und Z_2 den Übertragungsfaktor g, der nach der Definition

$$e^{2g} = \frac{U_2\, I_2}{U_1\, I_1} \tag{14.51}$$

der natürliche Logarithmus des Scheinleistungsverhältnisses ist.

$$g = \frac{1}{2} \ln \left(\frac{U_2\, I_2}{U_1\, I_1} \right) \tag{14.52}$$

Es wird dabei vorausgesetzt, dass der Vierpol mit dem Eingangsklemmenpaar (1) an der Quelle liegt und ausgangsseitig mit der Impedanz Z_2 belastet ist. Mit den Gln. (14.45), (14.43) und (14.49) erhält man

$$\frac{U_2}{U_1} = \frac{A_{11}\, Z_1 + A_{12}}{Z_1} = \sqrt{\frac{A_{11}}{A_{22}}} \left(\sqrt{A_{11}\, A_{22}} + \sqrt{A_{12}\, A_{21}} \right)$$

weiter

$$\frac{I_2}{I_1} = A_{21}\, Z_1 + A_{22} = \sqrt{\frac{A_{22}}{A_{11}}} \left(\sqrt{A_{11}\, A_{22}} + \sqrt{A_{12}\, A_{21}} \right)$$

und schliesslich

$$e^{2g} = \left(\sqrt{A_{11}\, A_{22}} + \sqrt{A_{12}\, A_{21}} \right)^2 \tag{14.53}$$

Nach Gl. (14.52) ist dann der Übertragungsfaktor

$$g = \ln \left(\sqrt{A_{11}\, A_{22}} + \sqrt{A_{12}\, A_{21}} \right) \tag{14.54}$$

Die Wellenparameter Z_1, Z_2 und g charakterisieren einen reziproken Vierpol gleichermassen wie die Elemente der Leitwerts-, Widerstands- oder Kettenmatrix. Aus der Wellenparameterdarstellung können auch deren Matrixparameter gewonnen werden. Mit den Beziehungen nach Gln. (14.48)

$$Z_1\, Z_2 = \frac{A_{12}}{A_{21}} \quad \text{und} \quad \frac{Z_1}{Z_2} = \frac{A_{22}}{A_{11}} \tag{14.55}$$

und den Hyperbelfunktionen

$$\cosh g = \frac{e^g + e^{-g}}{2} = \sqrt{A_{11}\,A_{22}}$$
$$\sinh g = \frac{e^g - e^{-g}}{2} = \sqrt{A_{12}\,A_{21}} \tag{14.56}$$

ergibt sich

$$A_{11} = \sqrt{\frac{Z_2}{Z_1}}\cosh g \qquad A_{12} = \sqrt{Z_1\,Z_2}\,\sinh g$$
$$A_{21} = \frac{1}{\sqrt{Z_1\,Z_2}}\sinh g \qquad A_{22}\sqrt{\frac{Z_1}{Z_2}}\cosh g \tag{14.57}$$

Die Motivation für die Einführung der Wellenparameter kommt, wie bereits gesagt, aus der Übertragungstechnik. Die Vierpolgleichungen einer Doppelleitung oder eines Koaxialkabels führen auf Vierpolparameter, die elementare transzendente Funktionen[3] enthalten, deren Argument das von der Leitungslänge abhängige Übertragungsmass ist. Als zweite Kenngrösse dient der Wellenwiederstand Z. Diese beiden Parameter genügen bei homogenen Leitungen, da ein symmetrischer Vierpol mit $A_{11} = A_{22}$ vorliegt; nach Gln. (14.49) und (14.50) ist dann $Z_1 = Z_2 = Z$. Will man auf Leitungen die Netzwerktheorie anwenden, so muss man eine Unterteilung in genügend kurze Leitungsabschnitte vornehmen, die dann näherungsweise mit konzentrierten Elementen L, C, R und G ausgerüstet gedacht werden können. Die Vierpoltheorie erlaubt die Verknüpfung dieser Teilvierpole auf weitgehend automatisierbarem Wege. Die Problemlösungsmethode sieht wie folgt aus: Man unterteilt ein räumliches Gebilde, die Leitung, in kleine, aber endlich grosse Gebilde, die sogenannten finiten Elemente. Deren Behandlung mit Hilfe der Netzwerktheorie ist einfach möglich. Die Gesamtlösung entsteht aus den zusammengefügten Einzellösungen. Mit Hilfe des Digitalrechners wird die Methode der finiten Elemente in allen Zweigen der Technik erfolgreich eingesetzt.

[3]Hyperbelfunktionen, die bei imaginärem Argument in die Winkelfunktionen übergehen

14.6 Nichtreziproke lineare Vierpole, Gyrator

Die allgemeine Vierpol-Widerstandsmatrix

$$\mathbf{Z} = \begin{pmatrix} Z_{11} & Z_{12} \\ Z_{21} & Z_{22} \end{pmatrix} \quad ; \quad Z_{12} \neq Z_{21} \tag{14.58}$$

ist nicht symmetrisch. Jede Matrix $\mathbf{Z}$ lässt sich aber eindeutig in eine symmetrische Matrix $\mathbf{Z}_S$ und eine schiefsymmetrische Matrix $\mathbf{Z}_A$ zerlegen.

$$\mathbf{Z} = \mathbf{Z}_S + \mathbf{Z}_A \tag{14.59}$$

Hierin ist mit der transponierten Matrix $\mathbf{Z}^T$

$$\mathbf{Z}_S = \frac{1}{2}(\mathbf{Z} + \mathbf{Z}^T) = \begin{pmatrix} Z_{11} & \frac{1}{2}(Z_{12} + Z_{21}) \\ \frac{1}{2}(Z_{12} + Z_{21}) & Z_{22} \end{pmatrix} \tag{14.60}$$

und

$$\mathbf{Z}_A = \frac{1}{2}(\mathbf{Z} - \mathbf{Z}^T) = \begin{pmatrix} 0 & \frac{1}{2}(Z_{12} - Z_{21}) \\ \frac{1}{2}(Z_{21} - Z_{12}) & 0 \end{pmatrix} \tag{14.61}$$

Mit den Abkürzungen

$$Z_H = \frac{Z_{21} + Z_{12}}{2} \tag{14.62}$$

und

$$Z_G = \frac{Z_{21} - Z_{12}}{2} \tag{14.63}$$

erhält man

$$\mathbf{Z} = \begin{pmatrix} Z_{11} & Z_H \\ Z_H & Z_{22} \end{pmatrix} + \begin{pmatrix} 0 & -Z_G \\ Z_G & 0 \end{pmatrix} \tag{14.64}$$

Die Zerlegung kann nach Abschnitt Kap. 14.4 als spannungsaddierende Schaltung zweier Vierpole interpretiert werden, wie in Bild 14.17 dargestellt.
Für reelles $Z_G = R_G$ wird der Vierpol mit antisymmetrischer Widerstandsmatrix nach TELLEGEN[4] *idealer Gyrator* genannt[5]. Sein Schaltsymbol ist in Bild 14.18 gezeigt.

---

[4] B.D.H. TELLEGEN, Philips Research Report Vol.3 No.2 (1948)

[5] γυρος (gyros) griech. Kreis. Kreiselgeräte (Gyroskop, Gyrostat) zeigen nichtreziprokes Systemverhalten; diese Tatsache gab Anlass für den Namen Gyrator.

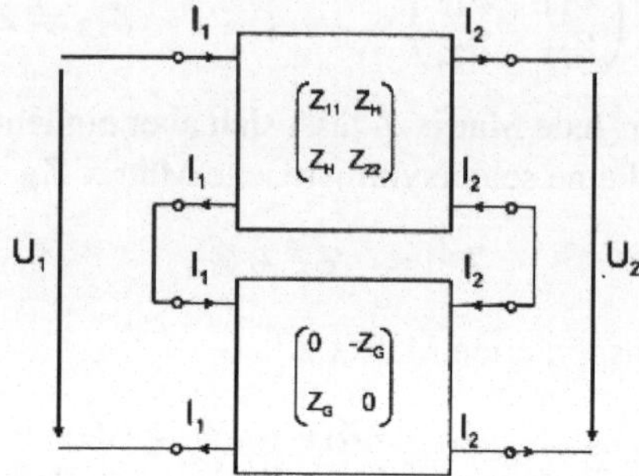

Bild 14.17: Zerlegung eines nichtreziproken Vierpols in zwei Teilvierpole mit symmetrischer und schiefsymmetrischer Widerstandsmatrix

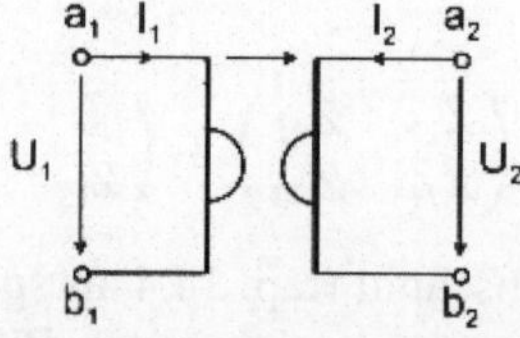

Bild 14.18: Schaltsymbold des Gyrators

Da der Gyrator nicht symmetrisch ist, muss die Lage der Klemmen stets gekennzeichnet werden, und zwar durch einen Pfeil, der definitionsgemäss von a_1 nach a_2 zeigt. Die Matrizen der Widerstands-, Leitwert- und Kettendarstellung lauten

$$\mathbf{Z}_{Gyrator} = \begin{pmatrix} 0 & -R_G \\ R_G & 0 \end{pmatrix} \tag{14.65}$$

$$\mathbf{Y}_{Gyrator} = \begin{pmatrix} 0 & G_G \\ -G_G & 0 \end{pmatrix} \quad \text{mit} \quad G_G = \frac{1}{R_G} \tag{14.66}$$

$$\mathbf{A}_{Gyrator} = \begin{pmatrix} 0 & R_G \\ 1/R_G & 0 \end{pmatrix} = \begin{pmatrix} 0 & R_G \\ G_G & 0 \end{pmatrix} \tag{14.67}$$

Es ist auch hier zu beachten, dass in der Kettendarstellung der Strom I_2 in umgekehrter Richtung gegenüber den Gepflogenheiten bei Widerstands- und Leitwertdarstellung gezählt wird.

Der ideale Gyrator ist das Gegenstück zum idealen Transformator, dessen Kettenmatrix die Form

$$\mathbf{A}_{Transformator} = \begin{pmatrix} ü & 0 \\ 0 & 1/ü \end{pmatrix} \tag{14.68}$$

hat. Mit Hilfe des idealen Transformators wird eine Impedanz zwischen den Ausgangsklemmen

$$Z_2 = \frac{U_2}{I_2} \tag{14.69}$$

auf der Primärseite als Impedanz

$$\frac{U_1}{I_1} = \frac{Z_2}{ü^2} \tag{14.70}$$

wahrgenommen; die Impedanzen werden also nach Massgabe des Faktors $1/ü^2$ transformiert. Hiervon macht man in technischen Anwendungen ausgiebig Gebrauch. Der ideale Gyrator wandelt hingegen die Impedanz Z_2 entsprechend der Beziehung

$$\frac{U_1}{I_1} = \frac{R_G^2}{Z_2} \tag{14.71}$$

in ihr duales Gegenstück um. Mit Hilfe des idealen Gyrators lassen sich Induktivitäten durch Kapazitäten und umgekehrt darstellen. Diese Gyratoreigenschaft nützt man in der Technik aus. Allerdings sind Gyratoren technisch nicht ganz einfach zu realisieren; üblicherweise geschieht dies im tiefen Frequenzbereich mit Hilfe von Halbleiter-Verstärkerschaltungen. Es gibt aber auch eine ganze Reihe elektrotechnischer Einrichtungen, die a priori Gyrator-Eigenschaften aufweisen, zumindest innerhalb eines gewissen Frequenzbereiches. Dies drückt sich im nichtreziproken Vierpolverhalten aus; ein Beispiel wird im nächsten Abschnitt gegeben. Im Frequenzbereich $f > 100$ MHz lassen sich nichtreziproke Vierpole mit Hilfe spezieller Materialien, die anisotrope, d.h. räumlich richtungsabhängige Wellen-Ausbreitungs- und Dämpfungseigenschaften besitzen, realisieren. Die entsprechenden Stoffe werden in Leitungszweige, Koaxialkabelabschnitte oder Hohlleiter in genau bestimmter Orientierung eingefügt.

Die Leistungsaufnahme des idealen Gyrators ist wie die des idealen Transformators null: Man überzeugt sich hiervon durch unmittelbare Berechnung der Summe der Leistungen, die dem Gyrator über die beiden Klemmenpaare zugeführt werden.

Schaltet man zwei Gyratoren mit den Gyratorwiderständen R_{G1} und R_{G2} in Reihe, so erhält man die Kettenmatrix

$$\mathbf{A} = \begin{pmatrix} \frac{R_{G2}}{R_{G1}} & 0 \\ 0 & \frac{R_{G1}}{R_{G2}} \end{pmatrix} \tag{14.72}$$

also die Matrix eines idealen Übertragers mit der Übersetzung $ü = R_{G2}/R_{G1}$.

Mit Hilfe der elektronischen Gyratorschaltung lassen sich nicht nur reziproke Impedanzen realisieren, z.B. wicklungsfreie Induktivitäten, sondern auch ideale Übertrager ohne Eisenkern und Spulen. Der Gyrator kann neben Widerständen, Spulen, Kondensatoren und idealen Übertragern als fünftes Element der Netzwerktheorie betrachtet werden.

14.7 Beispiel für einen nichtreziproken Vierpol

Vierpole, bestehend aus Widerständen, Induktivitäten, Kapazitäten und Übertragern, sind, wie bereits mehrfach betont wurde, reziprok; es muss also ein weiteres, fremdes Element hinzutreten, um zu einem nichtreziproken Vierpol zu gelangen. Solche Elemente sind beispielsweise elektromechanische Energiewandler, die auf elektrostatischer und elektromagnetischer Grundlage arbeiten. Auch Energiewandler auf der Basis der Elektrostriktion oder Magnetostriktion[6] können auf nichtreziproke Vierpole führen. Als Beispiel sei die Einrichtung Bild 14.19 betrachtet. Die auf der linken Seite gezeichnete Anordnung ist eine Tauchspule im Magnetfeld der Stärke B. Dieser elektromechanische Energiewandler wird bevorzugt in Lautsprechern eingesetzt. Mit der Leiterlänge ℓ beträgt die in x-Richtung wirkende Kraft

$$F_T = B \cdot \ell \cdot I_1 \tag{14.73}$$

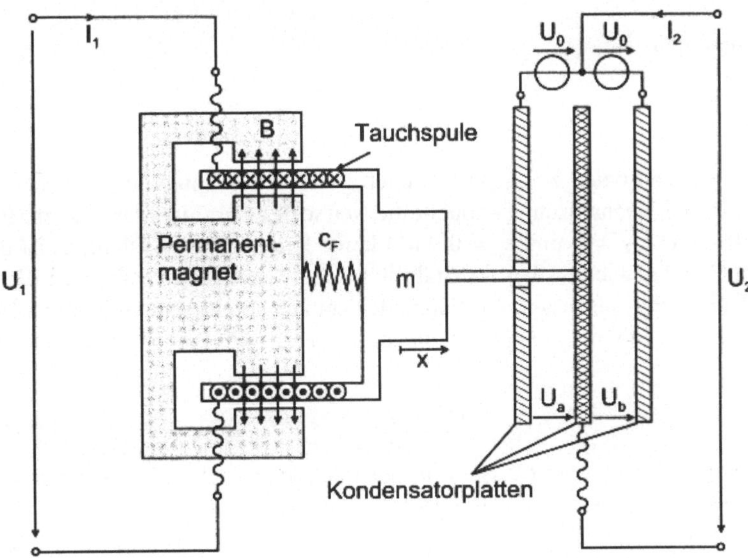

Bild 14.19: Vierpol mit elektrisch-mechanisch-elektrischer Energiewandlung

und die induzierte Spannung

$$U_1 = B \cdot \ell \cdot \frac{\mathrm{d}x}{\mathrm{d}t} \tag{14.74}$$

[6]Elektrostriktion und Magnetostriktion beruhen auf den materialspezifischen Zusammenhängen zwischen den mechanischen Grössen der Kraft- und Längenänderung einerseits und den elektromagnetischen Feldgrössen andererseits

U_1 und I_1 sind die Eingangsgrössen des Vierpols; der (komplexe) Innenwiderstand der Tauchspule kann für die hier durchgeführten grundlegenden Betrachtungen der Einfachheit halber vernachlässigt werden.

Auf der rechten Seite ist ein aus drei Platten bestehender Kondensator dargestellt, dessen mittlere Platte mit der Tauchspule starr verbunden sei. Die Wegverschiebung sei x. Das Doppelkondensatorsystem wurde gewählt, damit bei $x = 0$ und $U_2 = 0$ die elektrostatische Kraft F_C verschwindet, oder genauer gesagt, sich die Teilkräfte beider Kondensatorhälften gegenseitig aufheben. Am Teilkondensator C_a liegt die Spannung

$$U_a = U_0 + U_2 = U_0\left(1 + \frac{U_2}{U_0}\right) \tag{14.75}$$

am Teilkondensator C_b

$$U_b = U_0 - U_2 = U_0\left(1 - \frac{U_2}{U_0}\right) \tag{14.76}$$

Bei $x = 0$ sind beide Kapazitäten gleich gross. Tauchspule und Doppelkondensator sind mechanisch gekoppelt; die Masse des Gesamtsystems sei m. Für $I_1 = 0$ sowie $U_2 = 0$ und $x = 0$ wirkt keine Kraft auf das System; es ist daher im Gleichgewicht. Über die Stabilität dieser Gleichgewichtslage ist damit allerdings nichts ausgesagt. Im Folgenden sei zur Vereinfachung weiter angenommen, dass die Spannung U_2 klein gegenüber der konstanten Hilfsspannung U_0 sei

$$U_2 \ll U_0 \tag{14.77}$$

Die Kapazitäten C_a und C_b sind mit der Plattenfläche A und dem bei $x = 0$ für beide Kondensatoren einheitlichen Plattenabstand x_0.

$$\begin{aligned} C_a &= \frac{\varepsilon A}{x_0 + x} = \frac{\varepsilon A}{x_0} \frac{1}{1 + \dfrac{x}{x_0}} \\ C_b &= \frac{\varepsilon A}{x_0 - x} = \frac{\varepsilon A}{x_0} \frac{1}{1 - \dfrac{x}{x_0}} \end{aligned} \tag{14.78}$$

Mit

$$C_0 = \frac{\varepsilon A}{x_0} \tag{14.79}$$

und

$$x \ll x_0 \tag{14.80}$$

wird

$$C_a \approx C_0 \left(1 - \frac{x}{x_0}\right) \tag{14.81}$$

$$C_b \approx C_0 \left(1 + \frac{x}{x_0}\right) \tag{14.82}$$

Die Kondensatorkraft ist die Differenz der Kräfte an den Teilkondensatoren C_b und C_a, also nach Kap. 7.6

$$F_C = \frac{1}{2}\left(\frac{C_b U_b^2}{x_0 - x} - \frac{C_a U_a^2}{x_0 + x}\right)$$

und für kleine x wie zuvor

$$F_C \approx \frac{1}{2\,x_0}\left[C_b\left(1 + \frac{x}{x_0}\right)U_b^2 - C_a\left(1 - \frac{x}{x_0}\right)U_a^2\right]$$

Die oben bestimmten Werte für C_a, C_b, U_a und U_b eingesetzt ergeben zusammengefasst

$$F_C = \frac{C_0 U_0^2}{2\,x_0}\left[\left(1 + \frac{x}{x_0}\right)^2\left(1 - \frac{U_2}{U_0}\right)^2 - \left(1 - \frac{x}{x_0}\right)^2\left(1 + \frac{U_2}{U_0}\right)^2\right] \tag{14.83}$$

Da x/x_0 und U_2/U_0 klein gegenüber eins sind, können deren Potenzen und Produkte gegenüber den Lineargliedern vernachlässigt werden. Man erhält deshalb

$$F_C \approx \frac{2\,C_0 U_0^2}{x_0}\left(\frac{x}{x_0} - \frac{U_2}{U_0}\right) \tag{14.84}$$

Neben den Kräften F_T und F_C wirken noch die Federkraft

$$F_F = -c_f\, x \tag{14.85}$$

und die Trägheitskraft

$$F_M = -m\,\frac{\mathrm{d}^2 x}{\mathrm{d}t^2} \tag{14.86}$$

Die Summe der Kräfte ist

$$F_T + F_C + F_F + F_M \quad = \quad 0 \tag{14.87}$$

oder mit den Gln. (14.73), (14.84), (14.85) und (14.86)

$$B \cdot \ell \cdot I_1 + \frac{2\, C_0\, U_0^2}{x_0^2}\, x - \frac{2\, C_0\, U_0}{x_0}\, U_2 - c_f\, x - m\, \frac{\mathrm{d}^2 x}{\mathrm{d}t^2} \quad = \quad 0$$

Nach I_1 aufgelöst erhält man weiter

$$I_1 \quad = \quad \frac{m}{B \cdot \ell} \cdot \frac{\mathrm{d}^2 x}{\mathrm{d}t^2} + \frac{1}{B \cdot \ell}\left(c_f - \frac{2\, C_0\, U_0^2}{x_0^2}\right) x + \frac{2\, C_0\, U_0}{B \cdot \ell \cdot x_0}\, U_2 \tag{14.88}$$

Nach Gl. (14.74) gilt

$$\frac{\mathrm{d}x}{\mathrm{d}t} \quad = \quad \frac{1}{B \cdot \ell} \cdot U_1$$

Bei stationären Wechselgrössen, dargestellt durch komplexe Werte, entspricht die Differentiation der Multiplikation mit $j\omega$, die Integration der Division durch $j\omega$. Aus der vorstehenden Beziehung gewinnt man hiernach

$$\frac{\mathrm{d}^2 x}{\mathrm{d}t^2} \quad = \quad \frac{j\omega\, U_1}{B \cdot \ell} \tag{14.89}$$

und

$$x \quad = \quad \frac{1}{j\omega\, B \cdot \ell}\, U_1 \tag{14.90}$$

Damit lassen sich aus Gl. (14.88) alle wegabhängigen Ausdrücke durch Glieder mit der Spannung U_1 ersetzen:

$$I_1 \quad = \quad j\omega\, \frac{m}{B^2\, \ell^2}\, U_1 + \frac{c_f - 2\, C_0\, U_0^2 / x_0^2}{j\omega\, B^2\, \ell^2}\, U_1 + \frac{2\, C_0\, U_0}{B \cdot \ell \cdot x_0}\, U_2 \tag{14.91}$$

Diese Gleichung wird übersichtlicher mit folgenden Abkürzungen:

$$\frac{m}{B^2\, \ell^2} \quad = \quad C_H \tag{14.92}$$

$$\frac{B^2\, \ell^2}{c_f - 2\, C_0\, U_0^2 / x_0^2} \quad = \quad L_H \tag{14.93}$$

$$\frac{2\, C_0\, U_0}{B \cdot \ell \cdot x_0} \quad = \quad G_H \tag{14.94}$$

die den physikalischen Dimensionen der einzelnen Ausdrücke entsprechen und die später eine Möglichkeit aufzeigen werden, den vorliegenden elektromechanischen Vierpol durch eine rein elektrische Ersatzschaltung zu beschreiben. Die erste Vierpolgleichung lautet in Leitwertdarstellung

$$I_1 = \left(j\omega C_H + \frac{1}{j\omega L_H}\right) U_1 + G_H U_2 \tag{14.95}$$

Die Induktivität L_H hierin ist positiv unter der Bedingung

$$c_f > \frac{2\,C_0\,U_0^2}{x_0^2} \tag{14.96}$$

Dies sei im Folgenden aus Gründen der Systemstabilität vorausgesetzt.

Die Ladungen der Teilkondensatoren sind

$$Q_a = C_a \cdot U_a = C_0\,U_0 \left(1 - \frac{x}{x_0}\right)\left(1 + \frac{U_2}{U_0}\right) \tag{14.97}$$

und

$$Q_b = C_0 \cdot U_b = C_0\,U_0 \left(1 + \frac{x}{x_0}\right)\left(1 - \frac{U_2}{U_0}\right) \tag{14.98}$$

Für den Ausgangsstrom erhält man

$$I_2 = \frac{\mathrm{d}Q_a}{\mathrm{d}t} - \frac{\mathrm{d}Q_b}{\mathrm{d}t} \approx -\frac{2\,C_0\,U_0}{x_0}\,\frac{\mathrm{d}x}{\mathrm{d}t} + 2\,C_0\,\frac{\mathrm{d}U_2}{\mathrm{d}t} \tag{14.99}$$

Mit $\mathrm{d}x/\,\mathrm{d}t$ nach Gl. (14.74) und dem Ersatz von $\mathrm{d}U_2/\,\mathrm{d}t$ durch $j\omega\,U_2$ sowie der Abkürzung nach Gl. (14.94) erhält man die zweite Vierpolgleichung

$$I_2 = -G_H\,U_1 + j\omega \cdot 2\,C_0\,U_2 \tag{14.100}$$

Die Leitwertmatrix

$$\mathbf{Y} = \begin{pmatrix} j\,\omega\,C_H + \dfrac{1}{j\omega\,L_H} & G_H \\ -G_H & j\,\omega\,C_0 \end{pmatrix} \tag{14.101}$$

kann nach den Gln. (14.60) und (14.61) in eine symmetrische und eine schiefsymmetrische Matrix zerlegt werden, wobei die symmetrische Matrix komplex, die schiefsymmetrische reell ist:

$$\mathbf{Y} = \begin{pmatrix} j\,\omega\,C_H + \dfrac{1}{j\omega\,L_H} & 0 \\ 0 & j\,\omega\,C_0 \end{pmatrix} + \begin{pmatrix} 0 & G_H \\ -G_H & 0 \end{pmatrix} \tag{14.102}$$

Erstere ist als passives Netzwerk, letztere als Gyrator schaltungstechnisch realisierbar, wie in Bild 14.20 dargestellt. Die betrachtete Anordnung hat je ein elektrisches Ein- und ein Ausgangsklemmenpaar und ist insgesamt ein nichtreziproker Vierpol. Das elektromechanische Innenleben ist für die Beschreibung des Vierpols nicht relevant. Gleiche Vierpoleigenschaften erhielte man mit dem nach Bild 14.20 aufgebauten, ausschliesslich aus elektrischen Elementen bestehenden Vierpol, wobei der ideale Gyrator mit Hilfe der elektronischen Schaltungstechnik unter Verwendung aktiver Netzwerkelemente – sprich Operationsverstärkern – realisiert werden muss. Der ideale Gyrator ist, wie bereits früher bemerkt wurde, verlustfrei und daher kein aktives Schaltelement, auch wenn die praktische Realisierung sich aktiver Schaltelemente bedient.

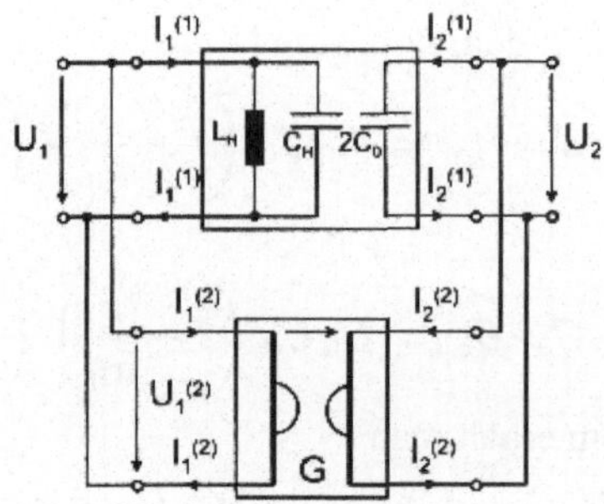

Bild 14.20: Elektrotechnische Ersatzschaltung des Vierpols nach Bild 14.19

14.8 Aufgaben

14.8.1 Vierpolersatzschema eines Transistors

Das Ersatzschema eines Bipolartransistors in Emitterschaltung nach GIACOLETTO [7] zeigt Bild 14.21.

Hierin ist R_B ein Wirkwiderstand, G_{CE} ein Wirkleitwert; hingegen sind $\underline{G}_E$ und $\underline{G}_C$ komplexe Leitwerte, bestehend jeweils aus der Parallelschaltung einer Kapazität und eines Wirkleitwertes. Die von der Basis-Emitterspannung $\underline{U}_{BE}$ abhängige Stromquelle $\underline{I}_{CE}$ gehorcht mit guter Näherung der Beziehung $\underline{I}_{CE} = \underline{U}_{BE} \cdot G_S/(1 + j\omega T)$ mit dem frequenzunabhängigen Streuleitwert

[7] L. J. GIACOLETTO, RCA Rev. 15, S.506-562 (1954)

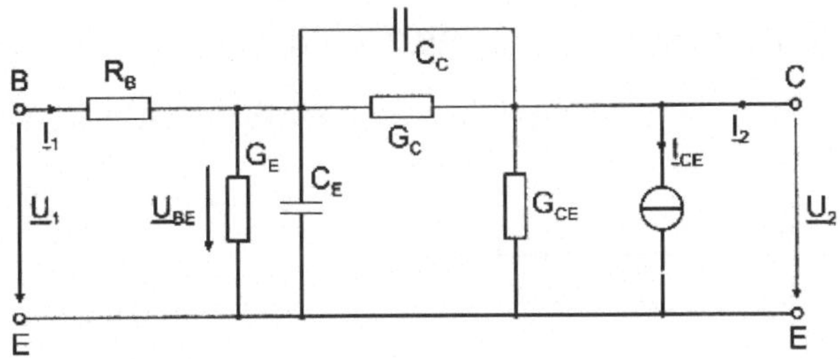

Bild 14.21: Ersatzschema des Transistors

G_S und der Zeitkonstanten T. Die Kennwerte der Ersatzschaltung für ein Beispiel sind:

$$\begin{array}{lll} R_B = 100\,\Omega & G_{CE} = 25 \cdot 10^{-6}\,\Omega^{-1} & \\ \underline{G}_E = G_E + j\omega C_E & G_E = 5 \cdot 10^{-4}\,\Omega^{-1} & C_E = 5\,\text{nF} \\ \underline{G}_C = G_C + j\omega C_C & G_C = 2 \cdot 10^{-7}\,\Omega^{-1} & C_C = 25\,\text{pF} \\ \underline{G}_S = G_S/(1 + j\omega T) & G_S = 5 \cdot 10^{-2}\,\Omega^{-1} & T = 50\,\text{ns} \end{array}$$

Fragen:

1. Leiten Sie für $\underline{G}_C = 0$ die vereinfachten Vierpolgleichungen in Leitwertform ab.

2. Der Kollektor C werde über den Widerstand $R_H = 1\,\text{k}\Omega$ an eine starre Gleichspannungsquelle angeschlossen, deren Minuspol mit dem Emitter E verbunden ist. Dadurch entsteht ein Verstärker mit dem komplexen Verstärkungsfaktor $\underline{V} = \underline{U}_2/\underline{U}_1$. Zeichnen Sie das Wechselstrom-Ersatzschema des Verstärkers unter der Bedingung $\underline{G}_C = 0$ und bestimmen Sie $\underline{V}(\omega)$.

3. Zeichnen Sie $|\underline{V}(\omega)|$ in einem doppelt-logarithmischen Diagramm für $f = 1 \ldots 10^8$ Hz und bestimmen Sie hieraus die Bandbreite des Verstärkers; also die Frequenz, bei der die Verstärkung auf das $1/\sqrt{2}$-fache gegenüber der Verstärkung bei tiefen Frequenzen abgefallen ist.

4. Bestimmen Sie die Y-Parameter für das vollständige Ersatzschema in Bild 14.21.

14.8.2 Die elektrische Leitung als Vierpol

Elektrische Übertragungsleitungen können nach Bild 14.22b als Vierpol aufgefasst werden.

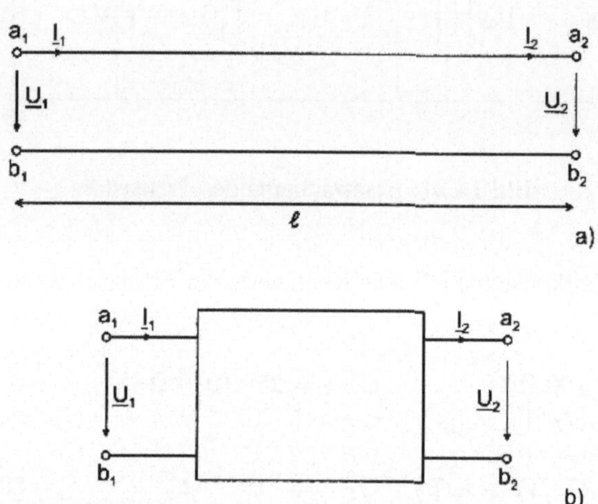

Bild 14.22: Elektrische Leitungen:
a) allgemeines Schema
b) Vierpol-Darstellung

Mit den Zählpfeilrichtungen nach Bild 14.22 lauten die Vierpolgleichungen für eine verlustfreie Leitung in Kettenform

$$\underline{U}_2 = \cos\left(\omega\frac{\ell}{v}\right)\cdot\underline{U}_1 - jZ\sin\left(\omega\frac{\ell}{v}\right)\cdot\underline{I}_1$$

$$\underline{I}_2 = \frac{\sin\left(\omega\frac{\ell}{v}\right)}{jZ}\cdot\underline{U}_1 + \cos\left(\omega\frac{\ell}{v}\right)\cdot\underline{I}_1$$

In diesen Gleichungen ist Z der Wellenwiderstand, v die Ausbreitungsgeschwindigkeit, ℓ die Leitungslänge und ω die Kreisfrequenz. Z ist bei einer verlustfreien Leitung ein reeller Widerstand. Sein Wert hängt, wie auch der Wert von v, von der Leitungsgeometrie und den elektrischen und magnetischen Eigenschaften der Leitungsumgebung ab. In Luft kann v nahezu die Lichtgeschwindigkeit erreichen.

Für eine spezielle Freileitung sei beispielsweise

$$Z_L = 740\,\Omega \qquad \text{und} \qquad v_L = 2{,}94 \cdot 10^8\ \mathrm{m/s}$$

und für ein Kabel

$$Z_K = 32\,\Omega \qquad \text{und} \qquad v_K = 1{,}6 \cdot 10^8\ \mathrm{m/s}$$

Fragen:

1. Am Leitungsanfang werde die starre Spannung $\underline{U}_1$ eingeprägt, der Belastungsstrom sei $\underline{I}_2 = 0$. Wie gross ist $\underline{U}_2/\underline{U}_1$ als Funktion von ω, l und v? (FERRANTI-Effekt[8])

2. Wie gross darf bei $f = 50\ \mathrm{Hz}$ die Leitungslänge der Freileitung und des Kabels höchstens werden, wenn im Leerlauf das Spannungsverhältnis $|\underline{U}_2/\underline{U}_1| \leq 1{,}1$ bleiben soll?

3. Mit welcher Last Z_V muss die Leitung belastet werden, damit unabhängig von ℓ das Verhältnis $|\underline{U}_2/\underline{U}_1| = 1$ wird?

4. Geben Sie $\varphi = \angle(\underline{U}_1,\underline{U}_2)$ für den Belastungsfall nach Frage 3 als Funktion der Leitungslänge ℓ an.

5. Zeigen Sie, dass für zwei gleiche in Reihe geschaltete Leitungen der Länge ℓ_A und ℓ_B die Vierpolgleichungen für die Summenlänge $\ell = \ell_A + \ell_B$ gelten.

6. Zwei Leitungspaare mit identischen Kennwerten und gleicher Länge werden am Anfang und am Ende parallelgeschaltet, wobei die beiden Leitungen nicht elektrisch oder magnetisch gekoppelt sein sollen. Bestimmen Sie anhand der Vierpolparameter A_{ik} der Einzelleitungspaare die Vierpolparameter $\tilde{A}_{ik}$ der Parallelschaltung.

7. (Expertenfrage) Zwei Leitungen mit ungleichen Vierpolparametern $A_{ik}^{(1)}$ und $A_{ik}^{(2)}$ werden am Anfang und am Ende parallelgeschaltet. Berechnen Sie die Parameter A_{ik} des Leitungs-Verbundes unter der Voraussetzung, dass die induktiven und kapazitiven Kopplungen zwischen beiden Leitungen unbedeutend sind.

[8]Nach S.Z. FERRANTI (1864-1930) engl. Ingenieur

15 Mehrphasensysteme

15.1 Zweiphasensysteme

Nach Bild 15.1 werden zwei gleiche Verbraucher $\underline{Z}$ von zwei Spannungsquellen $\underline{U}_1$ und $\underline{U}_2$ versorgt, wobei der Effektivwert beider Quellen gleich sei, deren Phase sich jedoch um $\pi/2$ unterscheide. Es ist also

$$u_1 = \sqrt{2}U \cos(\omega t) \tag{15.1}$$

$$u_2 = \sqrt{2}U \sin(\omega t) \tag{15.2}$$

Mit dem Betrag des Stromes

$$I = \frac{U}{Z} \tag{15.3}$$

und

$$\underline{Z} = Z\, e^{j\varphi} \tag{15.4}$$

erhält man für die Ströme

$$i_1 = \sqrt{2}I \cos(\omega t - \varphi) \tag{15.5}$$

$$i_2 = \sqrt{2}I \sin(\omega t - \varphi) \tag{15.6}$$

Das Zeigerdiagramm der Spannungen und Ströme zeigt Bild 15.2.
Für die Augenblickswerte der Leistung erhält man

$$p_1 = u_1\, i_1 = 2\,U\,I\, \cos(\omega t)\, \cos(\omega t - \varphi) \tag{15.7}$$

$$p_2 = u_2\, i_2 = 2\,U\,I\, \sin(\omega t)\, \sin(\omega t - \varphi) \tag{15.8}$$

Diese Gleichungen umgeformt ergeben

$$p_1 = 2\,U\,I \left\{\cos^2(\omega t)\, \cos\varphi + \cos(\omega t)\, \sin(\omega t)\, \sin\varphi\right\} \tag{15.9}$$

$$p_2 = 2\,U\,I \left\{\sin^2(\omega t)\, \cos\varphi - \cos(\omega t)\, \sin(\omega t)\, \sin\varphi\right\} \tag{15.10}$$

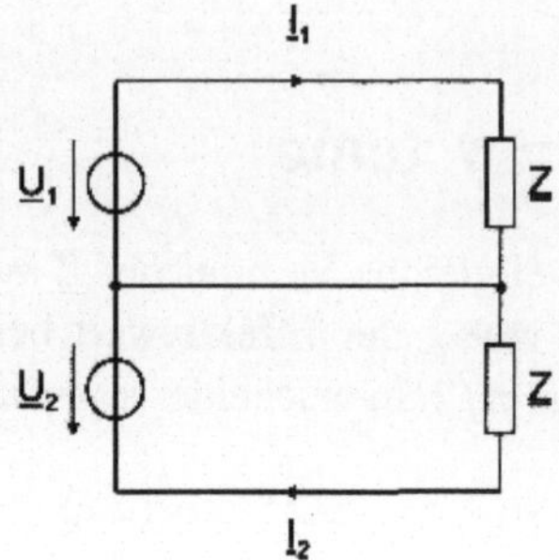

Bild 15.1: Zweiphasensystem

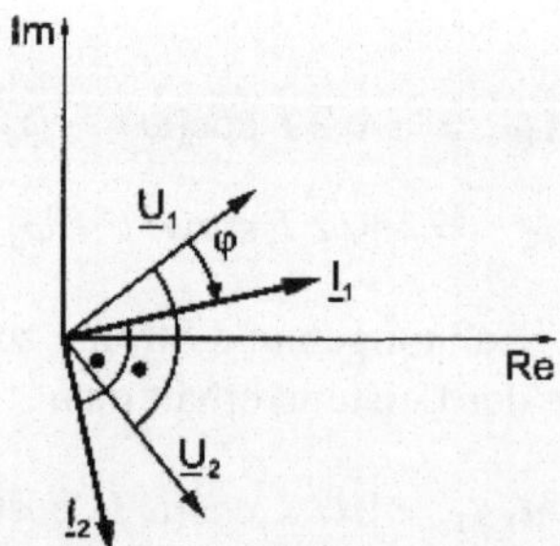

Bild 15.2: Zeigerdiagramm eines symmetrischen Zweiphasensystems

und als Summe

$$p_1 + p_2 \;=\; p = 2\,U\,I\,\cos\varphi \tag{15.11}$$

Der Leistungsfluss eines solchen **lastsymmetrischen orthogonalen Zweiphasensystems** ist unabhängig von der Zeit konstant. Ein Einphasensystem ist nicht in der Lage, eine konstante Leistung zu übertragen: der Augenblickswert der Leistung schwankt um den doppelten Betrag der Scheinleistung $P_S = U \cdot I$. Die Leistung in jedem Teilsystem des Zweiphasensystems schwankt ebenfalls mit der Amplitude $\hat{p} = U \cdot I$ und der zweifachen Frequenz der Spannungen und Ströme. Die Summe der periodischen Leistungsschwankungen beider Teilsysteme ist jedoch null und der Leistungsfluss in einem symmetrischen Zweiphasensystem deshalb konstant. Diese Tatsache ist für die technischen Anwendungen der Wechselströme sehr bedeutungsvoll. Die zweiphasigen Wechselspannungssysteme für elektrische Antriebe wurden unabhängig voneinander 1885 von FERRARIS und 1887 von TESLA vorgeschlagen. In der Signalelektronik moderner elektrischer Antriebssysteme und bei Antrieben kleiner Leistung spielt das orthogonale Zweiphasensystem auch heute noch eine wichtige Rolle.

Nach Bild 15.3 sind zwei Spulenpaare im Raum so angeordnet, dass sich die Spulenachsen senkrecht schneiden. Die beiden Spulenpaare seien von den Strömen i_1 und i_2 nach Gln. (15.5) und (15.6) durchflossen.

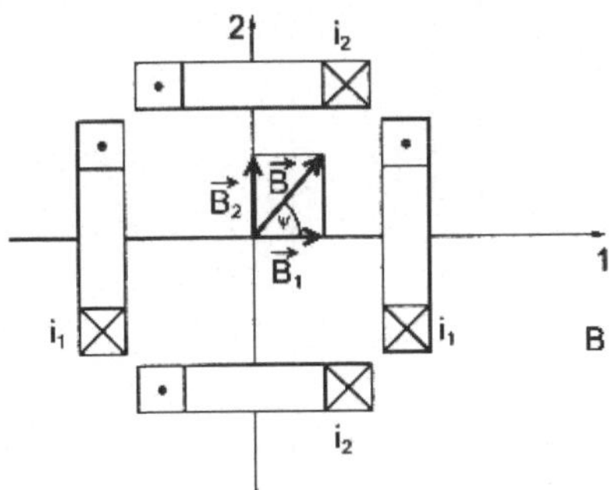

Bild 15.3: Zwei orthogonale Spulenpaare

Die Spule (1) erregt eine Induktion in Richtung der 1-Achse proportional zum Strom i_1 mit der Proportionalitätskonstante c_B. Es ist also

$$B_1 \;=\; \sqrt{2}\,I\,c_B\,\sin(\omega\,t - \varphi) \tag{15.12}$$

und entsprechend erregt die Spule 2 eine Induktion in Richtung der 2-Achse

$$B_2 = \sqrt{2}\, I\, c_B\, \sin(\omega t - \varphi) \tag{15.13}$$

Im Raum entsteht also ein Induktionsvektor

$$\vec{B} = \begin{pmatrix} B_1 \\ B_2 \end{pmatrix} \tag{15.14}$$

Der Induktionsvektor mit dem konstanten Betrag

$$\hat{B} = \sqrt{2}\, I\, c_B \tag{15.15}$$

dreht sich im Raum mit der Winkelgeschwindigkeit ω und hat im Zeitpunkt t die Lage

$$\psi = \omega t - \varphi \tag{15.16}$$

Ein solches **Drehfeld** kann beispielsweise nach Bild 15.4 auch mit einem sich drehenden Hufeisenmagneten realisiert werden.

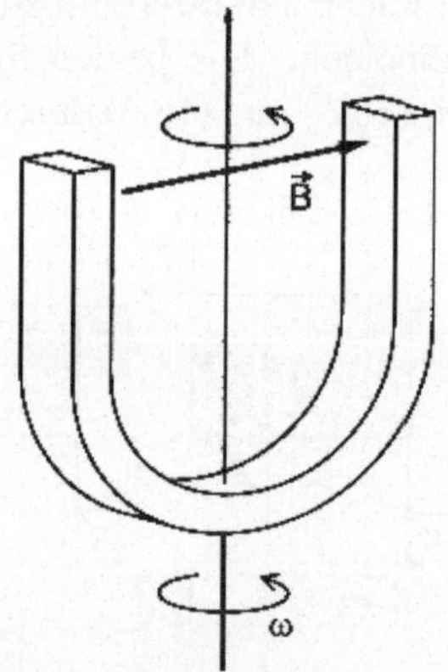

Bild 15.4: Mechanische Erzeugung eines Drehfeldes

Durchsetzt ein Drehfeld eine raumfest angeordnete Spule, so wird in dieser eine Wechselspannung der Kreisfrequenz ω induziert. Mit Hilfe eines mechanisch hergestellten Drehfeldes kann in zwei um den Winkel $\pi/2$ versetzten Spulen ein orthogonales Zweiphasensystem erzeugt werden.

15.2 Mehrphasensysteme, insbesondere Dreiphasensysteme

Gegeben sei eine Spulenanordnung aus n Spulen, deren Achsen in der 1–2-Ebene liegen. Diese Spulen werden von einem homogenen Drehfeld durchsetzt, dessen Feldvektor $\vec{B}$ wie bisher in der 1–2-Ebene liege und sich um die 3-Achse mit konstanter Winkelgeschwindigkeit ω drehe. Die Anordnung ist in Bild 15.5 skizziert, wobei nur zwei der n Spulen dargestellt sind[1].

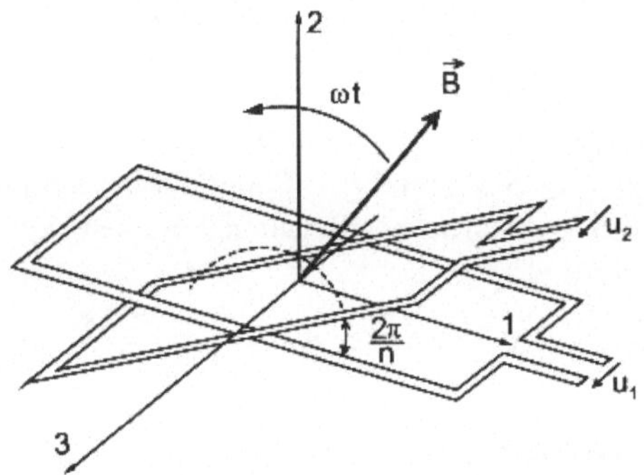

Bild 15.5: Winkelversetzte Spulen im Drehfeld

[1] Eine gleichwertige Anordnung mit ruhendem Magnetfeld und drehenden Spulen ist ebenfalls möglich, da es beim Induktionsgesetz nur auf die Relativgeschwindigkeit zwischen Magnetfeld und Leiterschleife ankommt. Bei drehenden Spulen ist die induzierte Spannung mit Hilfe von Schleifringen und Bürsten abzugreifen.

Die vom Drehfeld in den n Wicklungen induzierten Spannungen betragen

$$\begin{aligned} u_1 &= \sqrt{2}U\,\cos(\omega\,t) \\ u_2 &= \sqrt{2}U\,\cos\left(\omega\,t - \frac{2\,\pi}{n}\right) \\ &\vdots \\ u_\nu &= \sqrt{2}U\,\cos\left(\omega\,t - \frac{(\nu-1)\cdot 2\,\pi}{n}\right) \\ &\vdots \\ u_n &= \sqrt{2}U\,\cos\left(\omega\,t - \frac{(n-1)\cdot 2\,\pi}{n}\right) \end{aligned} \tag{15.17}$$

Dieses Spannungssystem bildet ein **symmetrisches n-Phasensystem**. Technisch besonders wichtig ist der Fall $n = 3$, der auf das symmetrische Dreiphasensystem führt. Bei symmetrischer Belastung ergeben sich für die Ströme

$$i_\nu = \sqrt{2}\,I\,\cos\left(\omega\,t - \frac{(\nu-1)\cdot 2\,\pi}{n} - \varphi\right) \tag{15.18}$$

Die gesamte Leistung ist

$$p = u_1\,i_1 + u_2\,i_2 + \cdots + u_n\,i_n \tag{15.19}$$

mit den Teilleistungen

$$\begin{aligned} p_\nu &= u_\nu\,i_\nu = \\ &= 2\,U\,I\,\cos\left(\omega\,t - \frac{(\nu-1)\cdot 2\,\pi}{n}\right)\,\cos\left(\omega\,t - \frac{(\nu-1)\cdot 2\,\pi}{n} - \varphi\right) \end{aligned} \tag{15.20}$$

Nach Gl. (12.107) erhält man

$$p_\nu = U\,I\,\cos\varphi + U\,I\,\cos\left(2\,\omega\,t - 2\,\frac{(\nu-1)\cdot 2\,\pi}{n} - \varphi\right) \tag{15.21}$$

Die Summe der pulsierenden Teilleistungen berechnet sich zu

$$
\begin{aligned}
P &= U I \sum_{\nu=1}^{n} \cos\left(2\,\omega\,t - 2\,\frac{(\nu-1)\cdot 2\,\pi}{n} - \varphi\right) \\
&= \begin{cases} U\,I\,\cos(2\,\omega\,t - \varphi) & \text{für n=1} \\ 2\,U\,I\,\cos(2\,\omega\,t - \varphi) & \text{für n=2} \\ 0 & \text{für n}\geq 3 \end{cases}
\end{aligned} \qquad (15.22)
$$

Sehr anschaulich gewinnt man dieses Ergebnis, wenn die mit der Kreisfrequenz $2\,\omega$ schwingenden Leistungen als Zeiger in der komplexen Ebene interpretiert werden. Bei ungeradem n entsteht ein reguläres Zeigerpolygon mit n Seiten. Bei geradem n entsteht ein reguläres Zeigerpolynom mit $n/2$ Seiten, das zweimal durchlaufen wird. Für $n \geq 3$ sind die Polygone in sich geschlossen, und die Zeigersumme ist daher null. Die gesamte Wirkleistung p ist für $n \geq 3$ somit **zeitunabhängig** und damit

$$P_W = p = n\,U\,I\,\cos\varphi \qquad (15.23)$$

Mit der Scheinleistung

$$P_S = n\,U\,I \qquad (15.24)$$

beträgt die Wirkleistung

$$P_W = P_S\,\cos\varphi \qquad (15.25)$$

und die Blindleistung

$$P_B = P_S\,\sin\varphi \qquad (15.26)$$

Im Folgenden sei ausschliesslich der wichtige Fall $n = 3$ betrachtet; Spannungen und Ströme werden nach Bild 15.6 bezeichnet.
Es sei also

$$
\begin{aligned}
u_R &= \sqrt{2}\,U\,\cos(\omega\,t) && \mathrel{\hat{=}} \underline{U}_R \\
u_S &= \sqrt{2}\,U\,\cos\left(\omega\,t - \frac{2\,\pi}{3}\right) && \mathrel{\hat{=}} \underline{U}_S \\
u_T &= \sqrt{2}\,U\,\cos\left(\omega\,t - \frac{4\,\pi}{3}\right) && \\
&= \sqrt{2}\,U\,\cos\left(\omega\,t + \frac{2\,\pi}{3}\right) && \mathrel{\hat{=}} \underline{U}_T
\end{aligned} \qquad (15.27)
$$

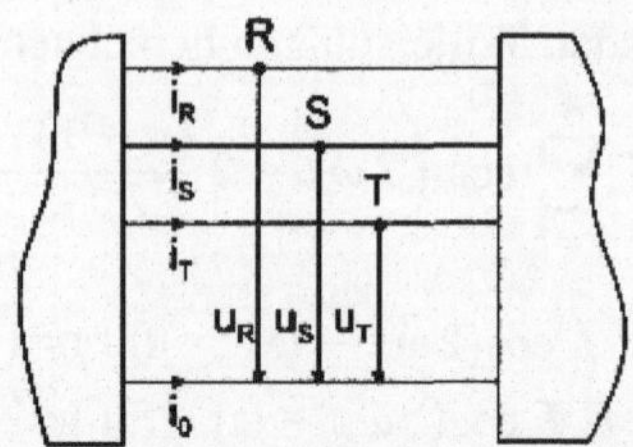

Bild 15.6: Bezeichnungen beim Dreiphasensystem

und

$$\begin{aligned} i_R &= \sqrt{2}\, I \cos(\omega t - \varphi) & \hat{=} \; \underline{I}_R \\ i_S &= \sqrt{2}\, I \cos(\omega t - \frac{2\pi}{3} - \varphi) & \hat{=} \; \underline{I}_S \\ i_T &= \sqrt{2}\, I \cos(\omega t - \frac{4\pi}{3} - \varphi) & \\ &= \sqrt{2}\, I \cos(\omega t - \frac{2\pi}{3} - \varphi) & \hat{=} \; \underline{I}_T \end{aligned} \tag{15.28}$$

Im symmetrischen Drehstromsystem ist

$$i_0 \;=\; -(i_R + i_S + i_T) = 0$$

und damit auch

$$\underline{I}_0 \;=\; \underline{I}_R + \underline{I}_S + \underline{I}_T = 0 \tag{15.29}$$

Spannungen und Ströme lassen sich auch wie folgt ausdrücken

$$\begin{aligned} \underline{U}_S &= \underline{U}_R\, e^{-j\,2\,\pi/3} \\ \underline{U}_T &= \underline{U}_R\, e^{-j\,4\,\pi/3} = \underline{U}_R\, e^{(+j\,2\,\pi/3 - 2\,\pi)} = \underline{U}_R\, e^{j\,2\,\pi/3} \end{aligned} \tag{15.30}$$

Entsprechend gilt

$$\begin{aligned} \underline{I}_S &= \underline{I}_R\, e^{-j\,2\,\pi/3} \\ \underline{I}_T &= \underline{I}_R\, e^{j\,2\,\pi/3} \end{aligned} \tag{15.31}$$

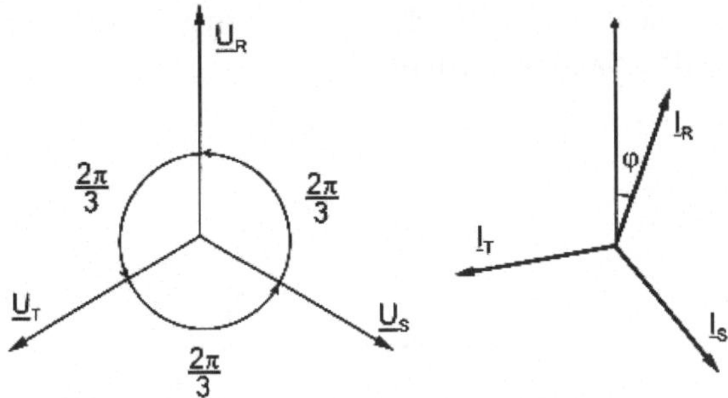

Bild 15.7: Zeigerdiagramm der Spannungen und Ströme

Die Zeigerbilder von Spannungen und Strömen bilden nach Bild 15.7 dreistrahlige Sterne.
Man sieht unmittelbar, dass analog zur Eigenschaft des symmetrischen Drehstromsystems Gl. (15.29) für das symmetrische Drehspannungssystem

$$\underline{U}_R + \underline{U}_S + \underline{U}_T = 0 \tag{15.32}$$

gilt.

15.3 Vergleich verschiedener Systeme hinsichtlich ihrer Fähigkeit zur elektrischen Leistungsübertragung

Elektrische Energie lässt sich mit Hilfe von Kabeln oder Freileitungen in einfacher und bequemer Weise transportieren. Hierbei sind zwei Gesichtspunkte entscheidend:

a) Die Übertragungsverluste sollen möglichst klein sein

b) Der Aufwand für die Übertragung (Leitungen, Transformatoren, Schalt- und Messgeräte) soll ebenfalls möglichst klein ausfallen.

Diese beiden Forderungen widersprechen sich, so dass – wie häufig in der Technik – ein Kompromiss gefunden werden muss.

Betrachtet man eine einfache Gleichstrom-Übertragung nach Bild 15.8, so ist die von der Quelle gelieferte Leistung

$$P_Q = U \cdot I$$

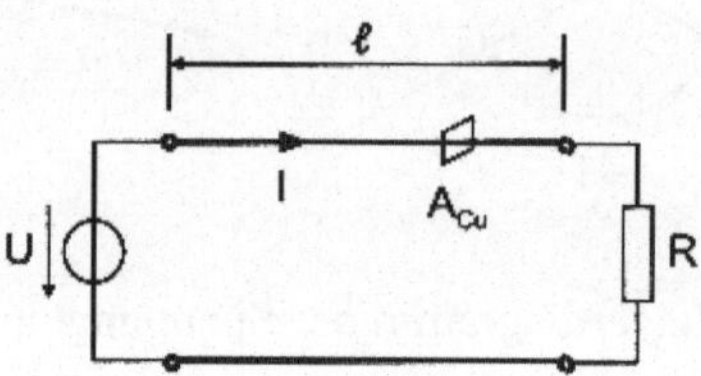

Bild 15.8: Schema einer Gleichstrom-Energieübertragung

Der Leitungswiderstand einer Leitung berechnet sich zu

$$R_L = \rho \frac{\ell}{A_{Cu}}$$

und die Leitungsverluste betragen

$$P_V = 2\, R_L\, I^2$$

Damit erhält man für die spezifischen Übertragungsverluste

$$\frac{P_V}{P_Q} = \frac{2\, R_L\, I}{U} \tag{15.33}$$

Diese Verluste lassen sich vermindern, wenn man U vergrössert und R_L verkleinert.

Die Erzeugung und Nutzung elektrischer Energie erfolgt gewöhnlich im Bereich einiger hundert bis weniger tausend Volt. Da Wechselspannungen mit Hilfe von Transformatoren einfach und wirtschaftlich umwandelbar sind, hat sich die Hochspannungs-Wechselstromübertragung mit Spannungen bis zu einer Höhe von 10^6 V durchgesetzt und bewährt. In bestimmten Fällen wendet man auch die Hochspannungs-Gleichstromübertragung an.

Die Verminderung des Leitungswiderstandes führt auf grössere Kupferquerschnitte und damit auf höhere Leitungskosten.

Die Bestimmung der Übertragungsspannung und des Leiterquerschnitts, unter Berücksichtigung der Aufwendungen für Kupfer und Isolation und der Verluste bei der Stromübertragung, ist ein komplexes Optimierungsproblem. Hierbei sind auch betriebswirtschaftliche Gesichtspunkte zu berücksichtigen, beispielsweise die Auslastung der Energieübertragung und die Kapitalkosten. Auf diese Fragen soll hier nicht näher eingegangen werden.

Für die folgenden Überlegungen sei vielmehr vereinfacht angenommen, eine bestimmte Leitung lasse die maximale Spannung U_{max} und den maximalen Effektivwert des Stromes I_{max} zu. Unter dieser Voraussetzung wird untersucht, welche maximale Leistung mit Hilfe verschiedener Systeme übertragbar ist.

Das System Bild 15.8 mit zwei Leitungen überträgt die Leistung

$$P_{max} = U_{max} \cdot I_{max} \tag{15.34}$$

also pro Leitung

$$P_{UL} = \frac{1}{2} P_{max} \tag{15.35}$$

Man erkennt, dass die Rückleitung, die auf dem Bezugspotential der Erde liegt, keine Spannungsbeanspruchung aufweist und deshalb nicht aufwendig isoliert werden muss. Mit einem **Gleichstrom-Dreileitersystem** nach Bild 15.9 mit $U_1 = U_2 = U_{max}$ und $R_1 = R_2$ wird $I_1 = I_2$ und der Strom über den gestrichelt gezeichneten dritten Leiter $I_0 = 0$. Dieser Leiter kann gänzlich entfallen. Die pro Leiter übertragbare Leistung beträgt dann

$$P_{ÜL} = P_{max} \tag{15.36}$$

Zum Vergleich sollen verschiedene Wechsel- und Drehspannungssysteme betrachtet werden. Bild 15.10 zeigt das dem Gleichspannungssystem Bild 15.8 entsprechende Wechselspannungssystem.
Der zulässige Effektivwert der Wechselspannung ist

$$U = \frac{U_{max}}{\sqrt{2}}$$

hingegen der Effektivwert des Stromes bei Stromwärmeverlusten, die denen bei Gleichstrom entsprechen

$$I = I_{max} \tag{15.37}$$

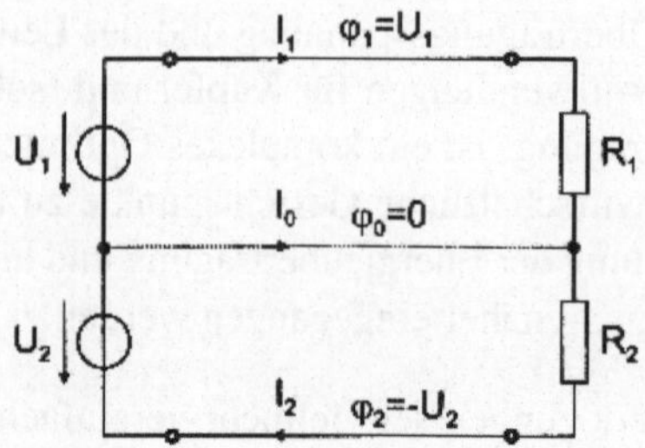

Bild 15.9: Gleichstrom-Dreileitersystem

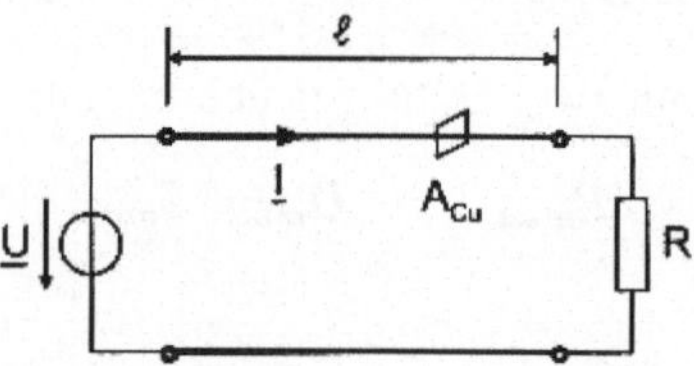

Bild 15.10: Einphasen-Wechselstromsystem

Pro Leitung ist deshalb die maximale übertragbare Leistung

$$P_{UL} \quad = \quad \frac{1}{2\sqrt{2}} P_{max} = 0{,}35\, P_{max} \tag{15.38}$$

Beim lastsymmetrischen, orthogonalen Zweiphasensystem Bild 15.11 mit $U_1 = U_2 = U_{max}/\sqrt{2}$ und $R_1 = R_2$ ist die übertragene Leistung nach

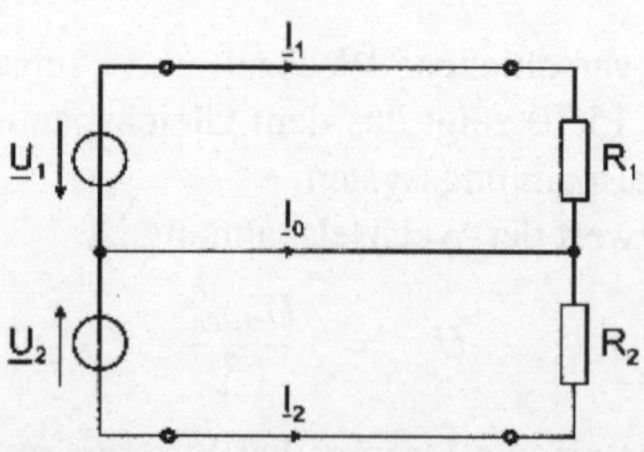

Bild 15.11: Zweiphasen-Wechselstromsystem

Gl. (15.11) zeitunabhängig konstant und beträgt

$$P_Q = \frac{2}{\sqrt{2}} P_{max} \tag{15.39}$$

Der Aufwand für die Rückleitung ist jedoch das $\sqrt{2}$-fache des Aufwandes für die Phasenleitungen, da der Strom $I_0 = \sqrt{2}\, I_1 = \sqrt{2}\, I_2$ beträgt. Dies geht aus dem Zeigerdiagramm der Ströme nach Bild 15.12 hervor.

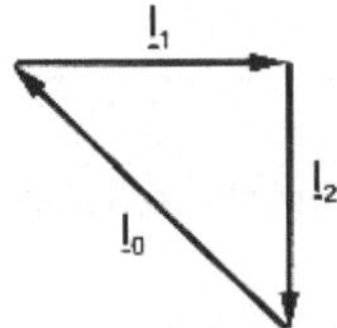

Bild 15.12: Zeigerdiagramm der Ströme des Zweiphasensystems

Die Vergleichsleistung ist deshalb

$$P_{UL} = \frac{\sqrt{2}}{2+\sqrt{2}} P_{max} = 0{,}41\, P_{max} \tag{15.40}$$

Beim symmetrischen Dreiphasensystem nach Bild 15.13 mit den Grössen $U_1 = U_2 = U_3 = U_{max}/\sqrt{2}$ und $R_1 = R_2 = R_3$ ist $I_0 = 0$ und die Vergleichsleistung

$$P_{UL} = \frac{1}{\sqrt{2}} P_{max} = 0{,}71\, P_{max} \tag{15.41}$$

Dieser für Mehrphasen-Wechselstromsysteme maximale Wert kann auch bei höheren Phasenzahlen nicht unterschritten werden.

Auch ein Zweiphasensystem mit zwei um den Winkel π versetzten Phasenspannungen U_1 und U_2 ergibt die Vergleichsleistung nach Gl. (15.41). Solche Systeme sind auch in einigen Ländern, z.B. in den USA, gebräuchlich. Ein derartiges Zweiphasensystem ist genau besehen ein modifiziertes Einphasensystem, mit dem kein Drehfeld realisierbar ist und dessen Leistungsfluss mit der doppelten Netzfrequenz pulsiert.
Das symmetrische Dreiphasensystem nützt hingegen die Übertragungsmittel optimal aus, erlaubt die Erzeugung von Drehfeldern und weist einen konstanten, zeitunabhängigen Leistungsfluss zwischen Quelle und Verbraucher auf. Daher hat sich dieses System für die Erzeugung, Weiterleitung und in grossem Umfang auch für die Nutzung der elektrischen Energie weltweit eingebürgert.

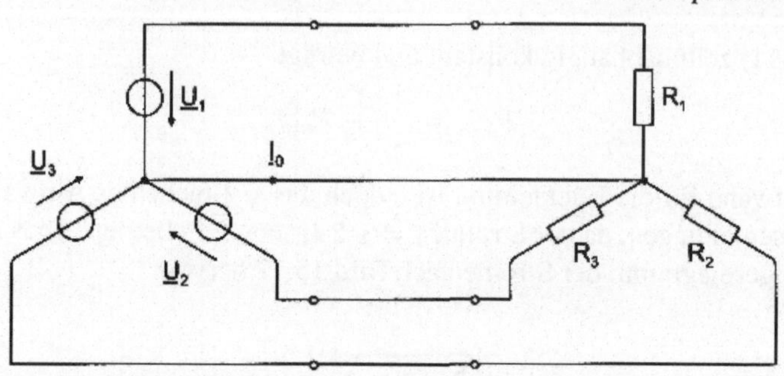

Bild 15.13: Dreiphasen-Wechselstromsystem

15.4 Symmetrische Drehspannungs- oder Dreh stromsysteme

Das in den vorangehenden Abschnitten eingeführte Dreiphasensystem wird oft kurz als **Drehspannungs-** oder **Drehstromsystem** bezeichnet. Im idealen Fall sind die drei entsprechenden Spannungen oder Ströme sinusförmig, haben gleichen Betrag und weisen jeweils gegeneinander eine Phasenverschiebung von $2\pi/3$ auf. Ein idealer Drehstromverbraucher nach Bild 15.14 ist symmetrisch, wenn die drei Impedanzen $\underline{Z}_R$, $\underline{Z}_S$ und $\underline{Z}_T$ gleich sind. In diesem Fall fliesst über den Nulleiter kein Strom, weshalb dieser auch weggelassen werden kann.

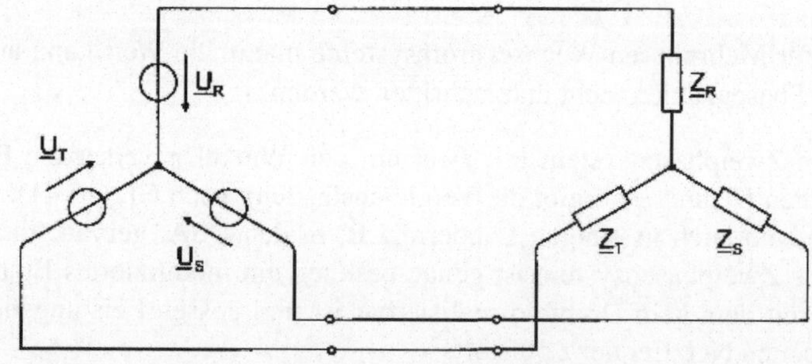

Bild 15.14: Drehstromsystem mit Verbraucher in Sternschaltung

Die Last nach Bild 15.14 wird Drehstromlast in **Sternschaltung** bezeichnet, eine andere Art der Belastung – die Drehstromlast in **Dreieckschaltung** – zeigt Bild 15.15

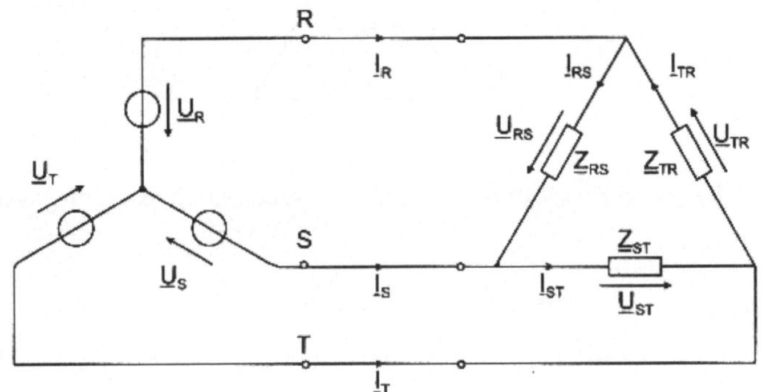

Bild 15.15: Drehstromsystem mit Verbraucher in Dreieckschaltung

Hier ist kein Nulleiter mehr vorhanden, so dass unabhängig von der Grösse der drei Impedanzen $\underline{Z}_{RS}$, $\underline{Z}_{ST}$ und $\underline{Z}_{TR}$ der Strom $I_0 = 0$ ist.

Bei symmetrischer Belastung gilt jedoch $\underline{Z}_{RS} = \underline{Z}_{ST} = \underline{Z}_{TR}$.

Die Spannungen zwischen den Phasen betragen

$$\begin{aligned} \underline{U}_{RS} &= \underline{U}_R - \underline{U}_S \\ \underline{U}_{ST} &= \underline{U}_S - \underline{U}_T \\ \underline{U}_{TR} &= \underline{U}_T - \underline{U}_R \end{aligned} \tag{15.42}$$

und werden **verkettete Spannungen** des Drehstromsystems genannt. Ein Drehstromsystem wird immer durch die verketteten Spannungen gekennzeichnet, da nur diese Spannungen immer direkt messbar sind. Zur Messung der **Phasenspannungen** $\underline{U}_R$, $\underline{U}_S$ oder $\underline{U}_T$ benötigt man einen Sternpunkt, der nicht immer verfügbar oder zugänglich ist.

Das Zeigerdiagramm des symmetrischen Drehspannungssystems Bild 15.16 zeigt unmittelbar die Grösse der Spannungsbeträge

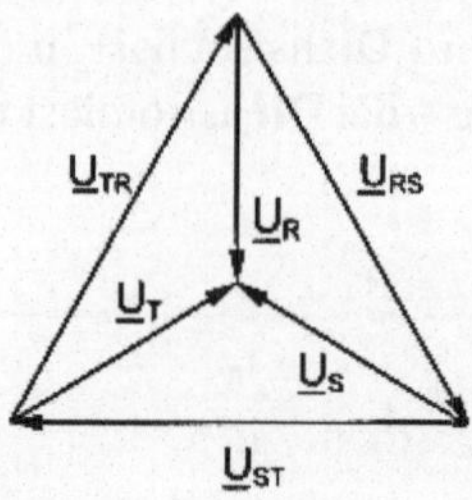

Bild 15.16: Zeigerdiagramm des symmetrischen Drehspannungssystems

$$|\underline{U}_R| = |\underline{U}_S| = |\underline{U}_T| = U_Y \tag{15.43}$$

$$|\underline{U}_{RS}| = |\underline{U}_{ST}| = |\underline{U}_{TR}| = U_\Delta \tag{15.44}$$

$$U_\Delta = \sqrt{3}\,U_Y \tag{15.45}$$

Auch die Phasenlagen sind unmittelbar aus Bild 15.16 zu entnehmen. Nimmt man die Spannung $\underline{U}_R$ als Bezugsgrösse, so wird

$$\begin{aligned} \underline{U}_S &= \underline{U}_R\, e^{-j\,2\,\pi/3} \\ \underline{U}_T &= \underline{U}_R\, e^{j\,2\,\pi/3} \end{aligned} \tag{15.46}$$

Weiter ist

$$\begin{aligned} \underline{U}_{RS} &= \sqrt{3}\,\underline{U}_R\, e^{j\,\pi/6} \\ \underline{U}_{ST} &= \sqrt{3}\,\underline{U}_S\, e^{j\,\pi/6} \\ \underline{U}_{TR} &= \sqrt{3}\,\underline{U}_T\, e^{j\,\pi/6} \end{aligned} \tag{15.47}$$

und schliesslich mit $\underline{U}_{RS}$ als Bezugsgrösse

$$\begin{aligned} \underline{U}_{ST} &= \underline{U}_{RS}\, e^{-j\,2\,\pi/3} \\ \underline{U}_{TR} &= \underline{U}_{RS}\, e^{j\,2\,\pi/3} \end{aligned} \tag{15.48}$$

Bei symmetrischer Belastung gilt

$$\begin{aligned} \underline{Z}_R = \underline{Z}_S = \underline{Z}_T = \underline{Z}_Y \\ \underline{Z}_{RS} = \underline{Z}_{ST} = \underline{Z}_{TR} = \underline{Z}_\Delta \end{aligned} \tag{15.49}$$

Beide Belastungen sind äquivalent, wenn gilt:

$$3\,\underline{Z}_Y = \underline{Z}_\Delta \tag{15.50}$$

Dann ergibt sich

$$\begin{aligned} |\underline{I}_R| &= |\underline{I}_S| = |\underline{I}_T| = I_Y \\ |\underline{I}_{RS}| &= |\underline{I}_{ST}| = |\underline{I}_{TR}| = I_\Delta \end{aligned} \tag{15.51}$$

und weiter

$$I_\Delta = \frac{I_Y}{\sqrt{3}} \tag{15.52}$$

Bei vollkommen symmetrischen Drehstromsystemen genügt die Untersuchung der Verhältnisse in einer Phase. Damit ist der Zustand des ganzen Systems bekannt.

Bislang wurde der Frage nachgegangen, welche Zusammenhänge im symmetrischen Drehstromnetz mit symmetrischer Belastung zwischen äquivalenter Stern- und Dreieckschaltung bestehen. An einem verschlossenen Kasten, aus dem nur die drei Klemmen R, S und T herausgeführt sind, kann von aussen nicht unterschieden werden, welche der beiden Schaltungsvarianten im Innern vorliegt.

Ein anderes Problem stellt sich, wenn drei gleiche Scheinwiderstände einmal im Stern, das andere Mal im Dreieck geschaltet werden. Diese sogenannte Stern-Dreieck-Schaltung wird in der Technik zur Anlaufstrombegrenzung von Elektromotoren oder zur Leistungsveränderung elektrischer Öfen angewandt. In Dreieckschaltung betragen die Ströme in den Scheinwiderständen das $\sqrt{3}$-fache und in den Zuleitungen das 3-fache gegenüber den Strömen der Sternschaltung. Die Leistungsaufnahme der Dreieckschaltung beträgt das 3-fache im Vergleich zur Sternschaltung.

15.5 Allgemeine Drehspannungs- und Drehstromsysteme

In der Praxis wird das Ideal der symmetrischen Drehspannungs- und Drehstromsysteme zwar angestrebt, aber nur mehr oder weniger vollkommen erreicht. In aller Regel zeigen die Drehspannungssysteme der elektrischen Versorgungsnetze geringe Abweichungen von der exakten Sinusform der Spannungen, die Beträge der drei Spannungen stimmen mit hoher Genauigkeit überein und weisen nur kleine Abweichungen vom idealen gegenseitigen Phasenversatz von jeweils $2\pi/3$ auf. In der Schweiz sind die Toleranzen, innerhalb deren die Frequenz und die Beträge der Spannungen schwanken dürfen, in der Norm SN 413 426 festgelegt. In ausländischen Normen finden sich ergänzend Bestimmungen über die Phasensymmetrie. Von Ausnahmen abgesehen, kommen in den Industriestaaten die Versorgungsnetze dem Ideal des Drehspannungssystems sehr nahe.

Hingegen ist auf der Verbraucherseite die Symmetrie nicht durchweg gewährleistet. Damit sind auch die Stromsysteme $\underline{I}_R$, $\underline{I}_S$, $\underline{I}_T$ oder $\underline{I}_{RS}$, $\underline{I}_{ST}$, $\underline{I}_{TR}$ nicht mehr symmetrisch.

Grundsätzlich lassen sich die Ströme bei bekannten Spannungen und Impedanzen mit den vorgestellten Methoden der Netzwerktheorie berechnen. Dies soll am Beispiel der Sternschaltung mit unsymmetrischem Stern nach Bild 15.17 durchgeführt werden.

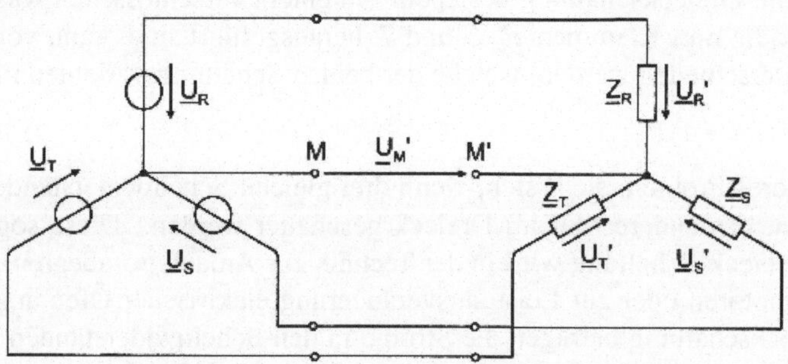

Bild 15.17: Unsymmetrische Sternschaltung

Zwischen dem Sternpunkt M' der Last und dem Sternpunkt M der Quelle tritt die Spannung $\underline{U}'_M$ auf, es gilt also

$$\begin{aligned} \underline{U}'_R &= \underline{I}_R\, \underline{Z}_R = \underline{U}_R + \underline{U}'_M \\ \underline{U}'_S &= \underline{I}_S\, \underline{Z}_S = \underline{U}_S + \underline{U}'_M \\ \underline{U}'_T &= \underline{I}_T\, \underline{Z}_T = \underline{U}_T + \underline{U}'_M \end{aligned} \tag{15.53}$$

oder

$$\underline{I}_R = \frac{\underline{U}_R + \underline{U}'_M}{\underline{Z}_R}$$
$$\underline{I}_S = \frac{\underline{U}_S + \underline{U}'_M}{\underline{Z}_S} \qquad (15.54)$$
$$\underline{I}_T = \frac{\underline{U}_T + \underline{U}'_M}{\underline{Z}_T}$$

und wegen $\underline{I}_R + \underline{I}_S + \underline{I}_T = 0$ erhält man

$$\frac{\underline{U}_R}{\underline{Z}_R} + \frac{\underline{U}_S}{\underline{Z}_S} + \frac{\underline{U}_T}{\underline{Z}_T} + \underline{U}'_M \left(\frac{1}{\underline{Z}_R} + \frac{1}{\underline{Z}_S} + \frac{1}{\underline{Z}_T} \right) = 0$$

Die Verlagerungsspannung $\underline{U}'_M$ beträgt also

$$\underline{U}'_M = -\frac{\dfrac{\underline{U}_R}{\underline{Z}_R} + \dfrac{\underline{U}_S}{\underline{Z}_S} + \dfrac{\underline{U}_T}{\underline{Z}_T}}{\dfrac{1}{\underline{Z}_R} + \dfrac{1}{\underline{Z}_S} + \dfrac{1}{\underline{Z}_T}} \qquad (15.55)$$

Das Zeigerdiagramm der Spannungen zeigt Bild 15.18

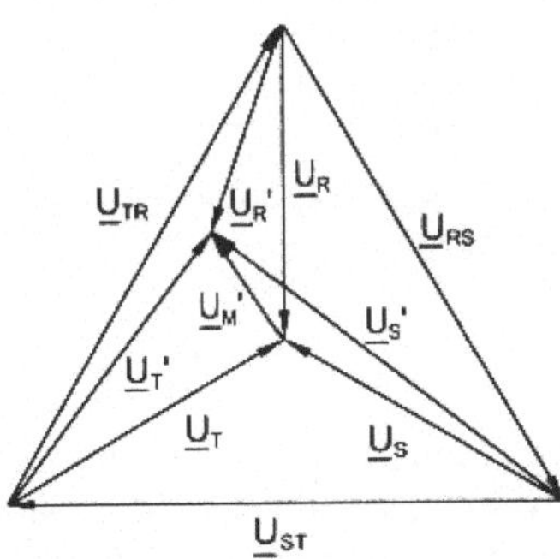

Bild 15.18: Zeigerdiagramm bei unsymmetrischer Drehstromlast nach Bild 15.14

Zur Behandlung der Unsymmetrie-Probleme in Drehstromnetzen wurden spezielle Verfahren entwickelt, die Methoden der symmetrischen Komponenten für Drehstromsysteme.

15.6 Aufgaben

15.6.1 Symmetrisches Drehspannungsnetz mit leerlaufender Leitung

Wird ein symmetrisches Drehspannnungsnetz auf eine leerlaufende Leitung geschaltet, so verhält sich diese wie eine symmetrisch kapazitive Last. Die Leiter haben Kapaztitäten C_E gegenüber der Erde (Erdkapaztitäten) und Kapazitäten C_L (Leiterkapazitäten) gegenüber den anderen Leitern. Es gilt also das Ersatzschema nach Bild 15.19.

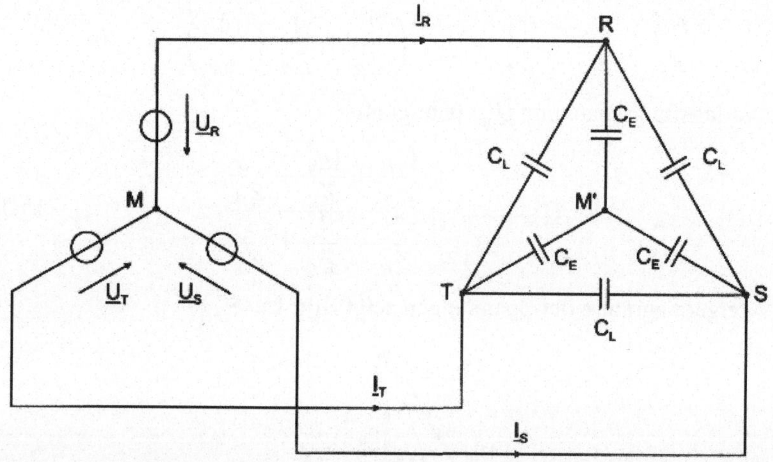

Bild 15.19: Ersatzschema eines Drehspannungsnetzes mit leerlaufender Leitung

Die Dreieckschaltung der Leiterkapazitäten kann in eine äquivalente Sternschaltung umgewandelt werden, so dass sich die Schaltung Bild 15.19 als reine Sternschaltung nach Bild 15.20 mit der Betriebskapazität C darstellen lässt. Ist der Sternpunkt M der Quellen nicht mit der Erde (Sternpunkt M') verbunden, spricht man von einem Drehspannungsnetz mit isoliertem Sternpunkt.

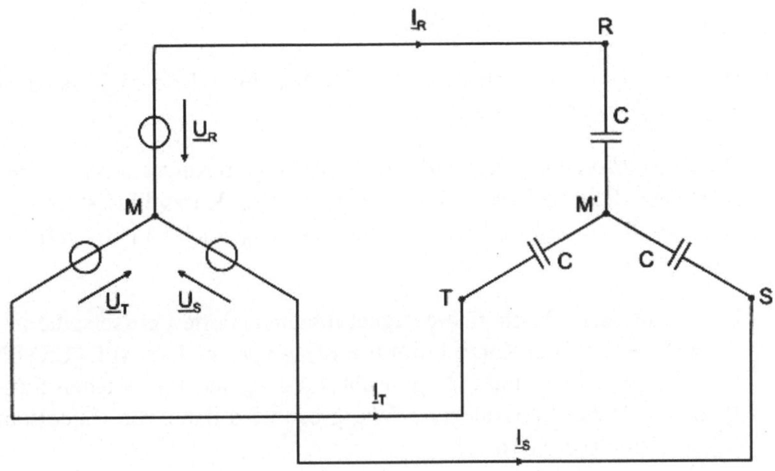

Bild 15.20: Ersatzschema eines Drehspannungsnetzes mit leerlaufender Leitung

Daten der Einrichtung einer 100 km-Dreiphasenleitung:

Nennspannung (verkettet, effektiv)	U_n	=	100 kV
Erdkapazität	C_E	=	0,28 μF
Leiterkapazität	C_L	=	0,2 μF
Frequenz	f	=	50 Hz

Fragen:

1. Wie gross ist die Betriebskapazität C in Schaltung Bild 15.20 bei gegebenem C_L und C_E?

2. Die Phase R sei von einem Erdschluss, also einem Kurzschluss zwischen dem Punkt R und M' betroffen. Wie gross ist der Kurzschlussstrom $\underline{I}_{RK}$ und sein Betrag I_{RK} (effektiv)? Geben Sie I_{RK} auch numerisch für das Beispiel an.

3. Zeigen Sie, dass durch eine geeignet dimensionierte Drosselspule zwischen M und M' der Kurzschlussstrom I_{RK} verschwindet (PETERSEN-Spule[2]). Wie gross muss L gemacht werden, und für welchen Strom I_L ist die Drossel auszulegen? Wie gross wird daher die Bauleistung (Blindleistung) der Drossel?

15.6.2 Symmetrierung einer Einphasenlast

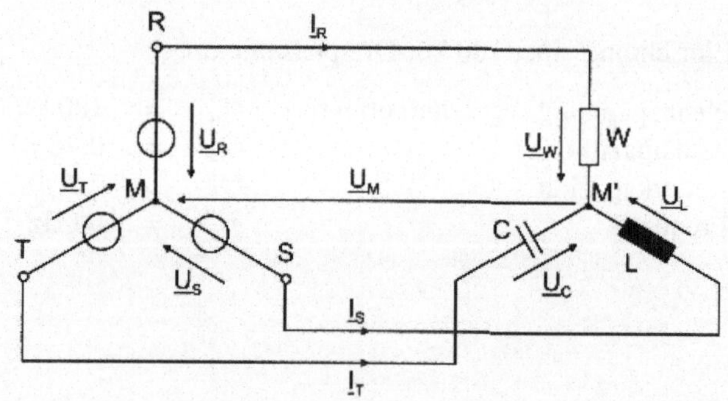

Bild 15.21: Schaltung zur Symmetrierung einer Einphasenlast

Die Schaltung Bild 15.21 zeigt eine rein OHMsche Einphasenlast W, die an ein symmetrisches Drehspannungssystem mit der Kreisfrequenz ω angeschlossen ist. Durch die zusätzlichen Schaltelemente L und C kann die Last symmetriert werden. Dann bilden die Ströme $\underline{I}_R$, $\underline{I}_S$ und $\underline{I}_T$ ein symmetrisches Dreiphasensystem.

[2]Benannt nach W.PETERSEN (1880-1946) dt. Ingenieur

Fragen:

1. Zeichnen Sie das Zeigerdiagramm, ausgehend von einem symmetrischen Drehstromsystem, das mit dem Drehspannungssystem in Phase liegt. Berechnen Sie die Spannungen $\underline{U}_W$, $\underline{U}_L$, $\underline{U}_C$ und $\underline{U}_M$ mit Hilfe geometrischer Überlegungen und geben Sie die Werte für ωL und ωC an. Wie gross ist $\omega^2 LC$?

2. Berechnen Sie die Scheinleistungen S_L und S_C der Zusatzelemente L und C bezogen auf die Wirkleistung P_W des Widerstandes W.

3. Berechnen Sie die Spannung $\underline{U}_M/\underline{U}_R$ als Funktion von ω, L und C. Führen Sie für $\omega^2 LC$ den in Frage 1 ermittelten Wert ein und vereinfachen Sie diese Beziehung.

4. Der Widerstand sei nun eine komplexe Grösse $\underline{W}$ mit dem festen Betrag W; ωL und ωC besitzen die Werte, die für das reelle W in Frage 1 ermittelt wurden. Zeichnen Sie in das Zeigerdiagramm nach Frage 2 den geometrischen Ort der Zeigerspitze von $\underline{U}_M$ ein, wenn der Winkel von $\underline{W}$ den Bereich $-\frac{\pi}{2} \leq \varphi \leq \frac{\pi}{2}$ durchläuft.

5. (Expertenfrage) Die Einphasenlast sei komplex $\underline{W} = R + jX$. Unterbreiten Sie einen möglichst einfachen Schaltungsvorschlag, demzufolge das Drehstromsystem symmetrisch wird und gegenüber dem Drehspannungssystem keine Phasenverschiebung aufweist.

15.6.3 Versorgung eines symmetrischen Drehstromverbrauchers aus einer Einphasenquelle

Aus der Schaltung zur Lastsymmetrierung bei Einphasenlasten (siehe Aufgabe in Kap. 15.6.2) kann durch Analogiebetrachtungen auch die umgekehrte Aufgabe gelöst werden. Demzufolge soll eine symmetrische Drehstromlast, dargestellt durch drei gleiche, in Stern geschaltete Impedanzen $\underline{Z} = R + jX$ aus einer Einphasenspannungsquelle mit einem symmetrischen Drehstromversorgungssystem versorgt werden.

Fragen:

1. Geben Sie eine Schaltung an, bestehend aus einer Quelle und zwei Blindwiderständen, die eine reelle, symmetrische Drehstromlast R mit einem

symmetrischen Drehstromsystem vesorgt. Erläutern Sie die Analogien zur Aufgabe in Kap. 15.6.2 und stellen Sie Spannungen und Ströme in einem Zeigerdiagramm dar.

2. Zeigen Sie, dass die Symmetrierung des Drehstromsystems auch für eine symmetrische komplexe Last $\underline{Z} = R + jX$ möglich ist. Geben Sie die Werte der beiden Blindwiderstände als Funktion von R und X an.

3. Die Lastimpedanz sei $\underline{Z} = Z \cdot e^{j\varphi}$. Bei welchem Winkel φ_g geht ein Blindwiderstand in seinen komplementären Typ über?

4. Geben Sie den Phasenwinkel ψ zwischen Strom und Spannung der Quelle in Abhängigkeit des Winkels φ der Lastimpedanz $-\frac{\pi}{2} \leq \varphi \leq \frac{\pi}{2}$ an. Stellen Sie die Funktion $\psi(\varphi)$ in einem Diagramm dar. Durch welche Näherung ist φ für $|\varphi| \ll 1$ darstellbar?

5. Die Impedanz habe den konstanten Widerstand R; der Sternpunkt M' der Last sei fester Bezugspunkt im Zeigerdiagramm. Zeichnen Sie den geometrischen Ort des Punktes M, also der Pfeilspitze der Spannung $\underline{U}$.

6. Wie ist die Schaltung in einfachster Weise zu ergänzen, damit bei einem vorgegebenen Winkel φ der Lastimpedanz die Quelle ausschliesslich mit Wirkstrom belastet wird, also $\psi = 0$ ist? Dimensionieren Sie den Schaltungszusatz als Funktion von R und X.

16 Ortskurven

16.1 Erklärung der Ortskurven

Die anschauliche Darstellung funktionaler Zusammenhänge zwischen verschiedenen Grössen in graphischer Form ist für komplexe Grössen nicht mehr so einfach möglich wie für reelle Grössen. Am einfachsten ist die Darstellung einer komplexen Grösse als Funktion eines reellen Parameters. Ein Beispiel zeigt Bild 16.1.

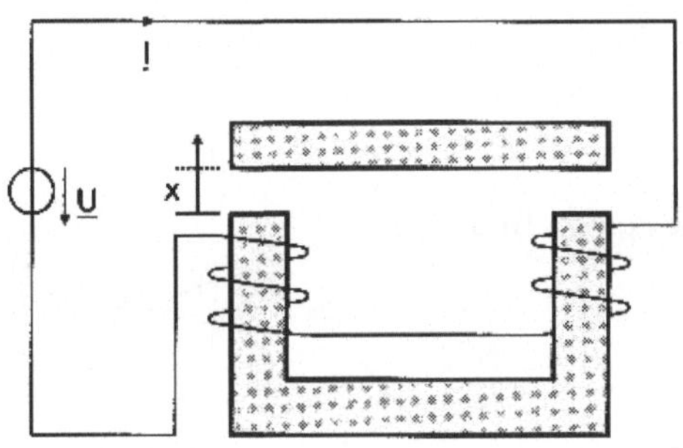

Bild 16.1: Stromkreis mit wegabhängiger Impedanz

Die Induktivität L hängt vom Luftspalt, also vom Weg x ab, der Widerstand R ist konstant. Damit ist die Impedanz

$$\underline{Z} \quad = \quad R + j\,\omega\,L(x)$$

Diese Impedanz lässt sich, wie in Bild 16.2 beispielhaft gezeigt, in der komplexen Ebene in Abhängigkeit von x darstellen.
Aus dieser Darstellung kann unmittelbar die komplexe Grösse $\underline{Z}$ nach Betrag und Phase oder nach Real- und Imaginärteil entnommen werden. Die Darstellung der komplexen Zahl in der komplexen Ebene in Abhängigkeit eines Parameters wird **Ortskurve** genannt. Sind zwei Parameter x und y gegeben, so erhält man im Schaubild für bestimmte Werte y_ν die Ortskurven

$$\underline{Z}_\nu \quad = \quad \underline{Z}(x,y_\nu)$$

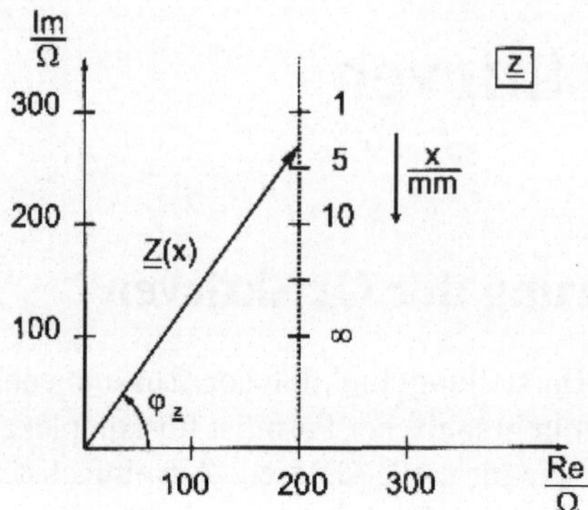

Bild 16.2: Impedanz-Ortskurve einer variablen Induktivität

oder für bestimmte x_μ

$$\underline{Z}_\mu = \underline{Z}(x_\mu,y)$$

beispielhaft dargestellt in Bild 16.3

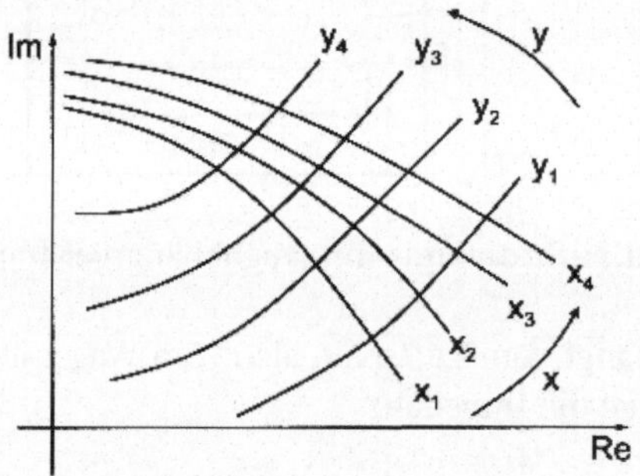

Bild 16.3: Ortskurvenschar

Die Ortskurven für zwei Parameter führen zur **Ortskurvenschar**. Die Ermittlung der Ortskurven oder Ortskurvenscharen erfolgt unmittelbar aus den Funktionen $\underline{Z}(x)$ oder $\underline{Z}(x,y)$. Von besonderer Bedeutung in der Elektrotechnik sind jedoch die zahlreichen speziellen Ortskurven, die aus Kreisbögen oder Kreisbogenscharen bestehen. Solche sogenannten Kreisdiagramme, die teilweise nach ihren Entdeckern benannt sind, beruhen auf allgemeinen Eigenschaften komplexer Funktionen.

16.2 Konforme Abbildung analytischer Funktionen

Gegeben sei die Zuordnung zweier komplexer Grössen $\underline{w}$ und $\underline{z}$, es sei

$$\underline{w} \quad = \quad f(\underline{z}) \tag{16.1}$$

mit

$$\begin{aligned} \underline{w} &= u + j\,v \\ \underline{z} &= x + j\,y \end{aligned} \tag{16.2}$$

Entwickelt man die Funktion $\underline{w}$ im Punkt $\underline{z}_0$ in eine TAYLOR-Reihe, die nach dem Glied mit der ersten Ableitung abgebrochen wird, so erhält man

$$\underline{w} \;\approx\; f(\underline{z}_0) + f'(\underline{z}_0)\,\mathrm{d}\underline{z} = \underline{w}_0 + \mathrm{d}\underline{w} \tag{16.3}$$

Mit

$$\begin{aligned} \mathrm{d}\underline{w} &= \mathrm{d}u + j\;\mathrm{d}v \\ \mathrm{d}\underline{z} &= \mathrm{d}x + j\;\mathrm{d}y \end{aligned} \tag{16.4}$$

und

$$f'(\underline{z}_0) \quad = \quad |f'(\underline{z}_0)|\,e^{j\,\varphi\,(\underline{z}_0)} = r'\,e^{j\,\varphi_0} \tag{16.5}$$

erhält man

$$(\,\mathrm{d}u + j\;\mathrm{d}v) \quad = \quad r'\,e^{j\,\varphi_0}\,(\,\mathrm{d}x + j\;\mathrm{d}y) \tag{16.6}$$

Ein aus den Differentialen $\mathrm{d}x$ und $\mathrm{d}y$ gebildetes rechtwinkliges Dreieck wird bei der konformen Abbildung in ein ähnliches Dreieck mit den Differentialen $\mathrm{d}u$ und $\mathrm{d}v$ abgebildet. Ähnliche Dreiecke haben gleiche Winkel; die konforme Abbildung ist deshalb winkeltreu. Bild 16.4 zeigt die Entstehung der beiden ähnlichen Dreiecke bei der konformen Abbildung.
Werden daher zwei sich schneidende Ortskurven konform abgebildet, so bleibt der Schnittwinkel in der Abbildung erhalten. Konforme Abbildungen sind daher in kleinen Bereichen winkeltreu und ähnlich.

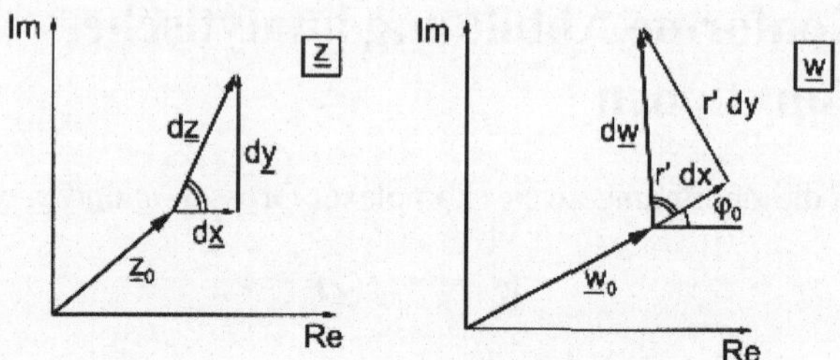

Bild 16.4: Ähnlichkeit und Winkeltreue bei der konformen Abbildung

16.3 Die Abbildung $\underline{w} = 1/\underline{z}$

Die Abbildung

$$\underline{w} = \frac{1}{\underline{z}} = \frac{1}{x + j\,y} \tag{16.7}$$

ergibt umgeformt

$$u + j\,v = \frac{x}{x^2+y^2} - j\,\frac{y}{x^2+y^2} \tag{16.8}$$

Hält man $x = x_0$ fest, so wird

$$\underline{w} = \frac{x_0 - j\,y}{x_0^2 + y^2} \tag{16.9}$$

Nach Bild 16.5 ist weiter $y = x_0\ \tan\varphi$, also ist

$$\underline{w} = \frac{1}{x_0}\,\frac{1 - j\,\tan\varphi}{1+\tan^2\varphi} \tag{16.10}$$

Mit den trigonometrischen Identitäten

$$\begin{aligned} \frac{1}{1+\tan^2\varphi} &= \cos^2\varphi = \frac{1}{2}\,(1+\cos 2\,\varphi) \\ \frac{\tan\varphi}{1+\tan^2\varphi} &= \sin\varphi\,\cos\varphi = \frac{1}{2}\,\sin 2\,\varphi \end{aligned} \tag{16.11}$$

wird

$$\underline{w} = \frac{1}{2\,x_0}\,(1+\cos 2\,\varphi - j\,\sin 2\,\varphi) \tag{16.12}$$

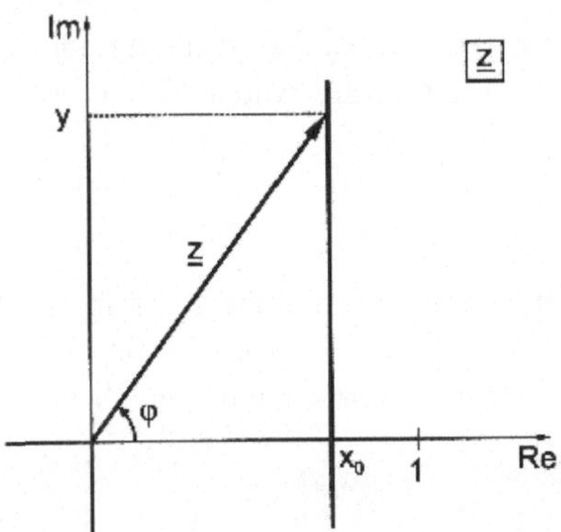

Bild 16.5: Ortskurve $\underline{z} = x_0 + j\,y$

Dies ist ein Kreis mit dem Radius $1/(2\,x_0)$ und dem Mittelpunkt auf der reellen Achse im Abstand des Radius vom Ursprung. Bild 16.6 zeigt den Kreis und dessen Konstruktion.

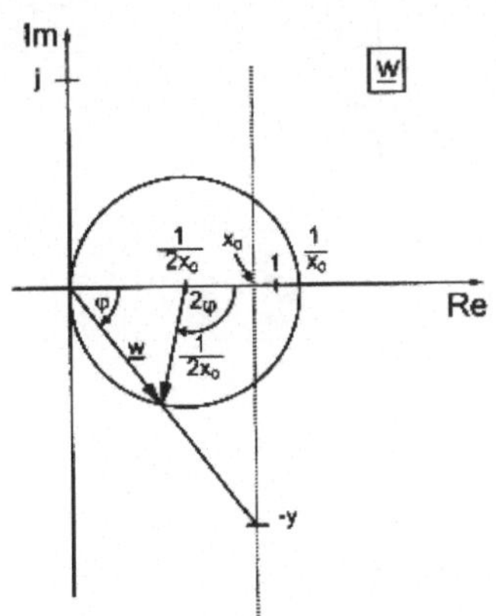

Bild 16.6: Konstruktion der Ortskurve $\underline{w} = 1/(x_0 + j\,y)$

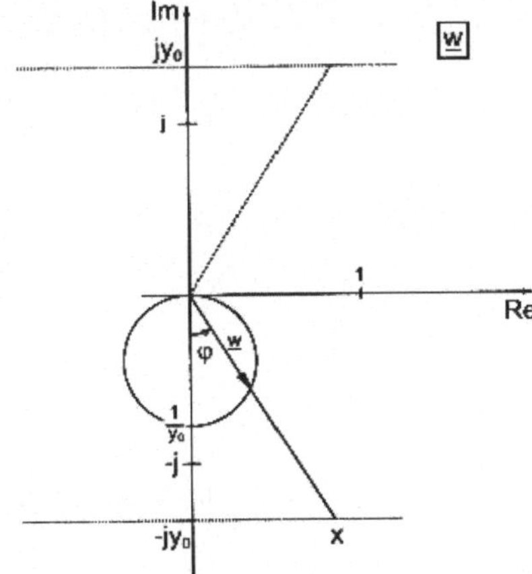

Bild 16.7: Konstruktion der Ortskurve $\underline{w} = 1/(x + j\,y_0)$

Die Konstruktion der Ortskurven bei festgehaltenem y kann in entsprechender Weise abgeleitet werden und geht aus Bild 16.7 hervor, es ist

$$\underline{w} \quad = \quad \frac{1}{x + j\,y_0} \tag{16.13}$$

Nach diesen Vorbereitungen lassen sich die Ortskurvenscharen $\underline{w} = 1/\underline{z}$ vollständig darstellen; ein rechtwinkliges Netz in der $\underline{z}$-Ebene führt auf die in Bild 16.8 gezeigten Kreisbogenscharen in der $\underline{w}$-Ebene.

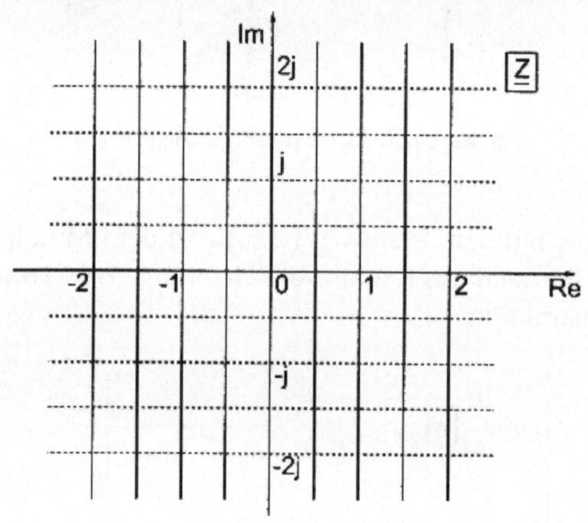

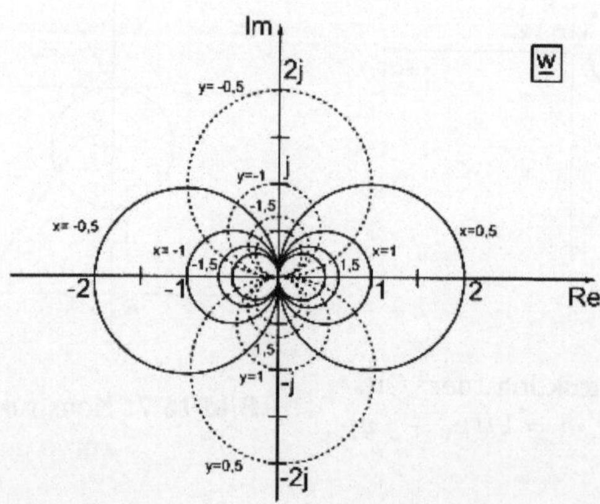

Bild 16.8: Ortskurvenscharen der Abbildung $\underline{w} = 1/\underline{z}$

Man erkennt an den Schnitten der beiden Kreisbogenscharen, dass alle Schnitte rechtwinklig sind; die Abbildung ist, wie vorausgesagt, in kleinen Teilen winkeltreu und ähnlich.

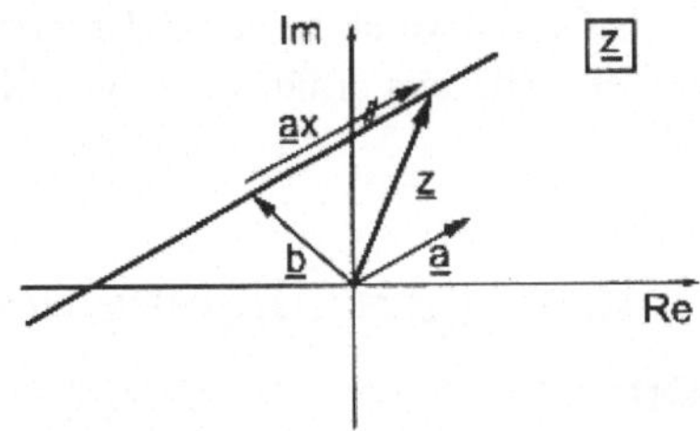

Bild 16.9: Die Gerade $\underline{z} = \underline{a}\,x + \underline{b}$

Auch die reziproke Abbildung einer beliebigen Geraden in der z-Ebene nach Bild 16.9

$$\underline{z} \;=\; \underline{a}\,x + \underline{b} \tag{16.14}$$

führt auf einen Kreis. Dies wird nach Bild 16.10 sofort klar, wenn man $\underline{z}$ um den Winkel ψ dreht, so dass die Gerade senkrecht oder waagrecht wird.

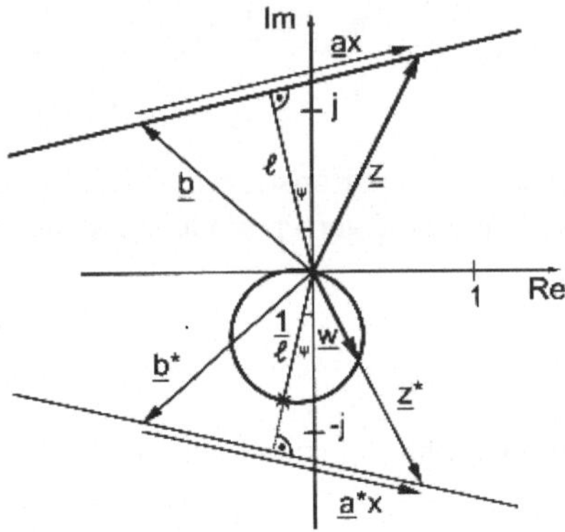

Bild 16.10: Reziproke Abbildung einer allgemeinen Geraden

Dann ist

$$\underline{w}^{\dagger} \;=\; \frac{1}{\underline{z}\,e^{j\,\psi}} \tag{16.15}$$

und

$$\underline{w} = \underline{w}^{\dagger}\, e^{j\,\psi} \tag{16.16}$$

Der nach Gl. (16.15) als Ortskurve entstehende Kreis muss ebenfalls um den Winkel ψ gedreht werden. Hieraus erhält man die in Bild 16.10 dargestellte Konstruktionsvorschrift.

16.4 Die Abbildung der allgemeinen bilinearen Funktion

Die Abbildung der bilinearen Funktion

$$\underline{w} = \frac{\underline{a} \cdot \underline{z} + \underline{b}}{\underline{c} \cdot \underline{z} + \underline{d}} \tag{16.17}$$

bildet Kreise auf Kreise ab, wobei die in Sonderfällen auftretenden Geraden als Kreise mit unendlichem Radius aufgefasst werden können. Hierbei dürfen $\underline{c}$ und $\underline{d}$ nicht beide verschwinden. Ist $\underline{c} = 0$, so geht $\underline{w}$ aus der Drehstreckung $\underline{a} \cdot \underline{z}$ und der Verschiebung um $\underline{b}$ hervor. Interessanter ist der Fall $\underline{c} \neq 0$. Dann kann für Gl. (16.17) geschrieben werden

$$\underline{w} = \frac{\underline{a}}{\underline{c}} - \frac{\underline{a}\,\underline{d} - \underline{b}\,\underline{c}}{\underline{c}^2} \cdot \frac{1}{\underline{z} + \dfrac{\underline{d}}{\underline{c}}} \tag{16.18}$$

Die Abbildung entartet zu einer Konstanten, wenn die Determinante aus den vier Koeffizienten $\underline{a}$, $\underline{b}$, $\underline{c}$ und $\underline{d}$ verschwindet, deshalb sei im Folgenden vorausgesetzt:

$$\begin{vmatrix} \underline{a} & \underline{c} \\ \underline{b} & \underline{d} \end{vmatrix} = (\underline{a}\,\underline{d} - \underline{b}\,\underline{c}) \neq 0 \tag{16.19}$$

Die gesuchte Abbildung erhält man dann in den drei Schritten

$$\underline{u} = \underline{z} + \frac{\underline{d}}{\underline{c}} \tag{16.20}$$

$$\underline{v} = \frac{1}{\underline{u}} \tag{16.21}$$

$$\underline{w} = \frac{\underline{a}}{\underline{c}} - \frac{\underline{a}\,\underline{d} - \underline{b}\,\underline{c}}{\underline{c}^2}\,\underline{v} \tag{16.22}$$

Für den in der Elektrotechnik wichtigen Spezialfall der reellen Variablen $\underline{z} = x$ soll die Abbildung der bilinearen Funktion noch etwas näher betrachtet werden. Der erste Schritt liefert

$$\underline{u} = x + \frac{\underline{d}}{\underline{c}} \tag{16.23}$$

und ist in Bild 16.11 dargestellt.

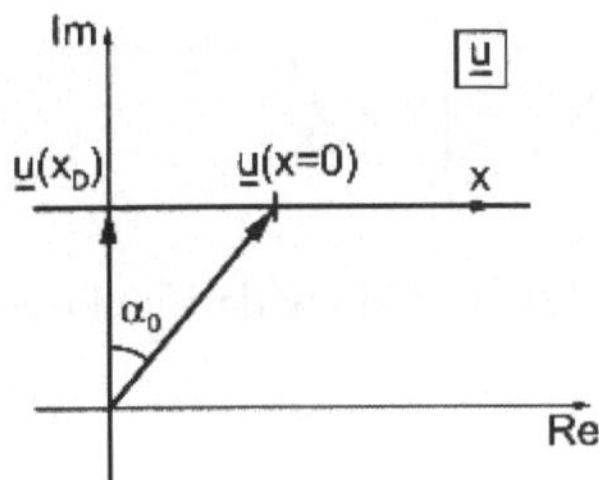

Bild 16.11: Abbildung der Funktion $\underline{u}(x)$

Die Ortskurve $\underline{u}(x)$ ist die um den Zeiger $\underline{d}/\underline{c}$ verschobene reelle Koordinatenachse. Bemerkenswert ist der Bezifferungspunkt $x = 0$ im Abstand

$$Re\left(\frac{\underline{d}}{\underline{c}}\right) = \frac{1}{2}\left(\frac{\underline{d}}{\underline{c}} + \frac{\underline{d}^*}{\underline{c}^*}\right)$$

von der imaginären Achse und $x = x_D$, der Bezifferungspunkt, der den Schnittpunkt der Geraden mit der imaginären Achse markiert und damit $\underline{u}(x_D)$ festlegt, also den Abstand der Geraden von der reellen Achse auf der imaginären Achse kennzeichnet. Es ist

$$\underline{u}(x_D) = j \cdot Im\left(\frac{\underline{d}}{\underline{c}}\right) = \frac{1}{2}\left(\frac{\underline{d}}{\underline{c}} - \frac{\underline{d}^*}{\underline{c}^*}\right) \tag{16.24}$$

Die Abbildung $\underline{v} = 1/\underline{u}$ ist in Bild 16.12 dargestellt
Die ursprüngliche Gerade $\underline{u}(x)$ an der reellen Achse gespiegelt wird zur Bezifferungsgeraden; der Bezifferungswert $x = x_D$ liegt nach wie vor auf der imaginären Achse, wie der Scheitel des Kreises $\underline{v}(x_D)$, der an der Stelle

$$\underline{v}(x_D) = \frac{1}{\underline{u}(x_D)} = \frac{2\,\underline{c}\,\underline{c}^*}{\underline{c}^*\,\underline{d} - \underline{c}\,\underline{d}^*} \tag{16.25}$$

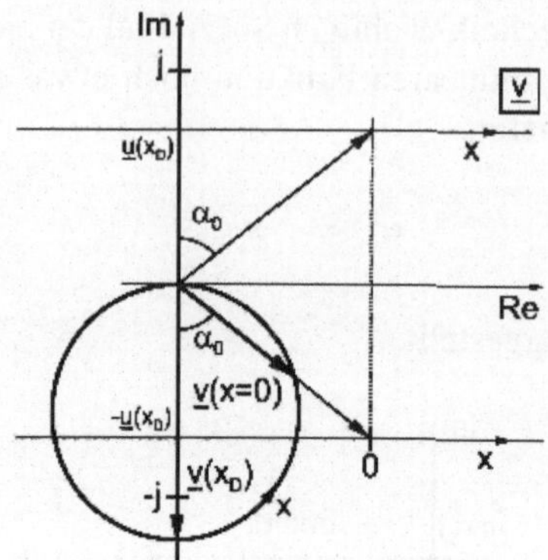

Bild 16.12: Abbildung der Funktion $\underline{v}(x)$

liegt. Der Ort des Kreismittelpunktes ist

$$\underline{v}_m \quad = \quad \frac{1}{2}\,\underline{v}(x_D) = \frac{\underline{c}\,\underline{c}^*}{\underline{c}^*\,\underline{d} - \underline{c}\,\underline{d}^*} \tag{16.26}$$

Der Betrag $|v_m|$ bestimmt den Kreisradius. Der Punkt $x = \infty$ wird in den Nullpunkt abgebildet. Die Bezifferungsgerade wird, wie bereits erklärt und in Bild 16.11 und 16.12 gezeigt, an der reellen Achse gespiegelt und dient in bekannter Weise der Bezifferung des Kreises.

Die endgültige Ortskurve $\underline{w}(x)$ gewinnt man durch Drehstreckung des Kreises und der Bezifferungsgeraden mit dem Faktor $-(\underline{a}\,\underline{d}-\underline{b}\,\underline{c})/\underline{c}^2$ und der Verschiebung um den Wert $\underline{a}/\underline{c}$.

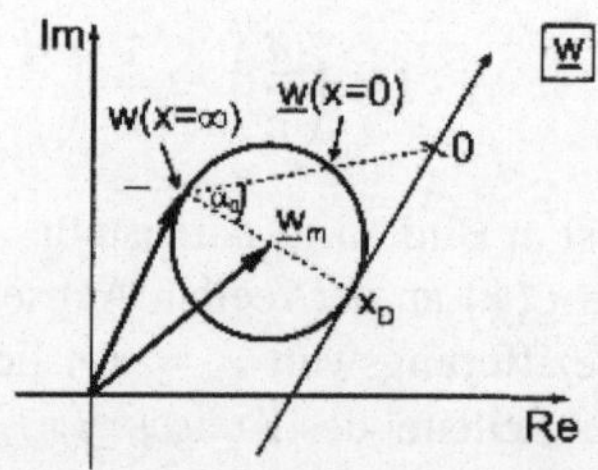

Bild 16.13: Abbildung der Funktion $\underline{w}(x)$

Der Punkt $\underline{w}(x=\infty)$ liegt an der Spitze des Zeigers $\underline{a}/\underline{c}$, der Kreismittelpunkt, wie man einfach nachrechnet, an der Stelle

$$\underline{w}_m = \frac{\underline{a}\,\underline{d}^* - \underline{b}\,\underline{c}^*}{\underline{c}\,\underline{d}^* - \underline{c}^*\,\underline{d}} \tag{16.27}$$

Der Kreisradius ist

$$r = |\underline{w}_\infty - \underline{w}_m| = \left|\frac{\underline{a}\,\underline{d} - \underline{b}\,\underline{c}}{\underline{c}\,\underline{d}^* - \underline{c}^*\,\underline{d}}\right| \tag{16.28}$$

Schliesslich ist noch die Massstabsänderung der Bezifferungsgeraden zu bestimmen, die sich wie der Quotient der Kreisradien von den Ortskurven $\underline{w}(x)$ und $\underline{v}(x)$ verhält. Der Massstabsfaktor ist:

$$f_m = \frac{r}{|\underline{v}_m|} = \frac{|\underline{a}\,\underline{d} - \underline{b}\,\underline{c}|}{|\underline{c}\,\underline{c}^*|} \tag{16.29}$$

Der in der Elektrotechnik öfters vorkommende Sonderfall $x_D = 0$ tritt nach Bild 16.11 unter der Bedingung

$$Re\left(\frac{\underline{d}}{\underline{c}}\right) = \frac{1}{2}\left(\frac{\underline{d}}{\underline{c}} + \frac{\underline{d}^*}{\underline{c}^*}\right) = 0 \tag{16.30}$$

auf. In diesem Fall bestimmen $\underline{w}(0)$ und $\underline{w}(\infty)$ den Durchmesser des Ortskurvenkreises. Die Teilung der senkrecht auf diesem Durchmesser stehenden Bezifferungsgeraden gewinnt man am einfachsten mit einem weiteren Punkt, z.B. $\underline{w}(1) = (\underline{a}+\underline{b})/(\underline{c}+\underline{d})$.

Wichtig ist noch in praktischen Fällen, den Durchlaufsinn des Bezifferungsparameters x auf der Kreisperipherie zu kennen. Die Gerade $\underline{u}(x)$ schneidet die imaginäre Achse bei $x = x_D$. Für $Im(\underline{u}(x_D)) > 0$ ist der Umlauf von x auf der Kreisperipherie positiv, für $Im(\underline{u}(xD)) < 0$ läuft x negativ um.

Es ist also der Umlauf des Bezifferungsparameters auf der Kreisperipherie im mathematischen Sinne

$$\left.\begin{matrix} positiv \\ negativ \end{matrix}\right\} \text{ für } Im\left(\frac{\underline{d}}{\underline{c}}\right) = \frac{1}{2j}\cdot\left(\frac{\underline{d}}{\underline{c}} - \frac{\underline{d}^*}{\underline{c}^*}\right) \left\{\begin{matrix} >0 \\ <0 \end{matrix}\right. \tag{16.31}$$

16.5 Beispiele von Ortskurven

16.5.1 Strom in variabler Induktivität

Das bereits in Kap. 16.1 besprochene Beispiel soll näher untersucht werden, wobei $L(x)$ die variable Induktivität und R der konstante Wicklungswiderstand sein soll. Dann ist nach Bild 16.1

$$\underline{I} = \frac{\underline{U}}{R + j\,\omega\,L(x)} = \frac{\underline{U}}{\underline{Z}} \tag{16.32}$$

Die Konstruktion erfolgt nach Bild 16.14

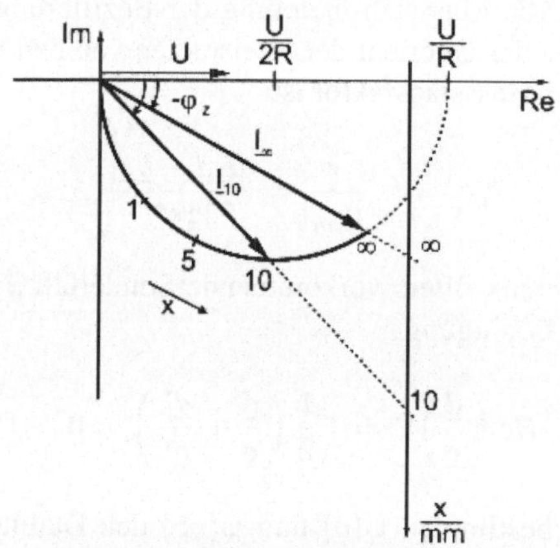

Bild 16.14: Ortskurve des Stromes

Bei verschwindender Induktivität ist der Strom $\underline{I} = \underline{U}/R$ der Spannung $\underline{U}$ phasengleich. Bei der vorgegebenen Lage des Spannungsvektors auf der reellen Achse geht die kreisförmige Ortskurve durch den reellen Punkt U/R. Bei sehr grosser Induktivität geht der Strom auf null, die Ortskurve geht durch den Nullpunkt. Damit liegt der Kreismittelpunkt auf der reellen Achse bei $U/2\,R$ fest.

Die Bezifferung gewinnt man durch Spiegelung der bezifferten Impedanz-Ortskurve $R + j\omega L(x)$ in Bild 16.2 an der reellen Achse, wobei die Verbindungslinien oder gegebenenfalls deren Verlängerung zwischen der bezifferten gespiegelten Geraden und dem Nullpunkt den Kreis schneiden und damit die Kreisbezifferung festlegen.

Hier mag man sich die Frage stellen, ob die an der reellen Achse gespiegelte Impedanz-Ortskurve Bild 16.2 als Bezifferungsgerade in einer Stromortskurve dienen kann. Da die Bezifferungsgerade aber nur den Phasenwinkel $-\varphi_z$ in Bild 16.14 festlegt, spielen die Massstabsfaktoren beider Ortskurven überhaupt keine Rolle.

16.5.2 Phasendreher

In der Technik möchte man gelegentlich zu einer Wechselspannung $\underline{U}_1$ eine zweite Wechselspannung $\underline{U}_2$ erzeugen, deren Betrag gleich $|\underline{U}_1|$ ist, deren Phasenlage aber einstellbar von null ausgehend in einem gewissen Bereich gegenüber $\underline{U}_1$ verschoben werden kann. Eine Schaltung zur Lösung der gestellten

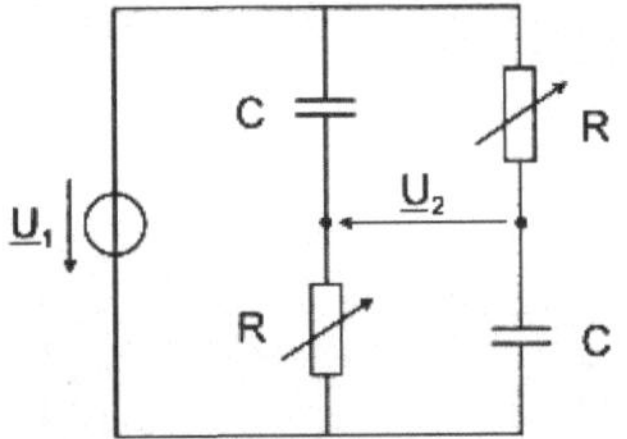

Bild 16.15: Phasendreher

Aufgabe zeigt Bild 16.15. Die beiden Stellwiderstände R sind mechanisch gekoppelt und vom bezogenen Stellweg oder Stellwinkel x linear abhängig; die Stellkennlinie ist

$$R = R_H\, x \qquad 0 \leq x \leq 1 \tag{16.33}$$

Die Spannung ist

$$\underline{U}_2 = \underline{U}_1 \left\{ \frac{1/j\,\omega C}{1/j\,\omega C + R} - \frac{R}{1/j\,\omega C + R} \right\}$$

oder

$$\frac{\underline{U}_2}{\underline{U}_1} = \underline{v} = \frac{1 - j\,\omega C\,R}{1 + j\,\omega C\,R} \tag{16.34}$$

und weiter

$$\underline{v} = \frac{1 - j\,\omega\,C\,R_H \cdot x}{1 + j\,\omega\,C\,R_H \cdot x} \tag{16.35}$$

Die Gleichung kann umgeformt werden in

$$\underline{v} = 1 - \frac{2\,j\,C\,R_H \cdot x}{1 + j\,\omega\,C\,R_H \cdot x} = 1 + \frac{2}{\dfrac{j}{\omega\,C\,R_H \cdot x} - 1} \tag{16.36}$$

Um die Ortskurve zu entwickeln, wird zunächst der Ausdruck

$$\underline{z} = \frac{j}{\omega\,C\,R_H \cdot x} - 1 = \frac{j}{y} - 1 \tag{16.37}$$

betrachtet, der die in Bild 16.16 dargestellte Ortskurve liefert.

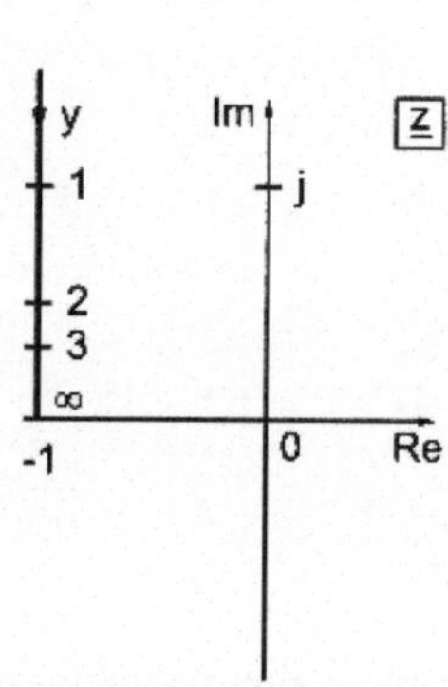

Bild 16.16: Ortskurve der Funktion
$\underline{z} = j/y - 1$

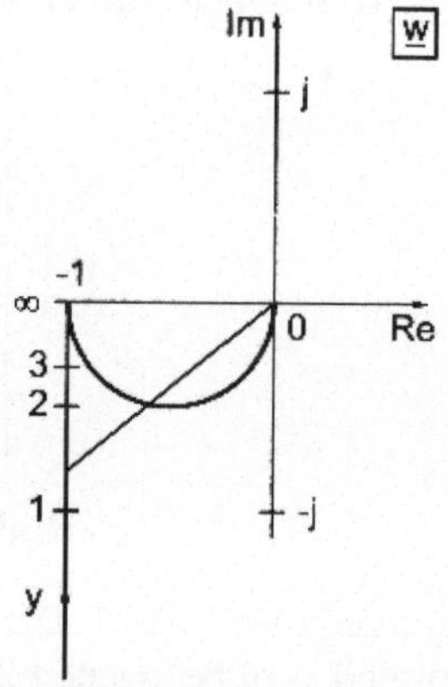

Bild 16.17: Ortskurve der Funktion
$\underline{w} = 1/(j/y - 1)$

Die Konstruktion der Ortskurve

$$\underline{w} = \frac{1}{\underline{z}} = \frac{1}{j/y - 1}$$

erfolgt gemäss Bild 16.17 in bekannter Weise. Schliesslich bekommt man

$$\underline{v} = 1 + 2\,\underline{w}$$

Nach Bild 16.18 ist die Ortskurve ein Kreis um den Nullpunkt.
Der Betrag $v = U_2/U_1$ ist wie gefordert eins, die Phasenlage kann von $\varphi = 0$

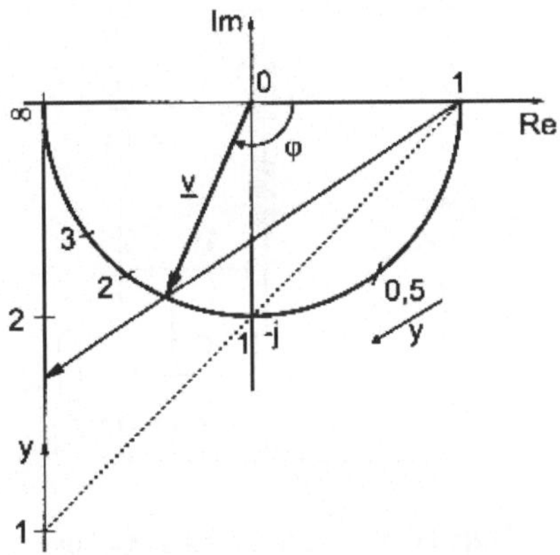

Bild 16.18: Ortskurve des Phasenschiebers

bis nahezu $\varphi = -\pi$ eingestellt werden. Der Stellbereich hängt von der Wahl des Widerstandes R_H und der Kapazität C ab und reicht bis

$$y_{max} = \omega C R_H \tag{16.38}$$

mit dem Stellwinkel

$$\varphi_m = -2 \arctan y_{max} \tag{16.39}$$

16.6 Beispiel für Ortskurvenscharen

In Bild 16.19 ist die von MAXWELL angegebene Brückenschaltung zur Bestimmung von Impedanzen dargestellt. Gleicht man die Brücke mit Hilfe der veränderlichen Kapazität C_B und dem veränderlichen Leitwert G_B ab, so wird die Brückenspannung U_2=0.

Die Abgleichbedingung kann aus Gl. (5.32) übernommen werden. Es sind allerdings jetzt die komplexen Widerstände

$$\begin{aligned} \underline{R}_a &= R_a + j\,\omega\, L_a \\ \underline{R}_B &= \frac{1}{G_B + j\,\omega\, C_B} \end{aligned} \tag{16.40}$$

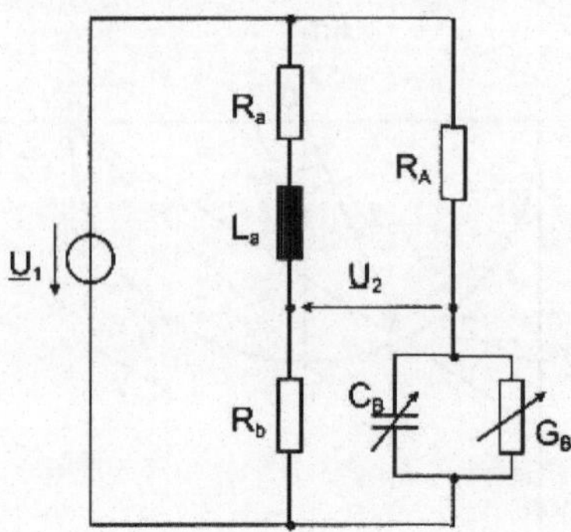

Bild 16.19: MAXWELL-Brücke

einzusetzen; es ist dann

$$\underline{R}_a = \frac{R_A\,R_b}{\underline{R}_B} \tag{16.41}$$

oder

$$R_a + j\,\omega\,L_a = G_B\,R_A\,R_b + j\,\omega\,C_B\,R_A\,R_b$$

Der Vergleich von Real- und Imaginärteil liefert direkt

$$\begin{aligned} R_a &= G_B\,R_A\,R_b \\ L_a &= C_B\,R_A\,R_b \end{aligned} \tag{16.42}$$

Mit

$$\underline{v} = \frac{\underline{U}_2}{\underline{U}_1} = \frac{\underline{R}_B}{R_A + \underline{R}_B} - \frac{\underline{R}_a}{\underline{R}_a + R_b} \tag{16.43}$$

oder

$$\underline{v} = \frac{1}{1 + G_B\,R_A + j\,\omega\,C_B\,R_A} - \frac{R_b}{R_a + R_b + j\,\omega\,L_a} \tag{16.44}$$

und den Abkürzungen

$$G_B\, R_A = x$$
$$\omega\, C_B\, R_A = y \qquad (16.45)$$
$$\frac{R_b}{R_a + R_b + j\,\omega\, L_a} = \underline{a}$$

wird

$$\underline{v} \;=\; \frac{1}{1 + x + j\,y} - \underline{a} = \frac{1}{\underline{z}} - \underline{a}$$

Die Abbildung des normierten Rasters der Einstellgrösse

$$\underline{z} \;=\; 1 + x + j\,y \qquad (16.46)$$

ist für die beiden Parameter x und y in Bild 16.20 dargestellt.

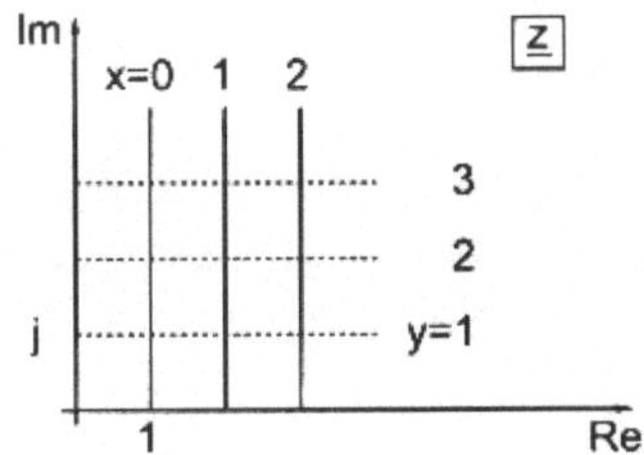

Bild 16.20: Abbildung der Funktionen $\underline{z} = 1 + x + j\,y$

Die Ortskurvenscharen der Funktion

$$\underline{w} \;=\; \frac{1}{\underline{z}} = \frac{1}{1 + x + j\,y}$$

führen auf zwei sich rechtwinklig schneidende Kreisbüschel, wobei sämtliche Kreise durch den Nullpunkt gehen. Diese Büschel sind in Bild 16.21 dargestellt. Schliesslich muss das Koordinatenkreuz noch um den Zeiger $-\underline{a}$ verschoben werden, um die Ortskurvenscharen für $\underline{v}$ zu erhalten.

Der Abgleich auf $U_2 = 0$ ist allerdings komplizierter als bei der Gleichstrombrücke, da nunmehr zwei Einstellelemente vorliegen, die beide auf einen bestimmten Wert, den Abgleichwert gebracht werden müssen. Sind beide Elemente noch nicht in der Abgleichstellung, und verstellt man ein Element, so

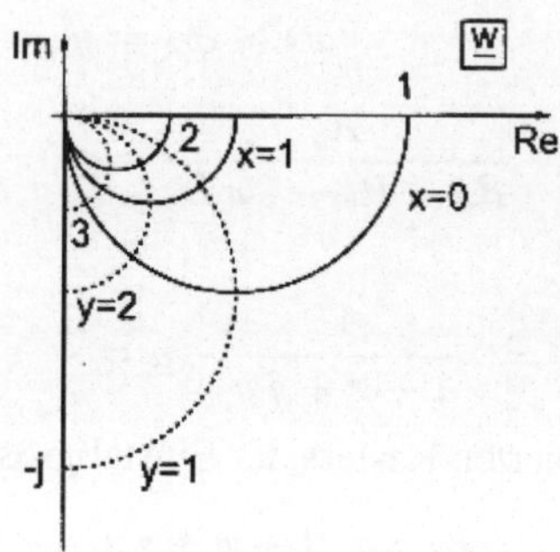

Bild 16.21: Abbildung der Funktionen $\underline{w} = 1/(1 + x + j\,y)$

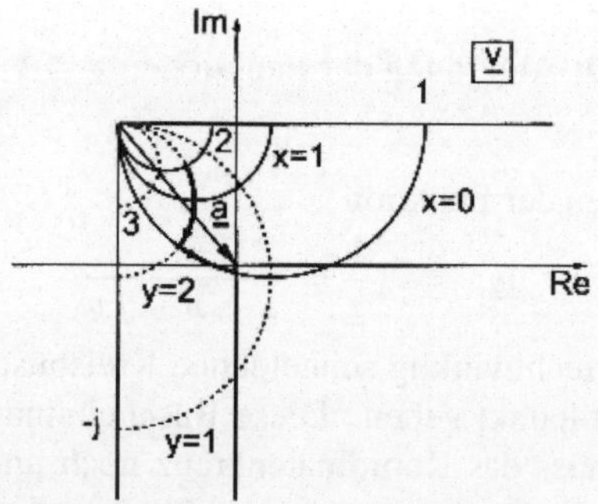

Bild 16.22: Abbildung der Funktionen $\underline{v} = 1/(1 + x + j\,y) - \underline{a}$

kann U_2 nicht völlig verschwinden, sondern allenfalls minimal werden. Dabei ist aber nicht gesagt, dass dieser Minimalwert der Abgleichwert ist. Allerdings erreicht man speziell bei der MAXWELL-Brücke durch sukzessive Einstellung von C_B und G_B auf das Minimum von $\underline{U}_2$ sehr rasch die endgültigen Abgleichwerte.

Klarheit über diese Tatsache bekommt man, wenn die Ortskurvenscharen, abhängig von C_B alias y und G_B alias x studiert werden.

Man kann mit Hilfe dieser Scharen einen Abgleichvorgang verfolgen. Ändert man den Wert G_B, so bleibt man auf der Ortskurve y =konstant, ändert man C_B, so bleibt man auf der Ortskurve x =konstant. Man sieht am hervorgehoben eingezeichneten Pfad in Bild 16.22 beispielhaft, dass bei einem Abgleich auf minimales $\underline{v}$ dessen Wert in wenigen Zügen auf den Wert null gebracht wird. Im Übrigen ist diese sehr erwünschte Eigenschaft der MAXWELL-Brücke eine direkte Konsequenz der sich rechtwinklig schneidenden Ortskurvenscharen.

16.7 Ergänzendes zu den Ortskurven

Die bisherigen Beispiele führten ausnahmslos auf die Abbildung der bilinearen Funktion, und damit waren die Ortskurven Geraden oder Kreise in der komplexen Ebene. Zahlreiche technische Anordnungen lassen sich tatsächlich in dieser Weise beschreiben. Die Ortskurven und deren Bezifferung sind einfach zu ermitteln und darzustellen.

Bei komplizierteren Abbildungsfunktionen gibt es im Vergleich zur bilinearen Funktion im Allgemeinen keine so einfache Darstellungs- und Bezifferungsmethode, wie am Beispiel nach Bild 16.23 gezeigt werden soll.

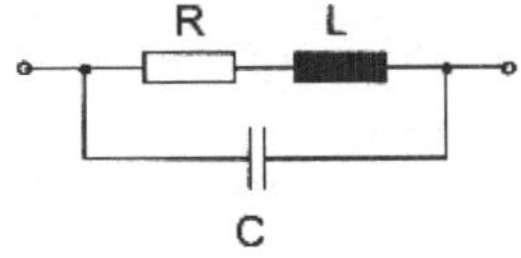

Bild 16.23: Parallelschwingkreis

Der Widerstand der Anordnung ist

$$\underline{Z} = \frac{R + j\omega L}{1 - \omega^2 LC + j\omega CR} \tag{16.47}$$

Mit den Abkürzungen

$$\omega^2 LC = \Omega^2 \qquad und \qquad p = R \cdot \sqrt{\frac{C}{L}} \tag{16.48}$$

erhält man

$$\underline{z} = \frac{\underline{Z}}{R} = \frac{1 + j\dfrac{\Omega}{p}}{1 - \Omega^2 + jp\Omega} \tag{16.49}$$

Die Ortskurve ist für die drei Werte $p = 2/3;\ 1;\ 3/2$ mit der normierten Frequenz Ω als Bezifferungsparameter in Bild 16.24 dargestellt. Alle Ortskurven beginnen im Punkt 1 der reellen Achse.

Die untersuchte Schaltung ist in verschiedenen Anwendungen von technischer Bedeutung. Sie stellt einen Parallel-Schwingkreis dar, bei dem der unvermeidliche OHM-Widerstand der Spule berücksichtigt wird. In diesem Falle wird man p möglichst klein machen, damit die vom Widerstand R hervorgerufene Dämpfung gering bleibt.
Eine ganz andersartige Anwendung der Schaltung tritt uns bei dem Problem entgegen, das Hochfrequenzverhalten real hergestellter OHM-Widerstände zu beurteilen. Der OHM-Widerstand der Netzwerktheorie ist eine Idealisierung, bei der das vom Strom hervorgerufene Magnetfeld und das von der Klemmenspannung erzeugte elektrische Feld vernachlässigt wird. In erster Näherung lassen sich diese Felder mit Hilfe der Induktivität L und der Kapazität C in der Ersatzschaltung nach Bild 16.23 berücksichtigen. Der Parameter p ist in gewissen Grenzen konstruktiv beeinflussbar.

Ist $p < 1$, so wird mit wachsender Frequenz die Gesamtimpedanz zunächst induktiv, für $p > 1$ hingegen kapazitiv. Bei hohen Frequenzen überwiegt in allen Fällen der kapazitive Einfluss. Der Sonderfall $p = 1$ ist insofern bemerkenswert, weil hier die Ortskurve für $\Omega = 0$ mit horizontaler Tangente den Punkt 1 auf der reellen Achse verlässt. Die Bezifferung dieser Ortskurve ist zudem für $\Omega \ll 1$ sehr eng. In der Tat ist $\mathrm{d}\underline{z}/\,\mathrm{d}\Omega = 0$ für $\Omega = 0$. Für $p = 1$ bleibt daher der Widerstand $\underline{z}$ in erster Näherung mit wachsender Frequenz reell und ändert

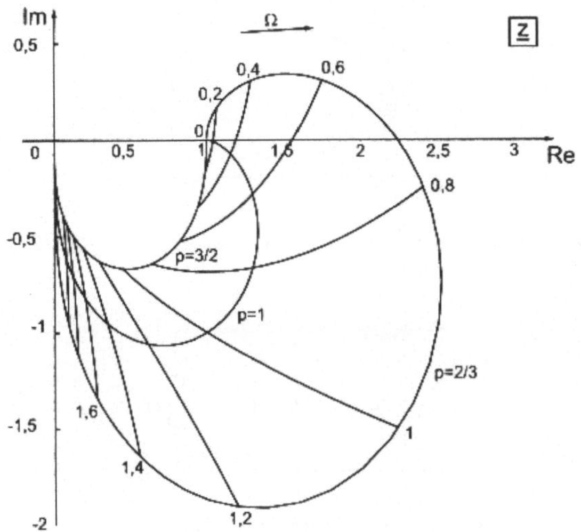

Bild 16.24: Ortskurve der Schaltung in Bild 16.23

seinen Wert nicht. Man wird daher versuchen, durch konstruktive Gestaltung der Widerstände $p = 1$ zu realisieren, also die Bedingung $R = \sqrt{L/C}$ einzuhalten. Dies gelingt allerdings nur etwa im Bereich $100\ \Omega \leq R \leq 1000\ \Omega$; bei niederen Widerstandswerten überwiegt die induktive Komponente ($p < 1$), bei hohen Widerstandswerten die kapazitive ($p > 1$).

Die durch L und C gegebene Bezugskreisfrequenz $\omega_0 = \sqrt{LC}$ entspricht $\Omega = 1$. Die Frequenz $f_0 = \omega_0/(2\pi)$ reicht bei kleinen Metallschichtwiderständen der Elektronik bis in den Gigahertz-Bereich. Solche Widerstände können also im Megahertz-Gebiet noch als OHM-Widerstände angesehen werden, sofern die Abgleichbedingung $p = 1$ eingehalten ist.

16.8 Aufgaben

16.8.1 Transformator mit Belastung

Bild 16.25 zeigt die Ersatzschaltung eines Übertragers mit dem Übersetzungsverhältnis $N_1/N_2 = 1$. Die Spannung U_1 sei fest, der Belastungsleitwert $G + jY$ variabel.

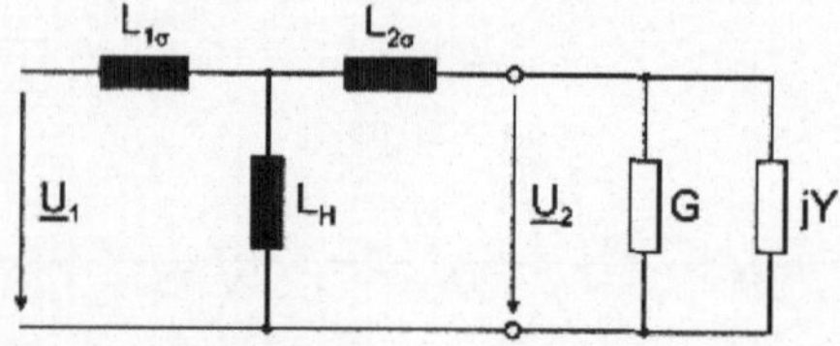

Bild 16.25: Ersatzschaltung eines Transformators mit Belastung

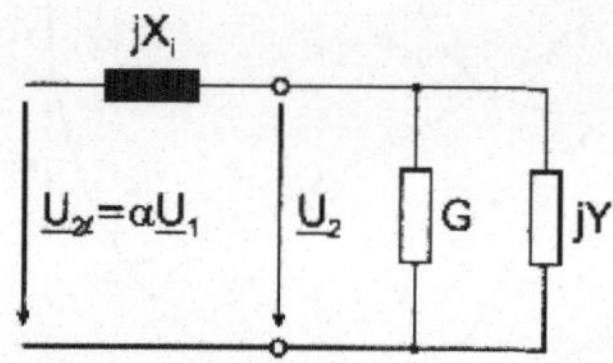

Bild 16.26: Vereinfachte Ersatzschaltung von Bild 16.25 nach dem Satz von der Ersatzspannungsquelle

Daten der Einrichtung:

$$L_H = 0{,}1\ \text{H}$$

$$L_{1\sigma} = 2\ \text{mH}$$

$$L_{2\sigma} = 3\ \text{mH}$$

$$\underline{U}_1 = 230\ \text{V}$$

$$f = 50\ \text{Hz}$$

Fragen:

1. Zeigen Sie, dass die Schaltung Bild 16.25 in die Ersatzschaltung Bild 16.26 umgeformt werden kann.
   Bestimmen Sie das Spannungverhältnis $\alpha = \underline{U}_{2\ell}/\underline{U}_1$ und die innere Impedanz X_i.

2. Bestimmen Sie die bezogene Spannung $\underline{u} = \underline{U}_2/\underline{U}_{2\ell} = \underline{f}(X_i,Y,G)$ und führen Sie zweckmässige dimensionslose Grössen y und g für die Leitwerte Y und G ein.

3. Der Blindleitwert sei $Y = 0$. Zeichnen Sie massstabgetreu die Ortskurve $\underline{u}(g)$ für $0 \leq g \leq \infty$ mit Bezifferungsgeraden.

4. Der Wirkleitwert sei $G = 0$. Zeichnen Sie wiederum die Ortskurve $\underline{u}(y)$ für $-\infty \leq y \leq \infty$. Überlegen Sie sich, wie in diesem Sonderfall eine geeeignete Bezifferungsgerade mit linearer Teilung in y realisiert werden kann.

5. Zeichnen Sie eine Ortskurvenschar $\underline{u}(g.y)$ für die Werte $g = 0$; 0,5 ; 1 ; 2 und $y = -1$; $-0{,}5$; 0 ; 0,5 ; 1 ; 2 .

6. Für den Fall $g = 1$, $y = -1$ ist U_2, G und Y zu bestimmen. Ist Y induktiv oder kapazitiv?

16.8.2 Ortskurve eines Reihenschwingkreises

Ein Reihenschwingkreis, bestehend aus den Elementen R, L und C habe den frequenzabhängigen komplexen Leitwert $\underline{G}(\omega)$. Es sei $\underline{g}(\Omega) = Z\underline{G}$ mit der normierten Frequenz $\Omega = \omega\sqrt{LC}$ und dem Bezugswiderstand $Z = \sqrt{L/C}$. Ferner sei der Widerstandsparameter $2\alpha = R\sqrt{C/L}$ definiert.

Fragen:

1. Die komplexe Funktion $\underline{g}(\Omega)$ ist nicht bilinear. Zeigen Sie, dass durch die Wahl einer geeigneten Funktion $y = f(\Omega)$ eine bilineare Beziehung $\underline{g}(y)$ entsteht.

2. Zeichnen Sie die Ortskurve für $2\alpha = 1$ und beziffern Sie diese mit y.

3. Bestimmen Sie die Umkehrfunktion $\Omega(y)$ und tragen Sie einige Ω-Werte auf der Bezifferungsgeraden und auf der Ortskurve ein.

17 Einschwingvorgänge

17.1 Erklärung der Einschwingvorgänge

Bei den Gleichstromnetzwerken wurden bislang die Energiespeicher nicht betrachtet; falls deren Anwesenheit überhaupt feststellbar war, wurde den Induktivitäten der Widerstand null, den Kapazitäten der Leitwert null zugeordnet. Auch bei den Wechselstromnetzwerken wurde das Problem des Ein- und Ausschaltens nicht untersucht. Einen Hinweis auf mögliche Komplikationen dieser Art wurde in Kap. 11.2 bei der Ableitung des Zusammenhanges zwischen Wechselspannung und Wechselstrom bei der Induktivität gegeben.

Die bisherigen Betrachtungen betrafen bei Gleich- und Wechselstromnetzwerken den **eingeschwungenen oder stationären Zustand**. Wie lange es dauert, bis dieser erreicht ist, kann nicht allgemein gesagt werden, sondern hängt in noch festzustellender Weise von den Daten des Netzwerkes ab. Werden an ein Netzwerk einzelne oder auch alle Gleich- oder Wechselspannungsquellen angeschaltet, so tritt zunächst ein **Übergangsvorgang** auf, bis das System in den eingeschwungenen Zustand kommt. Dasselbe geschieht beim Abschalten einzelner oder aller Quellen. An dieser Stelle sei darauf hingewiesen, dass im allgemeinen Falle ein Ausgleichsvorgang nicht selbstverständlich in einen stabilen, stationären Zustand übergeht. Bei den linearen passiven Netzwerken kann jedoch gezeigt werden, dass instabile Zustände nicht zu befürchten sind. Der Begriff des linearen Netzwerkes wird sogleich erläutert.

Unter bestimmten Voraussetzungen lassen sich die Ausgleichsvorgänge und das stationäre Verhalten eines Systems unabhängig voneinander untersuchen. Hat das betrachtete Netzwerk die n Quellengrössen $x_\nu(t)$ (Spannungs- oder Stromquellen) und werden die m Netzwerksgrössen $y_\mu(t)$ betrachtet, so besteht ein funktionaler Zusammenhang

$$y_\mu(t) = F(x_\nu(t)) \qquad \begin{aligned} \nu &= 1,2,\ldots,n \\ \mu &= 1,2,\ldots,m \end{aligned} \tag{17.1}$$

Für zwei unterschiedliche Quellengrössen $x_\nu^{(1)}(t)$ und $x_\nu^{(2)}(t)$ erhält man nach Gl. (17.1) die beiden Signalgrössen $y_\mu^{(1)}(t)$ und $y_\mu^{(2)}(t)$. Gilt nun für zwei beliebige Konstanten c_1 und c_2

$$c_1\, y_\mu^{(1)}(t) + c_2\, y_\mu^{(2)}(t) \quad = \quad F(c_1\, x_\nu^{(1)}(t) + c_2\, x_\nu^{(2)}(t)) \qquad (17.2)$$

so liegt ein **lineares Netzwerk** oder, allgemeiner gesagt, ein **lineares System** vor. Hieraus folgt die Beziehung

$$F(c \cdot x_\nu(t)) \quad = \quad c \cdot F(x_\nu(t)) \qquad (17.3)$$

Für lineare Systeme gilt das **Überlagerungsprinzip**. Die von einzelnen Ursachen herrührenden physikalischen Zustände lassen sich unabhängig voneinander untersuchen und die so ermittelten Einzellösungen zur Gesamtlösung addieren.

Die bisher betrachteten Gleich- und Wechselstromnetzwerke sind lineare Systeme. Knoten- und Maschenregel sind lineare Bilanzgleichungen von ganz allgemeiner Gültigkeit. Die Beziehungen zwischen Spannungen und Strömen in der Form des OHMschen Gesetzes bei Widerständen und Leitwerten führen auf lineare algebraische Gleichungen. Bei Induktivitäten und Kapazitäten wurde ein linearer differentieller Zusammenhang zwischen Spannungen und Strömen festgestellt.

In diesem Zusammenhang sei an den Überlagerungssatz (Kap. 5.5) und an die Ableitung des Satzes von der Ersatzspannungsquelle erinnert. Lineares Systemverhalten ist für die Anwendbarkeit des Überlagerungsprinzips entscheidend.

Haben die Netzwerke hingegen Zweigelemente mit nichtlinearen Spannungs-Stromverknüpfungen, also Wirkwiderstände, die nicht dem OHMschen Gesetz gehorchen, stromabhängige Induktivitäten oder spannungsabhängige Kapazitäten, so gilt der Überlagerungssatz nicht mehr.

Ein einfacher Einschwingvorgang, das Einschalten einer widerstandsbehafteten Spule, wurde bereits in Kap. 10.3 betrachtet. Bei der Einspeisung mit Gleichspannung ist nur der Widerstand R wesentlich, der Strom in der Spule ist $I = U_0/R$. Allerdings dauert es eine gewisse Zeit, bis dieser Strom beim Einschalten erreicht ist. Massgebend hierfür ist die Induktivität L oder genauer gesagt der Quotient L/R, die Zeitkonstante T.

Ganz allgemein ist in einem linearen Netzwerk

$$x(t) = x_s(t) + x_t(t) \tag{17.4}$$

wobei die Grösse x Ströme oder Spannungen bezeichnet. Der Index s gilt für den stationären Zustand, der eine Gleich- oder eine Wechselgrösse sein kann. Der stationäre Zustand wird bei Wechselstromnetzwerken mit Hilfe der komplexen Rechnung bestimmt. Für den Ausgleichs- bzw. transienten Vorgang steht der Index t.

Im Folgenden sollen einige einfache Ausgleichsvorgänge näher studiert werden.

17.2 Berechnung eines Einschwingvorganges bei Gleichspannungserregung

Das zu untersuchende Netzwerk zeigt Bild 17.1a. Der Schalter wird im Zeitpunkt $t = 0$ geschlossen. Im eingeschwungenen Zustand ist die Kondensatorspannung gleich der angeschlossenen Spannung, also $u_{Cs}(t) = U$. Subtrahiert man vom tatsächlichen Spannungsverlauf $u_C(t)$ den stationären Wert der Spannung u_{Cs}, so bleibt der Übergangsvorgang $u_{Ct}(t)$ übrig. Dieser ist in Bild 17.1c als Differenz $u_{Ct}(t) = u_C(t) - u_{Cs}$ dargestellt.
Zur Berechnung des Einschwingvorganges geht man von der Maschengleichung

$$i_C R + u_C = U \tag{17.5}$$

und dem Kondensatorstrom

$$i_C = C\frac{\mathrm{d}u_C}{\mathrm{d}t} \tag{17.6}$$

aus. Gl. (17.6) in Gl. (17.5) eingesetzt liefert

$$RC\frac{\mathrm{d}u_C}{\mathrm{d}t} + u_C = U \tag{17.7}$$

Führt man in diese Gleichung

$$u_C(t) = u_{Ct}(t) + u_{Cs} \tag{17.8}$$

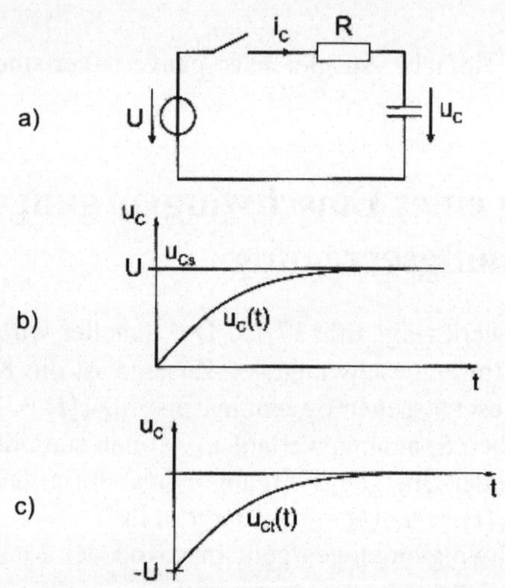

a) Schaltung
b) Tatsächlicher Spannungsverlauf und stationnärer Zustand
c) Ausgleichsvorgang

Bild 17.1: Einschwingvorgang an einem RC-Netzwerk

unter Berücksichtigung von

$$u_{Cs} = U \tag{17.9}$$

und

$$\frac{\mathrm{d}u_{Cs}}{\mathrm{d}t} = 0 \tag{17.10}$$

ein, ergibt sich für den transienten Vorgang die Differentialgleichung

$$RC\,\frac{\mathrm{d}u_{Ct}}{\mathrm{d}t} + u_{Ct} = 0 \tag{17.11}$$

Die Differentialgleichung des Ausgleichsvorganges gewinnt man durch Nullsetzen der rechten Seite von Gl. (17.7) und sie wird zugeordnete **homogene Differentialgleichung** genannt. Deren Integration ist einfach. Gl. (17.11) umgeformt ist

$$RC\,\frac{\mathrm{d}u_{Ct}}{u_{Ct}} = -\,\mathrm{d}t \tag{17.12}$$

und integriert

$$RC \ln\frac{u_{Ct}}{u_{CH}} = -t \tag{17.13}$$

mit der Integrationskonstanten u_{CH}.

Gl. (17.13) nach u_{Ct} aufgelöst ergibt

$$u_{Ct} = u_{CH}\, e^{-\frac{t}{RC}}$$

und mit Gln. (17.8) und (17.9)

$$u_C = U + u_{CH}\, e^{-\frac{t}{RC}} \tag{17.14}$$

Die Integrationskonstante bestimmt sich aus den Anfangs- oder Randbedingungen des technisch-physikalischen Problems. Ist beispielsweise

$$u_C(0) = u_{C0}$$

so berechnet sich u_{CH} nach Gl. (17.14) zu

$$u_{CH} = u_{C0} - U \tag{17.15}$$

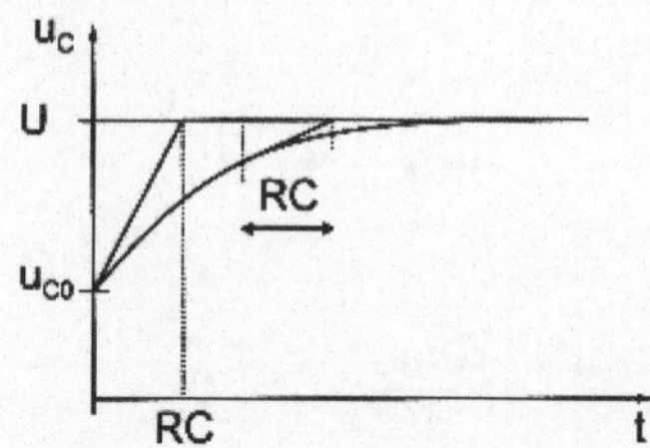

Bild 17.2: Einschwingvorgang der Kondensatorspannung

Damit erhält man für den Verlauf der Kondensatorspannung

$$u_C(t) \;=\; U + (u_{C0} - U)\, e^{-\frac{t}{RC}} \tag{17.16}$$

deren Verlauf in Bild 17.2 dargestellt ist.
Das Produkt

$$T \;=\; R \cdot C \tag{17.17}$$

nennt man **Zeitkonstante**.

Die Subtangente der Exponentialfunktion ist in jedem Punkt gleich der Zeitkonstanten T. Diese Erkenntnis kann zur bequemen Darstellung der Exponentialfunktion benutzt werden, die mit negativem Argument gegen null konvergiert.

Es ist

$$\begin{aligned} e^0 &= 1 \\ e^{-1} &= 0{,}37 \\ e^{-2} &= 0{,}14 \\ e^{-3} &= 0{,}05 \\ e^{-4} &= 0{,}02 \end{aligned}$$

Der Ausgleichsvorgang ist also nach $t \approx 4\,T$ praktisch abgeklungen.

Zum Schluss soll Gl. (17.16) noch für verschiedene Sonderfälle diskutiert werden: Ist $u_{C0} = 0$, so wird

$$u_C = U\left(1 - e^{-\frac{t}{T}}\right) \tag{17.18}$$

Die Gleichung beschreibt den Aufladevorgang des entladenen Kondensators, dargestellt in Bild 17.3a. Ist $u_{C0} = U$ (Bild 17.3b), so gibt es keinen Ausgleichsvorgang. Auch bei komplizierteren Einschwingvorgängen gibt es immer spezielle Anfangsbedingungen, bei denen kein Ausgleichsvorgang auftritt. Solche Anfangsbedingungen werden **ausgleichsfreie Anfangsbedingungen** genannt. Bei $u_{C0} > U$ (Bild 17.3c) beobachtet man einen auf $u_C = U$ abklingenden Vorgang und bei $U = 0$ (Bild 17.3d) den Entladevorgang eines Kondensators, der über einen Widerstand kurzgeschlossen wird.

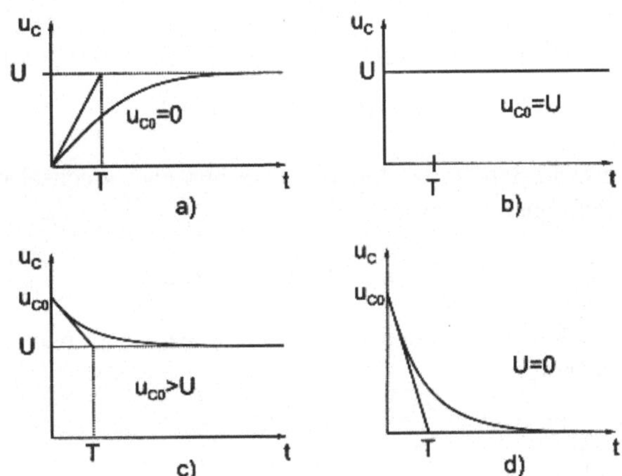

Bild 17.3: Verschiedene Sonderfälle des Einschwingvorganges der Kondensatorspannung

Mit Gl. (17.6) bekommt man aus Gl. (17.16) sofort den Strom im Kondensator

$$i_C = C \cdot \frac{du_c}{dt} = -\frac{C}{RC}\left(u_{C0} - U\right) e^{-\frac{t}{T}}$$

oder

$$i_C = \frac{(U - u_{C0})}{R}\, e^{-\frac{t}{T}} \tag{17.19}$$

also immer eine abklingende e-Funktion, dargestellt in Bild 17.4, die entsprechend der Zeitkonstanten T gegen null strebt.

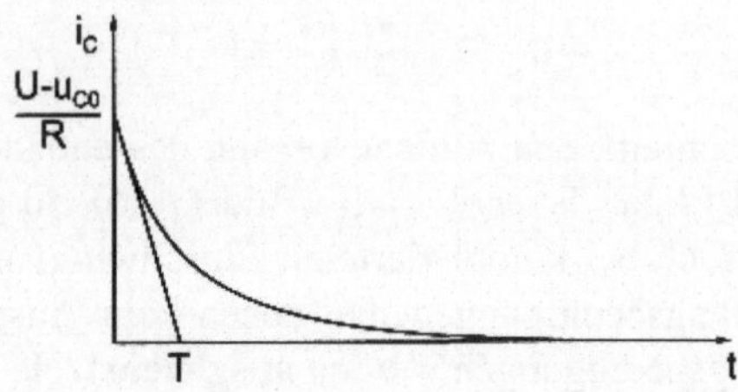

Bild 17.4: Einschwingvorgang des Kondensatorstromes

17.3 Berechnung eines Einschwingvorganges bei Wechselspannungserregung

Die Spannung U in Schaltung Bild 17.1a sei nun eine Wechselspannung mit der festen Kreisfrequenz ω, also

$$\underline{U} \;\widehat{=}\; u = \sqrt{2}\,U\,\sin(\omega\,t) \tag{17.20}$$

Den stationären Wert der Kondensatorspannung berechnet man mit Hilfe der komplexen Rechnung

$$\underline{U}_C = \frac{\underline{U}}{1 + j\,\omega\,R\,C} \tag{17.21}$$

mit dem Betrag $(T = R \cdot C)$

$$U_C = \frac{\underline{U}}{\sqrt{1 + \omega^2\,T^2}} \tag{17.22}$$

und dem Tangens des Phasenwinkels

$$\tan\varphi = \omega\,T \tag{17.23}$$

Es ist also

$$\underline{U}_C = U_C\,e^{-j\,\varphi} \tag{17.24}$$

oder

$$u_{Cs} = \sqrt{2} U_C \sin(\omega t - \varphi) \tag{17.25}$$

Setzt man wieder $u_C = u_{Cs} + u_{Ct}$ mit Gl. (17.25) in die Differentialgleichung

$$T \frac{\mathrm{d}u_C}{\mathrm{d}t} + u_C = \sqrt{2} U \sin(\omega t) \tag{17.26}$$

ein, so erhält man für den Ausgleichsvorgang

$$T \frac{\mathrm{d}u_{Ct}}{\mathrm{d}t} + u_{Ct} = 0$$

da der stationäre Vorgang Gl. (17.25) ebenfalls und getrennt vom transienten Vorgang die Differentialgleichung erfüllen muss. Dies lässt sich kontrollieren, indem man Gl. (17.25) in Gl. (17.26) einsetzt; man erhält

$$\omega T U_C \cos(\omega t - \varphi) + U_C \sin(\omega t - \varphi) = U \sin(\omega t) \tag{17.27}$$

Mit Gln. (17.22) und (17.23) unter Berücksichtigung der Beziehungen

$$\omega T U_C = U \frac{\omega T}{\sqrt{1 + \omega^2 T^2}} = U \cdot \sin\varphi$$

und

$$U_C = U \frac{1}{\sqrt{1 + \omega^2 T^2}} = U \cdot \cos\varphi$$

wird durch Zusammenfassung der linken Seite von Gl. (17.27) deren Identität mit der rechten Seite nach kurzer Zwischenrechnung direkt ersichtlich.

Die Lösung der Differentialgleichung für den transienten Vorgang hängt nicht von der Art der äusseren Erregung ab; die im vorangehenden Abschnitt ermittelte Lösung kann unmittelbar übernommen werden.

Die stationäre Kondensatorspannung für $t = 0$ ist

$$u_{Cs0} = u_{Cs}(0) = -\sqrt{2} U_C \sin\varphi$$

oder

$$u_{Cs0} = -\frac{\omega T}{\sqrt{1 + \omega^2 T^2}} \cdot \sqrt{2} U \tag{17.28}$$

Der stationären Lösung Gl. (17.25) überlagert sich der Ausgleichsvorgang

$$u_{Ct}(t) = (u_{C0} - u_{Cs0}) \cdot e^{-\frac{t}{T}} \quad (17.29)$$

und damit ist die Gesamtlösung

$$u_C(t) = \sqrt{2}\,U_C \sin(\omega t - \varphi) + (u_{C0} - u_{Cs0}) \cdot e^{-\frac{t}{T}} \quad (17.30)$$

Diese Lösung ist in Bild 17.5 dargestellt. Auch hier ist ein ausgleichsfreier Einschaltvorgang möglich, wenn $u_{C0} = u_{Cs0}$ ist.

Den Strom $i_C(t)$ gewinnt man wiederum am einfachsten aus Gl. (17.30) mit Hilfe der Beziehung $i_C = C \cdot \mathrm{d}u_C / \mathrm{d}t$.

Die in diesem Abschnitt vorgestellten Einschwingvorgänge mit einem Energiespeicher sind die einfachsten Beispiele zu diesem Thema. Bei komplizierteren Schaltungen treten entsprechend verwickeltere Ausgleichsvorgänge auf. Es wurden allgemeine Verfahren entwickelt, mit deren Hilfe sich die Einschwing- und Ausgleichsvorgänge systematisch berechnen lassen. Für die hier betrachteten linearen Netzwerke mit konstanten Kenngrössen ist die Gestalt der Lösungen solcher Ausgleichsprobleme vollständig bekannt; sie setzt sich aus abklingenden Exponentialfunktionen und exponentiell gedämpften harmonischen Schwingungen zusammen.

17.4 Aufgaben

17.4.1 Ausgleichsvorgang bei Kondensatoren in Reihenschaltung

Eine Reihenschaltung von zwei Kondensatoren C_a, C_b und einem Widerstand R nach Bild 17.6 wird im Zeitpunkt $t = 0$ an die Gleichspannungsquelle U gelegt.

Die Anfangswerte der Kondensatorspannungen sind U_{a0} und U_{b0}.

Fragen:

1. Vereinfachen Sie die Anordnung Bild 17.6 durch eine Ersatzschaltung mit einem Kondensator, und bestimmen Sie dessen Grösse C_e und dessen Anfangsspannung U_{e0}.

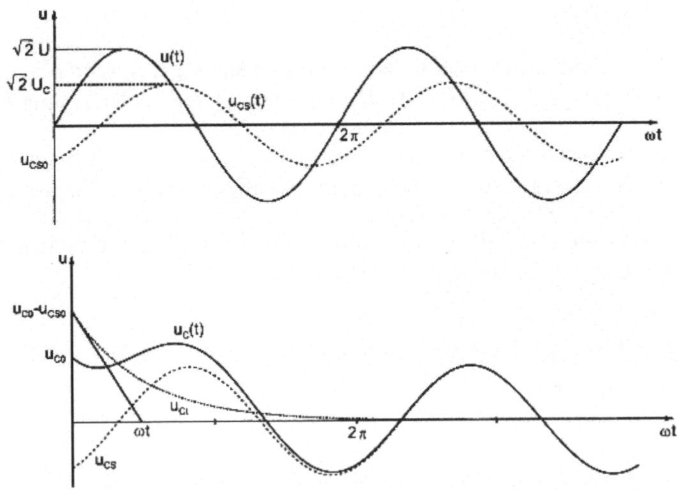

Bild 17.5: Einschwingvorgang der Kondensatorspannung

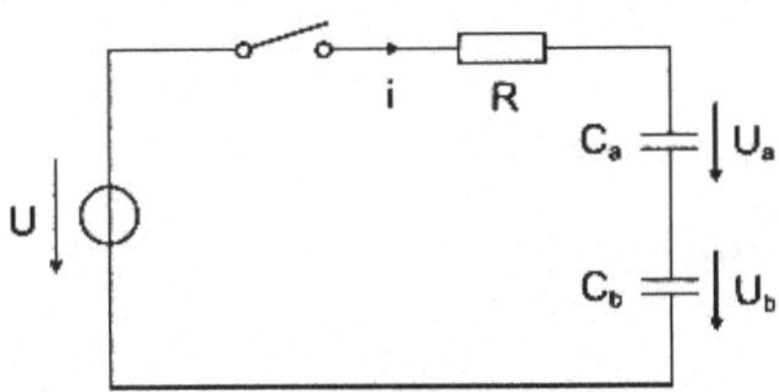

Bild 17.6: Reihenschaltung von zwei Kondensatoren und einem Widerstand

2. Berechnen Sie den Ausgleichsvorgang $i(t)$.

3. Welche Ladungsmenge Q fliesst beim Ausgleichsvorgang in die Kondensatoren?

4. Dem Kondensator C_e mit der Anfangsspannung U_{e0} wird die Ladung Q hinzugefügt. Wie gross ist, abhängig von Q, die Endspannung U_{e1}?

5. Berechnen Sie die Spannungswerte U_{a1} und U_{b1} der Kondensatoren in der Schaltung Bild 17.6 nach dem Abklingen des Ausgleichsvorganges.

6. Geben Sie mit Hilfe des Resultates der Frage 5 die zeitlichen Verläufe der Ausgleichsvorgänge für U_a und U_b an.

17.4.2 Ausgleichsvorgang bei einem Zweiwicklungstransformator

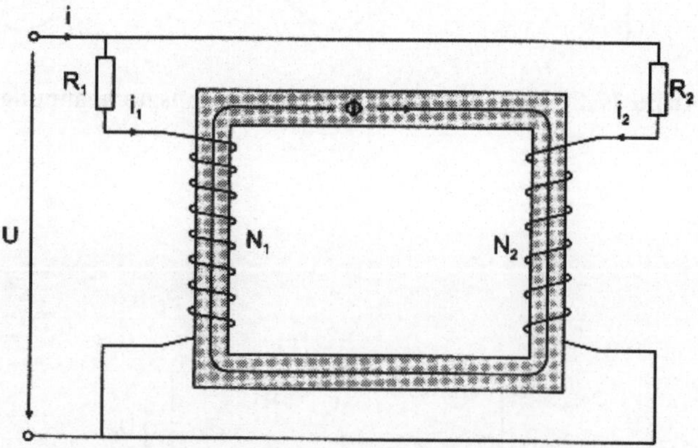

Bild 17.7: Schema eines Zweipols

Der in Bild 17.7 dargestellte lineare Zweipol enthält einen festgekoppelten, d.h. streuungsfreien Übertrager mit zwei Wicklungen und zwei OHM-Widerständen R_1 und R_2, in welche die jeweiligen Wicklungswiderstände schon eingerechnet sind. Die Windungszahlen der Wicklungen sind N_1 und N_2. Der Zweipol war lange Zeit in Ruhe und wird zur Zeit $t = 0$ an die Gleichspannung U geschaltet. Φ sei der magnetische Fluss im Eisenkern des Übertragers.

Fragen:

1. Durch welche Grösse ist die magnetische Energie im Eisenkern bestimmt? Können sich die Stöme i_1 und i_2 beim Einschalten sprunghaft ändern? Die Antwort ist zu begründen.

2. Man stelle das Differentialgleichungssystem auf. Hieraus soll durch Elimination eine Differentialgleichung für die geeignete abhängige Veränderliche gewonnen werden.

3. Man ermitttle den zeitlichen Verlauf von Φ, i_1, i_2 und i.

4. Man skizziere für den Zeitbereich $t \geq 0$ den zeitlichen Verlauf der unter Frage 3 genannten vier Grössen, wenn $N_1/N_2 = 2$ und $R_1/R_2 = 0{,}5$ ist. Weitere Daten brauchen nicht angegeben zu werden, da es bei der Darstellung nur auf den grundsätzlichen Verlauf und die Lage der Kurven zueinander ankommt.

5. Die Anschlüsse der Wicklung 2 werden vertauscht. Welche Beziehung zwischen R_1, R_2, N_1 und N_2 muss bestehen, damit beim Einschalten der Strom i sofort auf seinen Endwert springt?

18 Lösungen zu den Aufgaben

18.1 Kapitel 1

18.1.1 Beleuchtungsstromkreis

1. Zur Lösung der Aufgabe benötigt man nach Bild 18.1 zwei Umschalter

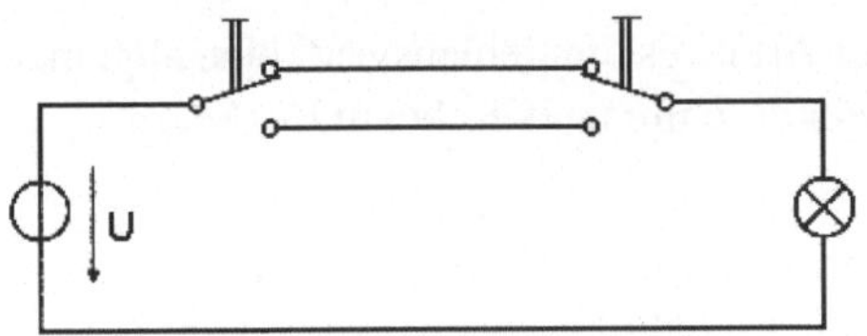

Bild 18.1: Zwei Ein/Aus-Schalter

2. Zusätzlich zum Stromkreis Bild 18.1 wird für jede weitere Schaltstelle ein Polwendeschalter im Zuge der Doppelleitung benötigt. Ein Polwendeschalter wird aus einem Doppel-Umschalter gemäss Bild 18.2 aufgebaut.

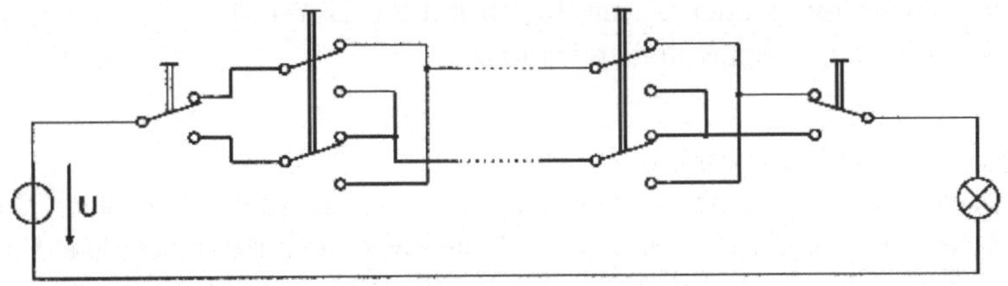

Bild 18.2: Beliebige Anzahl Ein/Aus-Schalter

3. Motor mit Aus- und Polwendeschalter nach Bild 18.3.
   Hinweis: Diese Schaltung ist nur für Kleinstmotoren erlaubt. Bei Motoren, deren Leistung einige 100 W überschreitet, sind zusätzliche Massnahmen zur Begrenzung der hohen Anfahrströme erforderlich.

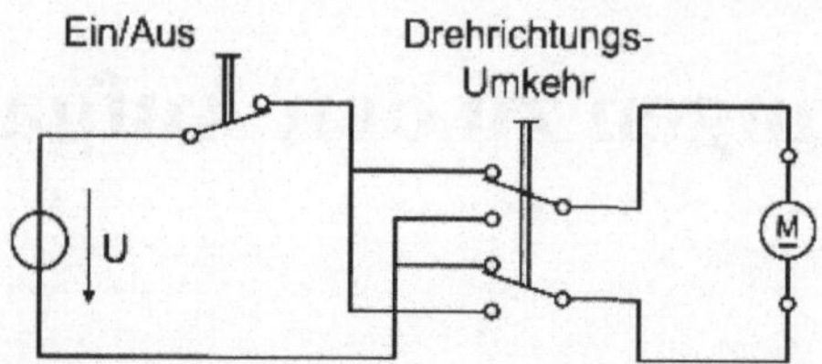

Bild 18.3: Motor mit Ausschalter und Polwendeschalter

18.1.2 Durchtrenntes Kabel

Bei Aufgaben dieser Art ist es empfehlenswert, eine allgemeine Lösung zu suchen, hier also für ein durchtrenntes Kabel mit n Adern.

Zunächst nummeriert man im obersten Stockwerk die Adern von 1 bis n und bildet durch Zusammenschaltung jeweils der Adern 2–3, 4–5 usw. Zweiergruppen. Die erste und bei geradem n die letzte Ader bleiben isoliert.

Gang in den Keller.
Man identifiziert die isolierte Ader z, die dann die Ader 1 ist, oder bei geradem n die beiden isolierten Adern z_a und z_b. Weiter macht man die Zweiergruppen ausfindig, gibt jeder eine fortlaufende Gruppennummer i und bezeichnet die beiden Adern der Gruppe i mit i_a und i_b. Sodann bildet man neue Zweiergruppen, beginnend mit z oder z_a mit 1a, 1b mit 2a, 2b mit 3a usw. z_b und die b-Ader der letzten Gruppe bleiben isoliert.

Gang ins oberste Stockwerk.
Bei geradem n wird z_a und z_b der ersten und letzten Ader zugeordnet. Da z oder z_a mit der Ader 1a verbunden ist, kann diese identifiziert werden. Dann sind nacheinander die Adern 1b, 2a, 2b usw. den Nummern im obersten Stockwerk zuordenbar.

Es genügt bei beliebiger Adernzahl ein Gang in den Keller und zurück, um die Adernkennzeichnung zu rekonstruieren. Eine Ausnahme bildet $n = 2$; mit der vorgegebenen Messeinrichtung kann die Adernzuordnung zwischen Keller und oberstem Stockwerk nicht bestimmt werden.

18.1.3 Kabel- oder Steckerkurzschlüsse

1. Man beziffert die Adern des Kabels mit den Nummern $1,2,\ldots,n$.
   Es gibt folgende Kurzschlussmöglichkeiten:

1 mit $2,3,\ldots,n$	das sind $n-1$ Möglichkeiten.
2 mit $3,4,\ldots,n$	das sind $n-2$ Möglichkeiten
usw.	
$n-2$ mit $n-1,n$	das sind 2 Möglichkeiten
$n-1$ mit n	das ist eine Möglichkeit.

   Die Summe K der Kurzschlussmöglichkeiten ist die Summe der arithmetischen Reihe:

   $$K = 1 + 2 + \cdots + (n-1) = \sum_{i=1}^{n-1} i = \frac{n}{2}(n-1) = \binom{n}{2}$$

2. Mit der Prüflampe kann festgestellt werden, ob zwei Adern Kontakt miteinander haben oder nicht. Auch mehrere Adern können zu einem Bündel zusammengefasst als eine Leitung angesehen werden, wobei dann mit der Prüflampe feststellbar ist, ob eine weitere Leitung vom Bündel isoliert ist oder ob ein Kontakt besteht. Mit welchem Leiter des Bündels in diesem Falle der Kontakt gegeben ist, bedarf weiterer Prüfungen.
   Schliesst man von n Adern die ersten $n-1$ zusammen, so kann überprüft werden, ob Ader n vom Bündel isoliert ist. In diesem Fall reduziert sich das weitere Vorgehen auf $n-1$ Leiter. Man kann dann die Adern $n-1$ gegenüber den gebündelten restlichen $n-2$ Adern entsprechend prüfen. Nach r derartigen Prüfungen ($1 \leq r \leq n-1$) stellt man eine Verbindung mit dem aus $n-r$ Adern bestehenden Bündel fest und muss nun in einem zweiten Prüfabschnitt den betroffenen Leiter gegen alle Bündelleiter bis auf den Letzten prüfen; dies sind $n-r-1$ Prüfungen.
   Insgesamt ergeben sich $P = r + n - r - 1 = n - 1$ Prüfungen. Der zweite Prüfabschnitt kann aber im allgemeinen durch eine geschickte Strategie des Bündelns verkürzt werden. Deshalb ist noch zu untersuchen, ob dies für alle aus $n-r$ Leitungen bestehenen Bündel gilt. Für $n-r=3$ sind jedoch im allgemeinen 2 Prüfungen erforderlich, so dass $P = n-1$ die maximale Anzahl erforderlicher Prüfungen ist.

3. Aus der elementaren Kombinatorik ist bekannt, dass die Zahl der Teilmengen mit k Elementen aus der Gesamtmenge mit n Elementen durch

den Binominalkoeffizienten $T(k,n) = \binom{n}{k}$ dargestellt werden kann. Die Summe aller Teilmengen ist

$$S = \sum_{k=0}^{n} \binom{n}{k} = 2^n$$

Da die einfachsten Kurzschlusskonfigurationen zwei Leiter betreffen, müssen von S die Zahl der Teilmengen für $k = 0$ und $k = 1$ abgezogen werden, es ist also

$$K = 2^n - \binom{n}{1} - \binom{n}{0} \quad \text{oder} \quad K = 2^n - n - 1$$

Die Prüfung wird entsprechend Aufgabe 2 durchgeführt, allerdings mit modifiziertem zweitem Prüfabschnitt. Die Leitung r, die am Kurzschluss beteiligt ist, verbleibt beim Bündel. Auf diese Weise wird fortgefahren, bis alle isolierten Adern abgetrennt sind. Nach n Prüfungen bleibt ein Restbündel, das alle miteinander verbundenen Adern enthält.

4. Wiederum beginnt man entsprechend Frage 2 und scheidet sukzessive isolierte Adern aus, indem man sie zunächst mit den restlichen zusammengeschlossenen $n-1$ Adern überprüft. Sofern man einen Kurzschluss mit diesem Bündel feststellt, wird diese Leitung mit allen Leitungen des Bündels einzeln überprüft. Es werden somit n Prüfungen benötigt, um die Zahl der verbleibenden Leitungen um mindestens 2 zu reduzieren. Fortgesetzt führt das auf folgende Formeln für Kabel mit gerader und ungerader Aderzahl, wobei der Term -1 aus der Tatsache folgt, dass bei zwei verbleibenden Leitungen *eine* Prüfung genügt, und bei einer einzigen Leitung *keine* Prüfung mehr nötig ist:

n gerade:

$$P = [n + (n-2) + (n-4) + \ldots + 2] - 1$$

$$P = \left[\sum_{i=0}^{\frac{n}{2}} (n - 2i)\right] - 1 = \frac{n}{2}\left(\frac{n}{2} + 1\right) - 1$$

n ungerade:

$$P = [n + (n-2) + (n-4) + \ldots + 1] - 1$$

$$P = \left[\sum_{i=0}^{\frac{n-1}{2}} (n-2i)\right] - 1 = \left(\frac{n+1}{2}\right)^2 - 1$$

5. Ein Kabel mit n Adern hat ohne Kurzschlüsse n unabhängige Leitungswege. Durch Kurzschlüsse wird die Zahl der Leitungswege reduziert. Bezeichnet man mit W_{ni} die Anzahl der Möglichkeiten für i Wege bei einem Kabel mit n Adern, so lassen sich die Kennwerte übersichtlich wie folgt darstellen:

		Zahl der Adern					
	i \ n	1	2	3	4	...	n
	1	W_{11}	W_{21}	W_{31}	W_{41}	...	W_{n1}
	2		W_{22}	W_{32}	W_{42}	...	W_{n2}
Zahl der Wege	3			W_{33}	W_{43}	...	W_{n3}
	4				W_{44}	...	W_{n4}
	⋮						⋮
	n						W_{nn}

Die um das letzte Glied W_{nn} verminderte Spaltensumme $k_n = \sum_{i=1}^{n-1} W_{ni}$ liefert die Anzahl aller möglichen Kombinationen mit Kurzschlüssen; $W_{nn} = 1$ ist die Kombination mit n Wegen, also ohne Kurzschluss. Es gibt auch nur eine Kombination mit einem Leitungsweg, dann sind alle Adern kurzgeschlossen, deshalb ist $W_{n1} = 1$. Die übrigen W_{ni} lassen sich aus den Werten der vorangehenden Spalten $W_{n-1,i}$ bestimmen. Fügt man zu $n-1$ Adern eine weitere hinzu, so lässt sich die zusätzliche Leitung auf i-fache Art und Weise den Kurzschlusskombinationen mit i Wegen bei $n-1$ Adern hinzufügen.
Zusätzlich entstehen noch weitere Kombinationen mit i Wegen, wenn die zusätzliche Ader isoliert bleibt und alle Kombinationen mit $i-1$ Wegen berücksichtigt werden. Es gilt daher die Rekursionsformel $W_{ni} = i \cdot W_{n-1,i} + W_{n-1,i-1}$.

Damit gelangt man zu folgender Tabelle:

i \ n	1	2	3	4	5	6	7	8
1	1	1	1	1	1	1	1	1
2		1	3	7	15	31	63	127
3			1	6	25	90	301	966
4				1	10	65	350	1701
5					1	15	140	1050
6						1	21	266
7							1	28
8								1
K_n	0	1	4	14	51	202	876	4139

Die gesuchte Zahl K_n ist, wie bereits erläutert, die Spaltensumme oberhalb der eingetragenen Stufenlinie.

18.2 Kapitel 2

18.2.1 Elektronenbewegung im elektrischen Feld

1. Der Betrag der Feldstärke ist

$$E = \frac{U}{d} = \frac{1000\,\mathrm{V}}{0{,}01\,\mathrm{m}} = 10^5\,\frac{\mathrm{V}}{\mathrm{m}}$$

2. Der Feldstärkevektor ist $E_1 = -E$, $E_2 = 0$, $E_3 = 0$

$$\vec{E} = \begin{bmatrix} -E \\ 0 \\ 0 \end{bmatrix} = \begin{bmatrix} -10^5 \\ 0 \\ 0 \end{bmatrix} \frac{\mathrm{V}}{\mathrm{m}}$$

3. Die Kraft im elektrischen Feld auf das Elektron ist

$$F_1 = (-e)\cdot(-E) = e\cdot E = e\cdot\frac{U}{d}$$

Die kinetische Energie im Auftreffpunkt B entspricht der Arbeit längs des Weges von A nach B.

$$F_1 \cdot d = \frac{1}{2} \cdot m_o \cdot v_B^2 = e \cdot U$$

$$v_B = \sqrt{2 \cdot \frac{e}{m_o} \cdot U}$$

$$v_B = \sqrt{2 \cdot \frac{1{,}6 \cdot 10^{-19}\,\mathrm{C}}{9{,}1 \cdot 10^{-31}\,\mathrm{kg}} \cdot 10^3\,\mathrm{V}} = 1{,}9 \cdot 10^7\,\frac{\mathrm{m}}{\mathrm{s}}$$

Die Beschleunigung ist konstant

$$a = \frac{F_1}{m_o} = \frac{e}{m_o} \cdot \frac{U}{d} = \frac{1{,}6 \cdot 10^{-19}\,\mathrm{C} \cdot 10^3\,\mathrm{V}}{9{,}1 \cdot 10^{-31}\,\mathrm{kg} \cdot 10^{-2}\,\mathrm{m}} = 1{,}76 \cdot 10^{16}\,\frac{\mathrm{m}}{\mathrm{s}^2}$$

Die Flugzeit beträgt

$$t = \frac{v_B}{a} = \frac{1{,}9 \cdot 10^7\,\frac{\mathrm{m}}{\mathrm{s}}}{1{,}76 \cdot 10^{16}\,\frac{\mathrm{m}}{\mathrm{s}^2}} = 1{,}07 \cdot 10^{-9}\,\mathrm{s} = 1{,}07\,\mathrm{ns}$$

Anmerkung: Die Rechnung nach den Gesetzen der klassischen Mechanik, wie hier durchgeführt, ist nur zulässig, wenn die Geschwindigkeit v des Elektrons klein gegenüber der Lichtgeschwindigkeit c bleibt, andernfalls muss die von v abhängige relativistische Massenzunahme berücksichtigt werden.

18.2.2 Kathodenstrahlröhre

1. Die Flugzeiten sind

$$t_1 = \frac{l}{v_0} = \frac{0{,}1\,\mathrm{m}}{10^7\,\frac{\mathrm{m}}{\mathrm{s}}} = 10^{-8}\,\mathrm{s} = 10\,\mathrm{ns}$$

$$t_2 = \frac{s}{v_0} = \frac{0{,}2\,\mathrm{m}}{10^7\,\frac{\mathrm{m}}{\mathrm{s}}} = 2 \cdot 10^{-8}\,\mathrm{s} = 20\,\mathrm{ns}$$

2. Die Vertikalgeschwindigkeit:

$$F = e \cdot E = e \cdot \frac{U}{d}$$

$$a = \frac{F}{m_0} = \frac{e}{m_0} \cdot \frac{U}{d}$$

$$v_B = a \cdot t_1 = \frac{e \cdot U}{m_0 \cdot d} \cdot \frac{l}{v_0}$$

$$v_B = \frac{1{,}6 \cdot 10^{-19}\,\mathrm{C} \cdot 30\,\mathrm{V} \cdot 0{,}1\,\mathrm{m}}{9{,}1 \cdot 10^{-31}\,\mathrm{kg} \cdot 2{,}5 \cdot 10^{-2}\,\mathrm{m} \cdot 10^7\,\frac{\mathrm{m}}{\mathrm{s}}} = 2{,}1 \cdot 10^6\,\frac{\mathrm{m}}{\mathrm{s}}$$

3. Die Ablenkwege sind

$$x_B = \frac{a}{2} \cdot t_1^2 = \frac{v_B}{2} \cdot t_1$$

$$x_B = \frac{2{,}1 \cdot 10^6\,\frac{\mathrm{m}}{\mathrm{s}} \cdot 10^{-8}\,\mathrm{s}}{2} = 1{,}05 \cdot 10^{-2}\,\mathrm{m} = 1{,}05\,\mathrm{cm}$$

$$x_C = v_B \cdot t_2$$

$$x_C = 2{,}1 \cdot 10^6\,\frac{\mathrm{m}}{\mathrm{s}} \cdot 2 \cdot 10^{-8}\,\mathrm{s} = 4{,}4 \cdot 10^{-2}\,\mathrm{m} = 4{,}4\,\mathrm{cm}$$

4. Die Gesamtablenkung ist

$$x = x_B + x_C = v_B\left(\frac{t_1}{2} + t_2\right) = \frac{v_B}{v_0} \cdot \left(\frac{l}{2} + s\right)$$

Mit v_B nach Frage 2 wird

$$x = \frac{e}{m_0} \cdot \frac{l}{d \cdot v_0^2} \cdot \left(\frac{l}{2} + s\right) \cdot U$$

$$\frac{x}{U} = \frac{1{,}6 \cdot 10^{-19}\,\mathrm{C} \cdot 0{,}1\,\mathrm{m} \cdot 0{,}25\,\mathrm{m}}{9{,}1 \cdot 10^{-31}\,\mathrm{kg} \cdot 0{,}025\,\mathrm{m} \cdot (10^7\,\frac{\mathrm{m}}{\mathrm{s}})^2} = 1{,}76\,\frac{\mathrm{mm}}{\mathrm{V}}$$

dargestellt in Bild 18.4.

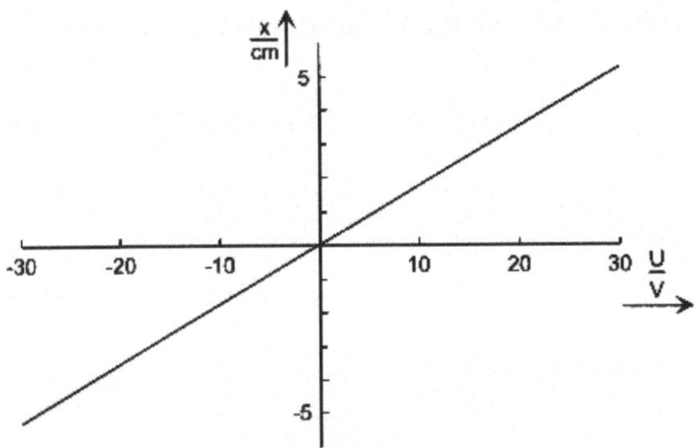

Bild 18.4: Die Ablenkung als Funktion der Ablenkspannung U

18.2.3 Sekundärelektronenvervielfacher

1. $W_e = -q_e \cdot U = 8{,}00 \cdot 10^{-17}$ Ws

2. Mit k_i als Anzahl Elektronen, welche aus der i-ten Elektrode herausgeschlagen werden, ergibt sich:
   $k_i = \sigma \cdot W_e \cdot k_{i-1}$ mit $W_e = -(q_e \cdot U)/n$ und $k_0 = 1$
   Also ist

$$\begin{aligned} k_1 &= \frac{-\sigma \cdot q_e \cdot U}{n} \\ k_2 &= \frac{-\sigma \cdot q_e \cdot U}{n} \cdot k_1 = \left(\frac{-\sigma \cdot q_e \cdot U}{n}\right)^2 \\ &\dots \\ k_n &= \left(\frac{-\sigma \cdot q_e \cdot U}{n}\right)^n \end{aligned}$$

Gesucht ist das Maximum von k_n. Da die Logarithmusfunktion $y = \ln x$ eine monoton steigende Funkion ist, ist $\ln k_n$ an der gleichen Stelle maximal wie k_n.

$$z = \ln(k_n) = n \cdot \ln\left(\frac{-\sigma \cdot q_e \cdot U}{n}\right) = n \cdot \ln(-\sigma \cdot q_e \cdot U) - n \cdot \ln(n)$$

Die notwendige Bedingung für maximales k_n ist dann

$$\frac{\mathrm{d}z}{\mathrm{d}n} = \ln(-\sigma \cdot q_e \cdot U) - 1 - \ln(n_{opt}) = 0$$

Ersetzt man die Zahl 1 durch $\ln(e)$, wird

$$\ln(n_{opt}) = \ln(-\sigma \cdot q_e \cdot U) - \ln(e) = \ln(-\sigma \cdot q_e \cdot U/e)$$

und hieraus gewinnt man

$$n_{opt} = \frac{-\sigma \cdot q_e \cdot U}{e} = 7{,}36$$

Wegen $k_7 = 1554$ und $k_8 = 1525$ ist die optimale Elektrodenzahl $n = 7$.

3. Mit v als Geschwindigkeit unmittelbar vor dem Aufprall der Elektronen auf die Elektroden und s als Abstand der Elektroden ergibt sich:

$$W_e = \frac{-q_e \cdot U}{n} = \frac{m_e \cdot v^2}{2} \quad \Rightarrow \quad v = \sqrt{\frac{-2 \cdot q_e \cdot U}{m_e \cdot n}}$$

$$t = n \cdot \frac{2\,s}{v} = 2\,n\,s \cdot \sqrt{\frac{m_e \cdot n}{-2\,q_e\,U}} = 1{,}40 \cdot 10^{-8}\ \mathrm{s} = 14\ \mathrm{ns}$$

4. Mit den Teilspannungen U_ν zwischen den Elektroden ν und $\nu - 1$ erhält man für die Elektronenzahl k_n an der letzten Elektrode

$$k_n = \big(-\sigma \cdot q_e\big)^n \cdot U_1 \cdot U_2 \cdot \ldots \cdot U_n$$

Hierbei ist die Nebenbedingung $Q = U_1 + U_2 + \ldots + U_n - U = 0$ zu erfüllen. Die notwendigen Bedingungen für extremales k_n sind mit dem LAGRANGE-Multiplikator λ

$$\frac{\partial k_n}{\partial U_\nu} - \lambda \cdot \frac{\partial Q}{\partial U_\nu} = 0 \qquad \nu = 1,\ 2,\ \ldots\ ,\ n$$

Hieraus erhält man die n Gleichungen $(k_n/U_\nu) - \lambda = 0$.
Es gilt daher $U_\nu = k_n/\lambda = U/n$.

18.3 Kapitel 3

18.3.1 Galvanisieranlage

1. Goldmasse
   Mit der Kugeloberfläche A und Schichtdicke d erhält man die Goldmasse

$$m = A \cdot d \cdot \rho = 4 \cdot \pi \cdot R^2 \cdot d \cdot \rho$$

$$m = 4 \cdot \pi \cdot (5\ \mathrm{cm})^2 \cdot 5 \cdot 10^{-4}\ \mathrm{cm} \cdot 19{,}3\ \mathrm{g/cm^3} = 3{,}03\ \mathrm{g}$$

2. Galvanisierzeit
   Auf die Fläche bezogene Masse $\overline{m} = m/A = \rho \cdot d$
   Nach dem FARADAY-Gesetz für die Elektrolyse ist die abgeschiedene Masse

$$m = \frac{M_m \cdot I \cdot t}{z \cdot F} \quad \text{mit } F = 96500\ \mathrm{As} \text{ und } I = S \cdot A \text{ erhält man}$$

$$\frac{m}{A} = \frac{M_m \cdot S \cdot t}{z \cdot F} = \rho \cdot d \quad \text{und hieraus} \quad t = \frac{\rho \cdot d \cdot z \cdot F}{M_m \cdot S}$$

$$t = \frac{19{,}3\ \mathrm{g/cm^3} \cdot 5 \cdot 10^{-4}\ \mathrm{cm} \cdot 3 \cdot 9{,}65 \cdot 10^4\ \mathrm{As}}{197\ \mathrm{g} \cdot 0{,}05\ \mathrm{A/cm^2}} = 284\ \mathrm{s}$$

3. Stromstärke
   Mit der Kugeloberfläche A und der Stromdichte S erhält man
   $I = A \cdot S = 4 \cdot \pi \cdot R^2 \cdot S$
   $I = 4 \cdot \pi \cdot 25\ \mathrm{cm^2} \cdot 0{,}05\ \mathrm{A/cm^2} = 15{,}7\ \mathrm{A}$

18.3.2 Leitfähigkeit bei Halbleitern

1. Für den Quader nach Bild 18.5 ist $\kappa = I \cdot \ell/(U \cdot A)$. Der Strom ist mit $v = bE \quad I = e \cdot n \cdot A \cdot \ell \cdot v/\ell = e \cdot n \cdot A \cdot b \cdot E$ und die Spannung $U = E \cdot \ell$ also $\kappa = e \cdot n \cdot b$.

2. Bei zwei Arten von Ladungsträgern addieren sich die Einzelbeiträge zum Stromtransport $\kappa = e \cdot (n_p b_p + n_n b_n)$.

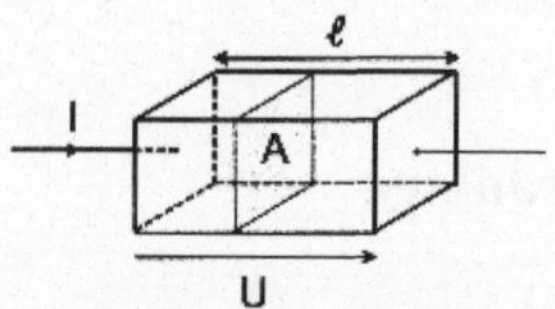

Bild 18.5: Halbleitermaterialprobe

3. Für hochreines Germanium gilt $n_p = n_n = n_0 = 3 \cdot 10^{19}\ \mathsf{m}^{-3}$. Damit wird

$$\kappa = en_0(b_p + b_n)$$

$$\kappa = 1{,}6 \cdot 10^{-19}\ \mathsf{As}\quad 3 \cdot 10^{19}\ \frac{1}{\mathsf{m}^3}\quad (0{,}18 + 0{,}38)\ \frac{\mathsf{m}^2}{\mathsf{Vs}}$$

$$\kappa = 2{,}69\ \frac{\mathsf{A}}{\mathsf{Vm}}$$

4. Allgemein gilt

$$\kappa = e \cdot (n_p b_p + n_n b_n)$$

$$\kappa = e \cdot n_0 \cdot (\alpha \cdot b_p + \frac{b_n}{\alpha}) \quad \text{mit} \quad \alpha = 10^i$$

$$\kappa = e \cdot n_0 \cdot (10^i b_p + 10^{-i} b_n)$$

P-Leitung		N-Leitung	
i	κ A/(Vm)	i	κ A/(Vm)
1	8,82	−1	18,3
2	86,4	−2	$1{,}82 \cdot 10^2$
3	$8{,}64 \cdot 10^2$	−3	$1{,}82 \cdot 10^3$
4	$8{,}64 \cdot 10^3$	−4	$1{,}82 \cdot 10^4$

5. Im Durchlasszustand ist

$$\kappa_p^D = en_p b_p = en_0 \alpha b_p$$

$$\kappa_n^D = en_n b_n = en_0 \alpha b_n$$

und damit

$$R_D = \frac{1}{\kappa_p}\frac{\ell_p}{A_p} + \frac{1}{\kappa_n}\frac{\ell_n}{A_n} = \frac{\ell}{A}\left(\frac{1}{\kappa_p^D} + \frac{1}{\kappa_n^D}\right)$$

Im Sperrbereich hingegen

$$\kappa_p^S = en_0\frac{b_p}{\alpha}$$

$$\kappa_n^S = en_0\frac{b_n}{\alpha}$$

also

$$R_S = \frac{\ell}{A}\left(\frac{1}{\kappa_p^S} + \frac{1}{\kappa_n^S}\right)$$

Das Verhältnis der Ströme ist bei gleicher Spannung

$$\frac{I_D}{I_S} = \frac{R_S}{R_D} = \frac{\kappa_p^D\kappa_n^D}{\kappa_p^S\kappa_n^S}\cdot\frac{(\kappa_p^S + \kappa_n^S)}{(\kappa_p^D + \kappa_n^D)}$$

$$= \frac{b_p b_n \alpha^4}{b_p b_n}\cdot\frac{(b_p + b_n)}{\alpha^2(b_p + b_n)} = \alpha^2$$

für $\alpha = 10^3$ wird $I_D/I_S = 10^6$.

18.4 Kapitel 4

18.4.1 Elektrischer Kettenleiter

1. Der Widerstand R_n entsteht aus der Parallelschaltung von R_{n-1} und R_b in Reihe mit R_a.

$$R_n = \frac{R_{n-1}\cdot R_b}{R_{n-1} + R_b} + R_a = \frac{R_{n-1}}{R_{n-1}\cdot G_b + 1} + R_a$$

2. Kettenbruchentwicklung aus der Umformung der Beziehung für R_n nach Frage 1

$$R_n = R_a + \cfrac{1}{G_b + \cfrac{1}{R_{n-1}}}$$

Damit wird mit $R_0 = \infty$ (Anfangsbedingung)

$$R_1 = R_a + \frac{1}{G_b}$$

$$R_2 = R_a + \cfrac{1}{G_b + \cfrac{1}{R_a + \cfrac{1}{G_b}}}$$

$$R_3 = R_a + \cfrac{1}{G_b + \cfrac{1}{R_a + \cfrac{1}{G_b + \cfrac{1}{R_a + \cfrac{1}{G_b}}}}}$$

Das Bildungsgesetz für den Kettenbruch ist unmittelbar ersichtlich.

3. Wenn R_n für $n \to \infty$ gegen einen festen Wert R_∞ konvergiert, muss gelten $R_n = R_{n-1}$ für $n \to \infty$, also nach Frage 1

$$\begin{aligned}
R_\infty &= R_a + \frac{R_\infty}{R_\infty \cdot G_b + 1} \\
R_\infty^2 \cdot G_b + R_\infty &= R_a \cdot R_\infty \cdot G_b + R_a + R_\infty \\
R_\infty^2 \cdot G_b &- R_\infty \cdot R_a \cdot G_b - R_a = 0 \\
R_\infty &= \frac{R_a \cdot G_b \pm \sqrt{R_a^2 \cdot G_b^2 + 4 \cdot R_a \cdot G_b}}{2 \cdot G_b} \\
R_\infty &= \frac{R_a}{2} \cdot \left(1 + \sqrt{1 + \frac{4}{R_a \cdot G_b}}\right)
\end{aligned}$$

Da $R_\infty > 0$ sein muss, gilt das positive Vorzeichen vor der Wurzel.
Interessant sind noch die Sonderfälle

a) $G_b \to 0$, $R_b \to \infty$ führt auf $R_\infty \to \infty$.

b) $G_b \to \infty$, $R_b \to 0$ führt auf $R_\infty = R_a$.

4. $R_a = R_b$

$$\frac{R_\infty}{R_a} = \frac{1+\sqrt{5}}{2} = \rho_\infty = 1{,}618$$

$$R_n = R_a + \frac{1}{\frac{1}{R_a} + R_{n-1}}$$

$$\frac{R_n}{R_a} = 1 + \frac{\frac{R_{n-1}}{R_a}}{1 + \frac{R_{n-1}}{R_a}}$$

$$\rho_n = 1 + \frac{\rho_{n-1}}{1+\rho_{n-1}}$$

$$\rho_1 = 2$$

$$\rho_2 = 1{,}67$$

$$\rho_3 = 1{,}625$$

$$\rho_4 = 1{,}619 < 1{,}001 \cdot \rho_\infty$$

Also ist $n = 4$.
Eine einfachere Methode zur direkten Bestimmung von n gibt es nicht.

18.5 Kapitel 5

18.5.1 Messeinrichtung für Innenwiderstände einer Spannungsquelle

1. Maschenstromverfahren, Maschen nach Bild 18.6

$$\begin{aligned}(R_i + R_a + R_3)\cdot i_1 \quad & -R_3 \cdot i_2 &= U_0\\ -R_3 \cdot i_1 \quad & +(R_1 + R_2 + R_3)\cdot i_2 &= 0\end{aligned}$$

Die Nennerdeterminante:

$$\triangle = (R_i + R_a + R_3)\cdot(R_1 + R_2 + R_3) - R_3^2$$

$$\triangle = (R_i + R_a)\cdot(R_1 + R_2) + R_3 \cdot (R_i + R_a + R_1 + R_2)$$

Die Ströme: $i_1 = \dfrac{R_1 + R_2 + R_3}{\triangle}\cdot U_0 \qquad i_2 = \dfrac{R_3}{\triangle}\cdot U_0$

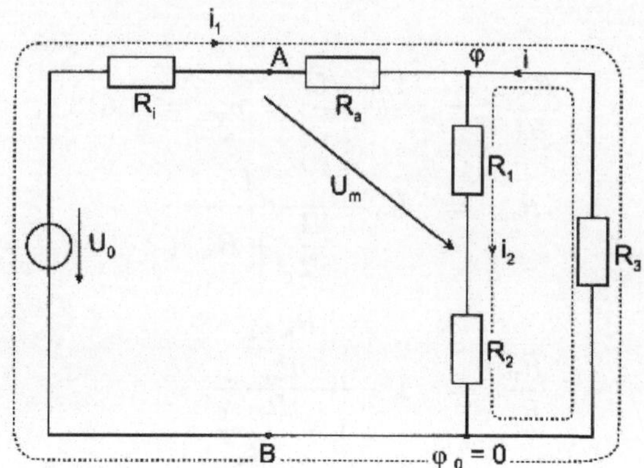

Bild 18.6: Bezeichnung der Maschenströme und Knotenpotentiale

Die Messspannung ist

$$U_m = i_1 \cdot R_a + i_2 \cdot R_1$$

$$U_m = \frac{(R_1 + R_2 + R_3) \cdot R_a + R_1 \cdot R_3}{\triangle} \cdot U_0$$

oder

$$\frac{U_m}{U_0} = \frac{(R_1 + R_2) \cdot R_a + (R_a + R_1) \cdot R_3}{(R_i + R_a) \cdot (R_1 + R_2) + (R_i + R_a + R_1 + R_2) \cdot R_3}$$

Alternativ das Knotenpotentialverfahren; ein Knoten mit dem Potential φ :

Mit der Abkürzung $R_b = \dfrac{R_3 \cdot (R_1 + R_2)}{R_1 + R_2 + R_3}$

wird $\dfrac{\varphi}{U_0} = \dfrac{R_b}{R_a + R_i + R_b}$

Weiter ist

$$\begin{aligned}
U_m &= \frac{R_a}{R_a + R_i} \cdot (U_0 - \varphi) + \frac{R_1}{R_1 + R_2} \cdot \varphi \\
\frac{U_m}{U_0} &= \frac{R_a}{R_a + R_i} + (\frac{R_1}{R_1 + R_2} - \frac{R_a}{R_a + R_i}) \cdot \frac{\varphi}{U_0} \\
\frac{U_m}{U_0} &= \frac{R_a}{R_a + R_i} + \frac{R_1 R_i - R_a R_2}{(R_1 + R_2) \cdot (R_a + R_i)} \cdot \frac{R_b}{R_a + R_i + R_b}
\end{aligned}$$

Der Ausdruck für R_b eingesetzt und zusammengefasst ergibt nach einiger, hier nicht durchgeführter Zwischenrechnung

$$\frac{U_m}{U_0} = \frac{(R_1 + R_2) \cdot R_a + (R_a + R_1) \cdot R_3}{(R_i + R_a) \cdot (R_1 + R_2) + (R_i + R_a + R_1 + R_2) \cdot R_3}$$

2. Eine Beziehung wird unabhängig von einer speziellen Grösse, hier der Widerstand R_3 , wenn entweder alle Beiwerte dieser Grösse verschwinden oder, wie hier, wenn Zähler und Nenner bezüglich dieser Grösse ein festes Verhältnis bilden.

   Es muss also $$\frac{R_a + R_1}{(R_1 + R_2) \cdot R_a} = \frac{R_i + R_a + R_1 + R_2}{(R_i + R_a) \cdot (R_1 + R_2)}$$

   sein. Ausmultipliziert erhält man

   $$(R_a + R_1) \cdot (R_i + R_a) = (R_i + R_a + R_1 + R_2) \cdot R_a$$

   Und zusammengefasst lautet die gesuchte Bedingung

   $$R_1 \cdot R_i = R_2 \cdot R_a$$

3. Bei offenem Schalter ist

   $$\frac{U_{m0}}{U_0} = \frac{R_a + R_1}{R_a + R_i + R_1 + R_2}$$

   Bei geschlossenem Schalter

   $$\frac{U_{m1}}{U_0} = \frac{R_a}{R_i + R_a}$$

   Die beiden Ausdrücke gleichgesetzt führen direkt auf die Abgleichbedingung $R_1 \cdot R_i = R_2 \cdot R_a$.

4. Die Beziehung für U_{m1}/U_0 nach Frage 3 liefert unmittelbar

$$\frac{U_m}{U_0} = \frac{R_a}{R_i + R_a}$$

und bei eingesetzter Abgleichbedingung $R_a = R_i \cdot R_1/R_2$

$$\frac{U_m}{U_0} = \frac{R_1}{R_1 + R_2}$$

Der Spannungsmesser muss nur empfindlich auf Spannungsänderungen reagieren, damit der Abgleich genau durchgeführt werden kann, seine Messfehler gehen aber nicht in das Messergebnis für R_i ein.

5. Nach dem Ergebnis der Frage 4 wird für $R_a/R_i = 10$

$$\frac{U_m}{U_0} = \frac{10}{11} \qquad \text{und} \qquad \frac{R_2}{R_1} = 0{,}1$$

6. Die Frage kann direkt durch Einsetzen der Widerstandsänderung in die Beziehung für U_m/U_0 beantwortet werden:

$$\frac{U_m}{U_0} = \frac{R_a}{R_i + \Delta R_i + R_a} = \frac{\frac{R_a}{R_i}}{1 + \frac{\Delta R_i}{R_i} + \frac{R_a}{R_i}}$$

Umgeformt erhält man

$$\frac{U_m}{U_0} = \frac{1}{1 + \frac{R_i}{R_a} \cdot (1 + \frac{\Delta R_i}{R_i})}$$

Diese Beziehung lässt sich bei dem üblichen $R_i/R_a \ll 1$ vorteilhaft in eine Reihe entwickeln

$$\frac{U_m}{U_0} \approx 1 - \frac{R_i}{R_a} \cdot (1 + \frac{\Delta R_i}{R_i})$$

Damit wird

$$\frac{\Delta U_m}{U_0} \approx \frac{R_i}{R_a} \cdot \frac{\Delta R_i}{R_i} = -0{,}1 \cdot 0{,}01 = -1 \cdot 10^{-3}$$

Die exakte Lösung ist $\dfrac{\Delta U_m}{U_0} = -0{,}826 \cdot 10^{-3}$

7. Nach der Abgleichbedingung ist $p = R_i/R_a = R_1/R_2$ und nach Frage 6

$$\frac{\Delta U_m}{U_0} = \frac{1}{1+p(1+\frac{\Delta R_i}{R_i})} - \frac{1}{1+p} =$$

$$= \frac{1}{1+p}\left(\frac{1}{1+\frac{p}{1+p}\cdot\frac{\Delta R_i}{R_i}} - 1\right)$$

$$= \frac{-p}{(1+p)^2}\cdot\frac{\frac{\Delta R_i}{R_i}}{1+\frac{p}{1+p}\cdot\frac{\Delta R_i}{R_i}}$$

Im Bereich $0 \leq p < \infty$ ist $0 \leq \frac{p}{1+p} < 1$, so dass für $\Delta R_i/R_i \ll 1$ die Reihenentwicklung

$$\frac{\Delta U_m}{U_0} = -\frac{p}{(1+p)^2}\frac{\Delta R_i}{R_i}\left(1-\frac{p}{1+p}\frac{\Delta R_i}{R_i}+\ldots\right)$$

möglich ist. Nach dem ersten Glied abgebrochen erhält man

$$\frac{\Delta U_m}{U_0} \approx -\frac{p}{(1+p)^2}\cdot\frac{\Delta R_i}{R_i}$$

18.5.2 Bestimmung von Widerständen in Netzwerken

1. Aufgaben dieser Art vereinfachen sich beträchtlich, wenn man die Bezeichnungen so wählt, dass aus einer Beziehung einander zugeordnete Gleichungen durch zyklisches Vertauschen der Indizes ableitbar sind. Aus Bild 18.7 entnimmt man unmittelbar

$$R_{12} = \frac{r_{12}\cdot(r_{23}+r_{31})}{r_{12}+r_{23}+r_{31}} = \frac{r_{12}\cdot(r_{23}+r_{31})}{R_S}$$

$$R_{23} = \frac{r_{23}\cdot(r_{31}+r_{12})}{r_{12}+r_{23}+r_{31}} = \frac{r_{23}\cdot(r_{31}+r_{12})}{R_S}$$

$$R_{31} = \frac{r_{31}\cdot(r_{12}+r_{23})}{r_{12}+r_{23}+r_{31}} = \frac{r_{31}\cdot(r_{12}+r_{23})}{R_S}$$

mit $R_S = r_{12}+r_{23}+r_{31}$

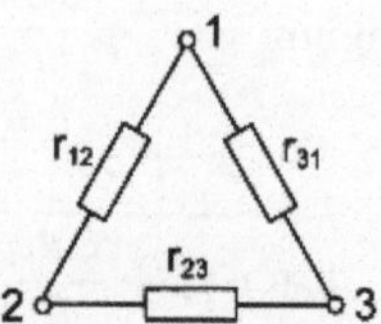

Bild 18.7: Schaltung dreier Widerstände im Dreieck

Man bildet die Summen

$$\frac{R_{12}+R_{23}-R_{31}}{2} = \frac{r_{12}\cdot r_{23}}{R_S}$$
$$\frac{R_{23}+R_{31}-R_{12}}{2} = \frac{r_{23}\cdot r_{31}}{R_S}$$
$$\frac{R_{31}+R_{12}-R_{23}}{2} = \frac{r_{31}\cdot r_{12}}{R_S}$$

und hieraus die Quotienten

$$\frac{R_{12}+R_{23}-R_{31}}{R_{23}+R_{31}-R_{12}} = \frac{R_1}{R_2} = \frac{r_{12}}{r_{31}}$$
$$\frac{R_{23}+R_{31}-R_{12}}{R_{31}+R_{12}-R_{23}} = \frac{R_2}{R_3} = \frac{r_{23}}{r_{12}}$$
$$\frac{R_{31}+R_{12}-R_{23}}{R_{12}+R_{23}-R_{31}} = \frac{R_3}{R_1} = \frac{r_{31}}{r_{23}}$$

Der Ausdruck für R_{12} umgeformt ergibt

$$r_{12} = R_{12}+R_{12}\cdot\frac{r_{12}}{r_{23}+r_{31}} = R_{12}+R_{12}\cdot\frac{1}{\frac{r_{23}}{r_{12}}+\frac{r_{31}}{r_{12}}} =$$
$$= R_{12}+\frac{R_{12}}{\frac{R_2}{R_3}+\frac{R_2}{R_1}} = R_{12}+\frac{R_{12}\cdot R_1\cdot R_3}{R_1R_2+R_2R_3}$$

Dieser Ausdruck vereinfacht sich bei der Auswertung. Die Zwischenrechnung sei übergangen.

$$r_{12} = R_{12}-\frac{R_{12}^2-(R_{23}-R_{31})^2}{2\cdot(R_{12}-R_{23}-R_{31})}$$

und durch zyklisches Vertauschen der Indizes

$$r_{23} = R_{23} - \frac{R_{23}^2 - (R_{31} - R_{12})^2}{2 \cdot (R_{23} - R_{31} - R_{12})}$$

$$r_{31} = R_{31} - \frac{R_{31}^2 - (R_{12} - R_{23})^2}{2 \cdot (R_{31} - R_{12} - R_{23})}$$

2. Knoten 2-3 kurzgeschlossen $\Rightarrow$

$$R_1 = \frac{r_{12} \cdot r_{31}}{r_{12} + r_{31}} \qquad G_1 = g_{12} + g_{31}$$

Knoten 3-1 kurzgeschlossen $\Rightarrow$

$$R_2 = \frac{r_{23} \cdot r_{12}}{r_{23} + r_{12}} \qquad G_2 = g_{23} + g_{12}$$

Knoten 1-2 kurzgeschlossen $\Rightarrow$

$$R_3 = \frac{r_{31} \cdot r_{23}}{r_{31} + r_{23}} \qquad G_3 = g_{31} + g_{23}$$

$$g_{12} = \frac{G_1 + G_2 - G_3}{2} = \frac{\frac{1}{R_1} + \frac{1}{R_2} - \frac{1}{R_3}}{2}$$

$$g_{23} = \frac{G_2 + G_3 - G_1}{2} = \frac{\frac{1}{R_2} + \frac{1}{R_3} - \frac{1}{R_1}}{2}$$

$$g_{31} = \frac{G_3 + G_1 - G_2}{2} = \frac{\frac{1}{R_3} + \frac{1}{R_1} - \frac{1}{R_2}}{2}$$

$$r_{12} = \frac{2 \cdot R_1 \cdot R_2 \cdot R_3}{R_2 R_3 + R_3 R_1 - R_1 R_2}$$

$$r_{23} = \frac{2 \cdot R_1 \cdot R_2 \cdot R_3}{R_3 R_1 + R_1 R_2 - R_2 R_3}$$

$$r_{31} = \frac{2 \cdot R_1 \cdot R_2 \cdot R_3}{R_1 R_2 + R_2 R_3 - R_3 R_1}$$

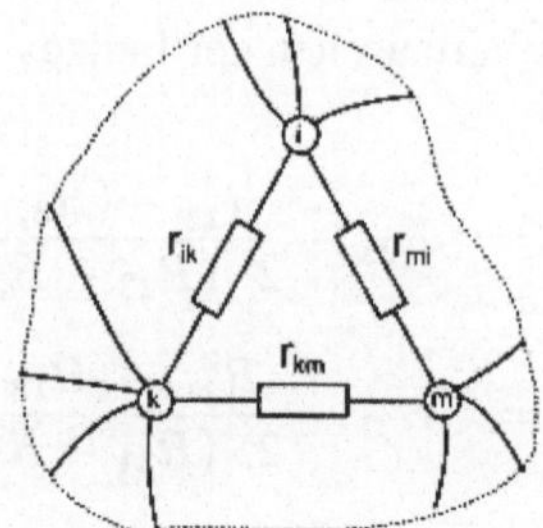

Bild 18.8: Allgemeines Netzwerk

3. Bild 18.8 zeigt ein allgemeines Netzwerk mit den Knoten i, k und m, die mit weiteren über Widerstandszweige verbunden seien.
   Verbindet man alle mit den Knoten i und k direkt über Widerstandszweige verbundenen Knoten mit m, so hat man zwischen i und m sowie k und m die nicht näher interessierenden Widerstände r_{km} und r_{mi}. Mit dem Verfahren nach Frage 1 oder Frage 2 lässt sich r_{ik} bestimmen.
   Das Verfahren wird in der Fertigung zur Bestückungsprüfung von Leiterplatten angewandt.

4. Die Widerstände elektrischer Maschinen oder Transformatoren sind sehr klein. Es ist also schwierig, sichere Kurzschlussverbindungen mit hinreichend kleinem Widerstand zu realisieren. Deshalb ist hier das Messverfahren nach Frage 1 günstiger.

5. Im Prüfautomaten müssen routinemässig Kurzschlussverbindungen zum Knoten m hergestellt werden. Zusätzliche Verbindungen sind somit im Prüfprogramm leicht zu berücksichtigen. Die Auswerteformeln sind dann etwas einfacher.

18.5.3 Spannungs-Konstanthalter

1. Das Spannungsquellen-Ersatzschaltbild der ZENERdiode zeigt Bild 18.9.

   Die Kennwerte sind

$$U_{Z0} = 10\ \text{V}$$

$$R_Z = \frac{\Delta U_a}{\Delta I_Z} = \frac{U_{Zn} - U_{Z0}}{I_{Zn}} = 1{,}5\ \Omega$$

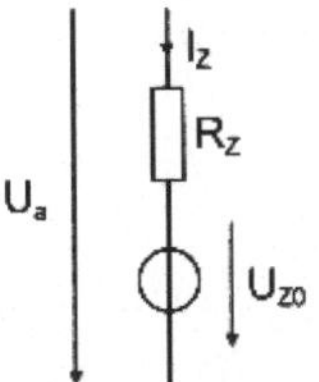

Bild 18.9: Spannungsquellen-Ersatzschaltung der ZENERdiode

2. Das Stromquellen-Ersatzschaltbild zeigt Bild 18.10 mit den Kennwerten

$$I_{Z0} = \frac{U_{Z0}}{R_Z} = 6{,}67\ \mathrm{A}$$

$$G_Z = \frac{1}{R_Z} = 0{,}667\ \mathrm{S}$$

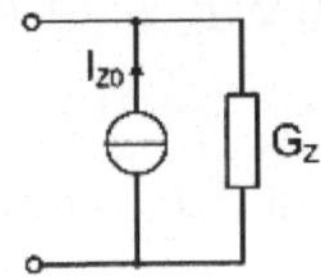

Bild 18.10: Stromquellen-Ersatzschaltung der ZENERdiode

3. Schaltung:

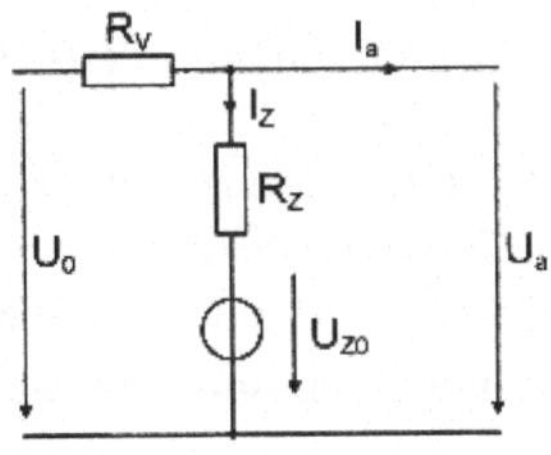

Bild 18.11: Ersatzschaltung der Einrichtung zur Spannungsstabilisierung

$$U_a = I_Z R_Z + U_{Z0}$$

$$U_a = U_0 - (I_a + I_Z)R_V \quad \rightarrow \quad I_Z = \frac{U_0 - U_a}{R_V} - I_a$$

$$U_a(U_0, I_a) = \frac{U_0 R_Z + U_{Z0} R_V - I_a R_Z R_V}{R_V + R_Z}$$

4. Im ungünstigsten Fall hat die Spannung U_0 den Wert $U_{on} - \Delta U_0$ und dann soll der Strom I_Z gerade null sein.

$$I_{a,max} = \frac{U_{0n} - \Delta U_0 - U_{Z0}}{R_V} = 0{,}12\ \mathsf{A}$$

5. Nach dem Resultat der Frage 3 ist

$$U_a(U_0 = 16\ \mathsf{V}, I_a = 0{,}1\ \mathsf{A}) = 10{,}03\ \mathsf{V}$$

$$U_a(U_0 = 20\ \mathsf{V}, I_a = 0{,}1\ \mathsf{A}) = 10{,}15\ \mathsf{V}$$

6.

$$U_a(U_0 = 18\ \mathsf{V}, I_a = 0\ \mathsf{A}) = 10{,}22\ \mathsf{V}$$

$$U_a(U_0 = 18\ \mathsf{V}, I_a = 0{,}1\ \mathsf{A}) = 10{,}09\ \mathsf{V}$$

18.5.4 Transistorverstärker

1. Die Stromverstärkung B entnimmt man direkt der Kennlinie aus zugeordneten Werten von I_C und I_B. Z.B. ist für $I_C = 0{,}1\ \mathsf{A}$ $\quad I_B = 1{,}25\ \mathsf{mA}$, also $B = I_C/I_B = 0{,}1\ \mathsf{A}/1{,}25\ \mathsf{mA} = 80$.
   Für den Arbeitsbereich des Verstärkers gilt das Ersatzschema Bild 18.12.

   Beim Knotenpotentialverfahren werden alle Zweige zwischen den Knoten in eine einheitliche Form gebracht, bestehend aus einer Stromquelle $I_{\mu\nu}^{(q)}$ und einem Leitwert $G_{\mu\nu}$. Man wählt die Knoten C mit dem Potential φ_C , E mit dem Potential φ_E und 0 mit $\varphi_0 = 0$.

2. Die Umwandlung in die Zweigdarstellung für das Knotenpotentialverfahren zeigt Bild 18.13.

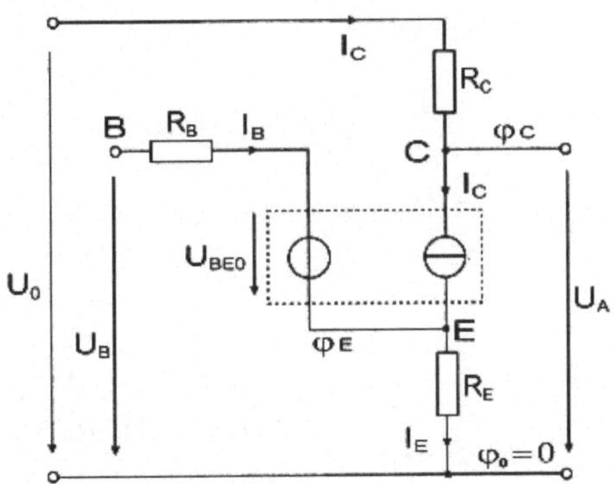

Bild 18.12: Ersatzschema des Transistors im Arbeitsbereich

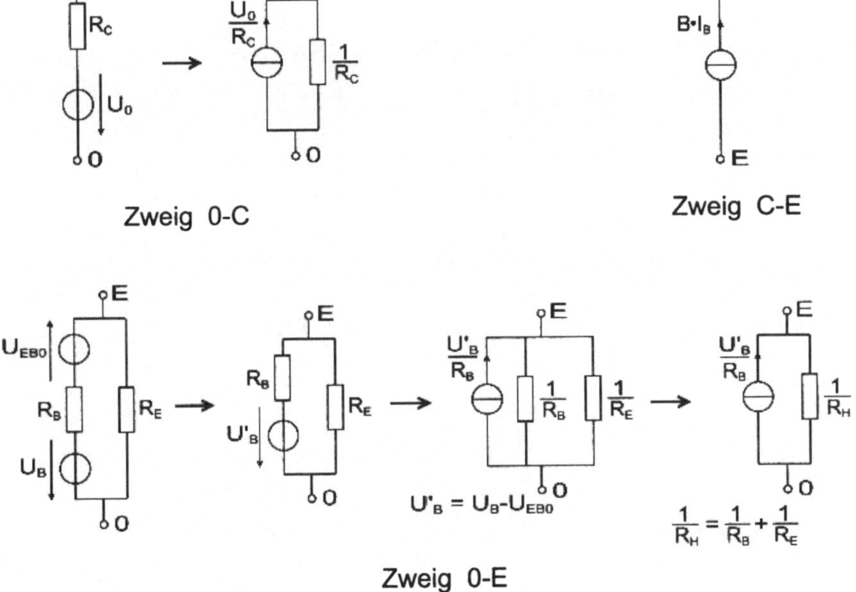

Bild 18.13: Umwandlung der Zweige in die Stromquellen-Leitwertdarstellung

Für die Zweigströme erhält man

$$I_{0C} = \frac{U_0}{R_C} - \frac{\varphi_C}{R_C} = -I_{C0}$$

$$I_{0E} = \frac{U'_B}{R_B} - \frac{\varphi_E}{R_H} = -I_r$$

$$\text{mit} \quad U'_B = U_B - U_{EB0} \quad , \quad \frac{1}{R_H} = \frac{1}{R_B} + \frac{1}{R_E}$$

$$I_{EC} = B \cdot I_B = \frac{B \cdot U'_B}{R_B} - \frac{B \cdot \varphi_E}{R_B} = -I_{CE}$$

Die Knotenregel liefert für die Knoten C und E die Beziehungen $I_{C0} + I_{CE} = 0$ und $I_{E0} + I_{EC} = 0$.
und mit den Beziehungen für die Ströme

$$\frac{\varphi_C}{R_C} - \frac{U_0}{R_C} + \frac{B \cdot U'_B}{R_B} - \frac{B \cdot \varphi_E}{R_B} = 0$$

$$\frac{\varphi_E}{R_H} - \frac{U'_B}{R_B} - \frac{B \cdot U'_B}{R_B} + \frac{B \cdot \varphi_E}{R_B} = 0$$

oder umgeformt

$$\varphi_C \cdot \frac{1}{R_C} - \varphi_E \cdot \frac{B}{R_B} = \frac{U_0}{R_C} - \frac{B \cdot U'_B}{R_B}$$

$$\varphi_E \cdot \left(\frac{1}{R_H} + \frac{B}{R_B}\right) = \frac{(1+B) \cdot U'_B}{R_B}$$

$$\text{mit} \quad \frac{1}{R_K} = \frac{1}{R_H} + \frac{B}{R_B} = \frac{1}{R_E} + \frac{1+B}{R_B} = \frac{R_B + (1+B) \cdot R_E}{R_E \cdot R_B}$$

$$\text{wird} \quad \varphi_E = (1+B) \cdot \frac{R_K}{R_B} \cdot U'_B$$

$$\text{oder} \quad \varphi_E = \frac{1+B}{(1+B) \cdot R_E + R_B} \cdot U'_B$$

Eingesetzt in die erste Gleichung und aufgelöst nach φ_C erhält man

$$\varphi_C = U_0 - \frac{B \cdot R_C}{(1+B) \cdot R_E + R_B} \cdot U'_B$$

$$\varphi_C = U_0 + \frac{B \cdot R_C \cdot U_{EB0}}{(1+B) \cdot R_E + R_B} - \frac{B \cdot R_C}{(1+B) \cdot R_E + R_B} \cdot U_B$$

$$\varphi_C = U_H - V \cdot U_B$$

mit $U_H = U_0 + V \cdot U_{EB0} = 14{,}6$ V und $V = 3{,}64$
Die Funktion ist in Bild 18.14 dargestellt.

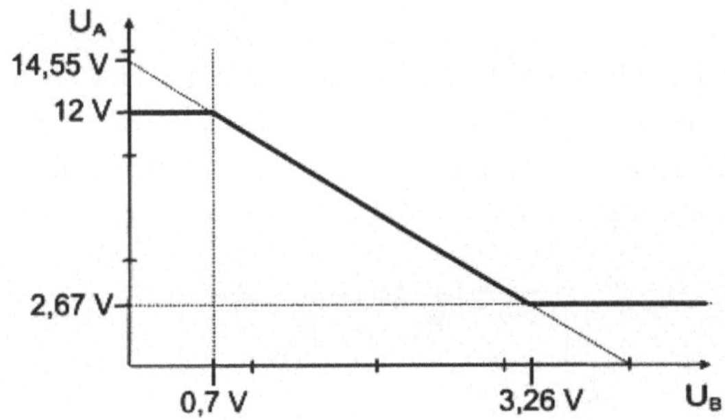

Bild 18.14: U_A-U_B-Kennlinie der Verstärkerschaltung

3. Die Spannungsverstärkung der Schaltung ist $\frac{dU_A}{dU_B} = -V = -3{,}64$

4. Nach Frage 3 ist

$$V = \frac{B \cdot R_C}{(1+B) \cdot R_E + R_B}$$

$$\frac{dV}{dB} = \frac{R_C \cdot R_B}{[(1+B) \cdot R_E + R_B]^2} = 2{,}28 \cdot 10^{-3}$$

Eine Änderung der Stromverstärkung B des Transistors hat nur geringe Rückwirkung auf die Spannungsverstärkung der Schaltung.

5. Die Verstärkung V kann in folgender Form dargestellt werden:

$$V = \frac{R_C}{(1+\frac{1}{B}) \cdot R_E + \frac{R_B}{B}}$$

Für $B \to \infty$ wird $V = R_C/R_E$, also unabhängig von B und R_B .

6. $I_B \geq 0$, $I_C = B \cdot I_B$, also ist $I_C \geq 0$.
Wegen $U_A = U_0 - R_C \cdot I_C$ oder $I_C = U_0 - U_A/R_C \geq 0$ muss $U_0 \geq U_A$ sein.
Wie in Bild 18.14 eingetragen, ist für $U_B \leq 0{,}7$ V die Spannung $U_A = 12$ V konstant.

7. Aus dem Kennlinienfeld Bild 5.53 geht hervor, dass für kleine U_{CE} der Kollektorstrom dieser Spannung proportional, also unabhängig von I_B wird. Der Transistor verhält sich wie ein Ohmwiderstand. Die Verstärkerschaltung entartet nach Bild 18.15 zu einem Spannungsteiler.

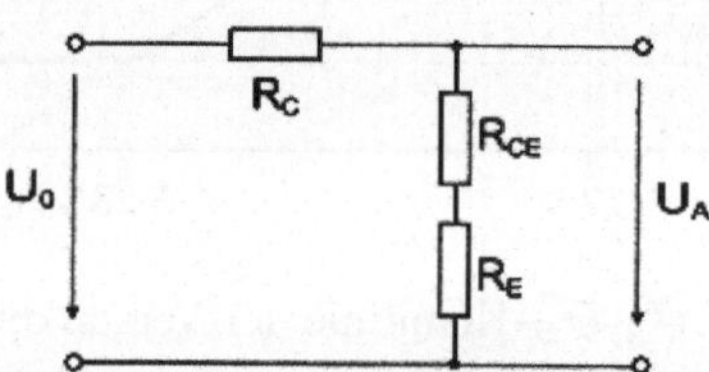

Bild 18.15: Ersatzschaltung des Verstärkers bei kleiner Kollektor-Emitterspannung

Aus dem Kennlinienfeld entnimmt man für kleine Werte von U_{CE}

$$I_C = \frac{0{,}1\text{ A}}{1/3 \cdot 5\text{ V}} \cdot U_{CE} \quad \text{, also} \quad R_{CE} = \frac{U_{CE}}{I_C} = 16{,}7\,\Omega$$

Dann ist $$U_A = \frac{R_{CE} + R_E}{R_C + R_{CE} + R_E} \cdot U_0 = 2{,}67\text{ V}$$

Dies ist, wie Bild 18.14 zeigt, die untere Spannungsgrenze des Verstärkers.

18.5.5 Stromquelle mit Operationsverstärker

1. Der ideale Operationsverstärker hat zwei Eingangsklemmen e_n und e_p, die keinen Strom aufnehmen und zwischen denen keine Spannung auftritt. Das gemeinsame Potential ist $U_0 = I_L \cdot R_0$.

   Für den Knoten e_n gilt $$\frac{U_{E1} - U_0}{R_{E1}} + \frac{U_A - U_0}{R_{K1}} = 0$$

   und für e_p : $$\frac{U_{E2} - U_0}{R_{E2}} + \frac{U_A - U_0}{R_{K2}} - \frac{U_0}{R_0} = 0$$

   Beide Gleichungen nach U_A aufgelöst ergeben

   $$U_A = -\frac{R_{K1}}{R_{E1}} \cdot U_{E1} + U_0 \cdot (\frac{1}{R_{K1}} + \frac{1}{R_{E1}}) \cdot R_{K1}$$
   $$U_A = -\frac{R_{K2}}{R_{E2}} \cdot U_{E2} + U_0 \cdot (\frac{1}{R_{K2}} + \frac{1}{R_{E2}} + \frac{1}{R_0}) \cdot R_{K2}$$

   Gleichgesezt und geordnet:

   $$U_0(1 + \frac{R_{K2}}{R_{E2}} + \frac{R_{K2}}{R_0} - 1 - \frac{R_{K1}}{R_{E1}}) = \frac{R_{K2}}{R_{E2}} \cdot U_{E2} - \frac{R_{K1}}{R_{E1}} \cdot U_{E1}$$

   und hieraus $$I_L = \frac{\frac{R_{K2}}{R_{E2}} \cdot U_{E2} - \frac{R_{K1}}{R_{E1}} \cdot U_{E1}}{R_{K2} + R_0 \cdot (\frac{R_{K2}}{R_{E2}} - \frac{R_{K1}}{R_{E1}})}$$

2. Mit $v_1 = R_{K1}/R_{E1}$ und $v_2 = R_{K2}/R_{E2}$ wird

   $$I_L = \frac{v_2 \cdot U_{E2} - v_1 \cdot U_{E1}}{R_{E2} \cdot v_2 + R_0 \cdot (v_2 - v_1)}$$

3. Der Strom I_L wird unabhängig von R_0 für $v_2 = v_1 = v$:

   $$I = \frac{U_{E2} - U_{E1}}{R_{E2}}$$

4. Der Eingangsstrom ist

$$I_{E2} = \frac{U_{E2} - I_L \cdot R_0}{R_{E2}} \quad \text{mit} \quad I_L = \frac{U_{E2} \cdot v_2}{R_{E2} \cdot v_2 + R_0 \cdot (v_2 - v_1)}$$

$$I_{E2} = \frac{U_{E2}}{R_{E2}} \cdot (1 - \frac{\frac{R_0}{R_{E2}} \cdot v_2}{v_2 + \frac{R_0}{R_{E2}} \cdot (v_2 - v_1)})$$

$$I_{E2} = \frac{U_{E2}}{R_{E2}} \cdot \frac{v_2 - \frac{R_0}{R_{E2}} \cdot v_1}{v_2 + \frac{R_0}{R_{E2}} \cdot (v_2 - v_1)}$$

$$R_{i2} = \frac{U_{E2}}{I_{E2}} = R_{E2} \cdot \frac{v_2 + \frac{R_0}{R_{E2}} \cdot (v_2 - v_1)}{v_2 - \frac{R_0}{R_{E2}} \cdot v_1}$$

Im Sonderfall $v_1 = v_2 = v$ wird $R_{i2} = R_{E2}^2/(R_{E2} - R_0)$.
Anmerkung: Für $R_0 > R_{E2}$ wird der Eingangswiderstand negativ. Diese Möglichkeit kann technisch genutzt werden. Auf die wichtige Frage, unter welchen Bedingungen die Schaltung stabil arbeitet, kann hier nicht näher eingegangen werden.

18.6 Kapitel 6

18.6.1 Fehlerfreie Leistungsmessung

1. Die Lösung erfolgt nach dem Satz von der Ersatzspannungsquelle. Die Leerlaufspannung ist

$$U_{5l} = (\frac{R_3}{R_1 + R_3} - \frac{R_2}{R_2 + R_4})U_0$$

Der Innenwiderstand $R_i = \frac{R_1 \cdot R_3}{R_1 + R_3} + \frac{R_2 \cdot R_4}{R_2 + R_4}$

Damit ist $$I_{5U} = \frac{U_{5l}}{R_i + R_5} = \frac{\dfrac{R_3}{R_1 + R_3} - \dfrac{R_2}{R_2 + R_4}}{\dfrac{R_1 \cdot R_3}{R_1 + R_3} + \dfrac{R_2 \cdot R_4}{R_2 + R_4} + R_5} \cdot U_0$$

2. $U_0 = 0$ bedeutet eine kurzgeschlossene Spannungsquelle, das Ersatzschema zeigt Bild 18.16.

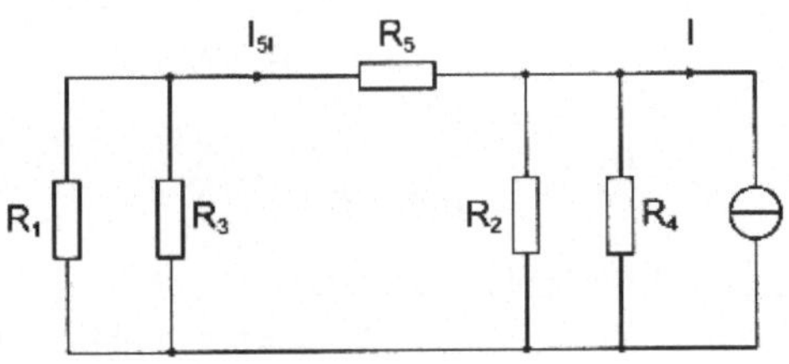

Bild 18.16: Ersatzschema für $U_0 = 0$

Es gilt

$$I_{5I} \cdot \left(\frac{R_1 \cdot R_3}{R_1 + R_3} + R_5\right) = (I - I_{5I}) \cdot \frac{R_2 \cdot R_4}{R_2 + R_4}$$

oder $$I_{5I} \cdot \left(\frac{R_1 \cdot R_3}{R_1 + R_3} + \frac{R_2 \cdot R_4}{R_2 + R_4} + R_5\right) = I \cdot \frac{R_2 \cdot R_4}{R_2 + R_4}$$

und hieraus $$I_{5I} = \frac{\dfrac{R_2 \cdot R_4}{R_2 + R_4}}{\dfrac{R_1 \cdot R_3}{R_1 + R_3} + \dfrac{R_2 \cdot R_4}{R_2 + R_4} + R_5} \cdot I$$

3. Allgemein ist $I_5 = I_{5U} + I_{5I}$.
   Dieser Strom wird von U_0 unabhängig, wenn $I_{5U} = 0$ ist. Die Bedingung ist

$$\frac{R_1}{R_3} = \frac{R_2}{R_4}$$

4. $$c_i = \frac{I}{I_5} = \frac{R_1 \cdot R_3}{R_2 \cdot R_4} \cdot \frac{R_2 + R_4}{R_1 + R_3} + \frac{R_5 \cdot (R_2 + R_4)}{R_2 \cdot R_4} + 1$$

$$c_i = \frac{R_3}{R_4} + \frac{R_5 \cdot (R_2 + R_4)}{R_2 \cdot R_4} + 1$$

5. Aus $R_3 = R_4 = 100\,\text{k}\Omega$ folgt $R_1 = R_2$

$$c_i = 1 + \frac{R_5 \cdot (R_2 + R_4)}{R_2 \cdot R_4} + 1$$

$$(c_i - 2) \cdot R_2 = \frac{R_5}{R_4} \cdot R_2 + R_5$$

$$R_1 = R_2 = \frac{R_5}{c_i - 2 - R_5/R_4}$$

$$R_1 = R_2 = \frac{150\,\text{m}\Omega}{0{,}5 - 0{,}15 \cdot 10^{-5}} = 300\,\text{m}\Omega$$

6. Das Schema zeigt Bild 18.17.
   Damit die Spannungsanzeige des Voltmeters unabhänging von U_0 wird, muss wieder die Abgleichbedingung $R_1/R_3 = R_2/R_4$ erfüllt sein.

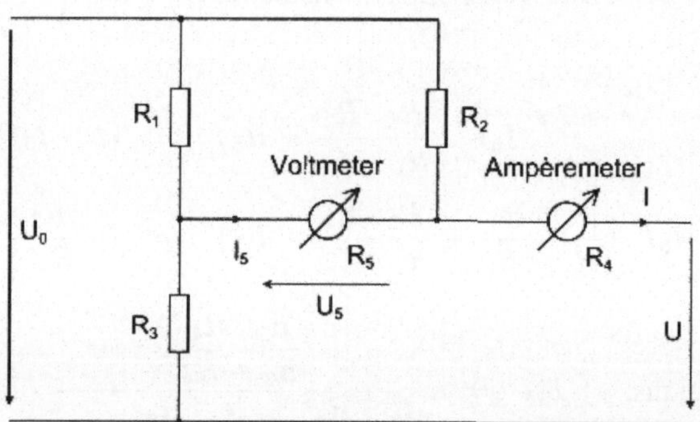

Bild 18.17: Fehlerfreie Leistungsmessung mit Voltmeter im Brückenzweig

Der Kalibrierfaktor ist

$$\frac{U}{U_5} = c_u = 1 + \frac{R_4}{R_2} + \frac{R_3 + R_4}{R_5}$$

18.6.2 Korrekturschaltung für einen Messgeber

1. Die Ersatzschaltung zur Bestimmung der Leistung zeigt Bild 18.18.
   Die im Widerstand R_L umgesetzte Leistung ist

$$P = I^2 \cdot R_L = \frac{U^2 \cdot R_L}{(R + R_L)^2} = \frac{U_n^2 \cdot X^2 \cdot R_L}{X_n^2 \cdot (R + R_L)^2}$$

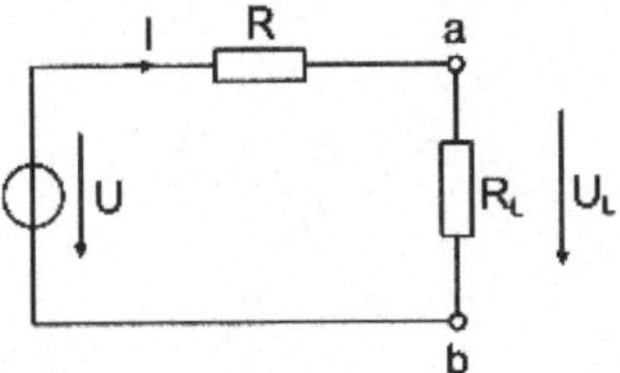

Bild 18.18: Ersatzschaltung des Messgebers mit Last

Bei gegebenem U_n und X wird die Leistung minimal bei maximalem X_n und maximalem R. Damit ist

$$P_{min} = \frac{U_n^2 \cdot X^2 \cdot R_L}{X_{max}^2 \cdot (R_{max} + R_L)^2}$$

2. Die gesuchte Schaltung zeigt Bild 18.19.

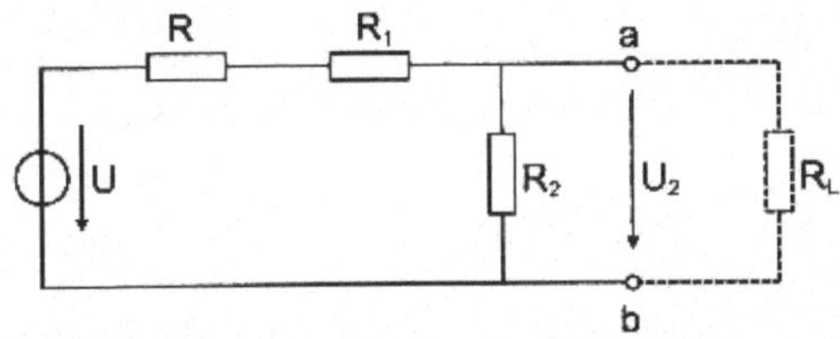

Bild 18.19: Messgeber mit Korrekturnetzwerk

Die Kennlinie (ohne Belastungswiderstand R_L) ist

$$U_2 = \frac{U \cdot R_2}{R + R_1 + R_2} = \frac{U_n \cdot X \cdot R_2}{X_n(R + R_1 + R_2)}$$

und der Innenwiderstand

$$R_i = \frac{(R + R_1) \cdot R_2}{R + R_1 + R_2}$$

Die Forderungen lauten $U_2 = \frac{U_n \cdot X}{X_{max}}$ und $R_i = R_{max}$. Also ist

$$X_{max} = X_n \frac{R + R_1 + R_2}{R_2}$$

$$R_{max} = \frac{(R + R_1) \cdot R_2}{R + R_1 + R_2} = (R + R_1) \cdot \frac{X_n}{X_{max}}$$

$$R_1 = \frac{R_{max} \cdot X_{max}}{X_n} - R$$

Wegen $X_{max} \geq X_n$ ist $R_1 \geq 0$ und damit in allen Fällen realisierbar. Weiter ist

$$R_2 = \frac{R + R_1}{\frac{X_{max}}{X_n} - 1} = \frac{\frac{X_{max}}{X_n}}{\frac{X_{max}}{X_n} - 1} \cdot R_{max} = \frac{X_{max}}{X_{max} - X_n} \cdot R_{max}$$

3. Die Widerstandsbereiche sind

$R_{1max} = \frac{R_{max} X_{max}}{X_{min}} - R_{min}$ bei $X_n = X_{min}$ und $R = R_{min}$
$R_{1min} = 0$ bei $X_n = X_{max}$ und $R = R_{max}$
$R_{2max} = \infty$ bei $X_n = X_{max}$
$R_{2min} = \frac{X_{max}}{X_{max} - X_{min}} \cdot R_{max}$ bei $X_n = X_{min}$

4. Man legt X_{max} so fest, dass der tatsächlich in der Produktion auftretende Maximalwert mindestens um $\triangle X$ kleiner ist. Dann wird $R_{2max} = X_{max}/\triangle X \cdot R_{max}$.
Diese Massnahme hat zur Folge, dass die am Ausgang des Messwandlers verfügbare Leistung entsprechend vermindert wird.

18.6.3 Verlustbehaftete Leitung

1. Die Doppelleitung hat die Gesamtlänge 2ℓ.
Für die Widerstände erhält man

$$R_1 = \frac{\rho \ell}{A_1} \quad \text{und} \quad R_2 = \frac{\rho \ell}{A_2}$$

Weiter ist

$$U_1 = 2 \cdot I \cdot R_1 = 2 \cdot \frac{\rho\ell}{A_1} \cdot I \quad ; \quad U_2 = IR_2 = \frac{\rho\ell}{A_2} I$$

$$P_{V1} = 2IU_1 = 4\frac{\rho\ell}{A_1} I^2 \quad ; \quad P_{V2} = IU_2 = 4\frac{\rho\ell}{A_2} I^2$$

2. Das Volumen des Leiters bei variablem A_1 und A_2 wird nicht verändert unter der Bedingung $A_1 + A_2 = 2A \quad \Rightarrow \quad (A_1/2A) + (A_2/2A) = 1$. Die gesamte Verlustleistung ist

$$P_V = P_{V1} + P_{V2} = \rho\ell I^2 (\frac{4}{A_1} + \frac{1}{A_2})$$

Mit $a = A_1/(2A)$ und $(1 - a) = A_2/(2A)$ wird

$$P_V = \frac{\rho\ell I^2}{2A} (\frac{4}{a} + \frac{1}{1-a})$$

Die notwendige Bedingung für das Leistungsminimum ist

$$\frac{\mathrm{d}P_V}{\mathrm{d}a} = 0 = \frac{\rho\ell I^2}{2A} (-\frac{4}{a_{opt}^2} + \frac{1}{(1 - a_{opt})^2})$$

$$\Rightarrow \quad 4(1 - a_{opt})^2 - a_{opt}^2 = 0$$

$$\Rightarrow \quad 3a_{opt}^2 - 8a_{opt} + 4 = 0$$

$$\Rightarrow \quad a_{opt} = \frac{4 \pm \sqrt{16 - 12}}{3} = \frac{2}{3}$$

Das positive Vorzeichen liefert die unbrauchbare Lösung $a_{opt} = 1$. Damit wird

$$P_{Vmin} = \frac{9}{2} \frac{\rho\ell I^2}{A}$$

Die Gesamtverlustleistung bei konstantem Querschnitt ist

$$P_V = 5\frac{\rho\ell I^2}{A}$$

so dass $P_{Vmin}/P_V = 0{,}9$ wird.

3. Es ist

$$R_1 = \frac{\rho\ell}{A}\frac{1}{2a} \quad \text{und} \quad R_2 = \frac{\rho\ell}{A}\frac{1}{2(1-a)}$$

$$U_1 = \frac{\rho\ell I}{A}\frac{1}{a} \quad \text{und} \quad U_2 = \frac{\rho\ell I}{A}\frac{1}{2(1-a)}$$

$$P_{V1} = \frac{\rho\ell I^2}{A}\frac{2}{a} \quad \text{und} \quad P_{V2} = \frac{\rho\ell I^2}{A}\frac{1}{2(1-a)}$$

Hieraus gewinnt man die Verhältnisse

$$\frac{U_1}{U_2} = \frac{2(1-a)}{a} \quad \text{und} \quad \frac{P_{V1}}{P_{V2}} = \frac{4(1-a)}{a}$$

Für die ursprüngliche Anordnung ist $a = \frac{1}{2}$

$$\frac{1-a}{a} = 1 \quad ; \quad \frac{U_1}{U_2} = 2 \quad ; \quad \frac{P_{V1}}{P_{V2}} = 4$$

und für die optimierte Anordnung ist $a = \frac{2}{3}$

$$\frac{1-a}{a} = \frac{1}{2} \quad ; \quad \frac{U_1}{U_2} = 1 \quad ; \quad \frac{P_{V1}}{P_{V2}} = 2$$

18.6.4 Trolleybus-Fahrleitung

1. Der gesamte Widerstand einer Leitung ist

$$R_L = \rho \cdot \frac{2L}{A} = 0{,}018\,\frac{\Omega\,\text{mm}^2}{\text{m}} \cdot \frac{2000\text{ m}}{107\text{ mm}^2} = 0{,}336\,\Omega$$

Bild 18.20 zeigt das elektrische Ersatzschema. Der Trolleybus darf der Aufgabe gemäss als feste Stromquelle mit dem Strom I_n angesehen werden. Die Wegposition x des Fahrzeugs normiert man zweckmässig auf den gesamten Fahrweg, also $x = X/(2L)$.
Das Schema Bild 18.20 lässt sich weiter vereinfachen, wie Bild 18.21 zeigt. Nach Bild 18.20 ist der Innenwiderstand

$$R_i = 2 \cdot \frac{R_L \cdot x \cdot R_L \cdot (1-x)}{R_L} = 2 \cdot R_L \cdot x \cdot (1-x)$$

Die Spannung am Trolleybus ist

$$U_x = U_n - R_i \cdot I_n = U_n - 2R_L x(1-x)I_n$$

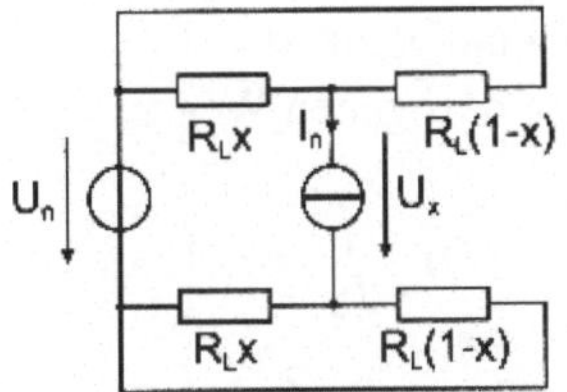

Bild 18.20: Elektrotechnisches Schema der Anlage

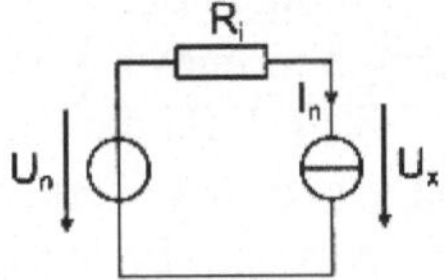

Bild 18.21: Vereinfachtes elektrotechnisches Schema

2. Die Verlustleistung ist bei $I = I_b$

$$P_V = I^2 \cdot Ri = I_b^2 \cdot 2 \cdot R_L \cdot x \cdot (1 - x)$$

Bei den nachstehenden Betrachtungen ist es zweckmässig, eine Leistungsbezugsgrösse P_H festzulegen, zweckmässig ist die maximale Leistung bei $x = 1/2$. Dann ist

$$P_H = \frac{R_L \cdot I_b^2}{2} = \frac{0{,}336\ \Omega \cdot (250\ \mathrm{A})^2}{2} = 10{,}5\ \mathrm{kW}$$

Die Fahrzeit einer Bezugsfahrt ist

$$t_H = \frac{2L}{v_H} = \frac{2\ \mathrm{km}}{30\ \mathrm{km/h}} \cdot 3600\ \frac{\mathrm{s}}{\mathrm{h}} = 240\ \mathrm{s}$$

Die Verlustleistung einer Bezugsfahrt ist

$$P_V = 2 \cdot R_L \cdot I_b^2 \cdot x \cdot (1 - x)$$

oder $$P_V = P_H \cdot 4 \cdot x \cdot (1 - x)$$

Die Energie erhält man aus

$$W_V = \int_0^{t_H} P_V\, \mathrm{dt}$$

Bei konstanter Geschwindigkeit ist $t = x \cdot t_H$. Ersetzt man im Integral die Zeit durch den bezogenen Weg x, so wird $\mathrm{d}t = t_H\,\mathrm{d}x$ und

$$W_V = 4 \cdot P_H \cdot t_H \cdot \int_0^1 x \cdot (1 - x)\,\mathrm{d}x$$

$$W_V = \frac{2}{3} P_H \cdot t_H = \frac{2}{3} \cdot 10{,}5\,\mathrm{kW} \cdot 240\,\mathrm{s} = 1682\,\mathrm{kJ}$$

3. Die Ersatzschemata nach Einfügen der Kurzschlussverbindung sind für die beiden Fälle $0 \leq x \leq \frac{1}{4}$ und $\frac{1}{4} \leq x \leq \frac{1}{2}$ in Bild 18.21 dargestellt. Man berechnet W_{V1} für die Fahrt im Bereich $0 \leq x \leq \frac{1}{4}$ und W_{V2} für den Bereich $\frac{1}{4} \leq x \leq \frac{1}{2}$. Aus Symmetriegründen ist dann $W_V = 2(W_{V1} + W_{V2})$. Aus dem Ersatzschema Bild 18.21 entnimmt man den Innenwiderstand

$$R_i = 2 \cdot \frac{R_L}{4} \cdot \frac{y \cdot (2 - y)}{2}$$

wobei $0 \leq y \leq 1$ gilt, und $t = y \cdot t_H / 4$ ist.
Mit der Verlustleistung

$$P_{V1} = I_b^2 \cdot R_i = \frac{R_L \cdot I_b^2}{2} \cdot \frac{y \cdot (2 - y)}{2} = P_H \cdot \frac{y \cdot (2 - y)}{2}$$

ist die Arbeit dann

$$W_{V1} = \int_0^{\frac{t_H}{4}} P_{V1}\,\mathrm{d}t = \int_0^1 P_{V1} \cdot \frac{\mathrm{d}t}{\mathrm{d}y} \cdot \mathrm{d}y$$

$$W_{V1} = P_H \cdot \frac{t_H}{4} \int_0^1 \frac{y \cdot (2 - y)}{2}\,\mathrm{d}y = \frac{1}{12} \cdot P_H \cdot t_H$$

Für den zweiten Abschnitt gilt das Schema Bild 18.23. Der Innenwiderstand ist

$$R_i = 2 \cdot \frac{R_L}{8} + 2 \cdot \frac{R_L}{4} \cdot \frac{y \cdot (2 - y)}{2} = \frac{R_L}{2} \cdot \left(\frac{1}{2} + \frac{1}{2} \cdot y \cdot (2 - y)\right)$$

Die Verlustleistung ist

$$P_{V2} = I_b^2 \cdot R_i = \frac{P_H}{2} \cdot \left(1 + y \cdot (2 - y)\right)$$

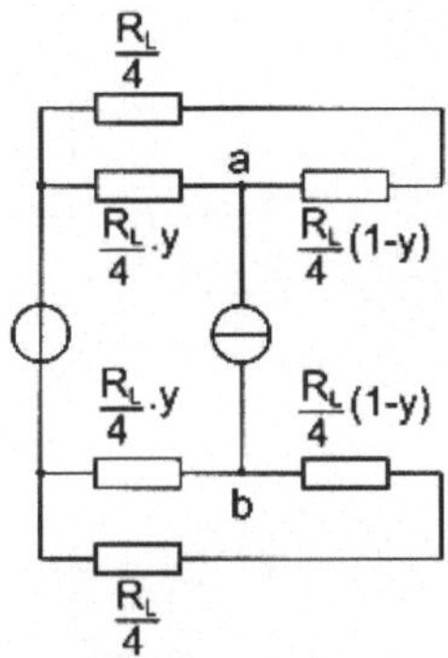

Bild 18.22: Ersatzschema für den Bereich $0 \leq x \leq \frac{1}{4}$

und mit $\mathrm{d}t = \mathrm{d}y \cdot t_H/4$

$$W_{V2} = \frac{P_H t_H}{8} \int_0^1 (1 + 2y - y^2)\,\mathrm{d}y = \frac{5}{24} P_H \cdot t_H$$

$$W_V = 2 \cdot (W_{V1} + W_{V2}) = 2 \cdot (\frac{1}{12} + \frac{5}{24}) \cdot P_H \cdot t_H$$

$$W_V = \frac{7}{12} \cdot P_H \cdot t_H = 1{,}472 \text{ kJ}$$

Die Einsparung beträgt $210 \text{ kJ} = 0{,}058 \text{ kWh}$.

4. Ersatzschema und Diagramm für die Verlustleistung in Bilder 18.23 und 18.24.

5. Im Grenzfalll vieler Querverbindungen ist in jedem Augenblick nur die Verbindung am Ort x des Trolleybusses massgebend, wobei die Leistungswiderstände zwischen x und $1-x$ keinen Einfluss mehr besitzen. Dann wird nach Bild 18.20

$$R_1 = R_2 = 2R_L \cdot \frac{x}{2} \qquad \text{und} \qquad R_i = R_L \cdot \frac{x}{2}$$

Die Verlustleistung wird

$$P_V = R_L I_b^2 \int_0^1 \frac{x}{2} dx = \frac{R_L I_b^2}{4} = \frac{P_H}{2} = 1262 \text{ kJ}$$

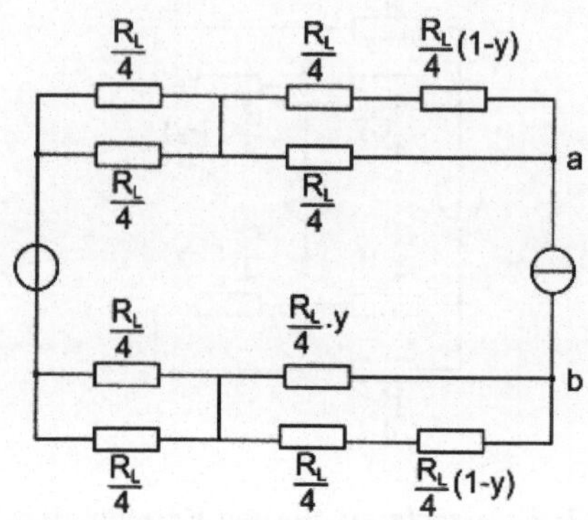

Bild 18.23: Ersatzschema für den Bereich $\frac{1}{4} \leq x \leq \frac{1}{2}$

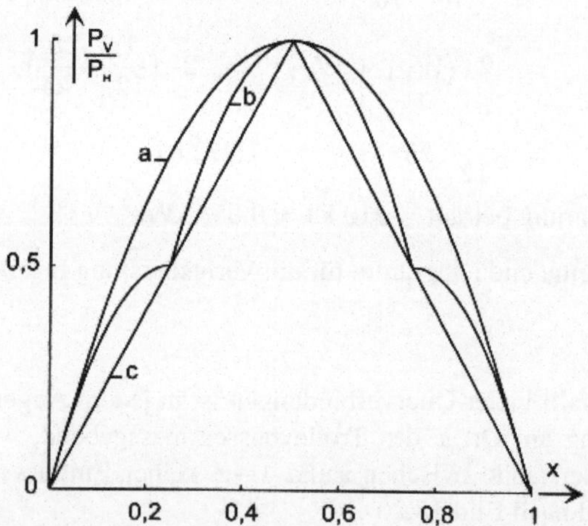

Bild 18.24: Der Verlauf der Verlustleistung in Abhängigkeit vom Weg x für: a) ohne Zwischenverbindung; b) Zwischenverbindung von $x = \frac{1}{4}$ nach $x = \frac{3}{4}$; c) Grenzfall $n \to \infty$ nach Frage 5

6. Allgemeine Lösung bei n Querverbindungen.
   Das Fahrzeug befindet sich zwischen dem Verbinder ν und $\nu+1$.

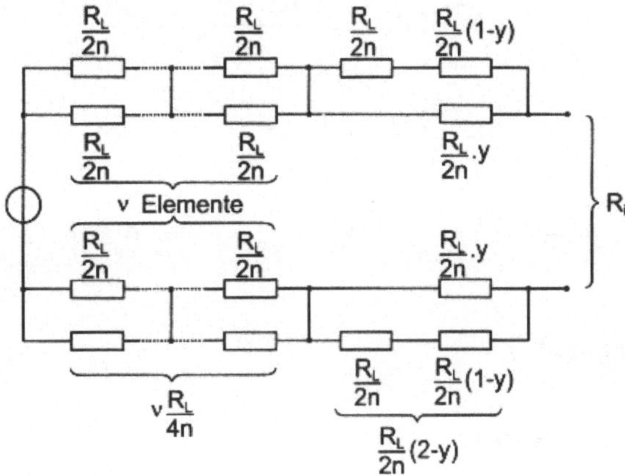

Bild 18.25: Ersatzschema bei beliebiger Anzahl n von Querverbindungen

Nach Bild 18.25 ist der Innenwiderstand als Funktion der Position y zwischen den Verbindern ν und $\nu+1$

$$R_i = 2\cdot\frac{R_L}{2n}\{\frac{\nu}{2}+\frac{y(2-y)}{2}\} = \frac{R_L}{2n}\{\nu+y(2-y)\}$$

Die Verlustleistung in diesem Abschnitt ist

$$P_{V\nu} = \frac{R_L I_b^2}{2n}(\nu+y(2-y))$$

und die Arbeit

$$W_{V\nu} = \frac{R_L I_b^2}{2n}\int_0^{\frac{t_H}{2n}}(\nu+y(2-y))\,\mathrm{d}t$$

Die Fahrzeit in jedem Teilabschnitt ist der 2n-te Teil der Gesamtfahrzeit t_H, es ist also die Teilzeit an der Stelle y

$$t = y\cdot\frac{t_H}{2n}$$

Substituiert man $\mathrm{d}t$ durch $t_H/(2n)\,\mathrm{d}y$, so wird

$$W_{V\nu} = \frac{R_L I_b^2}{4n^2}t_H\int_0^1(\nu+y(2-y))\,\mathrm{d}y = \frac{R_L I_b^2 t_H}{4n^2}(\nu+\frac{2}{3})$$

Die Gesamtverlustleistung erhält man zu

$$
\begin{aligned}
W_V &= 2\sum_{\nu=0}^{n-1} W_{V\nu} = \frac{R_L \cdot I_b^2 \cdot t_H}{2 \cdot n^2}\left\{\frac{n(n-1)}{2} + \frac{2}{3}n\right\} \\
&= \frac{R_L \cdot I_b^2 \cdot t_H}{4}\left\{\frac{n^2}{2} + \frac{n}{6}\right\} = \\
&= \frac{R_L \cdot I_b^2 \cdot t_H}{2 \cdot n^2}\left\{1 + \frac{1}{3n}\right\} \qquad n \geq 1
\end{aligned}
$$

18.7 Kapitel 7

18.7.1 Schichtkondensator

1. Da beide Seiten der Metallblätter — das erste und das letzte Blatt ausgenommen — mit ihren Nachbarn Kondensatoren bilden, ergeben sich $n_M - 1 = n_I$ parallelgeschaltete Kondensatoren. Daher ist

$$
\begin{aligned}
C &= \frac{\varepsilon_0 \cdot \varepsilon_r \cdot n_I \cdot A_M}{d} = \frac{\varepsilon_0 \cdot \varepsilon_r \cdot n_I \cdot (2 \cdot b_M - b_I) \cdot \ell_M}{d_I} = \\
&= 531 \text{ nF} \\
U_{max} &= d_I \cdot E_{gr} = 350 \text{ V} \\
W &= \frac{C \cdot U_{max}^2}{2} = 32{,}5 \text{ mJ}
\end{aligned}
$$

2. Aus der allgemeinen Beziehung für den Kondensator

$$C = \frac{\varepsilon_0 \cdot \varepsilon_r \cdot n \cdot A_M}{d_I}$$

und der maximal zulässigen Spannung

$$U_{max} = d_I \cdot E_{gr}$$

folgt

$$W = \frac{C \cdot U_{max}^2}{2} = \frac{\varepsilon_0 \cdot \varepsilon_r \cdot n \cdot A_M \cdot d_I \cdot E_{gr}^2}{2}$$

$$V = A_I \cdot n \cdot (d_I + d_M)$$

Die Energiedichte ist somit

$$w = \frac{W}{V} = \frac{\varepsilon_0 \cdot \varepsilon_r \cdot n \cdot A_M \cdot d_I \cdot E_{gr}^2}{2 \cdot A_I \cdot n \cdot (d_I + d_M)} =$$

$$= \frac{\varepsilon_0 \cdot \varepsilon_r \cdot A_M \cdot E_{gr}^2}{2 \cdot A_I \cdot (1 + \frac{d_M}{d_I})} = \frac{\varepsilon_0 \cdot \varepsilon_r \cdot \alpha_F \cdot E_{gr}^2}{2 \cdot (1 + \alpha_D)}$$

3. Aus der geometrischen Abmessung berechnen sich die Ausnutzungskennwerte

$$\alpha_F = \frac{A_M}{A_I} = \frac{(2 \cdot b_M - b_I) \cdot \ell_M}{b_I \cdot \ell_I} = 0{,}533$$

$$\alpha_D = \frac{d_M}{d_I} = 0{,}100$$

und damit die Energiedichte

$$w = \frac{W}{V} = \frac{\varepsilon_0 \cdot \varepsilon_r \cdot \alpha_F \cdot E_{gr}^2}{2 \cdot (1 + \alpha_D)} = 15{,}8\ \mathrm{kJ/m^3}$$

18.7.2 Kondensator mit geschichtetem Dielektrikum

1. Man kann sich den Kondensator mit geschichteten Dielektrikum als Reihenschaltung zweier Kondensatoren vorstellen, die Trennfläche ist nämlich eine Äquipotentialfläche. Da die Ladung und die Fläche in beiden Teilkondensatoren gleich ist, müssen auch die Verschiebungen D_1 und D_2 gleich sein.

$$D = D_1 = D_2 = \varepsilon_0 \cdot \varepsilon_{r1} \cdot E_1 = \varepsilon_0 \cdot \varepsilon_{r2} \cdot E_2 =$$

$$= \varepsilon_0 \cdot \varepsilon_{r1} \cdot \frac{U_1}{d_1} = \varepsilon_0 \cdot \varepsilon_{r2} \cdot \frac{U_2}{d_2}$$

$$\varepsilon_0 \cdot \varepsilon_{r1} \cdot d_2 \cdot U_1 = \varepsilon_0 \cdot \varepsilon_{r2} \cdot d_1 \cdot (U - U_1)$$

$$(\varepsilon_{r1} \cdot d_2 + \varepsilon_{r2} \cdot d_1) \cdot U_1 = \varepsilon_{r2} \cdot d_1 \cdot U$$

$$U_1 = \frac{\varepsilon_{r2} \cdot d_1 \cdot U}{\varepsilon_{r1} \cdot d_2 + \varepsilon_{r2} \cdot d_1} = \frac{\varepsilon_{r2} \cdot x \cdot U}{\varepsilon_{r1} \cdot (1-x) + \varepsilon_{r2} \cdot x}$$

$$U_2 = \frac{\varepsilon_{r1} \cdot d_2 \cdot U}{\varepsilon_{r1} \cdot d_2 + \varepsilon_{r2} \cdot d_1} = \frac{\varepsilon_{r1} \cdot (1-x) \cdot U}{\varepsilon_{r1} \cdot (1-x) + \varepsilon_{r2} \cdot x}$$

$$E_1 = \frac{U_1}{d_1} = \frac{\varepsilon_{r2} \cdot U}{\varepsilon_{r1} \cdot d_2 + \varepsilon_{r2} \cdot d_1} = \frac{\varepsilon_{r2} \cdot U}{d \cdot (\varepsilon_{r1} \cdot (1-x) + \varepsilon_{r2} \cdot x)}$$

$$E_2 = \frac{U_2}{d_2} = \frac{\varepsilon_{r1} \cdot U}{\varepsilon_{r1} \cdot d_2 + \varepsilon_{r2} \cdot d_1} = \frac{\varepsilon_{r1} \cdot U}{d \cdot (\varepsilon_{r1} \cdot (1-x) + \varepsilon_{r2} \cdot x)}$$

$$D = D_1 = D_2 = \varepsilon_0 \cdot \varepsilon_{r1} \cdot E_1 = \varepsilon_0 \cdot \varepsilon_{r2} \cdot E_2 = = \frac{\varepsilon_0 \cdot \varepsilon_{r1} \cdot \varepsilon_{r2} \cdot U}{d \cdot (\varepsilon_{r1} \cdot (1-x) + \varepsilon_{r2} \cdot x)}$$

$$\frac{E_1}{E_2} = \frac{\varepsilon_{r2}}{\varepsilon_{r1}}$$

2. $$D = \varepsilon_0 \cdot \varepsilon_r \cdot E = \varepsilon_0 \cdot \varepsilon_r \cdot \frac{U}{d} = \varepsilon_0 \cdot \frac{\varepsilon_{r1} \cdot \varepsilon_{r2}}{\varepsilon_{r1} \cdot (1-x) + \varepsilon_{r2} \cdot x} \cdot \frac{U}{d}$$

$$\varepsilon_r = \frac{\varepsilon_{r1} \cdot \varepsilon_{r2}}{\varepsilon_{r1} \cdot (1-x) + \varepsilon_{r2} \cdot x}$$

3. Wegen der kleineren relativen Permittivität ergibt sich nach Frage 1 in der Luft eine höhere Feldstärke als im umgebenden Isoliermaterial. Da zudem in der Luft die Durchschlagsfeldstärke kleiner ist als im Isoliermaterial, wird es in den Lufteinschlüssen zu einem Durchschlag kommen, lange bevor die aufgrund der Durchschlagsfestigkeit des Isoliermaterials berechnete maximal zulässige Spannung des Kondensators erreicht ist. Die Durchschläge (Teil-Entladungen) in den Lufteinschlüssen ihrerseits können das Isoliermaterial beschädigen. Dies führt nach einiger Zeit zum Ausfall des Kondensators.

18.7.3 Teilweise in eine Flüssigkeit eingetauchter Kondensator

1. Die Kapazität ist

$$
\begin{aligned}
C(x) &= \frac{\varepsilon_0\varepsilon_r \cdot (l_0 + x) \cdot b + \varepsilon_0(l - (l_0 + x)) \cdot b}{d} = \\
&= \frac{\varepsilon_0 \cdot b \cdot (l + (\varepsilon_r - 1) \cdot (l_0 + x))}{d}
\end{aligned}
$$

2. Die zusätzliche mechanisch gespeicherte Energie ist

$$
W_{px}(x) = d \cdot b \cdot x \cdot \rho \cdot g \cdot \frac{x}{2} = \frac{d \cdot b \cdot g \cdot \rho \cdot x^2}{2}
$$

Die zusätzliche elektrisch gespeicherte Energie ist

$$
W_{ex}(x) = \frac{C(x) \cdot U^2}{2} - \frac{C(0) \cdot U^2}{2} = \frac{U^2}{2} \frac{\varepsilon_0 \cdot b \cdot (\varepsilon_r - 1) \cdot x}{d}
$$

3. Die zufliessende Ladung ist

$$
Q_x(x) = C(x) \cdot U - C(0) \cdot U = U \cdot \frac{\varepsilon_0 \cdot b \cdot (\varepsilon_r - 1) \cdot x}{d}
$$

Die zufliessende Energie ist

$$
\begin{aligned}
W_{zx}(x) &= \int_{Q(0)}^{Q(x)} U \, \mathrm{d}q = U \cdot (Q(x) - Q(0)) = \\
&= U \cdot Q_x(x) = U^2 \cdot \frac{\varepsilon_0 \cdot b \cdot (\varepsilon_r - 1) \cdot x}{d}
\end{aligned}
$$

4. Die zufliessende elektrische Energie entspricht der Summe der oben berechneten mechanischen und elektrisch gespeicherten Energie:

$$
W_{zx}(x) = W_{px}(x) + W_{ex}(x)
$$

$$
\begin{aligned}
\frac{U^2}{2} \frac{\varepsilon_0 \cdot b \cdot (\varepsilon_r - 1) \cdot x}{d} &= \frac{d \cdot b \cdot g \cdot \rho \cdot x^2}{2} \\
U^2 \cdot \varepsilon_0 \cdot (\varepsilon_r - 1)x &= d^2 \cdot g \cdot \rho \cdot x^2
\end{aligned}
$$

Hieraus erhält man die Steighöhe:

$$x(d^2 \cdot g \cdot \rho \cdot x - U^2 \varepsilon_0(\varepsilon_r - 1)) = 0$$

$$x = \frac{U^2 \varepsilon_0(\varepsilon_r - 1)}{d^2 \cdot g \cdot \rho} = 4{,}513 \text{ mm}$$

18.7.4 Elektrostatische Kraftwirkung

1. Die elektrische Kraft ist nach Gl. (7.17)

$$F_E = \frac{1}{2} \varepsilon_0 \frac{A}{(d-x)^2} U^2$$

und hält der mechanischen Kraft der Wassersäule mit der Höhe x

$$F_p = \rho \cdot g \cdot A \cdot x$$

das Gleichgewicht. Hierin ist ρ die Dichte des Wassers und g die Erdbeschleunigung. Dividiert man beide Gleichungen durch die Fläche A erhält man die Spannungen σ_E und σ_P. Aus $\sigma_E = \sigma_P$ gewinnt man die Beziehung

$$\frac{1}{2} \varepsilon_0 \frac{U^2}{(d-x)^2} = \rho \cdot g \cdot x$$

und hieraus

$$U = \sqrt{\frac{2 \cdot \rho \cdot g}{\varepsilon_0} x (d-x)^2}$$

Es ist zweckmässig, den Weg x auf den Plattenabstand d zu beziehen:

$$U = \sqrt{\frac{2 \cdot \rho \cdot g \cdot d^3}{\varepsilon_0} \cdot \frac{x}{d} \cdot (1 - \frac{x}{d})^2}$$

Der Funktionsverlauf ist graphisch in Bild 18.26 dargestellt.
Das Maximum der Funktion liegt bei $x/d = 1/3$.

2. Zur Bestimmung der Stabilität geht man von den beiden Spannungen

$$\sigma_E = \frac{\varepsilon_0 \cdot U^2}{2 \cdot d^2 \cdot (1 - \frac{x}{d})^2} \quad \text{und} \quad \sigma_P = \rho \cdot g \cdot d \cdot \frac{x}{d} \quad \text{aus.}$$

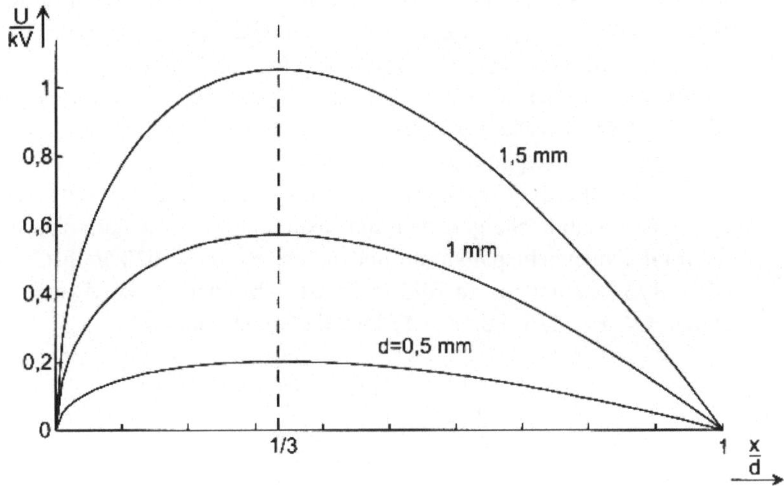

Bild 18.26: Die Funktion $U(x/d)$ für Wasser

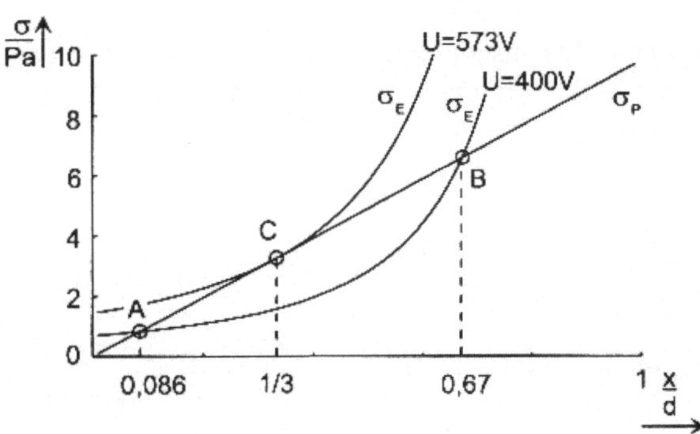

Bild 18.27: Darstellung von σ_E und σ_P als Funktion von $\frac{x}{d}$

Beide Funktionen sind beispielhaft für $d = 1$ mm und für die Spannungen $U = 400$ V und $U = 573$ V in Bild 18.27 dargestellt. Bei $U = 400$ V gibt es zwei Gleichgewichtspunkte $\sigma_E = \sigma_P$. Überwiegt σ_E, wird die Flüssigkeit weiter angehoben. Überwiegt σ_P, wird sie absinken. Daher wird der Gleichgewichtspunkt A stabil sein, bei $x/d > 0{,}086$ überwiegt σ_P, bei $x/d < 0{,}086$ jedoch σ_E. Anders beim Gleichgewichtspunkt B bei $x/d = 0{,}67$: hier führt die Bewegung bei einer Störung des Gleichgewichts immer von Gleichgewichtspunkt weg, er ist instabil. Steigert man die Spannung U, so nähern sich die beiden Gleichgewichtspunkte an und fallen bei $U = 573$ V in C bei $x/d = 1/3$ zusammen. In Bild 18.26 ist daher der stabile Zweig der Bereich $0 \leq x < 1/3$. Für $x = 1/3$ ist die Grenzspannung

$$U_g = \sqrt{\frac{8 \cdot g \cdot \rho \cdot d^3}{27 \cdot \varepsilon_0}}$$

und speziel für

$d = 0{,}5$ mm	$U_g = 203$ V
$d = 1$ mm	$U_g = 573$ V
$d = 1{,}5$ mm	$U_g = 1053$ V

Wird die Spannung U über die Grenzspannung gesteigert, springt der Wasserspiegel zur Plattenelektrode.

3. Hier liegt eine Reihenschaltung von zwei Kondensatoren vor:

der Luftkondensator $\quad C_1 = \varepsilon_0 \cdot \dfrac{A}{d-x}$

und der Ölkondensator $\quad C_2 = \varepsilon_0 \cdot \varepsilon_r \cdot \dfrac{A}{x}$

Die Gesamtkapazität ist $\quad C = \dfrac{C_1 \cdot C_2}{C_1 + C_2} = \dfrac{\varepsilon_0 \cdot \varepsilon_r \cdot A}{x + \varepsilon_r \cdot (d-x)}$

Die Kraft F_E wird wie in Kap. 7.6 zunächst bei gegebener Ladung Q aus der Energie

$$W = \frac{1}{2} \frac{Q^2}{C(x)}$$

ermittelt, dann die Spannung U eingesetzt. Dividiert man durch die Fläche A, so wird

$$\sigma_E = \frac{\varepsilon_0 \cdot \varepsilon_r \cdot (\varepsilon r - 1) \cdot U^2}{2 \cdot \left(\varepsilon_r \cdot d - x \cdot (\varepsilon_r - 1)\right)^2}$$

Aus $\sigma_E = \sigma_P$ folgt

$$U = \sqrt{\frac{2 \cdot g \cdot \rho \cdot d^3 \cdot \varepsilon_r}{\varepsilon_0 \cdot (\varepsilon_r - 1)} \cdot \frac{x}{d} \cdot (1 - \frac{\varepsilon_r - 1}{\varepsilon_r} \cdot \frac{x}{d})^2}$$

Der Funktionsverlauf $U(x/d)$ ist in Bild 18.28 dargestellt.

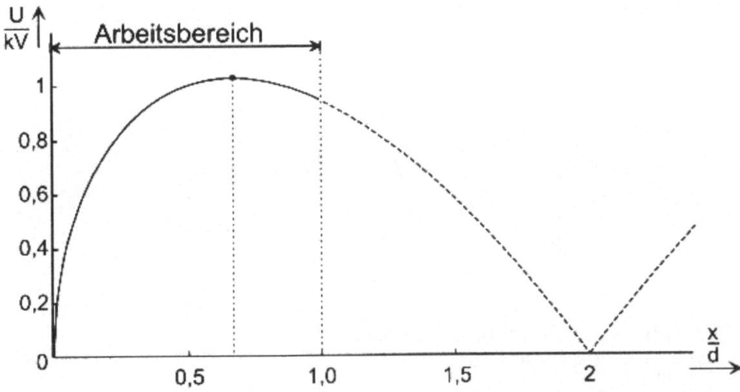

Bild 18.28: Die Funktion $U(x/d)$ für Öl

4. Der Extremwert einer Wurzel tritt beim Extremwert des Radikanden auf. Für $x/d = \xi$ und $(\varepsilon_r - 1)/\varepsilon_r = a$ soll $f(\xi) = \xi(1 - a\xi)^2$ maximal werden. $f'(\xi) = (1 - a\xi)(1 - 3a\xi)$
Die beiden Extrema liegen bei

$$1 - a\xi_1 = 0 \quad ; \quad \xi_1 = \frac{1}{a} = \frac{\varepsilon_r}{\varepsilon_r - 1} = 2$$

$$1 - 3a\xi_2 = 0 \quad ; \quad \xi_2 = \frac{1}{3a} = \frac{\varepsilon_r}{3 \cdot (\varepsilon_r - 1)} = \frac{2}{3}$$

ξ_1 liegt ausserhalb des Arbeitsbereiches und liefert das Minimum $f(\xi_1) = 0$. Der stabile Bereich ist $0 \le \frac{x}{d} \le \xi_2$, an der Stabilitätsgrenze ξ_2 ist $f(\xi_2) = 8/27$. Dann wird die Grenzspannung

$$U_{g2} = \sqrt{\frac{2 \cdot g \cdot \rho \cdot d^3 \cdot \varepsilon_r}{\varepsilon_0 \cdot (\varepsilon_r - 1)} \cdot \frac{8}{27}} = 1025\ \mathrm{V}$$

18.8 Kapitel 8

18.8.1 Magnetfeldberechnung in einer Ringspule

1. Nach dem Durchflutungssatz ist

$$\oint_S \vec{H}\, d\vec{s} = \iint_{A(s)} \vec{j}\, d\vec{A}$$

$$H(r) \cdot 2\pi r = N \cdot I \quad \rightarrow \quad H(r) = \frac{N \cdot I}{2\pi r}$$

$$B(r) = \mu_0 \mu_r H(r) = \frac{\mu_0 \mu_r \cdot N \cdot I}{2\pi r}$$

2. Die Beträge der Induktion sind nach Frage 1
$B(r_m) = 3{,}81$ mT
$B(r_A) = 4{,}00$ mT Abweichung von $B(r_m)$: $+0{,}19$ mT
$B(r_B) = 3{,}64$ mT Abweichung von $B(r_m)$: $-0{,}17$ mT

3. Der Induktionsvektor $\vec{B}$ steht senkrecht auf dem Radiusvektor $\vec{r}$; deshalb ist

$$\frac{B_1}{B(r)} = \sin\alpha \quad ; \quad B_1 = B(r)\sin\alpha$$

$$\frac{B_2}{B(r)} = -\cos\alpha \quad ; \quad B_2 = -B(r)\cos\alpha$$

$$\frac{B_3}{B(r)} = 0 \quad ; \quad B_3 = 0$$

4. Die Induktion ist innen ($r = r_A$) am grössten:

$$B_S = \frac{\mu_0 \mu_r \cdot N \cdot I_{max}}{2\pi r_A}$$

$$I_{max} = \frac{2\pi r_A \cdot B_S}{\mu_0 \mu_r \cdot N} = 62{,}5 \text{ mA}$$

5. Aus der Induktion B_M und B_L im Magnetmaterial und in Luft erhält man die zugehörigen magnetischen Feldstärken:

$$H_M(r) = \frac{B_M(r)}{\mu_0 \mu_r} \quad ; \quad H_L(r) = \frac{B_L(r)}{\mu_0}$$

Die Gestalt der Induktionslinien ist im Magnetmaterial und im Luftspalt gleich: $B_M(r) = B_L(r) = B(r)$
Dann ist nach dem Durchflutungsgesetz

$$H_M(r) \cdot (2\pi r - \ell_L) + H_L(r) \cdot \ell_L =$$

$$= \frac{B(r)}{\mu_0 \mu_r} \cdot (2\pi r - \ell_L) + \frac{B(r)}{\mu_0} \cdot \ell_L = N \cdot I$$

Die Induktion ist wieder am Innenrand ($r = r_A$) am grössten, also wird

$$I_{max} = \frac{B_S}{\mu_0 \cdot N} \left(\frac{2\pi r_A - \ell_L}{\mu_r} + \ell_L\right) = 182 \text{ mA}$$

18.8.2 Magnetischer Dipol

1. Ordnet man die Leiterschleife entsprechend Bild 18.29 im homogenen Magnetfeld $\vec{B}$ an, dann treten an den b-Seiten der rechteckigen Leiterschleife die Kräfte $\vec{F}$ und $-\vec{F}$ in Erscheinung, die senkrecht zu den Leiterelementen und zum B-Feld stehen. Die an den a-Seiten auftretenden Kräfte kompensieren sich.
Für den Betrag der Kraft $\vec{F}$ gilt $F = b \cdot B \cdot I$
Die beiden Kräfte $\vec{F}$ und $-\vec{F}$ bilden ein Kräftepaar. Die Summe der Kräfte ist null und der Betrag des Drehmomentes ist
$M = a \cdot F \cdot \sin\alpha = a \cdot b \cdot B \cdot I \cdot \sin\alpha$.
Die Richtung ist parallel zu den b-Seiten der Leiterschleife.
Die Leiterschleife kann durch den Flächennormalenvektor $\vec{A}$ hinsichtlich Fläche und Orientierung im Raum dargestellt werden, es ist also

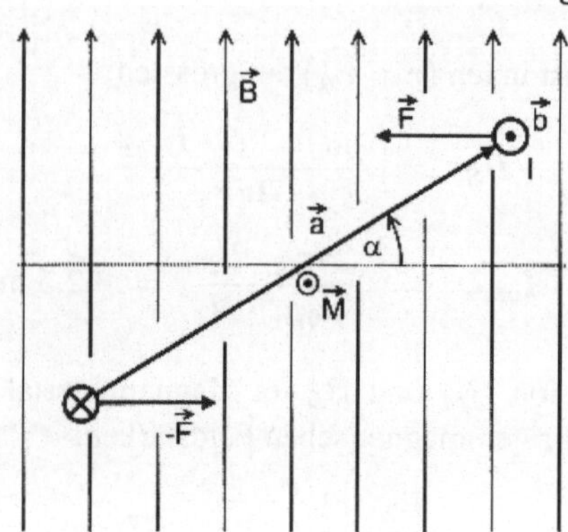

Bild 18.29: Rechteckige Leiterschleife mit den Seiten a und b im homogenen Magnetfeld $\vec{B}$

$|\vec{A}| = a \cdot b$
Das Drehmoment $\vec{M}$ steht senkrecht zu $\vec{B}$ und $\vec{A}$ und lässt sich durch das Vektorprodukt $\vec{M} = (\vec{A} \times \vec{B}) \cdot I$ darstellen. Fasst man Flächenvektor und Strom zum Vektor des magnetischen Dipols $\vec{m} = \vec{A} \cdot I$ zusammen, so erhält man für das Drehmoment $\vec{M} = \vec{m} \times \vec{B}$.
$\vec{m}$ ist richtungsgleich mit $\vec{A}$. Wie beim elektrischen Dipol Ladung und Abstand sich zum Vektor $\vec{p}$ des Dipols vereinen, so verschmelzen beim magnetischen Dipol die Fläche der Leiterschleife und deren Strom zum Vektor $\vec{m}$.

2. Die Fläche einer ebenen Leiterschleife kann in kleine rechteckige Schleifen, die alle den Strom I führen, aufgeteilt werden. Jede Leiterschleife hat einen Dipolvektor $\mathrm{d}m_i$, die alle zur Flächennormalen $\vec{A}$ der Leiterschleife gleichgerichtet sind. Daher ist auch hier $\vec{m} = \vec{A} \cdot I$.
Die magnetische Wirkung geht nur von der Schleife selber aus, da benachbarte Kanten der Teilschleifen entgegengerichtete Ströme gleicher Grösse führen, deren magnetische Wirkungen sich gegenseitig aufheben.

3. Der magnetische Dipol, aus der Ruhelage um den Winkel α ausgelenkt, entwickelt ein rückstellendes Drehmoment $M = m \cdot B \cdot \sin\alpha$ und für kleine Winkel $\alpha \ll 1$ gilt $M \approx m \cdot B \cdot \alpha$
Die Rückstellkonstante ist $M/\alpha = c_f = m \cdot B$.
Im Zusammenspiel mit der Drehmasse J bildet das System einen har-

monischen Schwinger mit der Schwingungsdauer

$$T = 2\pi \cdot \sqrt{J/c_f} = 2\pi \cdot \sqrt{J/(m \cdot B)}$$

Bei bekannten Werten für J und m kann aus der Schwingungsdauer T die magnetische Induktion B bestimmt werden. Geräte, die solche Schwingungen an atomaren magnetischen Dipolen erfassen, gehören zu den genausten Einrichtungen zur Messung der magnetischen Induktion.

18.8.3 Dauermagnetkreis

1. Der Fluss $\Phi = B_L A_L = B_M A_M$ sei konstant. Dann ist

$$B_L = \frac{\Phi}{A_L} \qquad B_M = \frac{\Phi}{A_M}$$

$$H_L = \frac{B_L}{\mu_0} \qquad H_M = \frac{B_M - B_r}{\mu_M}$$

$$H_L = \frac{\Phi}{\mu_0 A_L} \qquad H_M = \frac{\dfrac{\Phi}{A_M} - B_r}{\mu_M}$$

$$\Theta_L = H_L \ell_L = \frac{\Phi \cdot \ell_L}{\mu_0 A_L} \qquad \Theta_M = \frac{\Phi - B_r A_M}{A_M \mu_M} \ell_M$$

Mit dem Durchflutungsgesetz $\Theta_L + \Theta_M = 0$ ergibt sich nacheinander:

$$\frac{\Phi \cdot \ell_L}{\mu_0 A_L} + \frac{\Phi \cdot \ell_M}{\mu_M A_M} = \frac{B_r \ell_M}{\mu_M}$$

$$\Phi\left(\frac{\ell_L}{\ell_M}\frac{\mu_M}{\mu_0}\frac{A_M}{A_L} + 1\right) = B_r A_M$$

$$\text{und} \quad \Phi = \frac{B_r A_M}{\left(\dfrac{\ell_L}{\ell_M}\dfrac{\mu_M}{\mu_0}\dfrac{A_M}{A_L} + 1\right)}$$

$$\text{Substitutionsvariable:} \quad x = \frac{\ell_L}{\ell_M}\frac{\mu_M}{\mu_0}\frac{A_M}{A_L}$$

$$B_M = \frac{\Phi}{A_M} = \frac{B_r}{\left(\frac{\ell_L}{\ell_M}\frac{\mu_M}{\mu_0}\frac{A_M}{A_L}+1\right)} = \frac{B_r}{x+1}$$

$$B_L = B_M\frac{A_M}{A_L} = \frac{B_r}{x+1}\frac{A_M}{A_L}$$

$$H_M = \frac{\frac{B_r}{x+1}-B_r}{\mu_M} = \frac{-B_r\cdot x}{\mu_M(x+1)}$$

Die magnetische Feldstärke im Magnetmaterial ist der Induktion entgegengerichtet, der Arbeitspunkt (B_M,H_M) liegt im zweiten Quadranten der Magnetisierungskennlinie.

2.
$$\Theta_L = \frac{\Phi\cdot\ell_L}{A_L\mu_0} = B_M\frac{A_M}{A_L}\frac{\ell_L}{\mu_0}$$

unter Verwendung von $\Phi = B_M A_M$.
Mit der Magnetisierungskennlinie: $H_M = g(B_M)$ folgt

$$\Theta_M = H_M\ell_M = g(B_m)\ell_M$$

Mit dem Durchflutungsgesetz $\Theta_L + \Theta_M = 0$ ergibt sich weiter:

$$B_M\frac{A_M}{A_L}\frac{\ell_L}{\mu_0} + g(B_M)\ell_M = 0$$

und schliesslich

$$g(B_M) = -\frac{A_M}{A_L}\frac{\ell_L}{\ell_M}\frac{1}{\mu_0}B_M = -\frac{B_M}{\mu_H}$$

$$\text{mit} \quad \mu_H = \mu_0\frac{\ell_M A_L}{\ell_L A_M}$$

3. Bei homogenem Feld ist

$$W_L = \frac{1}{2}B_L H_L V = \frac{1}{2}\frac{B_L^2}{\mu_0}A_L\ell_L = \frac{1}{2}\frac{A_M^2 A_L\ell_L}{A_L^2\mu_0}\frac{B_r^2}{(x+1)^2} =$$

$$= \frac{1}{2}\frac{A_M\ell_M}{\mu_M}\frac{B_r^2\cdot x}{(x+1)^2}$$

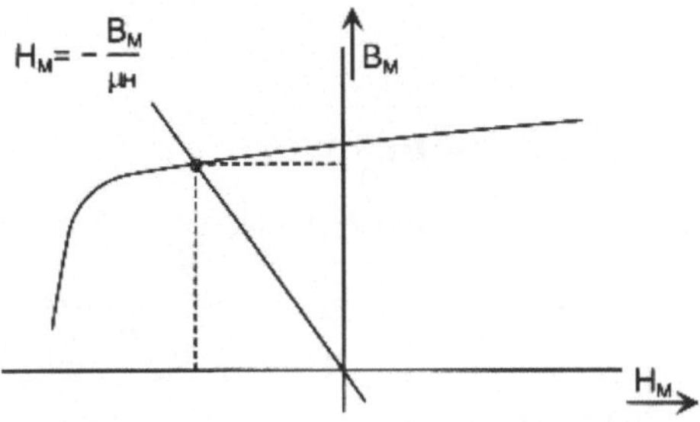

Bild 18.30: Magnetisierungskennlinie

Notwendige Bedingung:

$$\frac{\mathrm{d}W_L}{\mathrm{d}\ell_L} = \frac{\mathrm{d}W_L}{\mathrm{d}x} \cdot \frac{\mathrm{d}x}{\mathrm{d}\ell_L} = 0$$

und damit

$$\frac{\mathrm{d}W_L}{\mathrm{d}x} = \frac{1}{2}\frac{A_M \ell_M}{\mu_M} B_r^2 \frac{1-x^2}{(x+1)^4}$$

Maximaler Energieinhalt bei $x_{opt} = 1$

$$\ell_{L,opt} = \frac{\ell_M \mu_0 A_L}{\mu_M A_M} \quad \text{und daraus} \quad W_{L,opt} = \frac{1}{2}\frac{A_M \ell_M}{\mu_M}\frac{B_r^2}{4}$$

Im Magnetmaterial hat dann die Induktion den halben Wert der Remanenzinduktion

$$\ell_{L,opt} = 1\,\mathrm{cm} \cdot \frac{\mu_0}{4\mu_0}\frac{4\,\mathrm{cm}^2}{2\,\mathrm{cm}^2} = 0{,}5\,\mathrm{cm}$$

und damit ist

$$W_{L,opt} = \frac{2\,\mathrm{cm}^2 \cdot 1\,\mathrm{cm}}{2 \cdot 4 \cdot 4\pi \cdot 10^{-7}\,\frac{\mathrm{Vs}}{\mathrm{Am}}} \cdot \frac{(1{,}1\,\frac{\mathrm{Vs}}{\mathrm{m}^2})^2}{4} = 60{,}2\,\mathrm{mW}$$

Anmerkung: Die Vernachlässigung der Streufelder ist bei Magnetkreisen selten zulässig; die Berechnung oder auch nur die Abschätzung der Streueinflüsse ist bei technischen Magnetkreisen eine schwierige Aufgabe die praktisch nur mit Feldberechnungsprogrammen befriedigend gelöst werden kann.

18.9 Kapitel 9

18.9.1 HELMHOLTZ-Spulenpaar

1. Die maximale magnetische Feldstärke ist

$$\widehat{H} = 2{,}795\frac{\widehat{I}}{D} = 13{,}98\ \frac{\mathsf{kA}}{\mathsf{m}}$$

Die maximale Induktion ist

$$\widehat{B} = \mu_0 \widehat{H} \qquad \text{mit} \qquad \mu_0 = 4\pi 10^{-7}\ \frac{\mathsf{Vs}}{\mathsf{Am}}$$

und numerisch $\widehat{B} = 17{,}6\ \mathsf{mT}$.

2. Der maximale Messspulenfluss ist

$$\widehat{B}A = 7{,}02 \cdot 10^{-6}\ \mathsf{Vs}$$

Bei einer Neigung der Spule gegenüber der 1-Achse um den Winkel β ist $\widehat{\Phi}_M = \widehat{B}A\cos\beta$.

3. Die zeitliche Flussänderung ist konstant

$$\frac{\mathrm{d}\Psi_M}{\mathrm{d}t} = \pm N\frac{\widehat{B}A}{T/4} = \pm\widehat{U}_M$$

mit $\widehat{U}_M = 28{,}1\ \mathsf{V}$. Den zeitlichen Verlauf zeigt Bild 18.31.

4. Bei hinreichend rascher Entfernung der Messspule aus dem Feld ist die induzierte Spulenspannung U_M gross gegenüber der Kondensatorspannung und bestimmt den Strom

$$I_M = C\frac{U_M}{R} = \frac{N}{R}\frac{\mathrm{d}\Phi}{\mathrm{d}t}$$

Dieser Strom fliesst bei richtiger Polung der Diode auf den Kondensator C, es ist also

$$I_M = C\frac{\mathrm{d}U_C}{\mathrm{d}t} = \frac{N}{R}\frac{\mathrm{d}\Phi}{\mathrm{d}t}$$

oder weil $\mathrm{d}U_C = U_C$ und $\mathrm{d}\Phi = \widehat{\Phi}$ ist

$$U_C = \frac{N}{RC}\widehat{\Phi} = 0{,}878\ \mathsf{V}$$

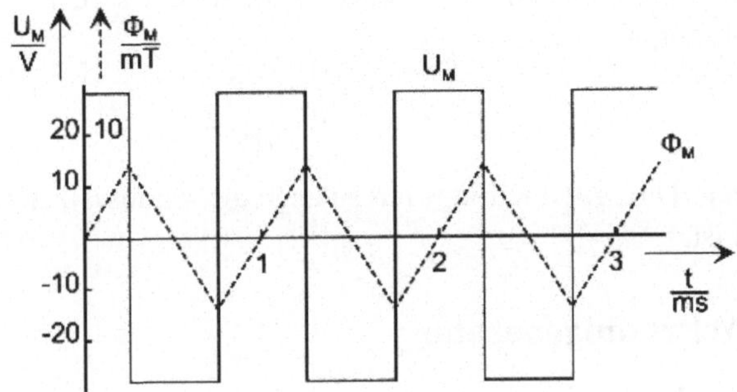

Bild 18.31: Zeitverlauf von Fluss Φ_M und Spannung U_M der Messspule

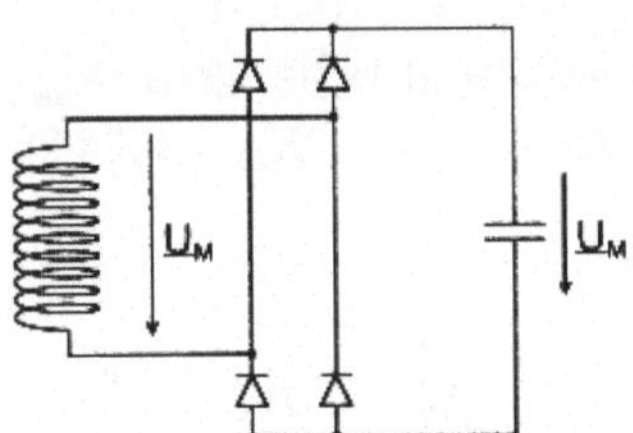

Bild 18.32: Diodenschaltung zur polaritätsunabhängigen Aufladung des Kondensators

5. Die gesuchte Schaltung zeigt Bild 18.32.
Die Kondensatorspannung U_C ist ein Mass für den Spulenfluss und damit auch für die magnetische Induktion. Bringt man nacheinander n mal die Messspule ins Feld und wieder aus dem Feld zurück, wird sich der Kodensator auf

$$U_C = 2n \frac{N}{RC} \widehat{\Phi}$$

aufladen. Dies gilt allerdings nur solange die Voraussetzung $U_M \gg U_C$ erfüllt ist.

18.9.2 Weltraumgenerator

1. Bahngeschwindigkeit

$$v = \frac{2\pi r_S}{T} = 7{,}77 \cdot 10^3 \ \frac{\text{m}}{\text{s}}$$

2. Induzierte Spannung

$$U_i = B \cdot \ell \cdot v \cdot \cos\beta = 4{,}04 \text{ kV}$$

3. Leiterwiderstand

$$R_L = \rho \frac{4\ell}{\pi d^2} = 2{,}04 \text{ k}\Omega$$

4. Das Ersatzschema zeigt Bild 18.33, es ist $R_{ges} = R_L + R_I = U_i / I_K = 8{,}08 \text{ k}\Omega$; also ist $R_I = R_{ges} - R_L = 6{,}04 \text{ k}\Omega$

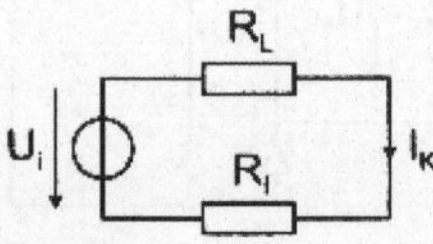

Bild 18.33: Ersatzschema

5. Für das elektrische Feld einer Punktladung Q gilt im Abstand r

$$E = \frac{Q}{4\pi\varepsilon} \cdot \frac{1}{r^2}$$

und für das Potential

$$\varphi \;=\; \int E\,\mathrm{d}r \;=\; -\frac{Q}{4\pi\varepsilon r}$$

Die Stromdichte S ist $S = E/\rho_I$ und der Strom $I = S \cdot A$ mit $A = 4\pi r^2$ also $I = Q/(E \cdot \rho_I)$. Für das Potential erhält man hiermit

$$\varphi = \frac{-I \cdot \rho_I}{4\pi r}$$

Mit $\varphi_1 = \varphi(\frac{D}{2})$ und $\varphi_2 = \varphi(\ell)$ erhält man

$$U \;=\; \varphi_2 - \varphi_1 \;=\; \frac{I \cdot \rho_I}{2\pi}\left(\frac{2}{D} - \frac{1}{\ell}\right) \;\approx\; \frac{I \cdot \rho_I}{\pi D} \qquad \text{für} \qquad D \ll \ell$$

Also ist

$$R_I \;\approx\; \frac{\rho_I}{\pi D} \qquad \text{oder} \qquad \rho_I \;\approx\; R_I \pi D \;=\; 30{,}4 \cdot 10^3\ \Omega\mathrm{m}$$

Anmerkung: Nimmt man weiterhin an, dass der Abstand ℓ gross gegenüber den Abmessungen von Satellit und Hilfssatellit ist, und stellt man sich die Weltraumstation als leitfähige Kugel vom Durchmesser D_S vor, so wird genauer

$$R_I \;=\; \frac{\rho_I}{\pi}\left(\frac{1}{D} + \frac{1}{D_S}\right)$$

Für $D_s \gg D$ gelangt man zur vorstehenden Näherungsbeziehung.

6. Der Widerstand R_I ist über den Durchmesser D des Hilfssatelliten beeinflussbar. Will man den Widerstand verkleinern, muss D vergrössert werden. Nach der Anmerkung zu Frage 5 bestimmt schliesslich bei $D \gg D_S$ allein der Durchmesser D_S der Weltraumstation den kleinstmöglichen Widerstand. Die gesuchte Näherungsbeziehung lautet $R_I \approx \rho_I/(\pi \cdot D_S)$.

18.10 Kapitel 10

18.10.1 Abschalten von Gleichstrom

1. Für den Stromverlauf gilt:

$$L\frac{dI}{dt} = U - U_B$$

$$I(0) = I_0$$

$$I = I_0 - \frac{U_B - U}{L} \cdot t$$

$$I = 0 \quad \text{für} \quad t = t_E \quad ; \quad t_E = \frac{I_0 \cdot L}{U_B - U}$$

2. Die in der Schutzbeschaltung umgesetzte Leistung ist

$$P_B = U_B \cdot I = U_B \cdot I_0 - \frac{U_B \cdot (U_B - U)}{L} \cdot t_E$$

Hieraus berechnet sich die Energie

$$W_B = \int_0^{t_E} P_B \, dt = U_B \cdot I_0 \cdot t_E - \frac{U_B(U_B - U)}{L} \frac{t_E^2}{2}$$

$$W_B = \frac{1}{2} \cdot L \cdot I_0^2 \cdot \frac{U_B}{U_B - U} \qquad W_L = \frac{1}{2} L I_0^2$$

$$\frac{W_B}{W_L} = \frac{U_B}{U_B - U} = \frac{U_B/U}{U_B/U - 1}$$

Die Funktion ist in Bild 2 dargestellt.
Anmerkung: Das Ergebnis ist bemerkenswert für Einrichtungen der Leistungselektronik, in denen Gleichströme mit Halbleiterschaltern mit Frequenzen im kHz-Bereich periodisch abgeschaltet werden. Macht man U_B hinreichend gross, kann die Verlustarbeit in der Schutzbeschaltung klein gehalten werden, doch werden teure Schalter mit hoher Spannungsfestigkeit benötigt. Bei der praktischen Dimensionierung ist ein Kompromiss zwischen den Verlusten und den Schalterkosten zu suchen.

3. Aus $I = C \cdot dU_C/dt$ folgt

$$\hat{U}_C = \frac{1}{C} \int_0^{t_g} I \, dt$$

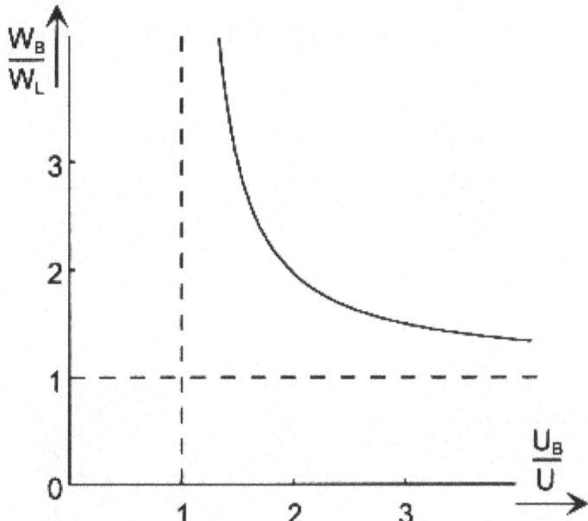

Bild 18.34: Umgesetzte Energie bezogen auf die ursprünglich in der Drossel gespeicherte Energie

und mit

$$I = I_0 \cos(\omega t_g) + U\sqrt{C/L}\,\sin\omega t_g$$

erhält man

$$\widehat{U}_C = \frac{1}{\omega C}\left[I_0 \sin(\omega t_g) + U\sqrt{C/L}(1 - \cos(\omega t_g))\right]$$

Im Zeitpunkt $t = t_g$ muss wegen $\mathrm{d}U_C/\,\mathrm{d}t = 0$ der Strom verschwinden. Damit lässt sich der Zeitpunkt t_g bestimmen; es ist

$$I_0 \cos(\omega t_g) + U\sqrt{C/L}\,\sin(\omega t_g) = 0$$

also

$$\tan(\omega t_g) = -\frac{I_0}{U}\sqrt{L/C}$$

Der Winkel liegt dem negativen Vorzeichen zufolge im zweiten Quadranten, es ist also $\pi/2 \leq \omega t_g \leq \pi$.

Aus dem Tangens gewinnt man die Sinus- und Kosinuswerte

$$\sin(\omega t_g) = \frac{I_0}{\sqrt{I_0^2 + U^2\frac{C}{L}}}$$

und unter Berücksichtigung der Lage im zweiten Quadranten

$$\cos(\omega t_g) = -\frac{U\sqrt{\dfrac{L}{C}}}{\sqrt{I_0^2 + U^2\dfrac{C}{L}}}$$

Damit wird

$$\widehat{U}_C = \frac{1}{\omega C}\left[\frac{I_0^2}{\sqrt{I_0^2 + U^2\dfrac{C}{L}}} + \frac{U^2\dfrac{L}{C}}{\sqrt{I_0^2 + U^2\dfrac{C}{L}}} + U\sqrt{\frac{C}{L}}\right]$$

oder

$$\widehat{U}_C = \frac{1}{\omega C}\left[\sqrt{I_0^2 + U^2\frac{C}{L}} + U\sqrt{\frac{C}{L}}\right]$$

Anmerkung: In der Praxis verhindert man durch besondere Massnahmen die Schwingung der Kondensator- und damit der Schalterspannung. Am einfachsten ist es, dem Kondensator einen Widerstand in Reihe zu schalten, der so dimensioniert ist, dass die Spannung U_C vom Maximalwert aperiodisch auf null abklingt.

18.10.2 Ringkern mit Gegeninduktivität

1. Der vom Strom I_1 in der äusseren Spule erzeugte Fluss ist

$$\Phi_{11} = \mu\frac{N_1 I_1}{2\pi r_m}\cdot A_1$$

Dieser Fluss ist nur teilweise mit der inneren Spule verkoppelt. Folglich teilt sich der Fluss nach dem Verhältnis der Flächen auf:

$$\Phi_{21} = \Phi_{11}\frac{A_2}{A_1} = \mu\frac{N_1 I_1}{2\pi r_m}\cdot A_2$$

wobei $\mu = \mu_0\,\mu_r = \mu_0\cdot 1 = 4\pi\cdot 10^{-7}\ \mathsf{Vs/(Am)}$ ist.

2. Analog zu Aufgabe 1 ist der Fluss der inneren Ringspule

$$\Phi_{22} = \mu\frac{N_2 I_2}{2\pi r_m}\cdot A_2$$

Hier ist der Fluss der inneren Spule gleich dem Fluss der äusseren, also

$$\Phi_{12} = \Phi_{22} = \mu \frac{N_2 I_2}{2\pi r_m} \cdot A_2$$

3. Aus dem Fluss einer Spule ist deren Induktivität berechenbar:

$$L = \frac{\mathrm{d}\psi}{\mathrm{d}I} = N \frac{\mathrm{d}\Phi}{\mathrm{d}I}$$

Dies ergibt für die vier Flüsse folgende vier Induktivitäten:

$$\begin{aligned}
L_{11} &= N_1\, \mathrm{d}\Phi_{11}/\,\mathrm{d}I_1 = \mu N_1^2 A_1/(2\pi r_m) = 0{,}2\ \mathrm{mH} \\
L_{22} &= N_2\, \mathrm{d}\Phi_{22}/\,\mathrm{d}I_2 = \mu N_2^2 A_2/(2\pi r_m) = 0{,}6\ \mathrm{mH} \\
L_{21} &= N_2\, \mathrm{d}\Phi_{21}/\,\mathrm{d}I_1 = \mu N_1 N_2 A_2/(2\pi r_m) = 0{,}3\ \mathrm{mH} \\
L_{12} &= N_1\, \mathrm{d}\Phi_{12}/\,\mathrm{d}I_2 = \mu N_1 N_2 A_2/(2\pi r_m) = 0{,}3\ \mathrm{mH}\,.
\end{aligned}$$

Man findet bestätigt, dass die beiden Kopplungsinduktivitäten gleich gross sind. Hieraus erhält man definitionsgemäss den Kopplungsfaktor

$$k = \frac{L_{12}}{\sqrt{L_{11} L_{22}}} = \frac{A_2}{\sqrt{A_1 A_2}} = \sqrt{\frac{A_2}{A_1}} = \frac{\sqrt{3}}{2}$$

und den Streufaktor

$$\sigma = 1 - k^2 = \frac{1}{4}$$

4. Im Zweiwicklungstransformator gilt für die induzierten Spannungen:

$$U_1 = L_{11} \frac{\mathrm{d}I_1}{\mathrm{d}t} + L_{12} \frac{\mathrm{d}I_2}{\mathrm{d}t}$$

$$U_2 = L_{21} \frac{\mathrm{d}I_1}{\mathrm{d}t} + L_{22} \frac{\mathrm{d}I_2}{\mathrm{d}t}$$

Wenn die innere Spule unbelastet ist, dann fliesst auch kein Strom in dieser Spule. Die Stromänderung ist ebenfalls null. Man kann also z.B. die erste Gleichung nach $\frac{\mathrm{d}I_1}{\mathrm{d}t}$ auflösen und in die zweite Gleichung einsetzen:

$$\frac{\mathrm{d}I_1}{\mathrm{d}t} = \frac{U_1}{L_{11}} = 50\ \frac{\mathrm{kA}}{\mathrm{s}}$$

$$U_2 = L_{21} \frac{U_1}{L_{11}} = \frac{L_{21}}{L_{11}} U_1 = 15\ \mathrm{V}$$

5. Ist die äussere Spule unbelastet, ist dort der Strom bzw. die Stromänderung gleich null. Es folgt also:

$$\frac{\mathrm{d}I_2}{\mathrm{d}t} = \frac{U_2}{L_{22}} = 16{,}7\,\frac{\mathrm{kA}}{\mathrm{s}}$$

$$U_1 = L_{12}\,\frac{U_2}{L_{22}} = \frac{L_{12}}{L_{22}}\,U_2 = 5\,\mathrm{V}$$

6. Die Spulen seien so in Reihe geschaltet, dass die Durchflutungen sich addieren:

$$U_1 = L_{11}\,\frac{\mathrm{d}I_1}{\mathrm{d}t} + L_{12}\,\frac{\mathrm{d}I_1}{\mathrm{d}t}$$

$$U_2 = L_{21}\,\frac{\mathrm{d}I_1}{\mathrm{d}t} + L_{22}\,\frac{\mathrm{d}I_1}{\mathrm{d}t}$$

Addiert man die beiden Gleichungen, so erhält man eine Gleichung der Form $U = L \cdot \frac{\mathrm{d}I}{\mathrm{d}t}$. L ist dabei die Gesamtinduktivität:

$$U = U_1 + U_2 = \underbrace{(L_{11} + 2\,L_{12} + L_{22})}_{L_{gm}}\,\frac{\mathrm{d}I_1}{\mathrm{d}t} \quad ; \quad L_{gm} = 1{,}4\,\mathrm{mH}$$

Schaltet man die Spulen so in Reihe, dass die Durchflutungen einander entgegenwirken, dann erhält man:

$$U_1 = L_{11}\,\frac{\mathrm{d}I_1}{\mathrm{d}t} - L_{12}\,\frac{\mathrm{d}I_1}{\mathrm{d}t}$$

$$U_2 = L_{21}\,\frac{\mathrm{d}I_1}{\mathrm{d}t} - L_{22}\,\frac{\mathrm{d}I_1}{\mathrm{d}t}$$

Die beiden Gleichungen voneinander subtrahiert ergibt den Ausdruck für die Gesamtinduktivität:

$$U = U_1 - U_2 = \underbrace{(L_{11} - 2\,L_{12} + L_{22})}_{L_{gg}}\,\frac{\mathrm{d}I_1}{\mathrm{d}t} \quad ; \quad L_{gg} = 0{,}2\,\mathrm{mH}$$

Anmerkung: Im Grenzfall fest verkoppelter Spulen $(A_1 = A_2 = A)$ erhält man im ersten Fall

$$L_{gm} = \mu \cdot \frac{(N_1 + N_2)^2}{2 \cdot \pi \cdot r_m} \cdot A$$

und im zweiten Fall

$$L_{gg} = \mu \cdot \frac{(N_1 - N_2)^2}{2 \cdot \pi \cdot r_m} \cdot A$$

18.11 Kapitel 11

18.11.1 Anpassung von Verbrauchern an ein Netz

1. Die Glühlampen werden so gefertigt, dass der einwandfreie Betrieb an fester Spannung U_n gewährleistet ist. Die genaue Stromstärke ist von untergeordneter Bedeutung und schwankt in einem gewissen Toleranzbereich. Die Lichtstärke reagiert im übrigen sehr empfindlich auf Strom- und Spannungsschwankungen. Wird, wie in der Reihenschaltung, gleicher Strom in beiden Lampen erzwungen, so findet im Allgemeinen eine ungleiche Spannungsaufteilung statt, die Lampen brennen unterschiedlich hell.

2. Die Lampe hat den Ersatzwiderstand

$$R = \frac{U^2}{P} = \frac{(115\ \mathrm{V})^2}{100\ \mathrm{W}} = 132\ \Omega$$

Damit wird für die Schaltung
Bild 11.11a $R_V = R = 132\ \Omega$

Bild 11.11b $\sqrt{R^2 + \omega^2 L^2} = 2R \qquad \omega L = \sqrt{3}R = 229\ \Omega$
$L = 0{,}730\ \mathrm{H}$

Bild 11.11c $\sqrt{R^2 + 1/(\omega^2 C^2)} = 2R$
$C = 1/(\sqrt{3}\omega R) = 13{,}9\ \mu\mathrm{F}$.

3. Die Untersuchung kann sich auf zwei Fälle beschränken:

Fall 1 | Fall 2

$$I = \frac{U}{R + R_V} \qquad I = \frac{U}{\sqrt{R^2 + X^2}}$$

$$\text{mit} \quad X = \omega L \quad \text{oder} \quad X = \frac{1}{\omega C}$$

$$\frac{\mathrm{d}I}{\mathrm{d}R} = -\frac{U}{(R + R_V)^2} \qquad \frac{\mathrm{d}I}{\mathrm{d}R} = -\frac{R \cdot U}{(R^2 + X^2)^{3/2}}$$

$$I = \frac{U}{R + R_V} \qquad I = \frac{U}{\sqrt{R^2 + X^2}}$$

$$\frac{\mathrm{d}I}{I} = -\frac{\mathrm{d}R}{R + R_V} \qquad \frac{\mathrm{d}I}{I} = \frac{R \cdot \mathrm{d}R}{R^2 + X^2}$$

Nach Frage 2 ist speziell

$$R_V = R \qquad X = \sqrt{3}R$$

$$\frac{\mathrm{d}I}{I} = -\frac{1}{2}\frac{\mathrm{d}R}{R} \qquad \frac{\mathrm{d}I}{I} = -\frac{1}{4}\frac{\mathrm{d}R}{R}$$

Die Schaltungen in Bild 11.11a,b mit induktivem oder kapazitivem Vorwiderstand sind nicht nur verlustfrei sondern auch um den Faktor 2 unempfindlicher gegenüber Änderungen von R.

4. Wird pro Periode eine Halbschwingung der Spannung U an die Lampe gelegt, so ist der Effektivwert

$$U_{eff} = \sqrt{2} \cdot U \cdot \sqrt{\frac{1}{2\pi} \int_0^{\pi} \sin^2 \tau \, \mathrm{d}\tau} \qquad \text{mit} \qquad \tau = \omega t$$

Mit $\int_0^{\pi} \sin^2 \tau \, \mathrm{d}\tau = \frac{\pi}{4}$ wird $U_{eff} = \frac{1}{2}\sqrt{2} \cdot U = 0{,}707 \cdot U$

Die Lampe wird also dem $\sqrt{2}$-fachen ihrer Nennspannung ausgesetzt und deshalb zerstört.

18.11.2 Modulation von Wechselgrössen

1. Ausgehend von der trigonometrischen Identität

$$\sin a \cdot \sin b = \frac{\cos(a-b)}{2} - \frac{\cos(a+b)}{2}$$

erhält man mit $a = \omega_1 t$ und $b = \omega_2 t - \varphi$

$$x_3 = \frac{\widehat{x}_1 \cdot \widehat{x}_2}{2}\Big(\cos\Big[(\omega_1 - \omega_2)\,t + \varphi\Big] - \cos\Big[(\omega_1 + \omega_2)\,t - \varphi\Big]\Big)$$

x_3 enthält zwei Wechselgrössen mit der Summe und der Differenz der Ausgangsfrequenzen.

2. Aus der Beziehung

$$\cos a \cdot \cos b = \frac{\cos(a-b)}{2} + \frac{\cos(a+b)}{2}$$

gewinnt man

$$x_3^C = \frac{\widehat{x}_1 \cdot \widehat{x}_2}{2}\Big(\cos\Big[(\omega_1 - \omega_2)\,t + \varphi\Big] + \cos\Big[(\omega_1 + \omega_2)\,t - \varphi\Big]\Big)$$

Die Addition liefert

$$x_3^S = x_3^C + x_3 = \widehat{x}_1 \cdot \widehat{x}_2 \cdot \cos\Big[(\omega_1 - \omega_2)t + \varphi\Big]$$

hingegen die Subtraktion

$$x_3^D = x_3^C - x_3 = \widehat{x}_1 \cdot \widehat{x}_2 \cdot \cos\Big[(\omega_1 + \omega_2)t - \varphi\Big]$$

Anmerkung: die Trennung der beiden Frequenzen kann auch mit elektrischen Filterschaltungen erreicht werden.

3. Hat man die Bezugsgrösse x_1 mit der Frequenz ω und die zu messende Grösse x_2 mit derselben Frequenz, dann wird

$$x_3 = \widehat{x}_1 \cdot \widehat{x}_2 \cdot \Big(\cos\varphi + \cos(2\omega t - \varphi)\Big)$$

Trennt man den Anteil mit der doppelten Frequenz ab, erhält man

$$x_3^S = \widehat{x}_1 \cdot \widehat{x}_2 \cdot \cos\varphi$$

Allerdings ist das Vorzeichen von φ hieraus nicht bestimmbar. Wenn aber, wie vorausgesetzt, von beiden Wechselgrössen zwei um $\pi/2$ phasenverschobene Signale existieren, kann gemäss

$$\begin{aligned}\sin a \cdot \cos b &= \frac{\sin(a-b)}{2} + \frac{\sin(a+b)}{2}\\ \cos a \cdot \sin b &= -\frac{\sin(a-b)}{2} + \frac{\sin(a+b)}{2}\end{aligned}$$

wie zuvor

$$x_4 = \frac{\widehat{x}_1 \cdot \widehat{x}_2}{2}\Big(\sin\big[(\omega_1-\omega_2)t+\varphi\big] + \sin\big[(\omega_1+\omega_2)t-\varphi\big]\Big)$$

und

$$x_4^C = \frac{\widehat{x}_1 \cdot \widehat{x}_2}{2}\Big(-\sin\big[(\omega_1-\omega_2)t+\varphi\big] + \sin\big[(\omega_1+\omega_2)t-\varphi\big]\Big)$$

gebildet werden, hieraus erhält man mit $\omega_1 = \omega_2 = \omega$

$$x_4^D = x_4 - x_4^C = \widehat{x}_1 \cdot \widehat{x}_2 \cdot \sin\varphi$$

Aus x_3^S und x_4^D ist der Phasenwinkel eindeutig bestimmt. Bildet man den Quotienten

$$\frac{x_4^D}{x_3^S} = \frac{\sin\varphi}{\cos\varphi} = \tan\varphi$$

so fällt der Einfluss von $\widehat{x}_1$ und $\widehat{x}_2$ heraus, beide Grössen müssen nicht genau bekannt sein. Die Tangensfunktion hat die Periode π; aus den Vorzeichen von x_4^D und x_3^S ist jedoch φ im Bereich $0 \leq \varphi \leq 2\pi$ bestimmt.

18.12 Kapitel 12

18.12.1 Wechselstromschaltung mit zwei Widerständen, Drossel und Kondesator

1. Der Gesamtwiderstand ist

$$\begin{aligned}\underline{R}(\omega) &= \frac{(R_1 + \frac{1}{j\omega C})(R_2 + j\omega L)}{R_1 + \frac{1}{j\omega C} + R_2 + j\omega L} \\ &= \frac{(R_2 - \omega^2 CLR_1) + j\omega(R_1R_2C + L)}{(1 - \omega^2 LC) + j\omega(R_1C + R_2C)} \\ &= \frac{R_2 - \omega^2 CLR_1}{1 - \omega^2 CL} \cdot \frac{1 + j\omega\frac{R_1R_2C + L}{R_2 - \omega^2 CLR_1}}{1 + j\omega\frac{(R_1 + R_2)C}{1 - \omega^2 CL}}\end{aligned}$$

2. Die Grenzfälle sind $R(0) = R_2$ und $R(\infty) = R_1$.
Diese beiden Resultate sind auch physikalisch verständlich, wenn man weiss, dass sich eine Kapazität bei hohen Frequenzen wie ein Kurzschluss und bei niedrigen Frequenzen wie ein Unterbruch verhält. Die Induktivität hingegen stellt bei tiefen Frequenzen einen Kurzschluss und bei hohen einen Unterbruch dar.

3. Damit der Widerstand im ganzen Frequenzbereich reell gemacht werden kann, müssen entsprechend dem Ergebnis der Frage 1 die Imaginärteile des zweiten Faktors im Zähler und Nenner für alle ω identisch sein.

$$\frac{R_1R_2C + L}{R_2 - \omega^2 CLR_1} = \frac{(R_1 + R_2)C}{1 - \omega^2 CL}$$

Durch Ausmultiplizieren erhält man zwei Gleichungen, eine für die von ω abhängigen und eine für die unabhängigen Terme. Die gesuchten Bedingungen sind

$$R_1 = R_2 = \sqrt{\frac{L}{C}}$$

4. Nach Bild 18.35 liegen die Spitzen von $\underline{U}_{R1}$ und $\underline{U}_{R2}$ auf einem Kreis mit dem Durchmesser U. Für die Spannungen gilt $\underline{U}_{R1} = \underline{U}_L$ und $\underline{U}_{R2} = \underline{U}_C$; $\underline{U}_{R1}$ und $\underline{U}_{R2}$ stehen senkrecht aufeinander. Es gilt

$$U_{R1}^2 + U_{R2}^2 = U^2$$

Da $R_1 = R_2 = R$ ist, gilt auch

$$I_{R1}^2 + I_{R2}^2 = I^2 \quad \text{mit} \quad I = U/R$$

Bei zunehmender Frequenz bewegen sich der Spannungszeiger $\underline{U}_{R1}$ und der Stromzeiger $\underline{I}_{R1}$ auf den zugehörigen Kreisen im Uhrzeigersinn.

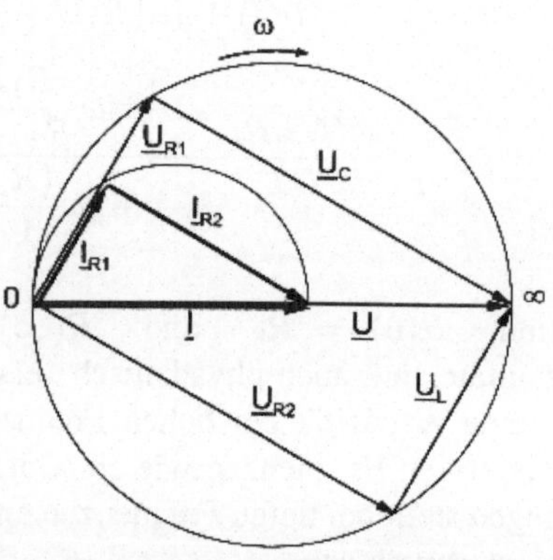

Bild 18.35: Zeigerdiagramm

18.12.2 Transformator mit verschiedenen Belastungen

1. Bild 18.36 zeigt die Ersatzschemata für die drei Belastungsfälle. Es ist

$$\underline{I}_1 = \underline{I}_m + \underline{I}_1' \quad \text{mit} \quad \underline{I}_m = \frac{\underline{U}_1}{j\omega L_H}$$

$$\text{Mit} \quad \underline{I}_2 = \frac{\underline{U}_2}{\underline{Z}} \quad , \quad \underline{I}_1' = \frac{\underline{U}_1}{\underline{Z}} \cdot \frac{N_2^2}{N_1^2} = \frac{\underline{U}_1}{\underline{Z}} \ddot{u}^2$$

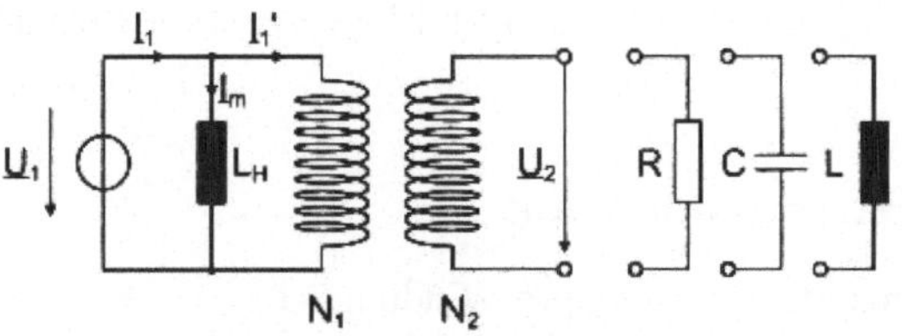

Bild 18.36: Ersatzschaltung

$$\text{und} \qquad \underline{Z} = \left\{ \begin{matrix} R \\ j\omega L \\ 1/(j\omega C) \end{matrix} \right\} \qquad \text{wird}$$

$$\begin{aligned} \underline{I}_{1R} &= \underline{I}_m + \frac{\underline{U}_1 \cdot \ddot{u}^2}{R} \\ \underline{I}_{1L} &= \underline{I}_m + \frac{\underline{U}_1 \cdot \ddot{u}^2}{j\omega L} \\ \underline{I}_{1C} &= \underline{I}_m + \underline{U}_1 \ddot{u}^2 \cdot j\omega C \end{aligned}$$

Das Zeigerdiagramm Bild 18.37 zeigt, dass der Strom $\underline{I}_1$ in der Halbebene $Re(\underline{I}_1) > 0$ liegt, wenn $\underline{U}_1$ in Richtung der reellen Achse zeigt.

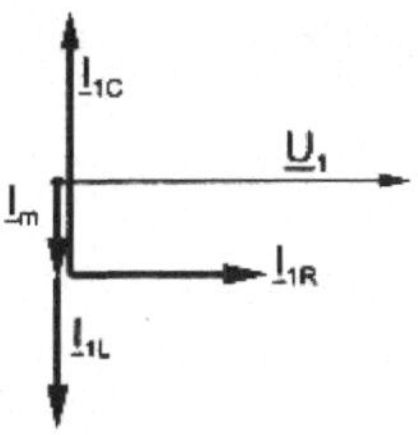

Bild 18.37: Zeigerdiagramm

2. Bei kapazitiver Last und unter der Bedingung

$$C = \frac{I_m}{\omega U_1 \ddot{u}^2}$$

verschwindet der Strom I_1. Den Magnetisierungsstrom liefert der Kondensator.

18.12.3 Netztransformator

1. Die induzierte Spannung pro Windung ist

$$\frac{u}{N} = \frac{\mathrm{d}\Phi}{\mathrm{d}t}$$

Bei sinusförmigem Spannungs- und Flussverlauf ist

$$\Phi = \Phi_{max}\sin(\omega t) = B_{max}A_{Fe}\sin(\omega t)$$

und damit

$$\frac{u}{N} = \omega B_{max}A_{Fe}\cos(\omega t) = \frac{\sqrt{2}U}{N}\cos(\omega t)$$

Die Windungsspannung ist somit

$$U_W = \frac{U}{N} = \frac{\omega B_{max}A_{Fe}}{\sqrt{2}} = 0{,}87\ \mathrm{V}$$

2. Die Windungszahl der Primärwicklung:

$$N_1 = \frac{U_1}{u_W} = 264{,}2$$

Da $B \leq B_{max}$ gelten soll, wird aufgerundet $\rightarrow$ $N_1 = 265$. Die Windungszahl der Sekundärwicklung ist

$$N_2 = N_1\frac{U_2}{U_1} = 14$$

Für die Wicklungswiderstände gilt

$$R = \rho\frac{\ell}{A_{Cu}}N^2$$

mit $\rho = 1{,}8 \cdot 10^8$ Ωm für Kupfer, also

$$R_1 = \rho\frac{\ell_{W1}}{A_{Cu1}}N_1^2 = 0{,}405\ \Omega$$

$$R_2 = \rho\frac{\ell_{W2}}{A_{Cu2}}N_2^2 = 1{,}5\ \mathrm{m}\Omega$$

3. Für die Hauptinduktivität ist

$$L_H = \mu_0\mu_r \frac{A_{Fe}N_1^2}{\ell_{Fe}} = 0{,}55\ \mathrm{H}$$

Der Blindwiderstand ist

$$X_H = \omega L_H = 172\ \Omega$$

Der OHM-Widerstand $R_1 \ll X_H$ hat keinen Einfluss auf den Betrag des Leerlaufstromes

$$I_{1\ell} = \frac{U_1}{X_H} = 1{,}33\ \mathrm{A}$$

4. Für den fest verkoppelten Transformator gilt

$$\underline{U}_1 = j\omega L_H \underline{I}_1 + j\omega \frac{N_2}{N_1} L_H \underline{I}_2$$

$$\underline{U}_2 = j\omega L_H \frac{N_2}{N_1} \underline{I}_1 + j\omega \left(\frac{N_2}{N_1}\right)^2 L_H \underline{I}_2$$

mit

$$L_{11} = L_H$$

$$L_{12} = L_{21} = \frac{N_2}{N_1} L_H$$

$$L_{22} = \left(\frac{N_2}{N_1}\right)^2 L_H$$

Weiter ist nach Kap. 12.5

$$L_1 = L_{11} - L_{12} = L_H\left(1 - \frac{N_2}{N_1}\right) = 0{,}52\ \mathrm{H}$$

$$L_2 = L_{22} - L_{12} = L_H\left(\frac{N_2}{N_1} - 1\right)\frac{N_2}{N_1} = -0{,}023\ \mathrm{H}$$

$$L_3 = L_{12} = L_H \frac{N_2}{N_1} = 0{,}029\ \mathrm{H}$$

18.12.4 Magnetisierungsstrom eines Transformators mit Sättigungseinfluss

1. Für die induzierte Spannung gilt

$$U = N\frac{\mathrm{d}\phi}{\mathrm{d}t} = NA_E\frac{\mathrm{d}B}{\mathrm{d}t} = \sqrt{2}U\cos(\omega t)$$

Dann ist

$$B = \frac{\sqrt{2}U}{\omega NA_E}\sin(\omega t)$$

Nach dem Durchflutungsgesetz ist

$$\frac{iN}{\ell_E} = H = a_1B + a_3B^3$$

oder

$$i = \frac{\ell_E}{N}\left(a_1\frac{\sqrt{2}U}{\omega NA_E}\sin(\omega t) + a_3\left(\frac{\sqrt{2}U}{\omega NA_E}\right)^3\sin^3(\omega t)\right)$$

$$i = \frac{\sqrt{2}U}{\omega}\frac{\ell_E a_1}{N^2A_E}\left(\sin(\omega t) + \frac{a_3}{a_1}\frac{2U^2}{\omega^2N^2A_E^2}\sin^3(\omega t)\right)$$

Hierin ist

$$\frac{N^2A_E}{\ell_E a_1} = L_H$$

die Hauptinduktivität des Stromkreises, solange die Sättigungseinflüsse des Eisens noch unmerklich sind.
Dann kann weiter geschrieben werden

$$\frac{a_3}{a_1}\frac{2U^2}{\omega^2N^2A_E^2} = \frac{a_3}{a_1^2}\frac{2U^2}{\omega^2A_E\ell_E}\frac{\ell_E a_1}{N^2A_E} = \frac{L_3}{L_H}$$

mit der Hilfsgrösse

$$L_3 = \frac{a_3}{a_1^2}\frac{2U^2}{\omega^2A_E\ell_E} = \frac{a_3}{a_1^2}\frac{2U_n^2}{\omega^2V_E}$$

und schliesslich mit $b_3 = (L_3/L_H)(U/U_n)^2$

$$i = \frac{\sqrt{2}U}{\omega L_H}\Big(\sin(\omega t) + b_3 \sin^3(\omega t)\Big)$$

Mit der trigonometrischen Identität $\sin^3(\omega t) = \frac{3}{4}\sin(\omega t) - \frac{1}{4}\sin(3\omega t)$ wird

$$i = \frac{\sqrt{2}U}{\omega L_H}\Big((1 + \frac{3}{4}b_3)\sin(\omega t) - \frac{1}{4}b_3 \sin(3\omega t)\Big)$$

2. Zur Darstellung führt man zweckmässig den Referenzstrom

$$I_H = \frac{\sqrt{2}U_N}{\omega L_H}$$

und die Abkürzungen $\frac{i}{I_H} = y$, $\frac{U}{U_n} = v$, $\frac{L_3}{L_H} = \lambda$ ein und erhält

$$y = v \cdot \Big((1 + \frac{3}{4}\lambda v^2)\sin(\omega t) - \frac{1}{4}\lambda v^2 \sin(3\omega t)\Big)$$

mit

$$\lambda = \frac{a_3}{a_1^2} \cdot 2 \cdot \left(\frac{U_n}{\omega}\right)^2 \frac{1}{V_E} \cdot \frac{1}{L_H} = 0{,}86$$

Bei $v = 0{,}5$, also halber Nennspannung, ist die Sättigung noch unbedeutend; es ist $y \approx 0{,}5$ entsprechend dem halben Referenzstrom I_H, der bei Nennspannung U_n bei linearer Magnetisierungskennlinie fliessen würde. Bei $v = 1$, also Nennspannung erhöht sich der Magnetisierugsstrom auf den doppelten, bei $v = 1{,}5$ auf den fünffachen Wert des Referenzstromes.

18.13 Kapitel 13

18.13.1 Allpass 1. Ordnung

1. Die Schaltung ist eine Brückenschaltung mit dem Spannungsverhältnis

$$\frac{\underline{U}_2}{\underline{U}_1} = \frac{\frac{1}{j\omega C_2}}{R_1 + \frac{1}{j\omega C_2}} - \frac{R_2}{R_2 + \frac{1}{j\omega C_1}}$$

$$\frac{\underline{U}_2}{\underline{U}_1} = \frac{1}{1 + j\omega C_2 R_1} - \frac{j\omega C_1 R_2}{1 + j\omega C_1 R_2}$$

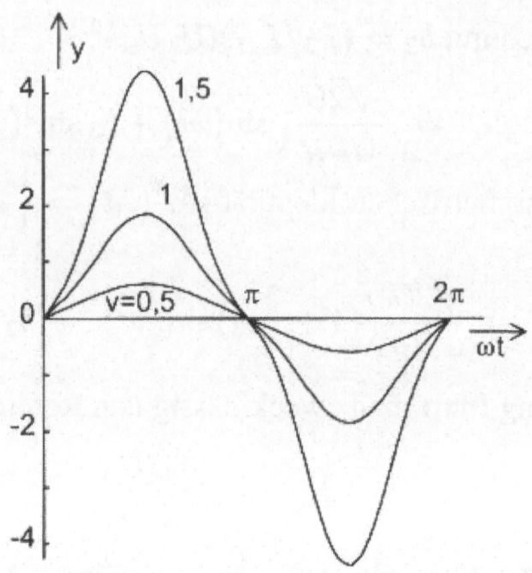

Bild 18.38: Funktionsschaubild für $i(t)$ in zweckmässig bezogener Form

Wird $C_1 R_2 = C_2 R_1 = T$ gemacht, so wird

$$\frac{\underline{U}_2}{\underline{U}_1} = \frac{1 - j\omega T}{1 + j\omega T}$$

$$\left|\frac{\underline{U}_2}{\underline{U}_1}\right| = \sqrt{\frac{1 + \omega^2 T^2}{1 + \omega^2 T^2}} = 1$$

unabhängig von der Frequenz.

2. Nach Frage 1 ist der Betrag des Spannungsverhältnisses: $U_2/U_1 = 1$. Mit $\tan\varphi = \omega T$ wird $\psi = \angle(\underline{U}_2, \underline{U}_1) = -2\varphi = -2\arctan(\omega T)$. Betrag und Phase als Funktion der normierten Kreisfrequenz $\Omega = \omega T$ sind in Bild 18.39 dargestellt.

3. Zur Bestimmung des Innenwiderstandes zwischen den Klemmen $a_1 - a_2$ beim Betrieb mit starrer Spannungsquelle U_1 sind die Klemmen $e_1 - e_2$ kurzzuschliessen. Dann ist C_1 parallel R_2 und C_2 parallel R_1, beide

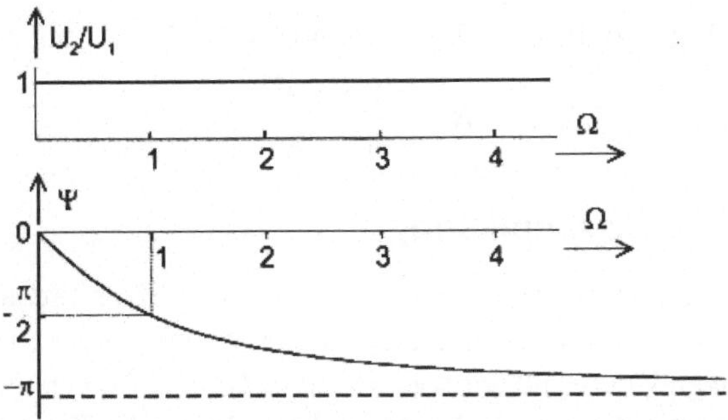

Bild 18.39: Betrag und Phase des Allpasses 1. Ordnung

Parallelschaltungen liegen in Serie. Also ist

$$R_i = \frac{\dfrac{R_2}{j\omega C_1}}{R_2 + \dfrac{1}{j\omega C_1}} + \frac{\dfrac{R_1}{j\omega C_2}}{R_1 + \dfrac{1}{j\omega C_2}} = \frac{R_2}{1 + j\omega C_1 R_2} + \frac{R_1}{1 + j\omega C_2 R_1}.$$

Für den Allpass ist $C_1 R_2 = C_2 R_1 = T$, also $R_i = R_1 + R_2/(1 + j\omega T)$.

4. Beim Betrieb mit eingeprägtem Strom am Eingang ist dieser offen, es liegen die Serieschaltungen $R_1 - C_1$ und $R_2 - C_2$ parallel.

$$R_i = \frac{(R_1 + \dfrac{1}{j\omega C_1})(R_2 + \dfrac{1}{j\omega C_2})}{R_1 + \dfrac{1}{j\omega C_1} + R_2 + \dfrac{1}{j\omega C_2}} = \frac{(1 + j\omega C_1 R_1)(1 + j\omega C_2 R_2)}{-\omega^2 C_1 C_2 (R_1 + R_2) + j\omega(C_1 + C_2)}$$

Für den Allpass ist $C_1 R_2 = C_2 R_1 = T$ und somit

$$R_i = \frac{(1 + j\omega C_1 R_1)(1 + j\omega C_2 R_2)}{j\omega(C_1 + C_2)(1 + j\omega T)}.$$

Für den Spezialfall $R_1 = R_2 = R$ und $C_1 = C_2 = C$ wird mit $T = RC$

$$R_i = \frac{1 + j\omega T}{j\omega \cdot 2C}.$$

18.13.2 Leistungsanpassung

Aus einer Quelle mit reellem Innenwiderstand $Z = R$ und reeller Belastung $W = r$ wird bei $R = r$ die maximale Leistung an die Last geliefert. Bei komplexem Innenwiderstand wird der Strom und damit die maximal abgebbare Leistung durch den Blindanteil X vermindert. Dessen Einfluss verschwindet, wenn er vom Blindwiderstand x der Last kompensiert wird. Macht man

$$W = R - jX = Z^*$$

wird die maximale Leistung

$$P_{max} = \frac{U^2}{4R}$$

an die Last abgegeben. Dieses Ergebnis kann man auch formal aus der Leistung

$$P = \frac{U^2 r}{(r+R)^2 + (x+X)^2}$$

ableiten, wenn die beiden partiellen Differentialquotienten verschwinden:

$$\frac{\partial P}{\partial x} = 0$$

$$\frac{\partial P}{\partial r} = 0$$

18.13.3 Fahrrad-Beleuchtung

1. Den Ersatzstromkreis zeigt Bild 18.40.

2. Klemmenspannung:

$$\underline{U}_v = \underline{I} \cdot R_v = \frac{\underline{U}_i \cdot R_v}{R_w + R_v + j\omega L}$$

$$U_v = \frac{U_i \cdot R_v}{\sqrt{(R_w + R_v)^2 + \omega^2 L^2}} = \frac{U_H \dfrac{\omega}{\omega_H} R_v}{\sqrt{(R_w + R_v)^2 + \omega^2 L^2}}$$

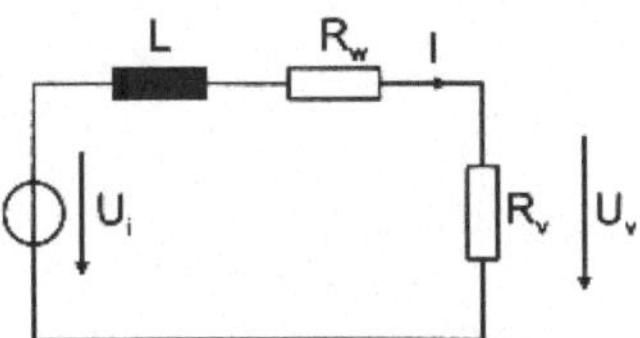

Bild 18.40: Ersatzstromkreis der Fahrrad-Lichtmaschine mit Widerstandsbelastung

3. Die maximale Spannung tritt bei $\omega L \gg R_w + R_v$ auf:

$$U_{vmax} = \frac{U_H R_v}{\omega_H L}$$

Damit wird

$$U_v = \frac{\omega L \cdot U_{vmax}}{\sqrt{(R_w + R_v)^2 + \omega^2 L^2}}$$

$$\text{oder} \quad \frac{U_v}{U_{vmax}} = \frac{\omega L}{\sqrt{(R_w + R_v)^2 + \omega^2 L^2}}$$

4. Die Frequenz ist $f = vp/(\pi d)$ und die Kreisfrequenz $\omega = 2\pi f = 2vp/d$. Damit wird

$$\frac{U_v}{U_{vmax}} = \frac{2pLv}{d\sqrt{(R_w + R_v)^2 + \frac{4p^2 L^2}{d^2} v^2}} = \frac{v}{\sqrt{\frac{(R_w + R_v)^2 d^2}{4p^2 L^2} + v^2}}$$

mit $v_H = (R_w + R_v)/(2pL) \cdot d = 1{,}88\ \mathrm{m/s} = 6{,}75\ \mathrm{km/h}$.

5. Bei 5 km/h ist $U_{v=5} = 4{,}17$ V und bei 15 km/h ist $U_{v=15} = 6{,}38$ V. Die Bedingungen sind erfüllt.

6. (Expertenfrage) Das Ersatzschema zeigt Bild 18.42.
Für die Bestimmung von U_v geht man zweckmässig vom Zeigerdiagramm Bild 18.43 aus; $\underline{U}_L$ muss in Phase zu $\underline{I}$ liegen.
Mit $R = R_w + R_L$ wird

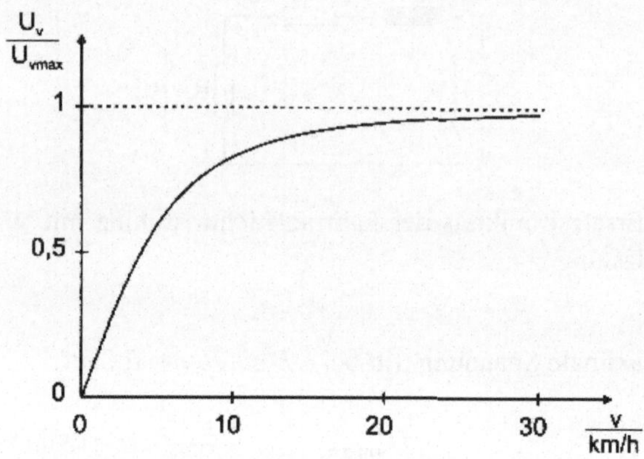

Bild 18.41: Klemmenspannung der Fahrrad-Lichtmaschine in Abhängigkeit der Geschwindigkeit

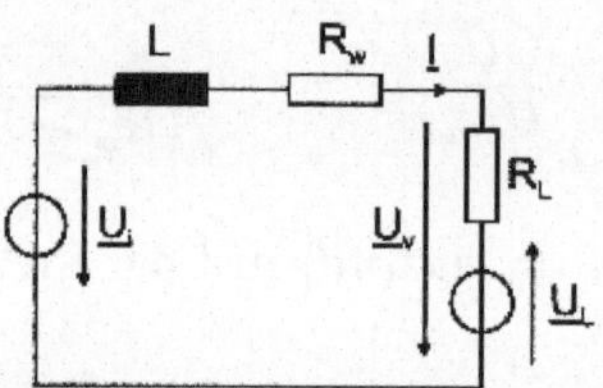

Bild 18.42: Ersatzschema mit verbesserter Annäherung der Glühlampenlast für $U_v \geq 3$ V

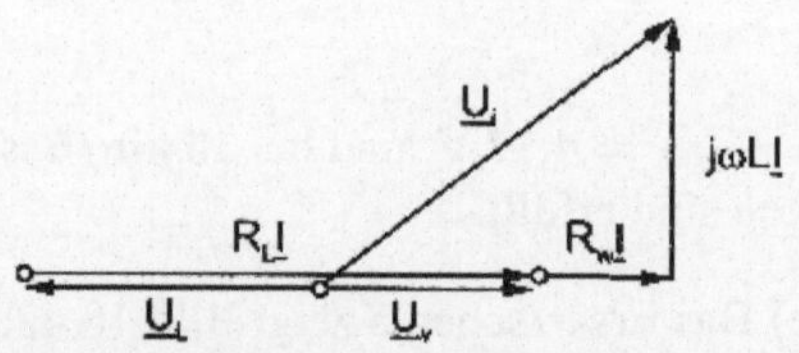

Bild 18.43: Zeigerdiagramm zum Stromkreis in Bild 18.42

$U_i^2 = \omega^2 L^2 I^2 + (RI - U_L)^2$ und $U_v = R_L I - U_L$.
Aus der ersten Gleichung gewinnt man

$$(R^2 + \omega^2 L^2) I^2 - 2U_L RI + U_L^2 - U_i^2 \quad = \quad 0$$

mit der Lösung

$$I = \frac{U_L R \pm \sqrt{U_L^2 R^2 + (U_i^2 - U_L^2)(R^2 + \omega^2 L^2)}}{R^2 + \omega^2 L^2}$$

Aus dem Grenzfall $U_L = 0$ erkennt man, dass nur die Lösung mit positivem Vorzeichen vor der Wurzel brauchbar ist. Zusammengefasst ist

$$I = \frac{U_L R + \sqrt{U_i^2 (R^2 + \omega^2 L^2) - U_L^2 \omega^2 L^2}}{R^2 + \omega^2 L^2}$$

und damit

$$U_v = R_L \frac{U_L R + \sqrt{U_i^2 (R^2 + \omega^2 L^2) - U_L^2 \omega^2 L^2}}{R^2 + \omega^2 L^2} - U_L$$

Mit $U_i = U_H / \omega_H \cdot \omega$ und dem Grenzübergang $\omega \to \infty$ wird

$$U_{vmax} \quad = \quad \frac{U_H R_L}{\omega_H L} - U_L \quad \text{oder} \quad \frac{U_H}{\omega_H} \omega \quad = \quad (U_{vmax} + U_L) \frac{L}{R_L} \omega$$

und damit $U_v \quad =$

$$= \frac{R_L}{R} \cdot \frac{U_L + \sqrt{(U_{vmax} + U_L)^2 \frac{L^2}{R_L^2} \omega^2 (1 + \omega^2 \frac{L^2}{R^2}) - U_L^2 \omega^2 \frac{L^2}{R^2}}}{1 + \omega^2 \frac{L^2}{R^2}} - U_L$$

Mit den Abkürzungen $\frac{R_L}{R} = \rho$; $\frac{L}{R_L} = T_L$; $\frac{L}{R} = T_G$ und dem Bezug auf U_{vmax} ist

$$\frac{U_v}{U_{vmax}} \quad = \quad \rho \frac{\frac{U_L}{U_{vmax}} + \sqrt{\left(1 + \frac{U_L}{U_{vmax}}\right)^2 T_L^2 \omega^2 (1 + \omega^2 T_G^2) - \left(\frac{U_L}{U_{vmax}} \omega T_G\right)^2}}{1 + \omega^2 T_G^2} - \frac{U_L}{U_{vmax}}$$

Weiter abgekürzt $\frac{U_v}{U_{vmax}} = u_v$; $\frac{U_L}{U_{vmax}} = u_L$; $\omega = \frac{2pv}{d}$ erhält man

$$u_v =$$

$$= \rho \cdot \frac{u_L + \sqrt{(1+u_L)^2 T_L^2 \left(\frac{2pv}{d}\right)^2 \left(1 + \left(\frac{2pv}{d} T_G\right)^2\right) - \left(u_L \frac{2pv}{d} T_G\right)^2}}{1 + \left(\frac{2pv}{d} T_G\right)^2} - u_L$$

Wählt man $\frac{d}{2pT_G} = v_H$ als Bezugsgeschwindigkeit, so wird

$$U_v = \rho \frac{u_L + \sqrt{(1+u_L)^2 \frac{T_L^2}{T_G^2} \left(\frac{v}{v_H}\right)^2 \left(1 + \left(\frac{v}{v_H}\right)^2\right) - \left(u_L \frac{v}{v_H}\right)^2}}{1 + \left(\frac{v}{v_H}\right)^2} - u_L$$

Da $T_L/T_G = \rho$ ist und $v/v_H = x$ abgekürzt sei, ist

$$u_v = \rho \frac{u_L + \sqrt{(1+u_L)^2 \rho^2 x^2 (1+x^2) - u_L^2 x^2}}{1+x^2} - u_L$$

Die Zahlenwerte der festen Grössen sind

$$u_L = \frac{U_L}{U_{vmax}} = \frac{6\,\mathrm{V}}{7\,\mathrm{V}} = 0{,}857$$

$$\rho = \frac{R_w + R_L}{R_L} = \frac{27\,\Omega}{24\,\Omega} = 1{,}125$$

$$v_H = \frac{d(R_w + R_L)}{2pL} = \frac{0{,}02\,\mathrm{m} \cdot 27\,\Omega}{80{,}02\,\mathrm{H}} = 3{,}38\,\mathrm{m/s} = 12{,}2\,\mathrm{km/h}$$

Die gesetzlichen Eckwerte sind:

$$v = 5\,\mathrm{km\,h} \rightarrow x_5 = 0{,}412 \rightarrow u_{v5} = 0{,}448 \rightarrow U_{v5} = 3{,}14\,\mathrm{V}$$

$$v = 15\,\mathrm{km\,h} \rightarrow x_{15} = 1{,}235 \rightarrow u_{v15} = 0{,}839 \rightarrow U_{v15} = 5{,}87\,\mathrm{V}$$

Anmerkung: Der Vergleich mit den Ergebnissen der Frage 5 zeigt, dass die Belastung durch Glühlampen kritischer ist als die Belastung durch einen OHM-Widerstand.

18.14 Kapitel 14

18.14.1 Vierpolersatzschema eines Transistors

1. Mit $\underline{G}_C = 0$ wird

$$\underline{I}_1 = \frac{\underline{G}_E}{1 + R_B \underline{G}_E} \cdot \underline{U}_1$$

Weiter ist $\underline{I}_2 - G_{CE} \cdot \underline{U}_2 - \underline{I}_{CE} = 0$.
Mit

$$I_{CE} = \underline{G}_S \underline{U}_{BE} = \frac{\underline{G}_S}{\underline{G}_E} \underline{I}_1 = \frac{\underline{G}_S}{1 + R_B \underline{G}_E} \underline{U}_1$$

wird

$$\underline{I}_2 = \frac{\underline{G}_S}{1 + R_B \underline{G}_E} \underline{U}_1 + G_{CE} \underline{U}_2$$

Damit erhält man

$$Y_{11} = \frac{\underline{G}_E}{1 + R_B \underline{G}_E}$$

$$Y_{12} = 0$$

$$Y_{21} = \frac{\underline{G}_S}{1 + R_B \underline{G}_E}$$

$$Y_{22} = G_{CE}$$

2. Für Wechselgrössen ist die Gleichspannungsquelle ein Kurzschluss. Damit erhält man das Ersatzschema Bild 18.44.

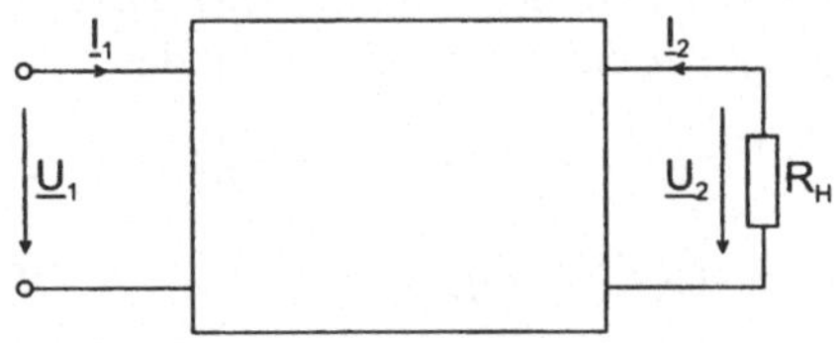

Bild 18.44: Ersatzschema des Verstärkers

$$\underline{U}_2 = -\underline{I}_2 \cdot R_H = -\frac{\underline{G}_S R_H}{1 + R_B \underline{G}_E} \cdot \underline{U}_1 - R_H \cdot G_{CE} \cdot \underline{U}_2$$

$$\frac{\underline{U}_2}{\underline{U}_1} = -\frac{\underline{G}_S R_H}{(1 + R_H G_{CE})(1 + R_B \underline{G}_E)} = \underline{V}$$

3. Für die Verstärkung und die Zeitkonstante erhält man

$$\underline{V} = \frac{-G_S R_H}{(1 + R_H G_{CE})(1 + j\omega T)(1 + R_B G_E + j\omega R_B C_E)}$$

$$\underline{V} = \frac{-G_S R_H}{(1 + R_H G_{CE})(1 + R_B G_E)(1 + j\omega T)(1 + j\omega T_B)}$$

$$= \frac{-V_0}{(1 + j\omega T)(1 + j\omega T_B)}$$

mit

$$V_0 = \frac{G_S R_H}{(1 + R_H G_{CE})(1 + R_B G_E)} =$$

$$= \frac{50}{(1 + 2{,}5 \cdot 10^{-2})(1 + 5 \cdot 10^{-2})} = 46{,}5$$

und

$$T_B = \frac{R_B C_E}{1 + R_B G_E} = \frac{500\ \mathrm{ns}}{1 + 5 \cdot 10^{-2}} = 476\ \mathrm{ns}$$

Der Betrag der Verstärkung ist

$$V = \frac{V_0}{\sqrt{1 + \omega^2 T^2}\sqrt{1 + \omega^2 T_B^2}}$$

und in Bild 18.45 als Funktion der Frequenz dargestellt.
Für die Grenzfrequenz ergibt sich nacheinander:

$$(1 + \omega_g^2 T^2)(1 + \omega_g^2 T_B^2) = 2$$

$$-1 + \omega_g^2 (T^2 + T_B^2) + w_g^4 T^2 T_B^2 = 0$$

$$f_g = \frac{\omega_g}{2\pi} = 297\ \mathrm{kHz}$$

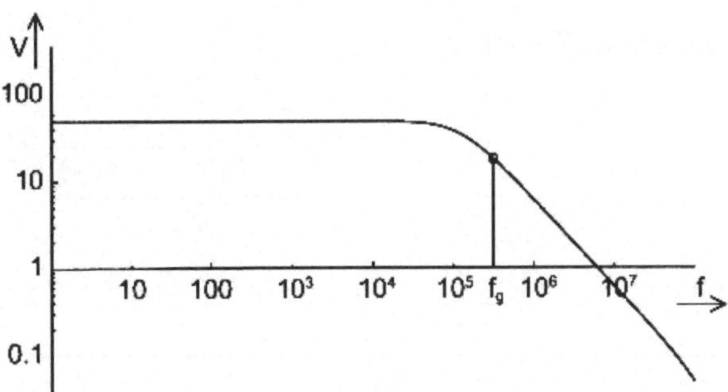

Bild 18.45: Frequenzgang mit Grenzfrequenz f_g

4. Aus den Knotengleichungen
$\underline{I}_1 - \underline{U}_{BE} \cdot \underline{G}_E + (\underline{U}_2 - \underline{U}_{BE}) \cdot \underline{G}_C = 0$;
$\underline{I}_2 - \underline{I}_{CE} - \underline{U}_2 \cdot G_{CE} + (\underline{U}_{BE} - \underline{U}_2) \cdot \underline{G}_C = 0$
und $\underline{I}_{CE} = \underline{G}_S \underline{U}_{BE}$ sowie $\underline{U}_{BE} = \underline{U}_1 - \underline{I}_1 R_B$
erhält man

$$\underline{I}_1 - (\underline{G}_E + \underline{G}_C)(\underline{U}_1 - \underline{I}_1 R_B) + \underline{U}_2 \underline{G}_C = 0$$

oder

$$\underline{I}_1 = \underbrace{\frac{\underline{G}_E + \underline{G}_C}{1 + R_B(\underline{G}_E + \underline{G}_C)}}_{Y_{11}} \cdot \underline{U}_1 - \underbrace{\frac{\underline{G}_C}{1 + R_B(\underline{G}_E + \underline{G}_C)}}_{Y_{12}} \cdot \underline{U}_2$$

Weiter ist

$$\underline{I}_2 = (\underline{G}_S - \underline{G}_C) \cdot \underline{U}_{BE} + (\underline{G}_{CE} + \underline{G}_C)\underline{U}_2$$

Mit

$$U_{BE} = \underline{U}_1 - R_B(Y_{11}\underline{U}_1 + Y_{12}\underline{U}_2) = (1 - R_B Y_{11})\underline{U}_1 - R_B Y_{12}\underline{U}_2$$

wird nach kurzer Zwischenrechnung

$$\underline{I}_2 = \underbrace{\frac{\underline{G}_S - \underline{G}_C}{1 + R_B(\underline{G}_E + \underline{G}_C)}}_{Y_{21}} \cdot \underline{U}_1 +$$

$$\underbrace{\frac{R_B(\underline{G}_E G_{CE} + \underline{G}_C(\underline{G}_S + \underline{G}_E + G_{CE})) + \underline{G}_C + G_{CE}}{1 + R_B(\underline{G}_E + \underline{G}_C)}}_{Y_{22}} \cdot \underline{U}_2$$

18.14.2 Die elektrische Leitung als Vierpol

1. Die Ausgangsspannung in Abhängigkeit der Eingangsspannung bei leerlaufender Leitung.
   Mit $\underline{I}_2 = 0$ ist

$$\underline{I}_1 = -\frac{\sin(\omega\ell/v)}{jZ\cos(\omega\ell/v)} \cdot \underline{U}_1$$

und damit

$$\underline{U}_2 = \left(\cos(\omega\ell/v) + \frac{\sin^2(\omega\ell/v)}{\cos(\omega\ell/v)}\right) \cdot \underline{U}_1 \quad \text{und} \quad \frac{\underline{U}_2}{\underline{U}_1} = \frac{1}{\cos(\omega\ell/v)}$$

2. Maximale Leitungslänge: $1/(\cos(\omega\ell/v)) = 1{,}1$
   $\omega\ell/v \leq \arccos\left(\frac{1}{1{,}1}\right)$ $\omega\ell/v \leq 0{,}43$ $l \leq 0{,}43v/\omega$.
   Für das Kabel: $l_K \leq 219$ km und die Freileitung: $l_L \leq 402$ km.

3. Lastimpedanz Z_V; $\underline{I}_2 = \underline{U}_2/Z_V$; weiter sei abgekürzt: $\beta = \omega\ell/v$.
   Die umgeformten Leitungsgeichungen lauten:

$$\frac{\underline{U}_2}{jZ_L\sin\beta} = \frac{\cos\beta}{jZ_L\sin\beta} \cdot \underline{U}_1 - I_1$$

$$\frac{\underline{U}_2}{Z_V\cos\beta} = \frac{\sin\beta}{jZ_L\cos\beta} \cdot \underline{U}_1 + I_1$$

Durch Elimination von I_1 folgt:

$$\frac{\underline{U}_2}{jZ_L}\left[\frac{1}{\sin\beta}+\frac{jZ_L}{Z_V\cos\beta}\right] = \frac{\underline{U}_1}{jZ_L}\left[\frac{\cos\beta}{\sin\beta}+\frac{\sin\beta}{\cos\beta}\right]$$

$$\underline{U}_2\left[\frac{Z_V\cos\beta+jZ_L\sin\beta}{Z_V\sin\beta\cos\beta}\right] = \underline{U}_1\left[\frac{1}{\sin\beta\cos\beta}\right]$$

$$\underline{U}_2\left[\cos\beta+j\frac{Z_L}{Z_V}\sin\beta\right] = \underline{U}_1$$

Für $Z_V = Z_L$ wird $\underline{U}_2 e^{j\beta} = \underline{U}_1 \quad \frac{\underline{U}_2}{\underline{U}_1} = e^{-j\beta}$, also $\left|\frac{\underline{U}_2}{\underline{U}_1}\right| = 1.$

4. Aus $\underline{U}_2/\underline{U}_1 = e^{-j\beta}$ folgt $\angle(\underline{U}_2, \underline{U}_1) = -\beta = -\omega\ell/v.$

5. Aus der Kettendarstellung folgt

$$\begin{pmatrix}\underline{U}_2\\ \underline{I}_2\end{pmatrix} = (A)\begin{pmatrix}\underline{U}_1\\ \underline{I}_1\end{pmatrix} \quad \begin{pmatrix}\underline{U}_3\\ \underline{I}_3\end{pmatrix} = (B)\begin{pmatrix}\underline{U}_2\\ \underline{I}_2\end{pmatrix} \quad \begin{pmatrix}U_3\\ I_3\end{pmatrix} = (B)(A)\begin{pmatrix}\underline{U}_1\\ \underline{I}_1\end{pmatrix}$$

Die neue Kettenmatrix ist also

$$(C) = (B)(A) = \begin{pmatrix}\cos\beta_b & -jZ\sin\beta_b\\ \dfrac{\sin\beta_b}{jZ} & \cos\beta_b\end{pmatrix}\begin{pmatrix}\cos\beta_a & -jZ\sin\beta_a\\ \dfrac{\sin\beta_a}{jZ} & \cos\beta_a\end{pmatrix}$$

mit $\beta_{a/b} = \omega\cdot l_{a/b}/v$

$$(C) =$$

$$\begin{pmatrix}\cos\beta_a\cos\beta_b-\sin\beta_a\sin\beta_b & -jZ(\sin\beta_a\cos\beta_b+\cos\beta_a\sin\beta_b)\\ \dfrac{\sin\beta_a\cos\beta_b+\cos\beta_a\sin\beta_b}{jZ} & \cos\beta_a\cos\beta_b-\sin\beta_a\sin\beta_b\end{pmatrix}$$

$$(C) = \begin{pmatrix}\cos(\beta_a+\beta_b) & -jZ\sin(\beta_a+\beta_b)\\ \dfrac{\sin(\beta_a+\beta_b)}{jZ} & \cos(\beta_a+\beta_b)\end{pmatrix}$$

6. Bei der Parallelschaltung bleiben die Vierpolspannungen $\underline{U}_1$ und $\underline{U}_2$ unverändert, die Teilströme addieren sich zum Gesamtstrom, also $\underline{I}_1 =$

$\underline{I}_1^{(1)} + \underline{I}_1^{(2)}$, ebenso $\underline{I}_2 = \underline{I}_2^{(1)} + \underline{I}_2^{(2)}$.

$$\begin{aligned}
\underline{U}_2 &= A_{11}\underline{U}_1 + A_{12}\underline{I}_1^{(1,2)} \\
\underline{I}_2^{(1,2)} &= A_{21}\underline{U}_1 + A_{22}\underline{I}_1^{(1,2)} \\
2\underline{U}_2 &= 2A_{11}\underline{U}_1 + A_{12}\underline{I}_1 \\
\underline{I}_2 &= 2A_{21}\underline{U}_1 + A_{22}\underline{I}_1 \\
\underline{U}_2 &= A_{11}\underline{U}_1 + \frac{A_{12}}{2}\underline{I}_1 \\
\underline{I}_2 &= 2A_{21}\underline{U}_1 + A_{22}\underline{I}_1
\end{aligned}$$

7. Die Bestimmung der Vierpolparameter bei der Parallelschaltung von zwei Systemen mit den Kettenmatrizen $A^{(1)}$ und $A^{(2)}$ ist auf folgendem Weg möglich: Zunächst bestimmt man die zugehörigen Leitwertmatrizen

$$A^{(1)} \rightarrow Y^{(1)}$$

$$A^{(2)} \rightarrow Y^{(2)}$$

Die Leitwertmatrix der Parallelschaltung ist $Y = Y^{(1)} + Y^{(2)}$. Durch Umwandlung erhält man hieraus die neue Kettenmatrix A. Die Rechnung ist elementar, von Hand sehr mühselig, jedoch leicht mit einem Formelrechenprogramm durchführbar. Das Resultat lautet:

$$\begin{aligned}
A_{11} &= \frac{A_{12}^{(1)}A_{11}^{(2)} + A_{12}^{(2)}A_{11}^{(1)}}{A_{12}^{(1)} + A_{12}^{(2)}} \\
A_{12} &= \frac{A_{12}^{(1)}A_{12}^{(2)}}{A_{12}^{(1)} + A_{12}^{(2)}} \\
A_{21} &= \frac{A_{12}^{(1)}A_{21}^{(1)} + A_{12}^{(1)}A_{21}^{(2)} + A_{11}^{(2)}A_{22}^{(1)} + A_{12}^{(2)}A_{21}^{(2)}}{A_{12}^{(1)} + A_{12}^{(2)}} + \\
&\quad + \frac{A_{11}^{(1)}A_{22}^{(2)} - A_{11}^{(1)}A_{22}^{(1)} - A_{11}^{(2)}A_{22}^{(2)}}{A_{12}^{(1)} + A_{12}^{(2)}} \\
A_{22} &= \frac{A_{12}^{(1)}A_{22}^{(2)} + A_{12}^{(2)}A_{22}^{(1)}}{A_{12}^{(1)} + A_{12}^{(2)}}
\end{aligned}$$

18.15 Kapitel 15

18.15.1 Symmetrisches Drehspannungsnetz mit leerlaufender Leitung

1. Das symmetrische Dreieck mit den Kapazitäten C_L wird in einen äquivalenten Stern mit den Kapazitäten C'_E umgewandelt. Da beide Schaltungen die gleiche Blindleistung aufweisen müssen, die Dreieckspannung aber das $\sqrt{3}$-fache der Sternspannung ist, gilt:
   $\omega\, C_L\, (\sqrt{3}\, U)^2 = \omega\, C'_E\, U^2$ und $C'_E = 3\, C_L$.
   Damit wird die Betriebskapazität $C = C_E + 3\, C_L = 0{,}88\mu\,\mathrm{F}$.

2. Die Ersatzschaltung zeigt Bild 18.46.

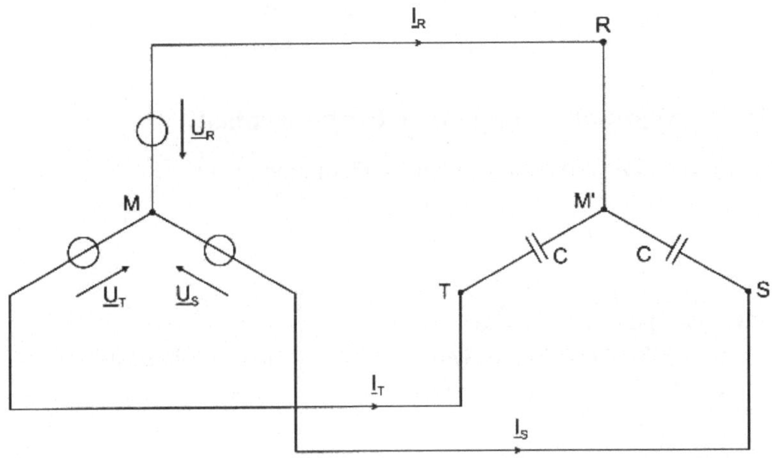

Bild 18.46: Ersatzschaltung eines Drehspannungsnetzes mit einem Erdschluss der Phase R

Weiter ist

$$\underline{I}_S = (\underline{U}_S - \underline{U}_R) \cdot j\,\omega\, C = \underline{U}_R\,(-\tfrac{1}{2} - \tfrac{1}{2}\sqrt{3}\,j - 1) \cdot j\,\omega\, C$$
$$\underline{I}_S = -(\tfrac{3}{2} + \tfrac{1}{2}\sqrt{3}\,j) \cdot j\,\omega\, C\, \underline{U}_R$$
$$\underline{I}_T = (\underline{U}_T - \underline{U}_R) \cdot j\,\omega\, C = \underline{U}_R\,(-\tfrac{1}{2} + \tfrac{1}{2}\sqrt{3}\,j - 1) \cdot j\,\omega\, C$$
$$\underline{I}_T = -(\tfrac{3}{2} - \tfrac{1}{2}\sqrt{3}\,j) \cdot j\,\omega\, C\, \underline{U}_R$$

Und damit

$$\underline{I}_{RK} = \underline{I}_R = -\underline{I}_S - \underline{I}_T = j\,3\,\omega\,C\,\underline{U}_R$$
$$I_{RK} = 3\,\omega\,C\,U_R = 3\cdot 314\,\mathsf{s}^{-1}\cdot 0{,}88\cdot 10^{-6}\,\mathsf{As/V}\cdot \tfrac{10^5}{\sqrt{3}}\,\mathsf{V} = 47{,}88\,\mathsf{A}$$

3. Fügt man zwischen M und M' die Drosselspule L ein, so ändern sich die Potentiale nicht. An der Drosselspule liegt die Spannung $\underline{U}_R$. Es fliesst von M' weg der Strom $\underline{I}_L = \underline{U}_R/(j\,\omega\,L)$.
Die Ströme $\underline{I}_S$ und $\underline{I}_T$ bleiben unverändert. Nach der Knotenregel ist daher

$$\underline{I}_{RK} = \underline{I}_L - \underline{I}_S - \underline{I}_T = \left(\frac{1}{j\,\omega\,L} + j\,3\,\omega\,C\right)\underline{U}_R = \frac{1 - 3\,\omega^2\,L\,C}{j\,\omega\,L}\,\underline{U}_R$$

Der Strom verschwindet für $L = 1/(3\,\omega^2\,C) = 3{,}84\,\mathsf{H}$.
Der Strom durch die Drossel ist der in Aufgabe 2 ermittelte Kurzschlussstrom $I_L = 47{,}88\,\mathsf{A}$.
Damit wird die Blindleistung der Drosselspule
$P_B = \omega\,L\,I_L^2 = 2{,}76\cdot 10^6\,\mathsf{VA} = 2{,}76\,\mathsf{MVA}$.

18.15.2 Symmetrierung einer Einphasenlast

1. Aus dem Zeigerdiagramm Bild 18.47entnimmt man
$U_L = \sqrt{3}\cdot U_R \qquad \underline{U}_L = \sqrt{3}\cdot\underline{U}_R\cdot e^{-j\pi/6}$
$U_C = \sqrt{3}\cdot U_R \qquad \underline{U}_C = \sqrt{3}\cdot\underline{U}_R\cdot e^{j\pi/6}$
$U_W = 3\cdot U_R \qquad \underline{U}_W = 3\cdot\underline{U}_R$
$U_M = 2\cdot U_R \qquad \underline{U}_M = -2\cdot\underline{U}_R$
Wegen $I_R = I_S = I_T$ ist
$\omega\cdot L/W = U_L/U_W = 1/\sqrt{3} \quad\Longrightarrow\quad \omega\cdot L = W/\sqrt{3}$
$\omega\cdot C\cdot W = U_W/U_C = \sqrt{3} \quad\Longrightarrow\quad \omega\cdot C = \sqrt{3}/W$
$\omega^2\cdot L\cdot C = 1$

2. Die Wirkleistung ist

$$P_W = \frac{U_W^2}{W} = \frac{9\cdot U_R^2}{W}$$

Die Scheinleistungen sind

$$S_L = \frac{U_L^2}{\omega\cdot L} = \frac{3\cdot U_R^2}{\omega\cdot L} = \frac{3\cdot\sqrt{3}\cdot U_R^2}{W}$$

$$S_C = \omega\cdot C\cdot U_C^2 = 3\cdot\omega\cdot C\cdot U_R^2 = \frac{3\cdot\sqrt{3}\cdot U_R^2}{W}$$

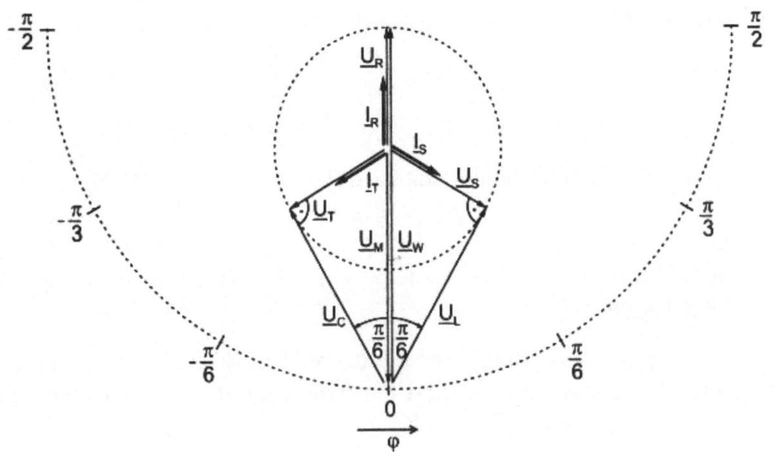

Bild 18.47: Das Zeigerdiagramm

Damit wird

$$\frac{S_L}{P_W} = \frac{S_C}{P_W} = \frac{1}{3} \cdot \sqrt{3}$$

3. Nach Gl. (15.55) ist die Spannung U_M entsprechend der vorgegebenen Zählpfeilrichtung

$$\underline{U}_M = -\underline{U}'_M = \frac{\dfrac{\underline{U}_R}{W} + \dfrac{\underline{U}_S}{j \cdot X_L} + j \cdot Y_C \cdot \underline{U}_T}{\dfrac{1}{W} + \dfrac{1}{j \cdot X_L} + j \cdot Y_C}$$

mit den Abkürzungen $\omega \cdot L = X_L$ und $\omega \cdot C = Y_C$
Bezugsphase sei $\underline{U}_R$, dann ist

$$\underline{U}_S = \underline{U}_R \cdot e^{-j \cdot \frac{2 \cdot \pi}{3}} = (-\frac{1}{2} - j \cdot \frac{1}{2} \cdot \sqrt{3}) \cdot \underline{U}_R$$

$$\underline{U}_T = \underline{U}_R \cdot e^{j \cdot \frac{2 \cdot \pi}{3}} = (-\frac{1}{2} + j \cdot \frac{1}{2} \cdot \sqrt{3}) \cdot \underline{U}_R$$

Eingesetzt und umgeformt erhält man

$$\frac{\underline{U}_M}{\underline{U}_R} = \frac{1}{2} \cdot \frac{W \cdot (X_L \cdot Y_C - 1) - j \cdot \left[\sqrt{3} \cdot W(X_L \cdot Y_C + 1) - 2 \cdot X_L\right]}{W \cdot (1 - X_L \cdot Y_C) + j \cdot X_L}$$

Mit $X_L \cdot Y_C = 1$ vereinfacht sich die Gleichung

$$\frac{\underline{U}_M}{\underline{U}_R} = 1 - \frac{\sqrt{3} \cdot W}{\omega \cdot L}$$

4. Es gilt die Abgleichbedingung nach Frage 1 : $W = \sqrt{3} \cdot X_L$.
Mit $\underline{W} = W \cdot e^{j \cdot \varphi}$ wird $\underline{U}_M / \underline{U}_R = 1 - 3 \cdot e^{j \cdot \varphi}$.
Dies ist ein Kreis, dessen Mittelpunkt mit der Zeigespitze von $\underline{U}_R$ zusammenfällt, der Radius ist $3 \cdot U_R$. Dieser Kreis ist in Bild 18.47 eingetragen.

5. Die gegebene Schaltung kann nur bei reellem W die Ströme symmetrieren. Bei komplexem $\underline{W}$ führt die Bedingung der Stromsymmetrie auf komplexe Werte für X_L und Y_C.

Dem Widerstand $\underline{W} = R + j \cdot X$

oder Leitwert $\underline{G} = \dfrac{R - j \cdot X}{R^2 + X^2}$

muss ein Leitwert der Grösse $G_Z = \dfrac{j \cdot X}{R^2 + X^2}$

parallelgeschaltet werden. Dieser ist kapazitiv für $X > 0$ und induktiv für $X < 0$.

18.15.3 Versorgung eines symmetrischen Drehstromverbrauchers aus einer Einphasenquelle

1. Den stationären Zustand einer elektrischen Schaltung kann man sich eingefroren denken und dann ein Bauelement durch eine Spannungsquelle mit der Spannung (nach Betrag und Phase) ersetzen, die der Spannung am Bauelement entspricht.
Entsprechend können auch Spannungs- und Stromquellen durch Impedanzen ersetzt werden. Dies führt von der Schaltung Bild 15.21 zur folgenden Schaltung (Bild 18.48):
Hierbei haben die Ströme das Vorzeichen gewechselt, so dass Kondensator und Drossel die Plätze tauschen. Das Zeigerdiagramm, dargestellt in Bild 18.49, basiert auf

$$\underline{U}_L = -j\omega L \underline{I}_T \qquad \underline{U}_C = -\frac{\underline{I}_S}{j\omega C} = j\frac{\underline{I}_S}{\omega C}$$

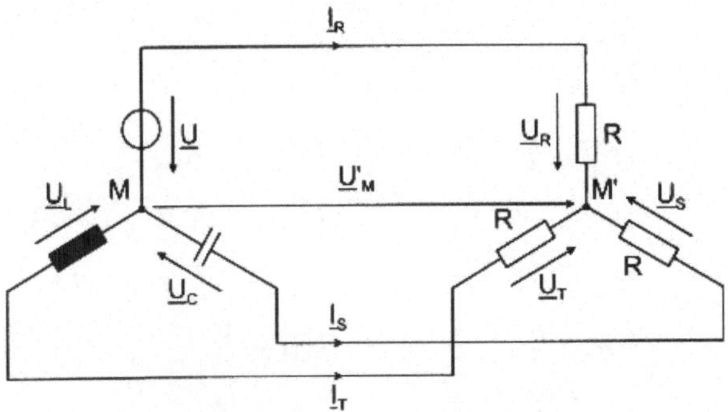

Bild 18.48: Gesuchte Schaltung

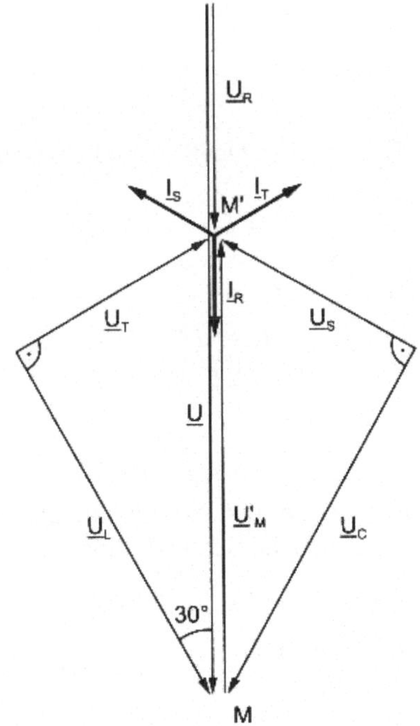

Bild 18.49: Zeigerdiagramm für $\underline{Z} = R$

mit dem symmetrischen System der Ströme $\underline{I}_R$, $\underline{I}_S$ und $\underline{I}_T$, die phasentreu zu den Spannungen $\underline{U}_R$, $\underline{U}_S$ und $\underline{U}_T$ sind. Aus dem Diagramm entnimmt man

$$
\begin{aligned}
U'_M &= 2 \cdot U_R & \underline{U}'_M &= -2 \cdot \underline{U}_R \\
U_C &= \sqrt{3} \cdot U_R & \underline{U}_C &= \sqrt{3} \cdot \underline{U}_R \cdot e^{-j\frac{\pi}{6}} \\
U_L &= \sqrt{3} \cdot U_R & \underline{U}_L &= \sqrt{3} \cdot \underline{U}_R \cdot e^{j\frac{\pi}{6}} \\
U_R &= \tfrac{U}{3} & \underline{U}_R &= \tfrac{\underline{U}}{3} \\
I_R &= \tfrac{U_R}{R} = \tfrac{U}{3R} & \underline{I}_R &= \tfrac{\underline{U}_R}{R} = \tfrac{\underline{U}}{3R} \\
I_S &= I_R & \underline{I}_S &= \underline{I}_R \cdot e^{-j\frac{2\pi}{3}} \\
I_T &= I_R & \underline{I}_T &= \underline{I}_R \cdot e^{j\frac{2\pi}{3}} \\
\omega L &= \tfrac{U_L}{I_S} = \sqrt{3} \cdot R \\
\omega C &= \tfrac{I_T}{U_C} = \tfrac{1}{\sqrt{3} \cdot R}
\end{aligned}
$$

2. Die Spannung U'_M zwischen Quellen- und Laststernpunkt führt zu den gesuchten Bedingungen.
$\underline{U}'_M = \underline{I}_S \cdot (\underline{Z} + 1/(jY_C)) = \underline{I}_T \cdot (\underline{Z} + jX_L)$
mit $Y_C = \omega C$ und $X_L = \omega L$.
Für $\underline{Z} = R + jX$ wird

$$
\begin{aligned}
\frac{\underline{I}_S}{\underline{I}_T} &= \frac{jY_C \cdot \left(R + j(X_L + X)\right)}{(R + jX) \cdot jY_C + 1} = \\
&= \frac{-(X + X_L) \cdot Y_C + jR \cdot Y_C}{1 - XY_C + jRY_C} = e^{j2\pi/3}
\end{aligned}
$$

Die Imaginärteile im Zähler und Nenner sind gleich. Da der Betrag der Quotienten eins ist, gelten die Betragsbedingungen

$$(X + X_L) \cdot Y_C = \pm (1 - X \cdot Y_C)$$

und die Winkelbedingungen

$$\tan\left(\frac{\pi}{6}\right) = \frac{R \cdot Y_C}{1 - X \cdot Y_C} = \frac{1}{3}\sqrt{3} \qquad \text{(Winkel des Nenners)}$$

$$\tan\left(\pi - \frac{\pi}{6}\right) = -\frac{RY_C}{(X + X_L)Y_C} = -\frac{1}{3}\sqrt{3} \qquad \text{(Winkel des Zählers)}$$

Der Gesamtwinkel hat dann als Differenz zwischen Zähler- und Nennerwinkel den Wert $2\pi/3$.
Hieraus erhält man direkt

$$Y_C = \frac{1}{\sqrt{3}\cdot R + X} \qquad \text{und} \qquad X_L = \sqrt{3}\cdot R - X$$

3. Bei $X > \sqrt{3}R$ wird X_L negativ. Die negative Reaktanz X ist als Kondensator realisierbar. Der Grenzwinkel ist

$$\varphi_g = \arctan\frac{X}{R} = \arctan\sqrt{3} = \frac{\pi}{3}$$

4. Aus Bild 18.48 entnimmt man direkt

$$\underline{I}_R = \frac{\underline{U}}{Z + \dfrac{(Z + jX_L)\cdot(Z + 1/(jY_C))}{2Z + jX_L + 1/(jY_C)}}$$

Setzt man die ermittelten Werte für X_L und Y_C sowie $Z = R + jX$ ein, so erhält man nach einer hier nicht ausgeführten Zwischenrechnung
$\underline{I}_R = \underline{U}/(3R + jX)$
und mit $\underline{I}_R = \underline{U}_R/(R + jX)$
gewinnt man die Phasenwinkel $\varphi = -\arctan(X/R)$
und $\psi = -\arctan(X/3R)$.
Bild 18.50 zeigt graphisch den Zusammenhang zwischen φ und ψ
Für kleine Winkel $\varphi \ll 1$, $\psi \ll 1$ wird
$\varphi \approx -X/R \qquad \psi \approx -X/(3R)$
und damit $\psi \approx \varphi/3$.

5. Nach dem Ergebnis der Frage 4 ist

$$\underline{U} = \frac{3R + jX}{R + jX}\cdot\underline{U}_R$$

und weiter

$$\underline{U}_M' = \underline{U}_R - \underline{U} = \underline{U}_R\cdot\left(1 - \frac{3R + jX}{R + jX}\right) =$$

$$= \frac{-2R}{R + jX}\cdot\underline{U}_R = \frac{-2}{1 + jX/R}\cdot\underline{U}_R$$

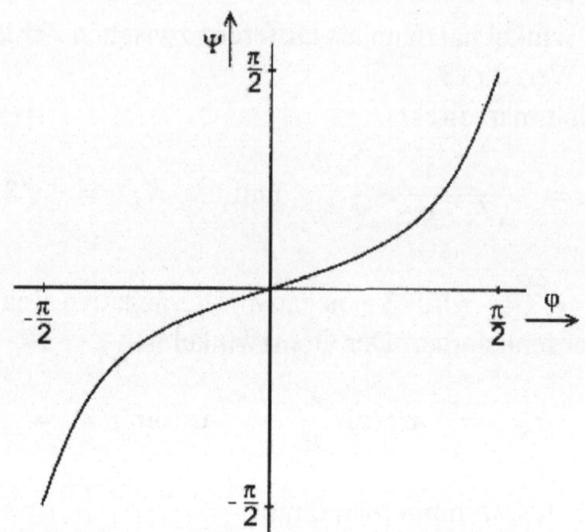

Bild 18.50: Zusammenhang zwischen φ und ψ

Mit der Beziehung für den Lastwinkel $X/R = \tan\varphi$ wird

$$\underline{U}'_M = \frac{-2}{1+j\tan\varphi}\cdot\underline{U}_R = \frac{-2e^{-j\varphi}}{\sqrt{1+\tan^2\varphi}}\cdot\underline{U}_R$$

und schliesslich nach trigonometrischer Umformung

$$\underline{U}'_M = -2\cos\varphi\cdot e^{-j\varphi}\underline{U}_R$$

Aus Bild 18.51 erkennt man, dass der Punkt M, also die Pfeilspitze von $\underline{U}$, auf einem Kreis mit dem Radius U_R liegen muss, dessen Scheitel im Ursprung der komplexen Ebene (Punkt M') liegt. Der Kreis ist in Bild 18.52 mit der Winkelbezifferung eingetragen.

6. Nach Frage 4 ist

$$\underline{I}_R = \frac{\underline{U}}{3R+jX} = \frac{\underline{U}}{9R^2+X^2}(3R-jX)$$

Der Spannungsquelle ist also ein Blindleitwert der Grösse

$$Y = \frac{X}{9R^2+X^2}$$

parallelzuschalten. Dies ist für $X>0$ ein Kondensator, bei $X<0$ eine Induktivität.

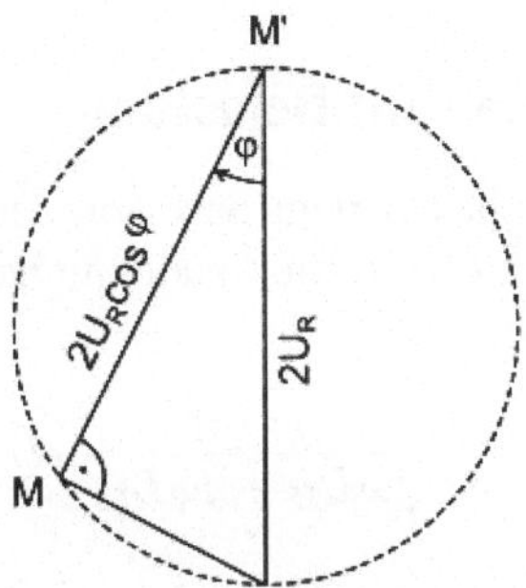

Bild 18.51: Diagramm zur Konstruktion des geometrischen Ortes von M

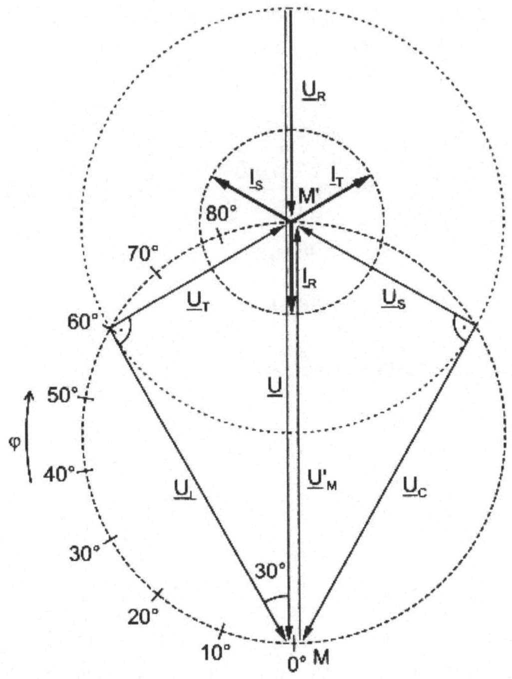

Bild 18.52: Zeigerdiagramm und geometrischer Ort für *M* mit Winkelbezifferung

18.16 Kapitel 16

18.16.1 Transformator mit Belastung

1. Die Umformung beruht auf dem Satz von der Ersatzspannungsquelle. Die Leerlaufspannung $U_{2\ell}$ ist die Spannung bei abgetrennter Belastung $G + jY$. Es ist

$$\underline{U}_{2\ell} = \frac{j\omega L_H}{j\omega L_H + j\omega L_{1\sigma}} \cdot \underline{U}_1$$

$$\frac{\underline{U}_{2\ell}}{\underline{U}_1} = \frac{L_H}{L_H + L_{1\sigma}} = \alpha = 0{,}980$$

Zur Bestimmung des Innenwiderstandes X_i schliesst man die Eingangsklemmen kurz und erhält die Serieschaltung von $L_{2\sigma}$ mit den parallelgeschalteten Induktivitäten $L_{1\sigma}$ und L_H.

$$jX_i = \frac{j\omega L_H \cdot j\omega L_{1\sigma}}{j\omega L_H + j\omega L_{1\sigma}} + j\omega L_{2\sigma}$$

$$X_i = \omega\Big(\frac{L_H L_{1\sigma}}{L_H + L_{1\sigma}} + L_{2\sigma}\Big) = \omega L_i$$

$$L_i = 4{,}96\ \text{mH}$$

$$X_i = 1{,}56\ \Omega$$

2. Aus der Ersatzschaltung folgt

$$\underline{U}_2 = \frac{\dfrac{1}{G + jY}}{jX_i + \dfrac{1}{G + jY}} \cdot \underline{U}_{2\ell}$$

oder

$$\frac{\underline{U}_2}{\underline{U}_{2\ell}} = \underline{u} = \frac{1}{1 - X_i Y + jX_i G}$$

Mit den Abkürzungen $g = X_i G$ und $y = X_i Y$ vereinfacht sich die Beziehung und hat die Form

$$\underline{u} = \frac{1}{1 - y + jg}$$

3. Mit $y = 0$ wird speziell

$$\underline{u} = \frac{1}{1 + jg}$$

Die Ortskurve ist der in Bild 18.53 gezeigte Halbkreis, die Bezifferungsgerade ist die an der reellen Achse gespiegelte Gerade $1 + jg$.

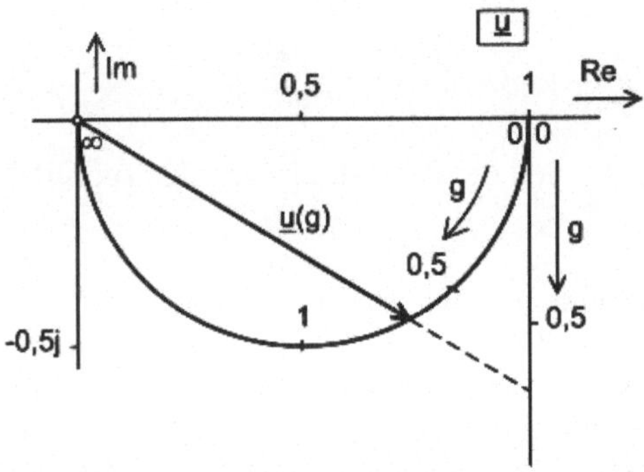

Bild 18.53: Ortskurve für $y = 0$ und Bezifferungsgerade

4. Mit $g = 0$ erhält man

$$\underline{u} = \frac{1}{1 - y}$$

In diesem Fall ist u reell, wie in Bild 18.54 dargestellt.

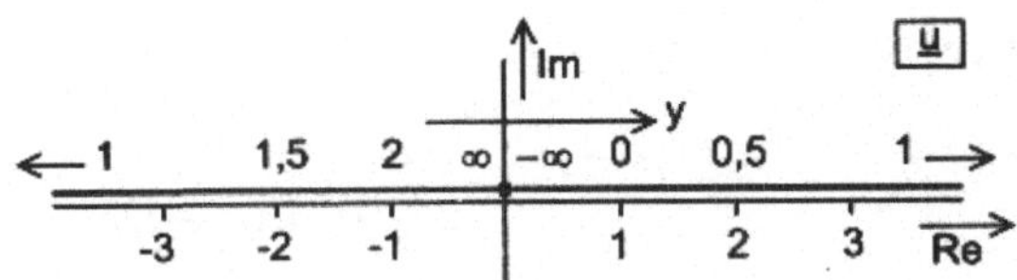

Bild 18.54: Ortskurve für $g = 0$

Als Bezifferungsgerade eignet sich jede zur reellen Achse geneigte Gerade (Bild 18.55). Die Bezifferungsgerade schneidet die reelle Achse. Errichtet man in diesem Schnittpunkt das Lot auf der reellen Achse, so

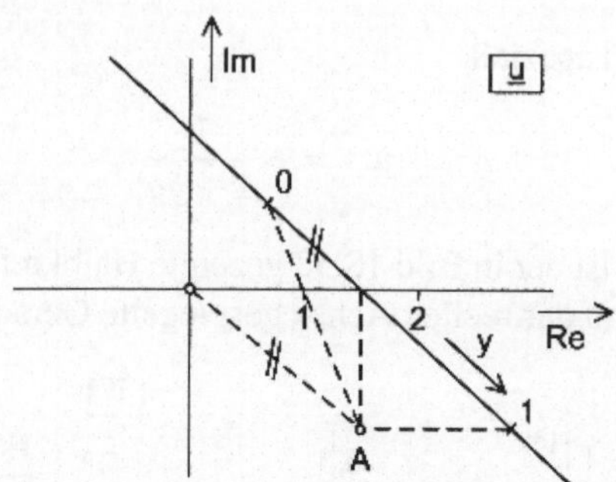

Bild 18.55: Konstruktion der Bezifferungsgeraden zur Ortskurve mit $g = 0$

ist dessen Schnittpunkt mit der Parallelen zur Bezifferungsgeraden durch den Ursprung der Bezugspunkt A. Die Parallele zur reellen Achse durch A schneidet die Bezifferungsgerade bei $y = 1$. Den Punkt $y = 0$ findet man als Schnittpunkt mit der Geraden durch A und Punkt (1,0) auf der reellen Achse.

5. Man bildet das durch $\underline{Z} = 1 - y + jg$ gebildete Gitter der $\underline{z}$-Ebene reziprok nach Bild 18.56 ab.

6. Setzt man die beiden Werte in die Formel ein, erhält man für die Übertragungsfunktion

$$\underline{u} = \frac{1}{2+j}$$

Dabei berechnet sich U_2 aus

$$\underline{U}_2 = \underline{u} \cdot \underline{U}_{2\ell} = \frac{1}{2+j} \cdot \frac{L_H}{L_{1\sigma} + L_H} \cdot \underline{U}_1$$

$$U_2 = \frac{1}{\sqrt{5}} \cdot \frac{L_H}{L_{1\sigma} + L_H} \cdot U_1 = 100{,}84\,\mathrm{V}$$

$$\varphi = -\arctan\frac{1}{2} = -26{,}6^{\circ}$$

Aus der Normierung lassen sich die beiden Leitwerte G und Y berech-

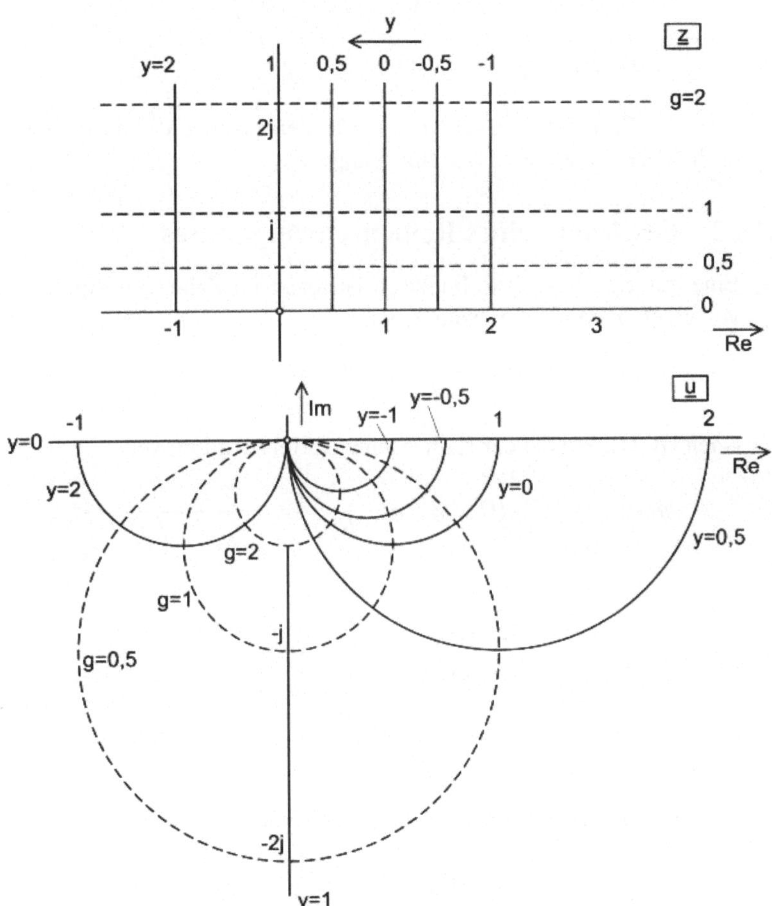

Bild 18.56: Ortskurvenschar $\underline{u} = 1/\underline{z}$

nen

$$G = \frac{g}{X_i} = \frac{1}{\omega\left(\frac{L_{1\sigma}L_H}{L_{1\sigma}+L_H} + L_{2\sigma}\right)} = 0{,}642\ \text{S}$$

$$Y = \frac{y}{X_i} = -0{,}642\ \text{S}$$

Eine negativer Blindleitwert entspricht einem positiven Blindwiderstand, deshalb ist Y eine induktive Belastung.

18.16.2 Ortskurve eines Reihenschwingkreises

1. Eine bilineare komplexe Funktion ist linear im Zähler und im Nenner von einem Parameter abhängig, also

$$\underline{g} = \frac{\underline{a} + \underline{b}y}{\underline{c} + \underline{d}y}$$

Nach Gl. (12.54) hat der Reihenschwingkreis den Leitwert

$$\underline{g}(\Omega) = \underline{G}_R(\Omega) \cdot Z = \frac{\underline{Z}}{\underline{R}_R} = \frac{1}{2\alpha + j\left(\Omega - \frac{1}{\Omega}\right)}$$

Kürzt man $y = (\Omega - 1/\Omega)$ ab, so wird

$$\underline{g}(y) = \frac{1}{2\alpha + jy}$$

Mit $\underline{a} = 1$, $\underline{b} = 0$, $\underline{c} = 2\alpha$ und $\underline{d} = j$ ergibt sich eine bilineare Funktion von y.

2. Die Ortskurve ist in Bild 18.57 dargestellt, hierbei ist speziell

$$\underline{g}(y) = \frac{1}{1 + jy}$$

Die Bezifferungsgerade entsteht durch Spiegelung von $1 + jy$ an der reellen Achse.

3. Die Umkehrfunktion entsteht aus der quadratischen Gleichung

$$\Omega^2 - y\Omega - 1 = 0 \qquad \text{mit der Lösung} \qquad \Omega = \frac{y}{2} + \sqrt{\frac{y^2}{4} + 1}$$

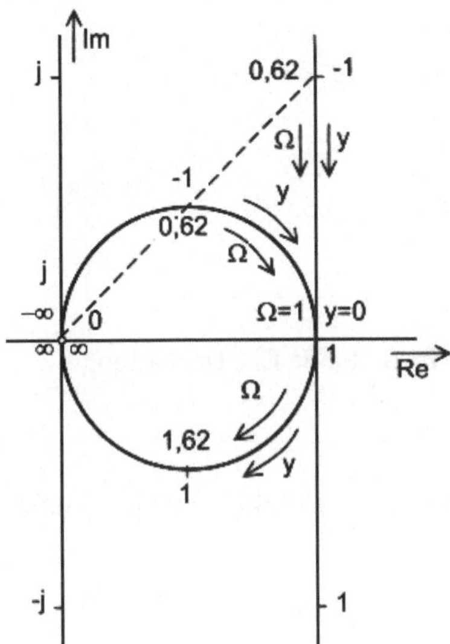

Bild 18.57: Ortskurve des Reihenschwingkreises mit dem Hilfsparameter y an Stelle der Frequenz

Das Wurzelvorzeichen ist wegen $\Omega \geq 0$ positiv. Ω- und y- Bezifferung laufen mit wachsenden Werten im Uhrzeigersinn um, die y-Bezifferung beginnt mit dem Wert $-\infty$ im Ursprung, schneidet bei $y = 0$ die reelle Achse und endet mit dem Wert ∞ im Ursprung. Die Ω-Bezifferung beginnt mit Null im Nullpunkt, schneidet bei $\Omega = 1$ die reelle Achse und endet im Nullpunkt bei $\Omega = \infty$.

18.17 Kapitel 17

18.17.1 Ausgleichsvorgang bei Kondensatoren in Reihenschaltung

1. Die Ersatzschaltung der Anordnung zeigt Bild 18.58. Die Ersatzgrössen sind

$$C_e = \frac{C_a\, C_b}{C_a + C_b} \qquad \text{und} \qquad U_{e0} = U_{a0} + U_{b0}$$

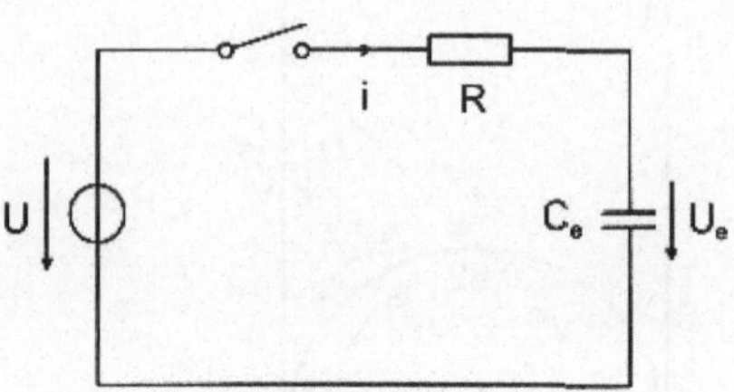

Bild 18.58: Ersatzschaltung

2. Der Ausgleichsvorgang ist eine abklingende e-Funktion mit der Zeitkonstanten $T = R \cdot C_e$:

$$i(t) \quad = \quad \frac{U - U_{e0}}{R} \cdot e^{-t/T}$$

3. Die Ladungsmenge ist

$$Q = \int_0^\infty i(t)\,\mathrm{d}t \;=\; -\frac{U - U_{e0}}{R} \cdot R \cdot C_e \cdot e^{-t/T}\bigg|_0^\infty \;=\; (U - U_{e0}) \cdot C_e$$

4. $i\,\mathrm{d}t \;=\; \mathrm{d}Q = C_e\,\mathrm{d}U$
$Q \;=\; C_e\,(U_{e1} - U_{e0})$
$U_{e1} \;=\; Q/C_e + U_{e0}$

5. Die Ladung Q nach Aufgabe 3 ist in der Reihenschaltung durch beide Kondensatoren geflossen. Daher ist

$$U_{a1} \quad = \quad \frac{Q}{C_a} + U_{a0} \qquad ; \qquad U_{b1} \quad = \quad \frac{Q}{C_b} + U_{b0}$$

Schliesslich ist nach dem Abklingen des Ausgleichsvorganges
$U_{a1} + U_{b1} = U$ und aus den vorstehenden Gleichungen Q eliminiert:
$U_{a1}\,C_a - U_{b1}\,C_b \;=\; C_a\,U_{a0} - C_b\,U_{b0}$.
Hieraus erhält man direkt

$$U_{a1} \quad = \quad \frac{C_b}{C_a + C_b}\,(U - U_{b0}) + \frac{C_a}{C_a + C_b}\,U_{a0} \qquad \text{und}$$

$$U_{b1} \quad = \quad \frac{C_a}{C_a + C_b}\,(U - U_{a0}) + \frac{C_b}{C_a + C_b}\,U_{b0}$$

6. Die Zeitverläufe sind e-Funktionen mit der Zeitkonstanten $T = R \cdot C_e$.

   Mit den Anfangswerten U_{a0}, U_{b0} und den Endwerten U_{a1}, U_{b1} wird

$$u_a(t) = U_{a1} + (U_{a0} - U_{a1})\, e^{-t/T} \qquad \text{und}$$

$$u_b(t) = U_{b1} + (U_{b0} - U_{b1})\, e^{-t/T}$$

18.17.2 Ausgleichsvorgang bei einem Zweiwicklungstransformator

1. Die magnetische Energie im Eisenkern ist abgesehen von den Abmessungen und den magnetischen Eigenschaften des Kernmaterials von der Gesamtdurchflutung $\Theta = N_1 i_1 + N_2 i_2$ bestimmt. Bei fester Kopplung, wie hier angenommen, kann zwar Θ nicht springen, hingegen die Ströme i_1 und i_2 unter der Bedingung, dass sich Θ nicht momentan ändert.

2. Für die beiden Stromkreise gilt

$$U = R_1 i_1 + N_1 \frac{\mathrm{d}\Phi}{\mathrm{d}t}$$

$$U = R_2 i_2 + N_2 \frac{\mathrm{d}\Phi}{\mathrm{d}t}$$

   Erweitert und addiert erhält man

$$U\Big(\frac{N_1}{R_1} + \frac{N_2}{R_2}\Big) = N_1 i_1 + N_2 i_2 + \Big(\frac{N_1^2}{R_1} + \frac{N_2^2}{R_2}\Big)\frac{\mathrm{d}\Phi}{\mathrm{d}t}$$

   und mit dem magnetischen Widerstand R_m

$$\Theta = N_1 i_1 + N_2 i_2 = R_m \Phi$$

$$U\Big(\frac{N_1}{R_1} + \frac{N_2}{R_2}\Big) = R_m \Phi + \Big(\frac{N_1^2}{R_1} + \frac{N_2^2}{R_2}\Big)\frac{\mathrm{d}\Phi}{\mathrm{d}t}$$

   Mit den Abkürzungen

$$\Phi_Q = \frac{\dfrac{N_1}{R_1} + \dfrac{N_2}{R_2}}{R_m} \cdot U$$

$$T = \frac{\dfrac{N_1^2}{R_1} + \dfrac{N_2^2}{R_2}}{R_m}$$

gewinnt man die Differentialgleichung

$$T\frac{\mathrm{d}\Phi}{\mathrm{d}t}+\Phi = \Phi_Q$$

3. Die Lösung der Differentialgleichung für den Fluss lautet

$$\Phi = \Phi_Q+\big(\Phi(0)-\Phi_Q\big)e^{-t/T}$$

und speziell für $\Phi(0)=0$

$$\Phi = \Phi_Q\cdot\big(1-e^{-t/T}\big)$$

Die Ströme berechnen sich zu

$$i_1 = \frac{U-N_1\dfrac{\mathrm{d}\Phi}{\mathrm{d}t}}{R_1} = \frac{U-N_1(\Phi_Q/T)e^{-t/T}}{R_1}$$

$$i_2 = \frac{U-N_2(\Phi_Q/T)e^{-t/T}}{R_2}$$

Mit den Abkürzungen

$$\frac{\Phi_Q}{T} = \frac{\dfrac{N_1}{R_1}+\dfrac{N_2}{R_2}}{\dfrac{N_1^2}{R_1}+\dfrac{N_2^2}{R_2}}\cdot U = k\cdot U$$

wird

$$i_1 = \frac{U}{R_1}\big(1-N_1ke^{-t/T}\big)$$

$$i_2 = \frac{U}{R_2}\big(1-N_2ke^{-t/T}\big)$$

Die Anfangswerte sind

$$i_1(0) = \frac{U}{R_1}(1-N_1k) = \frac{UN_2(N_2-N_1)}{R_2N_1^2+R_1N_2^2}$$

$$i_2(0) = \frac{U}{R_2}(1-N_2k) = \frac{UN_1(N_1-N_2)}{R_2N_1^2+R_1N_2^2}$$

4. Bild 18.59 zeigt den Verlauf der Funktionen für $N_2=2N_1$; $R_2=4R_1$.

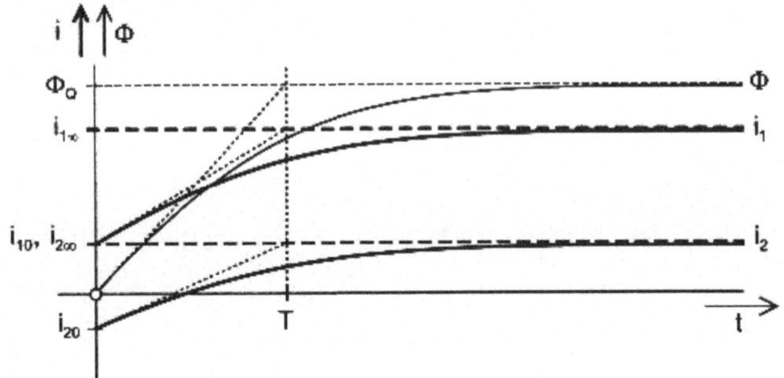

Bild 18.59: Einschwingvorgang des Flusses und der Ströme

Sach- und Namensregister

Teubner Studienbücher zur Elektrotechnik

Böhme: **Stochastische Signale**
Buttgenbach: **Mikromechanik**
Diekmann/Heinloth: **Energie**
Dittmann/Fischer/Huhn/Klinger: **Repetitorium der Technischen Thermodynamik**
Fettweis: **Elemente nachrichtentechnischer Systeme**
Fouckhardt: **Photonik**
Goetzberger/Voß/Knobloch: **Sonnenenergie: Photovoltaik**
Goetzberger/Wittwer: **Sonnenenergie**
Heinlein: **Grundlagen der faseroptischen Übertragungstechnik**
Hess: **Digitale Filter**
Heumann: **Grundlagen der Leistungselektronik**
Hugel: **Strahlwerkzeug Laser**
Hugel: **Elektrotechnik**
Jondral: **Funksignalanalyse**
Kamke/Kramer: **Physikalische Grundlagen der Maßeinheiten**
Kammeyer/Kroschel: **Digitale Signalverarbeitung**
Klein/Dullenkopf/Glasmachers: **Elektronische Meßtechnik**
Kneubühl: **Repetitorium der Physik**
Kneubühl: **Lineare und nichtlineare Schwingungen und Wellen**
Kneubühl/Sigrist: **Laser**
Kowalsky: **Dielektrische Werkstoffe der Elektronik und Photonik**
Leonhard: **Digitale Signalverarbeitung in der Meß- und Regelungstechnik**
Leonhard: **Regelung in der elektrischen Energieversorgung**
Leonhard: **Statistische Analyse linearer Regelsysteme**
Meins: **Elektromechanik**
Rohling: **Einführung in die Informations- und Codierungstherorie**
Stolting/Beisse: **Elektrische Kleinmaschinen**
Wagemann/Eschrich: **Grundlagen der photovoltaischen Energiewandlung**
Wagemann/Schmidt: **Grundlagen der optoelektronischen Halbleiterbauelemente**
Walcher: **Praktikum der Physik**
Warnecke/Westkamper: **Einführung in die Fertigungstechnik**

B.G. Teubner Stuttgart · Leipzig